2022

Yearbook of China's Forestry Intellectual Property

中国林业和草原知识产权年度报告

国家林业和草原局科技发展中心
国家林业和草原局知识产权研究中心　编著

中国林业出版社
China Forestry Publishing House

图书在版编目(CIP)数据

2022中国林业和草原知识产权年度报告 / 国家林业和草原局科技发展中心，国家林业和草原局知识产权研究中心编著. -- 北京 : 中国林业出版社, 2023.4
ISBN 978-7-5219-2167-0

Ⅰ. ①2… Ⅱ. ①国… ②国… Ⅲ. ①林业－知识产权－研究报告－中国－2022②草原－知识产权－研究报告－中国－2022 Ⅳ. ①D923.404

中国国家版本馆CIP数据核字(2023)第049351号

策划编辑：刘家玲
责任编辑：甄美子

出版发行：中国林业出版社
（100009，北京市西城区刘海胡同7号，电话 83143519　83143616）
电子邮箱：cfphzbs@163.com
网址：www.forestry.gov.cn/lycb.html
印刷：三河市祥达印刷包装有限公司
版次：2023年4月第1版
印次：2023年4月第1次
开本：787mm×1092mm 1/16
印张：20
字数：490千字
定价：69.00元

2022中国林业和草原知识产权年度报告

编辑委员会

前　言

2022年，国家林业和草原局深入学习贯彻习近平新时代中国特色社会主义思想、党的十九届六中全会和党的二十大精神，深入学习领会习近平总书记关于知识产权保护工作、林草工作、科技工作、人才工作和生态文明建设的重要指示批示精神，贯彻落实《知识产权强国建设纲要（2021—2035年）》《"十四五"国家知识产权保护和运用规划》，深入实施知识产权强国战略，强化知识产权保护和运用，全面推进林草知识产权和植物新品种保护工作，为提升林草自主创新能力、加快林草业发展方式转变、提高林草核心竞争力、促进林业和草原高质量发展提供了有力支撑和引领，林业和草原知识产权工作取得了新成绩、获得了新突破、迈上了新台阶。

2022年，国家林业和草原局认真履行国务院知识产权战略实施工作部际联席会议工作职责，积极推进《中华人民共和国植物新品种保护条例》修订工作。组织开展全国林业和草原知识产权宣传周系列活动，聚力提升林业和草原植物新品种权的审查质量和审查效率。加强林业和草原植物新品种权行政执法工作，编制发布《林草植物新品种领域标准体系》，实施林草专利技术和授权植物新品种转化运用项目，举办林草新品种及知识产权保护与管理培训班，推进林业和草原植物新品种惠农工作，加强林业和草原知识产权基础数据库和信息共享平台建设。2022 年，国家林业和草原局科技发展中心（植物新品种保护办公室）共受理国内外植物新品种权申请 1828 件，授予植物新品种权 651 件。国家知识产权局中国专利数据库公开的林业相关专利共计 105630 件，其中，林业科研院所的专利公开量为 2195 件，林业高等院校的专利公开量为 7088 件。重庆、浙江、云南等 31 个省（自治区、直辖市）、中国林业科学研究院、国际竹藤中心的林业和草原知识产权工作取得了较好成绩，提升了林业和草原知识产权的综合能力和水平，促进了林业和草原产业高质量发展。

在认真回顾和总结 2022 年度林业和草原知识产权工作的基础上，我中心组织编撰了《2022 中国林业和草原知识产权年度报告》，旨在通过对一年来林业和草原知识产权工作主要进展和成果的展示，让更多的人了解、关心和支持林业和草原知识产权工作，共同促进林业和草原知识产权的创造、运用、保护和管理，提升林业和草原知识产权公共服务水平，为加快推进现代林业和草原高质量发展提供有力支撑。

本报告资料系统、内容翔实，具有较强的科学性、可读性和实用性，可供林草行政管理部门和企事业单位的干部、科研和教学人员参考。

国家林业和草原局科技发展中心

2023 年 3 月

目　录

能力建设

国际合作

各地动态

统计分析

附表

概　述

2022年，国家林业和草原局以实施国家知识产权战略为重点，贯彻落实《知识产权强国建设纲要（2021—2035年）》《“十四五”国家知识产权保护和运用规划》，深入实施知识产权强国战略，强化知识产权保护和运用，全力推进林业和草原知识产权工作，有效提高了林业和草原知识产权创造、保护、运用、管理和服务水平，取得了显著成效，加快了林业和草原发展方式转变，增强了林业和草原核心竞争力，发挥了知识产权对推进林草现代化建设的支撑和保障作用。

1. 完善林业和草原知识产权管理制度与政策

积极推进《中华人民共和国植物新品种保护条例》（以下简称《条例》）修订工作，与农业农村部共同成立《条例》修订工作小组，召开《条例》修订座谈会，研究相关修订内容，并征求各方专家建议，根据新《中华人民共和国种子法》要求形成《条例》修订征求意见稿，向社会公开征求修订意见。举办林草新品种分子测试技术研讨会，推动建立林草实质性派生品种（EDV）制度，更好地激励原创育种和原始创新。与国家知识产权局等17个部门联合印发《关于加快推动知识产权服务业高质量发展的意见》。

2. 加强林业和草原植物新品种权受理和审查工作

国家林业和草原局植物新品种保护办公室推进新品种授权智能化、便利化改革，升级优化“林草植物新品种保护管理系统”，全面提升了林草植物新品种受理审查的工作效率和服务水平。2022年，林草植物新品种初步审查时间由规定的6个月压缩至50天以内，共受理国内外林草植物新品种权申请1828件，完成品种权申请初步审查1809件，组织完成植物新品种实质审查684件，其中，现场审查420件，田间测试264件；发布植物新品种授权公告2批共651件。截至2022年年底，国家林业和草原局植物新品种保护办公室共受理国内外植物新品种申请8836件，授予植物新品种权4055件。

3. 推进林业和草原生物遗传资源多样性调查与评价工作

国家林业和草原局科技发展中心组织开展重要林草遗传资源多样性评价工作，重点开展了21个种属林草遗传资源遗传多样性调查与评价工作，其中，2022年新增项目11项，2021年启动并延续项目10项，涉及我国珍贵硬皮树种赤皮青冈、名贵香料沉香木、特有濒危植物血皮槭等遗传资源，以加强林草生物遗传资源评价，提高林草遗传资源的保护和利用效率。2022年，“盐生野大麦资源遗传多样性调查与评价”和“我国珍稀、濒危及特有百合属资源遗传多样性评价”2个项目通过了国家林业和草原局科技发展中心会同北京市园林绿化局组织的验收。

4. 促进林业和草原知识产权转化运用，推进植物新品种惠农工作

2022年，国家林业和草原局科技发展中心组织实施了“罗城优良竹种繁育及高效栽培关键技术转化运用”“户外竹质双拼梁装配式廊亭加工技术在广西龙胜美丽乡村建设中的转化运用”和“鼠害种群数量调查关键技术转化运用”3项林业专利技术转化运用项目，“重瓣型观赏海棠新品种转化运用”“蓝莓新品种转化运用”和“枸杞新品种转化运用”等7项林草授权植物新品种转化运用项目。组织专家对“石竹复合墙体加工及构件组装的产业化应用技术”知识产权转化运用项目进行了现场查定和验收。2011—2022年期间组织实施了107项林草知识产权转化运用项目，有53项林草知识产权转化运用项目通过了验收。

2022年，国家林业和草原局推荐2项林业发明专利项目参加第二十四届中国专利奖评选；4项林草专利荣获第二十三届中国专利优秀奖。2012—2022年共有33项林业专利荣获中国专利优秀奖。

国家林业和草原局科技发展中心分别在北京延庆、大兴、北京林业大学等地与创新企业、评估公司、科研院所等召开新品种转化运用座谈会。为探索优良植物新品种转化运用模式，充分发挥典型引领、榜样示范作用，向社会公开征集了一批植物新品种惠农典型案例，进一步推进林草植物新品种转化运用水平。

5. 开展林业和草原植物新品种权行政执法工作

2022年6月，印发《国家林业和草原局办公室关于组织开展2022年打击制售假劣林草种苗和侵犯植物新品种权工作的通知》，组织力量集中开展打击侵犯、假冒林草植物新品种权专项行动，强化了植物新品种行政执法工作的组织领导，提高了执法工作的权威性，加大了打击制售假劣林草种苗和侵犯植物新品种权行为工作力度，规范市场秩序，保护品种权人的合法权益。启动了《林草植物新品种保护行政执法办法》修订的前期研究，推进行政执法和司法衔接，开展了广泛调研，听取大家的意见和建议。同时，指导品种权人积极维权，营造良好的市场氛围。

6. 完善林业和草原植物新品种测试体系

加强林草植物新品种测试体系顶层设计和布局研究，组织起草林业和草原植物新品种测试体系建设规划，批复设立海南崖州测试分中心；举办林草植物新品种测试分中心工作座谈会；编制发布《林草植物新品种领域标准体系》。2022年，组织林草植物新品种测试站对361个蔷薇属、杜鹃花属、绣球属、芍药属、山茶属申请品种开展田间测试工作，完成了264个品种的田间种植测试，提交正式测试报告。2022年，木麻黄属、李属－樱花、金丝桃属等9项林业植物新品种测试指南以林业行业标准发布。截至2022年年底，累计开展了165项林业植物新品种测试指南的编制工作，已完成了金露梅、珍珠梅属、青檀属等79项测试指南标准的制定，分别以国家标准或行业标准发布，其中，国家标准13项、林业行业标准66项，有效提高了植物新品种的授权质量和审查测试能力。

7. 开展国际林业和草原知识产权动态跟踪与专利分析研究

国家林业和草原局知识产权研究中心跟踪世界各国林草知识产权动态，开展了国际植物新品种保护联盟（UPOV）1991年文本的社会效益、巴基斯坦地理标志法、美国植物新品种常见问题、加拿大植物育种权利制度、全球遗传资源获取和惠益分享项目概况、欧洲森林遗传资源战略概况、挪威森林遗传资源状况、塞尔维亚植物遗传资源现状、日本林木育种与遗传资源保护等研究，编印《林业知识产权动态》6期，提供林业知识产权信息服务，为国际履约和谈判提供了技术支撑。开展林草重点领域专利情报分析研究，组织开展了日本森林研究与经营机构、森林病虫害、植物保护、草坪栽培、杜仲、植物体细胞胚胎发生的专利分析研究，出版《我国主要优势经济林树种论文与专利分析》，为林草相关企业的科技创新和知识产权战略提供参考，引导林草企业公平参与国际竞争。

8. 建设林业和草原知识产权基础数据库和共享平台

国家林业和草原局知识产权研究中心系统收集和整理了国内外与林草知识产权相关的主要科学数据和文献资料，完善和建设了林草专利、植物新品种权、林产品地理标志、知识产权动态等15个林草知识产权基础数据库，2022年新增数据量10万条，累计数据量170万条。维护和管理“中国林业知识产权网”和“林草植物新品种保护网”，2022年用户访问量超过10万人次，网站提供全年不间断、安全稳定的在线检索服务。“林业知识服务”微信公众号、微信小程序整合林草专利、授权植物新品种等知识产权数据资源，使用更为便捷和高效，解决了知识获取的时效性和地域性限制。开通了“2022年全国林草知识产权宣传周”网站，图文并茂地展示林草知识产权成果和最新进展，扩大了林草知识产权的影响力。

9. 开展国际履约与国际合作交流

积极派员参加了国际植物新品种保护联盟系列会议、东亚植物新品种保护论坛、国际无性繁殖观赏植物和果树育种者协会会议，联合欧盟植物新品种保护办公室（CPVO）举办“中欧植物新品种保护法律法规研讨会”，促进中欧更充分了解国际以及双方法律法规的最新进展。积极履行联合国粮农组织（FAO）相关职责，组织起草《第二次中国林木遗传资源国家报告》，经征求有关单位意见后修改完善，展现10年间中国林木遗传资源领域变化和发展。

2022年，银杏属国际植物新品种测试指南获国际植物新品种保护联盟批准立项，同时推进枸杞属、木兰属国际植物新品种测试指南编制。截至2022年年底，我国专家共承担了山茶属、牡丹、丁香属、核桃属、木兰属、枸杞属和银杏属7项UPOV国际测试指南标准的制定，已完成山茶属、牡丹、丁香属、核桃属4项UPOV国际测试指南标准的制定，并由UPOV发布实施，进一步提升了我国林草植物新品种国际标准话语权。

10. 加强林业和草原知识产权宣传培训

组织开展2022年全国林业和草原知识产权宣传周系列活动，制作“部长谈知识产权”、“新闻2+1”知识产权宣传周特别节目“全面开启知识产权强国建设新征程”、“优良林草植物新品种巡礼”视频，在UPOV社交媒体平台发布8个中国林草植物新品种和4个青年育种者事迹，在UPOV官方网站发布中国优良林草植物新品种宣传视频（英文版），展现我国林草植物新品种创制创新风貌。在国家林业和草原局政府网、国家知识产权网、中国林业知识产权网、中国林业信息网、林业专业知识服务系统、林草植物新品种保护网等主要网站登载或转载有关林草知识产权方面的报道120多篇，在国务院知识产权战略实施工作部际联席会议公众号平台（知识产权战略）发布文章4篇。在《中国绿色时报》《科技日报》《中国知识产权报》上发表有关林草知识产权的重点报道50篇。2022年4月26日，在《中国绿色时报》发表专栏文章《保护知识产权，赋能林草创新》，全面介绍了2021年林业和草原知识产权的工作进展和成就，扩大了林业和草原知识产权的影响力。出版《2021中国林业和草原知识产权年度报告》。

11. 林业和草原知识产权数量稳步增长，质量明显提升

随着林业和草原自主创新能力的不断增强，林业和草原植物新品种权、专利、商标、林产品地理标志、版权数量稳步增长，质量明显提高，知识产权对现代林业和草原发展的支撑作用日益明显。

截至 2022 年年底：

- 林业和草原植物新品种申请量 8836 件，授权量 4055 件。
- 林业相关专利公开量 814129 件，其中，发明专利 373373 件。
- 草原相关专利公开量 115161 件，其中，发明专利 64157 件。
- 林业科研院所专利公开量 15942 件，其中，发明专利 10151 件。
- 林业高等院校专利公开量 65215 件，其中，发明专利 31746 件。
- 林产品地理标志 1617 件。
- 林业和草原软件著作权 16624 项。

完善林业和草原知识产权管理制度与政策

1. 履行部际联席会议成员单位职责

国家林业和草原局作为国务院知识产权战略实施工作部际联席会议成员单位，认真履行部际联席会议成员单位职责，落实《关于强化知识产权保护的意见》《知识产权强国建设纲要（2021—2035年）》《“十四五”国家知识产权保护和运用规划》《知识产权强国建设纲要和“十四五”规划实施年度推进计划》的各项分工任务，切实推进林草知识产权各项工作，并按要求完成2022年年度工作总结和制定了2023年工作计划，顺利通过国家知识产权局联合中宣部、市场监管总局对国家林业和草原局2022年知识产权保护工作的检查考核。

根据国务院知识产权战略实施工作部际联席会议和国家知识产权局要求，完成了《2021年中国知识产权保护状况》白皮书、《国家林业和草原局2021年知识产权强国建设工作总结》和《中国知识产权年鉴（2022）》林草知识产权相关材料。

2. 积极推进《中华人民共和国植物新品种保护条例》修订工作

为贯彻落实中央种业振兴行动部署和新修改种子法有关要求，进一步加大种业知识产权保护力度，激励种业原始创新，国家林业和草原局完善植物新品种保护顶层设计，积极推进《中华人民共和国植物新品种保护条例》修订工作。与农业农村部共同成立条例修订工作小组，2022年9月召开条例修订座谈会，研究相关修订内容，并征求各方专家建议，根据新修改的《中华人民共和国种子法》要求形成条例修订征求意见稿。推动扩大植物新品种保护范围、延长植物新品种保护链条、建立实质性派生品种保护制度，以及加大植物新品种侵权惩罚力度，以更大力度保护育种人合法权益，用制度导向激发原始创新活力。

2022年11月，农业农村部发布关于《〈中华人民共和国植物新品种保护条例（修订征求意见稿)〉公开征求意见的通知》(农种发〔2022〕6号),向社会公开征求修订意见,这是该条例自1997年颁布实施以来,首次进行全面修订。主要修订内容如下。

(1)对实质性派生品种(EDV)制度实施步骤和办法作出规定。与《中华人民共和国种子法》第二十八条衔接,征求意见稿规定由国务院农业农村、林业草原主管部门以名录形式发布EDV实施范围、发布EDV判定指南、明确鉴定机构条件和能力、成立专家委员会提供专业咨询。

(2)扩大保护范围及保护环节。与《中华人民共和国种子法》保持一致,征求意见稿将保护范围由授权品种的繁殖材料延伸到收获材料,将保护环节由生产、繁殖、销售三个环节扩展到生产、繁殖、为繁殖进行的种子处理、许诺销售、销售、进口、出口、储存等八个环节。

(3)延长保护期限。目前,国际上多数国家对草本植物品种保护期限在25年左右。借鉴国际通行做法,结合我国国情种情,征求意见稿对品种权保护期限适当延长,木本、藤本植物由20年延长到25年,其他植物由15年延长到20年,既能体现加大保护力度,也有利于逐步与国际接轨。

(4)完善侵权假冒案件处理措施。与《中华人民共和国种子法》相衔接,征求意见稿提高了对侵害植物新品种权行为的罚款数额;规定了县级以上人民政府农业农村、林业草原主管部门可以采取五种措施,查处品种权侵权案件和假冒授权品种案件;增加了侵权人合法来源抗辩条款,与《最高人民法院关于审理侵害植物新品种权纠纷案件具体应用法律问题的若干规定(二)》相衔接,切实保护种子市场正常交易。

(5)明确权利恢复的情形。征求意见稿增加了当事人因不可抗力因素,或者有正当理由而超出规定期限导致其权利丧失的情形下请求恢复其权利的条款,同时还增加了当事人请求延长规定期限的有关内容。

(6)增加对不诚信行为处罚的规定。为提高申请人的诚信意识和诚信素质,征求意见稿规定,在申请过程中存在欺骗、隐瞒、伪造等不诚信行为的,依法纳入信用记录,并向社会公布;相关申请人和责任人3年内不得申请品种权,造成损失的,依法承担赔偿责任。

(7)建立植物新品种保护专业队伍。落实《关于强化知识产权保护的意见》《知识产权强国建设纲要(2021—2035年)》中关于加强专业人才队伍建设和提高服务水平的精神,鼓励建立品种权申请、维权咨询、技术鉴定、价值评估和转化利用等专业队伍。

植物新品种权作为种业领域最重要的知识产权,是知识产权强国建设的重要任务之一。我国1997年颁布《中华人民共和国植物新品种保护条例》,建立植物新品种保护制度;1999年,加入国际植物新品种保护联盟(UPOV);2015年,《中华人民共和国种子法》增设植物新品种保护专章。随着我国种业快速发展,特别是种业振兴行动深入实施,该条例的部分条款已不能适应新形势、新要求,迫切需要从制度上提高植物新品种保护水平,加快推进种业自主创新和原始创新。本次条例修订全面衔接落实新修改种子法,打通植物新品种权创造、运用、保护、管理和服务全链条,更大力度加强植物新品种权保护,提升植物新品种和种业国际交流合作水平,为加快实现种业振兴提供了有力的制度保障。

3. 联合印发《关于加快推动知识产权服务业高质量发展的意见》

国家林业和草原局与国家知识产权局等17个部门联合印发《关于加快推动知识产

权服务业高质量发展的意见》(国知发运字〔2022〕47号)。其中明确，到2030年，知识产权服务业专业化、市场化、国际化水平明显提升，基本形成业态丰富、布局合理、行为规范、服务优质、全链条贯通的知识产权服务业高质量发展格局，成为加快知识产权强国建设和经济高质量发展的重要支撑。知识产权服务高质量、多元化供给持续扩大，从事知识产权服务的规模以上机构超过2000家，行业营业收入突破5000亿元，知识产权服务业从业人员达到150万人，执业专利代理师超过5万人，诉讼型人才超过8000人，建设一批融入产业、服务创新、辐射全国的知识产权服务业集聚发展示范区。

4. 推动建立林草实质性派生品种（EDV）制度

2022年7月，林草新品种分子测试技术研讨会在中国林业科学研究院举办。有关专家针对分子技术在植物新品种保护领域的应用、推动实质性派生品种制度落地实施展开讨论，专家建议建立林草实质性派生品种制度。

2022年3月1日，新修改的《中华人民共和国种子法》正式施行，提出建立实质性派生品种制度。实质性派生品种制度主要是为了进一步鼓励育种原始创新，减少模仿性、修饰性育种。为了促使制度落地实施，需要在申请测试授权、进入市场、侵权维权等环节进行规范，品种权交易平台、品种价值评估体系等机制体系助力新品种产业发展也需进一步研究。

国家林业和草原局科技发展中心（植物新品种保护办公室）力争在技术上、流程上、制度上层层突破，运用合适技术手段，推动实质性派生品种制度落到实处，对实质性派生品种（EDV）制度实施步骤和办法作出规定，更好地激励原创育种和原始创新。(陈光、段经华、柳玉霞)

加强林业和草原植物新品种权受理和审查工作

国家林业和草原局植物新品种保护办公室推进新品种授权智能化、便利化改革。坚持依法行政，按照国务院“放管服”改革要求，全力做好林草植物新品种审批工作，持续优化审查流程，提高林草植物新品种权审查效率。升级优化“林草植物新品种保护管理系统”，完善数据库，实现植物新品种权在线申报、在线审查、在线通知等功能，努力做好主动服务、及时服务和规范服务，全面提升了林草植物新品种受理审查的工作效率和服务水平。2022年，林草植物新品种初步审查时间由规定的6个月压缩至50天以内。完成已授权品种性状描述数据库系统设计与初步开发，按属（种）分类整理完成1200份已授权品种数据。

2022年，国家林业和草原局植物新品种保护办公室共受理国内外林草植物新品种权申请1828件，完成品种权申请初步审查1809件并公告，反馈修改意见1800次，初步审查反馈意见时间压缩至15天以内。

2022年，完善林草植物新品种现场审查专家库，新增现场审查专家18人，专家库总人数达到232人，进一步分类细化了审查专家擅长的属种及专业领域等信息，为科学高效组织开展现场审查工作提供支撑。中国林业科学研究院林业研究所、中国林业科学研究院亚热带林业实验中心、中国林业科学研究院亚热带林业研究所、黑龙江省林业科学研究所和江西省林业科学院等作为植物新品种实质审查组织单位，进一步完善了专家抽取和现场审查制度，提高了审查结果的严谨性、科学性和准确性。2022 年，克服新冠疫情影响，安全高效组织专家完成植物新品种现场审查任务，组织完成植物新品种实质审查 684 件，其中，现场审查 420 件，田间测试 264 件，测试任务完成量创历史新高，较 2021 年增长 22%。联系日本植物新品种权管理机构购买测试报告 3 份，更好地适应了林草植物新品种申请量大幅增加的需求，为品种权申请人提供优质服务。

2022 年，国家林业和草原局发布授权植物新品种公告 2 批共 651 件，完成了 651 件品种权证书的制作、盖章和登记发放工作。对品种权申请、初审、授权及其他事项及时在“林草植物新品种保护网站”上公告，共发布了申请公告 6 批，申请撤回公告、品种名称变更公告、实质审查驳回公告、申请人变更公告、品种权人变更公告、品种权转让公告等事务公告 6 批，植物新品种授权公告（国家林业和草原局公告）2 批，确保了林草植物新品种审批和授权的公开、公正，审批规范、高效，接受社会的监督。作为国家履行 UPOV 公约和林草植物新品种权审批机关的一项重要的基础性工作，2022 年林草植物新品种权审批工作朝着更加标准化、规范化和制度化方向发展，大幅度提高了植物新品种的审查和授权效率，落实“快保护”要求，得到新品种申请人的广泛好评。

截至 2022 年年底，国家林业和草原局植物新品种保护办公室共受理国内外植物新品种申请 8836 件，授予植物新品种权 4055 件。

2022 年，国家林业和草原局植物新品种保护办公室向 UPOV 提供了迄今为止最全的林草植物新品种保护名录信息，包含 8 批 293 个品种的中文名称、学名、UPOV 编码、常见英文名称等，完成了向 UPOV 报送我国 2021 年度林草植物新品种申请、授权、品种权统计等 4 类数据的工作，向 UPOV 新品种数据库填报了 761 件授权品种的详细信息，包括数据的整理、翻译和数据报送，以实现林草授权植物新品种数据的全球共享。（陈光、段经华、刘源）

推进林业和草原生物遗传资源多样性调查与评价工作

为加强林业和草原生物遗传资源评价工作，提高林草遗传资源的保护和利用效率，2022 年国家林业和草原局科技发展中心继续开展重要林草遗传资源多样性评价工作，重点开展了 21 个种属林草遗传资源遗传多样性调查与评价工作，其中，2022 年新增项目 11 项，2021 年启动并延续项目 10 项，涉及我国珍贵硬皮树种赤皮青冈、名贵香料沉香木、特有濒危植物血皮槭等遗传资源，通过调查掌握重要林木遗传资源分布及收集、保存情况，研究建立遗传进化关系、观赏价值、应用价值和生态适应性的多样性分析与综合评价体系，提出遗传资源保护措施，挖掘特色基因并进行功能鉴定，明确遗传资源下一步开发和利用方向，为优良新品种选育提供特色育种材料，助力我国生态建设目标和乡村振兴战略实施。

2022 年，由北京市农林科学院承担的“盐生野大麦资源遗传多样性调查与评价”和“我国珍稀、濒危及特有百合属资源遗传多样性评价”项目通过了国家林业和草原局科技发展中心会同北京市园林绿化局组织的验收。

1. 盐生野大麦资源遗传多样性调查与评价

该项目由北京市农林科学院生物技术研究所承担，共搜集、保存和评价野大麦资源111份，首次开发出野大麦资源甄别真伪的实用表型标记，筛选鉴定野大麦核心种质资源13份，充分挖掘了其耐瘠薄和耐盐碱的关键基因，为野大麦在边际土地和盐碱地中的利用和改良奠定了重要基础。

2. 我国珍稀、濒危及特有百合属资源遗传多样性评价

该项目由北京市农林科学院草业花卉与生态景观研究所承担，开展了较为系统和全面的百合属资源调查，收集保存了我国百合属珍稀、濒危及特有种428份，国外野生资源15份。建立了基于组织培养、常低温和资源圃的“三位一体”资源保存体系，首次利用叶绿体基因组开发了适用于区分百合属不同种的DNA条形码，为百合属种质资源的鉴定、保护和种质创新提供了有力工具。（李启岭、杜冉）

开展中国专利奖组织推荐工作

根据国家知识产权局关于组织推荐中国专利奖的通知要求，国家林业和草原局科技发展中心积极组织中国专利奖林业项目的推选工作，强化知识产权保护和运用工作导向，通过积极动员、广泛征集、公平筛选，挑选出林业行业对技术创新及经济社会发展具有突出作用的林业专利，参加中国专利奖评选。2012—2022年共有33项林业专利荣获中国专利优秀奖，有效激励了林业科研创新主体和发明人，有利于促进林业科技自主创新，增强林业核心竞争力。

1. 中国专利奖的组织和推选工作

国家林业和草原局科技发展中心根据中国专利奖评选的基本条件，采用集中评审与实地调查相结合的方式，做好优秀林草专利的筛选工作，推荐工作以林草事业高质量发展为导向，优先推荐对于林草发展具有重大影响的核心技术专利，以及已经转化应用且经济社会生态效益显著的林草专利和在实际侵权案件中保护效果良好的林草专利，专家组既包括林草技术专家也包括知识产权研究人员，确保筛选工作的公平、公正。

通过媒体报道、网站宣传和出版书籍等多种形式，对林草专利获奖情况进行宣传，每年及时将林草专利获奖情况在国家林业和草原局政府网、中国林业知识产权网和《中国绿色时报》上公布，并将重点内容收录到《中国林业和草原知识产权年度报告》中，增强了林草企事业单位对中国专利奖评选的关注，提高了自主创新的积极性，提升了林草行业的知识产权保护意识。同时，将中国专利奖的推选工作与林草知识产权试点示范、林草专利产业化推进、林草知识产权宣传周等各项工作相结合，扩大中国专利奖组织推选工作的影响力。

2022年9月，根据国家知识产权局《关于评选第二十四届中国专利奖的通知》（国知发运函字〔2022〕134号）和《中国专利奖评奖办法》（知办发管字〔2018〕20号），国家林业和草原局科技发展中心发布《关于组织申报第二十四届中国专利奖的通知》，各单位推荐工作应以林草高质量发展为导向，优先推荐基础研究、应用基础研究、突破“卡脖子”技术难题等方面形成的核心专利，并组织进行林草专利项目申报。在积极动员、广泛征集的基础上，严格按照申报程序、参评条件等要求对申报的专利项目进行专家评审、推荐和公示，国家林业和草原局推荐了中国林业科学研究院木材工业研究所的“一种木材识别方法及系统”（ZL201810830841.3）和中国林业科学研究院林产化学工业研究所的“植物油基阻燃多元醇及其制备方法和应用”（ZL201410840737.4）2 项林草发明专利项目上报国家知识产权局，参加第二十四届中国专利奖评选。

2. 4 项林草专利荣获第二十三届中国专利优秀奖

2022 年 7 月 22 日，根据国家知识产权局关于第二十三届中国专利奖授奖的决定（国知发运字〔2022〕31 号），共有 4 项林草专利荣获第二十三届中国专利优秀奖，分别是北京航天泰坦科技股份有限公司的发明专利“基于一张图的林业大数据建设方法”，南兴装备股份有限公司的发明专利“木材加工中心的机头结构”，苏州宝时得电动工具有限公司的发明专利“智能割草机”，广东华凯科技股份有限公司的发明专利“一种带有导辊的成型装置的全自动纤维板生产线”。这 4 项获奖专利的质量和创新水平高、实用性强，为专利权人赢得了显著的经济效益和市场竞争力，表现出很强的创新发展优势（表 1）。

表 1　2022 年中国专利优秀奖——林草项目

序号	专利号	专利名称	专利权人	发明人
1	ZL201610911852.5	基于一张图的林业大数据建设方法	北京航天泰坦科技股份有限公司	谭靖、李莹、彭松、张富华
2	ZL201410594950.1	木材加工中心的机头结构	南兴装备股份有限公司	邓金贵、邱宇、董慧涛、赵莉莉、黄剑锋、王勇
3	ZL201510657242.2	智能割草机	苏州宝时得电动工具有限公司	冉沅忠、杜江、孙云红
4	ZL201610778516.8	一种带有导辊的成型装置的全自动纤维板生产线	广东华凯科技股份有限公司	刘伯健

“基于一张图的林业大数据建设方法”（ZL201610911852.5）发明专利公开了一种基于一张图的林业大数据建设方法，包括 S1. 数据整合；S2. 数据融合；S3. 按照预定策略对融合后的数据进行审核和质量检查；S4. 按照预定的关系数据库的关系将林业数据拷贝入数据库。该方法实现了林业数据的结构化处理，提高了林业数据的存储和读取效率，有利于数据挖掘和分析，消除了林业数据的信息孤岛。

“木材加工中心的机头结构”（ZL201410594950.1）发明专利公开一种木材加工中心的机头结构，包括基座、铣削机构、钻削机构、铣削吸尘机构和钻削吸尘机构；该铣削机构的电主轴由第一电机独立拖动第一丝杆带动而沿 Z 向往复运动；该钻削机构的排钻座由第二电机独立拖动第二丝杆带动而沿 Z 向往复运动，借此，机头的电主轴和排钻座在 Z 向各自由不同的驱动装置实现驱动，铣削机构和钻削机构各自单独调节 Z 向移动距离，不需相互牵制，避免干涉，可增加丝杠的使用寿命，同时节约电能；此外，在铣削机构和钻削机构分别做相应的独立运动时，与此相对应的铣削吸尘机构和钻削吸尘机构分别开始工作，分别在铣削加工区域和钻削加工区域形成两个独立的吸尘区域，可吸走大量灰尘。该发明应用于“铣削加工中心”，解决了传统木材加工中心机头存在的结构不合理、控制困难、丝杆寿命短、吸尘效果不佳等关键性、共性技术难题，极大地降低了人工成本和出错率，提高了生产效率，实现规模化生产。

"智能割草机"（ZL201510657242.2）发明专利涉及一种割草机，包括切割机构（用以执行切割作业）、机身（设置有侧部防护，位于切割机构的侧方，以在所述切割机构的侧方建立防护屏障）和底部防护（位于所述切割机构的下方，以在所述切割机构的下方建立防护屏障，其中，所述底部防护上开设有进草口）。上述割草机，侧部防护可以防止人体自切割机构的侧方接触到切割机构，底部防护可以防止人体自切割机构的下方接触到切割机构，且底部防护上设有进草口，使切割能够顺利进行，底部防护的设置还使得侧部防护与切割机构可以设置为尽可能地靠近割草机的外侧，从而实现对草坪边缘的切割，由此能同时满足切割和安全要求。

"一种带有导辊的成型装置的全自动纤维板生产线"（ZL201610778516.8）发明专利涉及纤维板生产设备，包括由传输系统依次连接的圆网成型器、湿板成型装置、第一阶段处理装置、第二阶段处理装置和成品处理装置，湿板成型装置包括机架和固定于机架上的成型缸、传送辊台、沟纹辊和导辊装置；成型缸固定于机架的立柱，沟纹辊设置于成型缸的下方，并与成型缸接触压紧形成第一接触面 A；导辊装置固定于机架的基座上，且平行于成型缸的径向，并与成型缸接触压紧形成第二接触面 B；本发明所述湿板成型装置中的导辊装置形成对湿纸板的预压作用，使湿纸板传送的紧度更高，降低了生产线的故障率、保持了纤维板生产的稳定顺畅，提高了生产的连续性和稳定性，保证了纤维板的生产质量。

中国专利奖是中国唯一的专门对授予专利权的发明创造给予奖励的政府部门奖，已被联合国世界知识产权组织（WIPO）认可，在国际上具有一定的影响。中国专利奖由国家知识产权局于 1989 年设立，已评选了 24 届，从 2009 年第 11 届起，中国专利奖评选周期由每 2 年 1 届改为每年 1 届。为了更好地发挥专利奖的导向作用，国家知识产权局完善了中国专利奖评选办法和评奖指标。新的评奖办法更加强调评选的科学性，扩大了社会的参与面，在评价内容上进一步突出了专利的质量导向，更加注重专利的技术先进性，强调专利运用的实际效益及其对经济社会发展的贡献和对行业发展的引领作用。中国专利奖的公信力、权威性、代表性和影响力日益增强，目前已成为推进中国知识产权事业发展的重要平台，对引领创新驱动发展、推动知识产权强国建设发挥了积极作用。（王地利、王忠明）

推进林业和草原科研院所知识产权工作

为贯彻落实《知识产权强国建设纲要（2021—2035 年）》和《"十四五"国家知识产权保护和运用规划》，深入实施知识产权强国战略，强化知识产权保护和运用，加快建设知识产权强国，充分发挥知识产权对推进林草现代化建设的支撑和保障作用，按照国务院知识产权战略实施工作部际联席会议办公室《关于印发〈知识产权强国建设纲要和"十四五"规划实施年度推进计划〉的通知》（国知战联办〔2021〕16 号）部署要求，国家林业和草原局科技发展中心，扎实推进林草知识产权的重点分工任务，以激励林草科技创新，增强行业核心竞争力，切实提升林草知识产权创造、保护、运用、管理和服务水平。

国家林业和草原局推进林业和草原科研院所和高等院校知识产权工作，完善知识产权管理政策和激励机制，创新知识产权转让和许可模式，促进知识产权成果创造和转化运用。2022 年，国家林业和草原局信息中心、中国林业科学研究院和国际竹藤中心的林业和草原知识产权工作取得了较好成绩，提升了林业和草原知识产权的综合能力和水平，促进了林业和草原产业高质量发展。

1. 国家林业和草原局信息中心

国家林业和草原局信息中心积极贯彻落实国家知识产权战略，加强林业和草原知识产权宣传与媒体报道，高度重视软件正版化指导、管理和检查。2022 年，国家林业和草原局将使用正版软件作为重要职能纳入局网络安全和信息化工作领导小组的职能范围，局领导多次作出指示批示，带头签署《使用正版软件承诺书》。2022 年 8 月，制定出台了《国家林业和草原局关于进一步加强网络安全和信息化工作的意见》，对软件正版化工作做出明确要求，组织召开了使用正版软件动员部署会议，统筹协调、指导督促加强软件正版化工作。2022 年，机关全体干部签署了《使用正版软件承诺书》，全员安装了正版软件检查工具，开展了 5 轮次自查工作，累计扫描终端 1095 台，及时卸载盗版软件，对问题计算机进行了断网清理，切实加强了日常检测和管理，通过了国家版权局的现场检查。建立了局电子政务外网、电子政务内网、互联网正版软件登记台账，实现了局电子政务外网、电子政务内网软件正版化率 100%。

2. 中国林业科学研究院

中国林业科学研究院加强对知识产权工作的科学管理和服务，以质量和价值为标准，提升知识产权技术实施和转化应用的比重，同时，加强基础研究，强化原始创新、集成创新和引进消化吸收再创新，完善有利于激励创新的知识产权归属制度。根据国家知识产权局《关于规范申请专利行为的办法》等要求，结合全院各所（中心）实际情况，修订有关知识产权管理办法，做好知识产权保护工作。积极参加第 22 个世界知识产权日活动，组织各所（中心）有关人员收看 2022 年中关村知识产权论坛《知识产权强国建设》公益大讲堂系列节目。完成北京市专利局和海淀区政府授予中国林业科学研究院知识产权运营办公室的日常工作，参加 2022 年知识产权运用工作专题培训、知识产权保险试点培训，2022 中国海淀高价值专利培育大赛、先使用后付费专利许可等专利运营先行先试相关政策的解读说明培训，完成海淀区专利局征集海淀区高新技术企业技术需求，对接企业和科研团队，组织在京各所（中心）申报北京市专利运营转化项目。组织有关人员参加北京市专利局召开的高校、科研院所专利信息专题培训会以及中国知识产权研究会举行的高校、科研院所科技成果转化政策解读研讨会，参加国家林业和草原局科技发展中心主办的林草新品种及知识产权保护与管理培训班。

中国林业科学研究院十分重视科技成果转化和知识产权运营工作，对全院自主研发的新品种、新技术以及好的工作经验、模式等都积极做好宣传推广工作。2022 年，中国林业科学研究院共签订专利运营合同 70 项，合同金额 2227 万元，到账金额 1112.8 万元。涉及低碳、环保、清洁生产、木材加工等领域，技术推广转化至江苏、安徽、深圳、新疆、广西、福建等省份和地区，有效推动了区域经济发展。如中国林业科学研究院林产化学工业研究所的“植物油基阻燃多元醇及其制备方法和应用”

（ZL201410840737.4）专利技术实现转化运用，利用桐油、蓖麻油等非食用油脂特殊天然结构，突破植物油定向改性，阻燃基团高效引入及协同增效等关键技术，创制出结构阻燃型植物油基多元醇及聚氨酯泡沫保温材料等深加工产品，所制备的植物油基多元醇及聚氨酯材料具有优异阻燃性和力学性能，氧指数可达30%以上，具有燃烧时制品不滴液、保持形状、烟密度小等优点，突破了产业化制备关键技术。目前，已建成千吨级阻燃多元醇合成装置2套、年产30万立方米聚氨酯泡沫板材连续生产线4条。相关技术成功地在韩国及国内江苏、山东等多家企业进行了推广与应用，近3年销售植物油基多元醇近4万吨、聚氨酯泡沫材料250多万平方米，新增销售额13.6亿元，新增利润1.29亿元。该专利技术紧扣国家“双碳目标”、乡村振兴、战略新兴产业等重大需求，显著提升了木本油脂、废弃油脂等非食用油脂资源的高效高值深加工利用，带动整个产业链提质升级，增加下游产业的就业岗位和农民收入，具有较好的社会效益和生态效益。

3. 国际竹藤中心

国际竹藤中心完善知识产权工作考评机制，新修订的《国际竹藤中心知识产权管理办法（修订稿）》《国际竹藤中心科技成果转移转化项目管理暂行办法》对知识产权的权属、管理、保密、奖励与惩罚等方面做了更详尽的规定；同时，通过《国际竹藤中心“十四五”发展规划》，对知识产权宏观统筹规划，切实做好中心知识产权保护工作。通过建立科学的考核评价体系，形成有效的激励机制，促进自主创新工作的发展。对在知识产权申请、实施、管理等工作中做出重要贡献的人员，予以表彰和奖励。

国际竹藤中心以项目为载体，不断加强竹藤产业关键技术研发，并采用建立推广示范、开展技术培训、编写技术资料等形式，大力推广竹藤质新材料新技术，做好辐射带动示范作用，加强竹藤科技成果的转化与应用，促进竹藤产业转型升级。2022年，新增科技成果转移转化横向项目9项，总经费达1369万余元，全年动态管理在研科技成果转移转化项目31项，其中，7个项目顺利完成。涉及竹藤生物质新材料、竹产业发展战略规划、竹产品品牌发展等多个领域，促进了竹藤产业内科技与经济的结合、提升了我国竹藤产业的核心竞争力，产生了积极的经济和社会效益。

国际竹藤中心以科技成果和专利技术为依托，达成多项合作项目，广泛开展合作交流和技术服务，支持地方竹产业发展。在继续做好与永安、黄山、宜兴、咸宁等基地科技合作的基础上，先后接待四川乐山市、青神县、江西崇义县等人民政府及贵州省林业局、广西壮族自治区林业局、中国科学技术交流中心等单位和一些企业的来访，与安徽省金寨县人民政府签署了产学研合作协议。

国际竹藤中心以科技下乡、科技活动周、科普宣传月、农高展、研修班等为契机，采取多种形式开展知识产权宣传教育活动，强化林草科技成果转化，提升林草科技扶贫、科技培训，完善林草知识产权科技创新体系，推进林草高质量发展。（陈光、王地利）

开展林业和草原重点领域专利分析研究

专利文献的内容分析服务可以为科技创新寻找技术解决方案，使技术创新获得灵感，并能提高技术创新和科研的起点，同时避免重复研究从而节约经费。因此，整合全球林业和草原专利信息资源，利用科学的专利分析方法挖掘全球林草技术情报，不仅能为林草技术创新指明方向，而且还能为国家政策制定、林产品国际贸易和国际谈判提供技术支撑。

国家林业和草原局知识产权研究中心引进了智慧芽（Patsnap）专利分析系统和德温特数据分析软件（Derwent Data Analyzer，DDA）等专利分析工具，建成了集专利检索、管理和分析功能于一体的林草专利信息预警分析系统，采用智能化的数据挖掘技术和先进的可视化技术，可自动进行几十种重要的专利分析，自动生成近百种统计图表，并可实时监测和分析国内外林草行业相关领域的专利动态变化，为林草专利预警分析研究提供了基础数据分析平台。

国家林业和草原局知识产权研究中心针对林草行业容易遭到国外专利壁垒的重点林产品领域进行了动态跟踪和调查，对专利数据做统计和分析，聘请技术专家全程参与，采用定量和定性相结合的分析方法，建立了一套科学、严谨的重点出口林产品领域的知识产权预警指标体系和应急机制。运用数据挖掘技术和可视化技术，从海量、异构、分散的专利数据中挖掘和分析隐含的规律和发展趋势，掌握目标技术的专利分布情况和发展趋势、主要竞争对手和近年来的研究热点，剖析技术发展重点及空白点，判定知识产权风险及被侵权嫌疑，查明该领域现有专利的法律状态，重点防范已授权专利，密切关注已公开专利，积极利用失效专利，提出应对措施和方案，增强知识产权预警能力，为政策制定和破解林产品出口的技术贸易壁垒提供支撑。

2022 年，组织开展了日本森林研究与经营机构、森林病虫害、植物保护、草坪栽培、杜仲、植物体细胞胚胎发生等专利分析研究。

1. 日本森林研究与经营机构专利分析

日本森林研究与经营机构的专利申请量自 2011 年以来保持较为平稳的趋势，年均申请量和授权量约为 10 件；从专利布局来看，海外专利占比 23%，涉及 72 个国家和地区，美国和欧洲专利布局最多，其次是中国、加拿大、马来西亚、印度尼西亚、韩国；专利涉及的技术领域主要包括微生物和酶、园艺和植物栽培、木材干燥、木材加工、动植物体的保存、天然高分子化合物的衍生物。专利文本涉及主要关键词包括木质素、木质材料、黏合剂、衍生物、木质纤维素、转化体、建筑材料、粘康酸内酯、引诱剂、培养基、生物质、松材线虫、针叶树、微生物、活性成分、热压设备等。

2. 森林病虫害专利分析

森林病虫害专利量最多的是中国、日本和美国，其他国家拥有的专利量较少；专利申请人主要来自日本和美国，排名前 3 位的申请人均来自日本，分别是日本农药株式会社、日产化学工业株式会社、住友化学株式会社。中国申请人虽然总体专利数量较多，但是技术分布较为分散，且中国申请人仅在部分技术分支中技术实力突出，综合实力仍相对较弱。专利文本涉及主要关键词包括杀虫剂、化合物、组合物、衍生物、稠合杂环、氧化物、活性成分、有效成分、生物防治、诱虫灯等。

3. 植物保护专利分析

植物保护专利量最多的国家是中国，其次是日本、美国和韩国，其他国家拥有的专利量较少；专利量排名前 10 位的申请人中，日本 5 个，中国 3 个，欧洲 1 个。排名第 1 的是日本关农机株式会社，专利主要涉及植物保护相关机械，包括播种机和移植机等；排名第 2 的是比利时西海纳特省农业大学，专利主要涉及植物病虫害防治；

排名第3的是日本株式会社久保田，专利主要涉及植物保护相关机械，包括表土疏松机、播种机和移植机等。专利文本涉及主要关键词包括病虫害、种植方法、栽培方法、农作物、喷洒装置、园林绿化、农药喷洒、安装板、支撑板、支撑杆、除草剂、组合物等。

4. 草坪栽培专利分析

草坪栽培专利量最多的国家是中国；其次是日本、美国、德国、韩国和法国；排名前10位的申请人均来自中国，其中4个为高校，3个为公司，2个为科研机构，1个是个人申请人。排名第1的是蒙草生态环境（集团）股份有限公司，专利主要涉及草坪建造及修复养护方法；排名第2的是黑龙江省科学院自然与生态研究所，专利主要涉及提高草坪植被固碳量的方法；排名第3的是农业农村部环境保护科研监测所，专利主要涉及通过不同花草等植物的形态结构和生态功能的科学合理搭配的栽培方法从而实现草坪养护。专利文本涉及主要关键词包括生态修复、种植方法、生态护坡、种植区、基质层、盐碱地、混凝土、植被恢复、植物生长、构建方法、土壤层、栽培方法等。

5. 杜仲专利分析

杜仲2015年至今的专利申请量和授权量相对平稳，年均申请量和授权量约为120件和50件；拥有专利量最多的是中国，其次是日本和韩国，其他国家拥有的专利量较少；专利申请人主要来自中国和日本。专利量排名第1的是河南恒瑞源实业有限公司，专利主要涉及利用杜仲生产杜仲胶、杜仲油和活性炭的方法，排名第2的是吉首大学，专利主要涉及杜仲食品饮料的制备方法及杜仲栽培繁育方法；排名第3的是山东贝隆杜仲生物工程有限公司，专利主要涉及杜仲为原料的组合物、食品制备以及杜仲种植播种装置。专利涉及的技术领域主要是传统草药的未确定结构的药物制剂、茶及其配制品、食品和营养制品及其制备、天然橡胶的组合物。专利文本涉及主要关键词包括杜仲叶、提取物、组合物、活性成分、绿原酸、杜仲籽油、有效成分、提取液、混合物、提取方法、加工方法、饲料添加剂、中草药、保健茶、种植方法等。

6. 植物体细胞胚胎发生技术专利分析

植物体细胞胚胎发生专利主要集中在中国、美国和加拿大三国手中，2010年以前以美国和加拿大申请为主，2010年以后以中国为主；专利申请人主要来自中国、加拿大、美国、瑞典，国外专利申请人以企业为主，中国则以高校和科研机构为主，排名前3位的分别是加拿大CELLFOR公司、美国ARBORGEN公司、南京林业大学；专利许可备案共有11次，许可人均为南京林业大学，许可的专利共3件，为CN106688895B（一种利用水杨酸进行杂交鹅掌楸体胚发生的方法）、CN104293808B（一种杂交鹅掌楸*LhMKK2*基因及其表达蛋白和应用）、CN106962191B（一种利用茉莉酸甲酯进行杂交鹅掌楸体胚发生的方法）。专利文本涉及主要关键词包括体细胞胚、培养基、植物体、体细胞、细胞胚、胚胎发生、胚性愈伤组织、诱导培养基、植物胚胎、针叶树、外植体、混合物、遗传转化、培养方法、增殖培养基、萌发培养基、营养素、氨基酸、未成熟、休眠状态、愈伤组织、组织培养等。

2022年，继续开展我国主要优势经济林树种论文与专利分析，选择《全国优势特色经济林发展布局规划（2013—2020年）》确定的5个优势经济林，包括油茶、核桃、板栗、枣、杏作为研究对象；采用定量与定性相结合的方法，包括发展趋势分析、申请人分析、地域分析、技术分类分析、引证分析、同族分析、法律状态分析、诉讼专利分析等，旨在全面掌握这些优势经济林树种的科学和技术发展现状，发掘核心技术和关键技术点，为相关政府部门、科研单位和企业的政府决策和技术创新提供参考。2022 年 12 月，《我国主要优势经济林树种论文与专利分析》由中国林业出版社正式出版发行。（马文君、王姣姣、李博）

开展国际林业和草原知识产权动态跟踪与履约研究

国家林业和草原局知识产权研究中心跟踪世界各国林草知识产权动态，重点开展国内外植物新品种保护、林业生物遗传资源获取与惠益分享的现状和发展趋势研究，组织专家进行信息采集、分析、翻译、编辑整理和综述，形成研究报告，提供林业知识产权信息服务，为国际履约和谈判提供了技术支撑。2022 年，开展了 UPOV 1991 年文本的社会效益、巴基斯坦地理标志法、美国植物新品种常见问题、加拿大植物育种权利制度、全球遗传资源获取和惠益分享项目概况、欧洲森林遗传资源战略概况、挪威森林遗传资源状况、塞尔维亚植物遗传资源现状、日本林木遗传资源保护等研究。

1. UPOV 1991 年文本的社会效益

UPOV 1991 年文本表明，其目的不仅仅只是加强育种者的权利，而是通过增加新的改良植物品种的可用性，使 UPOV 公约更有效地为社会带来效益。例如，在 1991 年文本中引入了“育种者”（“breeder”）和“品种”（“variety”）的定义，确保公约能提供保护，可以作为植物育种的激励措施。“育种者”的定义意味着仅仅发现或找到植物品种不会使一个人有资格获得保护。“品种”的定义意味着一个品种要受到保护，必须与任何其他众所周知的品种有明显的区别——而不仅仅只是符合保护标准的品种。此外，保留了“育种者豁免”（“breeder’s exemption”），这意味着将受保护品种用于育种目的不需要育种者的授权。这一豁免最大限度地促进了植物育种的发展，体现了适当保护那些为社会带来最大效益的育种者的愿望。

UPOV 成员实施 1961 年和 1978 年文本的经验表明，需要更有效的保护以鼓励植物育种。考虑到成功开发一个植物品种所需要的时间和成本，1991 年文本将最短保护期限从 15 年延长到 20 年（树木和藤本从 18 年延长到 25 年）。1978 年文本没有要求 UPOV 成员为所有植物属种提供保护，而这成为 1991 年文本的一项要求。UPOV 成员寻求保护的植物属种数量不断增加，目前已达到 4000 多个，这表明已经实现了育种和植物品种的巨大多样性。1991 年文本还澄清了这项权利的范围以及农场保存种子的例外情况，这对农业作物的植物育种投资产生了更大的激励。此外，1991 年文本还明确：如果通过未经授权使用繁殖材料来得到收获材料，并且如果育种者没有合理机会行使其对繁殖材料的权利，则可以通过扩大育种者对收获材料的权利来实现更有效的保护。

1991 年文本中最重要的变化之一是引入了实质性派生品种（EDV）的概念，目的是确保鼓励长期、可持续的植物育种，为农民和种植者提供高质量的品种。尽管实质性派生品种的概念是在 1991 年引入的，但时至今日 UPOV 仍在对其进行积极地讨论。育种技术的发展是实质性派生品种被日益关注的一个触发因素，但水果和观赏植物突变这一长期存在的问题也推动了讨论，因为植物育种家强调了对这一概念的明确指导的必要性，以便能够做出投资决策。

1991 年文本的覆盖范围不断扩大，截至 2021 年 12 月 3 日，在 UPOV 公约 78 个成员中有 61 个成员加入 1991 年文本。与此同时，UPOV 成员开发并获得保护的品种数量也增长强劲。

自 UPOV 系统引入以来，它一直是一种为农民在园艺行业提供重要收入的机制。肯尼亚作为 UPOV 成员，UPOV 为其提供了获取玫瑰精英品种的机会，这些品种使肯尼亚能够发展价值 5 亿美元的切花产业，雇佣 50 万名肯尼亚人。在哥伦比亚，UPOV 制度极大地促进了包括花卉栽培在内的各个行业的发展。据哥伦比亚花卉出口商协会（Asocolflores）称，哥伦比亚花卉行业为超过 20 万人创造了就业机会。

2. 加拿大植物育种权利制度

加拿大于 1990 年颁布了《植物育种者权利法》（PBRA），并于 1991 年成为 UPOV 成员。在加拿大《植物育种者权利法》下，植物新品种保护是自愿的，寻求这种保护是育种者的责任。如果想获得植物育种权，育种者所培育的植物品种与参考品种相比必须具有新颖性、特异性、一致性和稳定性。加拿大和美国在植物新品种知识产权上的一个关键区别在于，在加拿大，活的有机体或“高等生命形式”不能申请专利。虽然加拿大育种者没有机会为其育种工作的最终产品（即植物新品种）申请专利，但关于蛋白质、基因和细胞的专利所提供的保护使育种者有可能在不能为最终产品本身申请专利的情况下对培育最终产品（植物新品种）的方法申请专利。如果不能为开发新品种的过程申请专利，那么新品种保护的范围则仅限于植物新品种权。在加拿大以及许多国家，这种区别的主要原因之一是出于对生命所有权的伦理性考虑。对该体系的一个普遍的批评意见是植物新品种权不太可能达到专利的覆盖水平，因为它们特定于单个品种，而不包括新的植物育种技术。

2015 年，加拿大在《农业发展法》中更新了其植物新品种权制度的结构，以与 UPOV 1991 年文本保持一致。UPOV 1991 年文本包含了为植物育种者提供更强保护的新元素。在进行修订之前，加拿大是仅有的 3 个未批准通过 UPOV 公约最新文本的发达国家之一，另外 2 个国家是新西兰和挪威。公约最新文本的通过使加拿大的立法与主要贸易伙伴和国际竞争对手的立法取得了一致。加拿大政府在 2014 年曾表示，采用 UPOV 1991 年文本的目的是创造一个鼓励投资植物育种的环境，重点是鼓励私营部门的投资，继而向农民提供新的创新植物品种并增加获得外来品种的机会。加拿大在 2015 年修订立法的另一个目的是提高加拿大在全球农业市场上的竞争力。

2015 年，加拿大对《植物育种者权利法》的修订意义重大。根据新的法规，植物育种者可以在提交新品种权申请之前的 1 年内在加拿大境内销售新品种，也可以在提交申请之前的 4 年内在加拿大境外销售新品种，以测试市场、做广告或增加库存。对于木本植物和藤本植物，这一期限延长至 6 年。木本植物和藤本植物的保护期限从 18 年延长至 25 年，其他植物品种的保护期限延长至 20 年。权利人拥有的专有权范围也扩大到包括繁殖材料的复制、出口、进口、检验和储存。

在加拿大《植物育种者权利法》中，对育种者专有权有 2 项主要豁免。第 1 项豁免被称为“农民特权”，即允许农民在自己的土地上保存和播种自有的受保护品种的种子。UPOV 1991 年文本的缔约国可以自由选择是否支持“农民特权”，或对此施加进一步的限制。加拿大新修订的《植物育种者权利法》是支持“农民特权”的，但今后将取消“农民特权”的潜在可能性引起了一些农民和生产者团体对新法规的担忧。育种者专有权的另一个重要例外是所谓的“研究豁免”，即允许研究人员在没有许可或协议的情况下使用受保护的品种来创造和商业化新品种。公共和私营研究部门都对研究豁免持赞同态度，因为它在奖励创新和以对社会有益的方式使用新品种之间带来了平衡。

3. 欧洲森林遗传资源战略

遗传资源是所有生物多样性的关键要素。在《生物多样性公约》中，“遗传资源”是指“具有现实或潜在价值的遗传材料”。森林遗传资源包括种子、立木和整个森林中的植物品种和群落内部及其相互之间固有的遗传多样性。森林遗传资源对于实现当前和今后的生态、经济和社会目标具有重要意义。欧洲森林遗传资源保护和可持续利用对于《欧洲绿色协议》《欧盟生物多样性战略》《2030 年欧盟森林战略》以及欧洲森林保护部长级会议的承诺都至关重要。

《欧洲森林遗传资源战略》是“欧洲森林遗传资源计划”在改善欧洲森林遗传资源保护和可持续利用方面的一项协调合作工作。这个战略超越了目前各国各自为战的工作方式，其内容不仅包含森林遗传资源的保护，还包含森林遗传资源的可持续利用。该战略为使受保护的森林遗传资源更准确地标记和分类工作引入了新的关键元素，同时也强调了推广科学知识、在政策层面上确定合作行动原则的必要性，并且就未来的行动和在不同机构及国际组织之间开展合作等方面提出了建议。

《欧洲森林遗传资源战略》提出了几项与森林遗传资源特性描述相关的建议，这有助于识别威胁并为森林遗传资源的保护和可持续利用提供基本信息。这些特性包括植物物种的多样性和林分的多样性，后者也可以提供关于单株树木的信息。目前，在欧洲森林遗传资源信息系统（EUFGIS）中收集了林分信息，该系统是欧洲唯一的关于保护森林遗传资源的跨国信息系统。在 EUFGIS 中有来自 36 个国家 100 多个树种的 3500 多个遗传保护单位的信息，尽管其中很多林分只能提供最简单的必要信息。

《欧洲森林遗传资源战略》提出需要升级 EUFGIS，使其包括遥感信息和生态－生理以及遗传分析结果的信息。收集这些附加数据并将其添加到 EUFGIS 中需要财政上的支持，在技术上也有难度。这些附加数据可以使其特征信息的价值和效用增加。一旦将这些数据与气候数据形成关联来显示林分对环境改变的反应，其利用价值会进一步增加。将这些信息与欧洲森林繁殖材料信息系统（FOREMATIS）和欧洲森林信息系统（FISE）关联，还会更进一步提高森林数据的价值。

遗传保护单位（genetic conservation unit）是指在森林或林地上有明显界限的一个区域，在这个区域中，动态性的基因保护是针对一个或多个树种优先采用的一种管理方式。遗传保护单位也是泛欧森林遗传资源动态保护网的主要组成部分。《欧洲森林遗传资源战略》提出，遗传保护单位的范围必须扩展到涵盖尽可能多的树种遗传多样性，包括现有分布区边缘的种群，这些种群很可能预先适应不断变化的条件。监测遗传保护单位对于评估群落的现状和变化趋势具有重要意义，也可以用来指示是否需要采取积极的干预。遗传保护单位的有效管理可以维持和促进树木群落的长期进化过程，必要时可以对这些群落采取营林和造林技术措施以支持目标树木群落的遗传进程。负责遗传保护单位保护的部门需要保证森林群落在快速变化的环境下能够繁殖、发育和适应。

《欧洲森林遗传资源战略》提出，森林遗传资源的可持续利用需要在获得遗传收益、提供多种商品和服务、保持足够的遗传多样性以确保长期可持续性之间取得平衡。有关特定森林繁殖材料在不同环境中的表现信息很有价值，需要一个欧洲在线系统来整理这类信息。在促进森林遗传资源可持续利用的背景下，该系统与欧洲森林繁殖材料信息系统的结合更加重要，以便更好地为育种者、森林管理者和森林恢复从业者提供有关保护（和特征化）森林遗传资源的信息。在欧洲做出造林10亿株的承诺的情况下，这种信息的关联将有助于确定合适的种源，同时有助于森林遗传资源的保护。

《欧洲森林遗传资源战略》提出，各国应当重新评估利用非本地遗传材料的方式与方法，以更好地应对气候变化。森林繁殖材料应当根据其最初来源、种源和遗传多样性进行选择。目前所采用的越来越受到国界限制的种源区制度，可能并不适合森林繁殖材料的转移。我们应当进一步开发决策支持工具，以便做出更明智的选择。几乎可以肯定是，这项工作需要加强官方的管控和植物检疫，同时要提高记录的保存能力。有关的进一步研究将有助于增进在科学基础上的决策，植根于多样性保护的建议应当成为各地林业管理决策的主流意见，以保证森林的适应性和健康能够不断延续。

欧洲国家认识到需要通过合作来保护分布在许多国家的物种多样性，而“欧盟森林遗传资源计划”25年以来一直在支持这项工作。《欧洲森林遗传资源战略》要求在泛欧的层面上理解遗传资源保护和利用的重要性。这不仅需要成员国的持续支持，还需要确保集中融资。

4. 日本林木遗传资源保护

在日本，中央政府在各县（地方）政府及其他利益相关方合作下负责林木育种或林木遗传改良。日本林木育种中心（FTBC）一直负责着全国的林木育种工作。FTBC隶属于日本森林综合研究所，是一个国有机构（国家研究与发展机构之一）。FTBC的另一个职能是保护作为日本树木育种的重要基础的林木遗传资源。

得益于降水量大且相对潮湿的气候，日本的植被非常丰富，是世界上生物多样性的热点地区之一。日本有以各种方式利用原始林中的众多树种的传统。然而，近些年来，木材生产原料已大部分来自人工林。针叶林是日本人工林的主要树种，其中最主要的树种有7个，即日本柳杉（*Cryptomeria japonica*）、日本扁柏（*Chamaecyparis obtusa*）、赤松（*Pinus densiflora*）、黑松（*Pinus thunbergii*）、日本落叶松（*Larix kaempferi*）、库页冷杉（*Abies sachalinensis*）和远东红皮云杉（*Picea glehnii*）。前2种是柏科，其余的是松科，林木育种计划的目标树种都是日本本土树种。

日本的国家林木育种计划始于20世纪50年代。在这7个目标树种中，日本柳杉的重要性最大，也是育种计划中进展最大的。目前，二代优树种子园已经建立，三代优树也已经选取完成。气候因温度和降雪而异，因此，为了尽量减少遗传与环境之间的相互作用，日本建立了5个育种地区，分别为北海道地区、东北地区、关东地区、关西地区和九州地区，每个地区又划分出几个育种区。FTBC和4个育种办公室分别负责5个育种地区，此外，有5个育种站点负责处理特定地区的问题。

现在，木材和纸制品对人类生活至关重要。未来的木材生产将依赖于今天种植的资源，因此，林木育种的意义巨大。提高各个树种的利用水平、保护林木遗传资源是一项重要任务。遗传资源保护也对生物多样性保护起着重要作用。与其他植物物种一样，日本林木遗传资源的保护也采用原地保护和迁地保护2种管理方式。

日本国家森林管理部门有一个“受保护林”计划，至今已有100多年的历史。目前，在 FTBC 的协助下，日本国家森林管理部门对 3 种类型的森林（森林生物圈保护区、生物群落保护林和珍稀种群保护林）进行着保护和维护。在保护森林的同时也保护着野生动植物的栖息地，维护着生物多样性，保护着本地的遗传资源。国家公园和其他自然环境和生态系统保护体系也在遗传资源保护中发挥着作用。

在其他许多国家，迁地保护的方式通常主要是无性系库、种子园、种源试验园和子代试验园，然而 FTBC 的迁地保护还包括许多不属于育种计划目标的树种和基因型，这是日本林木遗传资源保护的独特之处。FTBC 在其园区的无性系库中维护活体遗传资源（一部分从繁殖获得的遗传资源）。FTBC 还拥有种子和花粉的低温（−20℃冰箱或液氮）储存设施。

日本迁地遗传资源保护的另一个独特之处是“林木优良基因保存林分”。这些林分是人工林，用优良林分在被砍伐之前采集的种子培育的幼苗种植而成。在 20 世纪 60 和 70 年代对木材有强烈需求的时期，日本为了满足需求而砍伐了大量的优质天然林和人工林。为了保存优良林分的基因，日本将代表优良林分的种子收集起来，营造成新的林分。该计划始于 1964 年，到 2019 财年末，共营造了 234 个林分，造林面积为 931 公顷。

原地保护的成本通常较低，然而在后期需要维护。采用这种方式，受保护的森林可以不被采伐，但可能会受到森林动态变化的影响。因此，在日本的保护项目中对受保护的森林有“监测”计划，将监测作为国家森林管理部门森林保护项目的一部分进行管理，通常每 5 年进行一次。（马文君、周吉仲）

促进林业和草原知识产权转化运用

为深入贯彻实施国家知识产权战略，促进林业和草原专利技术和植物新品种转化应用，推动林草产业转型升级，国家林业和草原局科技发展中心在地方林业和草原主管部门和有关单位推荐的基础上，经过专家评审，2011—2022年组织实施了107项林草知识产权转化运用项目，有53项林草知识产权转化运用项目通过了验收。国家林业和草原局科技发展中心围绕林业重点产业发展对新技术的需求，优选林业专利技术成果，通过完善工艺及技术组装配套，进一步熟化专利技术，形成完整的技术体系和产品线，扶持符合林业发展需要和市场推广前景广阔的专利技术转化及推广运用项目，建立林业专利产业化示范基地，既扶持开发科技含量高、特色鲜明、市场竞争优势明显的专利新产品、新技术，又重视培育科技型林业中小企业的发展，开展林业专利转化服务，以点带面，推动林业专利成果转化。以林业龙头企业的专利转化运用为突破口，带动中小企业积极参与，形成专利产业化集群和示范基地。

1. 实施10项林草知识产权转化运用项目

2022年，国家林业和草原局科技发展中心组织实施了“罗城优良竹种繁育及高效栽培关键技术转化运用”“户外竹质双拼梁装配式廊亭加工技术在广西龙胜美丽乡村建设中的转化运用”和“鼠害种群数量调查关键技术转化运用”3项林业专利技术转化运用项目，“重瓣型观赏海棠新品种转化运用”“蓝莓新品种转化运用”和“枸杞新品种转化运用”等7项林草授权植物新品种转化运用项目（表2）。

表 2　2022 年林草知识产权转化运用项目

序号	项目名称	承担单位	负责人
1	罗城优良竹种繁育及高效栽培关键技术转化运用	广西河池市罗城仫佬族自治县林业局	欧文斌
2	户外竹质双拼梁装配式廊亭加工技术在广西龙胜美丽乡村建设中的转化运用	国际竹藤中心	叶翰舟、王戈
3	鼠害种群数量调查关键技术转化运用	国家林业和草原局生物灾害防控中心	温玄烨
4	重瓣型观赏海棠新品种转化运用	南京林业大学	张往祥
5	蓝莓新品种转化运用	大连大学	徐国辉
6	彩叶丁香新品种转化运用	黑龙江省森林植物园	翟晓鸥
7	绒毛白蜡新品种转化运用	山东省林业科学研究院	吴德军
8	三叶木通新品种转化运用	中国林业科学研究院林业研究所	李斌
9	月季新品种转化运用	北京市园林绿化科学研究院	赵世伟
10	枸杞新品种转化运用	宁夏农林科学院枸杞科学研究所	曹有龙

（1）罗城优良竹种繁育及高效栽培关键技术转化运用

应用“一种丛生竹全光照喷雾扦插快速繁殖方法”（ZL201910201340.3）发明专利技术，开展优良笋用竹种引种、繁育及高效栽培关键技术转化与运用，完善麻竹造林及高效培育技术体系，在广西罗城建立麻竹、绿竹、高节竹等引种和竹苗繁育基地 1 处，面积 5 亩[①]，累计繁育竹苗 5000 株以上；建设以麻竹为主的笋用竹高效培育示范基地 15 亩，成林投产后鲜笋最高产量超过 3 吨 / 亩，组建罗城竹产业科技创新服务团队和竹子栽培乡土专家队伍，促进罗城竹产业健康可持续发展，助推罗城乡村振兴。

（2）户外竹质双拼梁装配式廊亭加工技术在广西龙胜美丽乡村建设中的转化运用

应用“一种户外竹质装配式双拼梁柱结构及其装配方法和应用”（ZL201811600545.0）、“一种户外竹质装配式双拼梁柱结构用脚座”（ZL201822200619.3）和“一种户外竹质装配式双拼梁柱结构”（ZL201822200287.9）3 项专利技术，以竹束纤维复合材为原料，通过竹质户外装配式廊亭的结构与造型设计，结合竹质双拼梁柱的构件设计与模块化预制技术，制备竹质装配式悬臂廊亭主柱、主梁、下柱等模块构件；采用竹质双拼梁柱的模块化组装连接技术，实现竹质户外装配式廊亭的预制品模块快速装配，完成竹质双拼梁柱构件力学特性及其组装连接技术研究与性能评价，在广西龙胜建成户外竹质双拼梁装配式廊亭应用示范 1 个，建造面积约为 12 ～ 20 平方米，满足国家乡村振兴战略、美丽乡村建设与生态个性化定制的需求。

（3）鼠害种群数量调查关键技术转化运用

应用“防止生物信息传递常年无人操作自动捕鼠器”（ZL201720896526.1）发明专利技术，建立具有普适性的鼠种群密度调查测算体系，累计应用面积 2 万亩以上，采用样地调查、建立模型、种群模拟等方法，对比不同监测方法对鼠种群数量测算方法差异。构建鼠类种群数量动态评估模型，开发一款基于神经网络机器学习的鼠种群数量调查算法和快速非接触式鼠口数量监测软件，获得高效合理的鼠害监测调查方法。

① 注：1亩=1/15公顷，以下同。

（4）重瓣型观赏海棠新品种转化运用

开展海棠新品种‘粉红霓裳’（品种权号：20190077）、‘洛可可女士’（品种权号：20190080）的快繁和栽培技术研究，优化嫁接繁殖和栽培技术体系，编制海棠新品种‘粉红霓裳’和‘洛可可女士’生产技术规程。建立海棠新品种高效采穗圃 2 亩，生产穗条 / 穗芽 10 万枚；建立海棠新品种繁殖与栽培示范基地 30 亩，繁殖苗木 10 万株，开展海棠新品种观赏性状、高效栽培、病虫害防治等方面的苗木生产技术培训。

（5）蓝莓新品种转化运用

开展蓝莓新品种‘致远’（品种权号：20200069）、‘逐梦’（品种权号：20200070）的区域示范种植，在大连金州华家新石村、庄河长岭镇长岭村、丹东东港市新城街道林家堡、贵州省黔南布依族苗族自治州荔波县甲良镇阁龙社区蓝莓基地 4 个不同区域进行布点示范，设置对照品种，以期获得不同区域的示范效果，完善蓝莓新品种在不同区域的栽培技术体系，建立蓝莓新品种在不同区域的栽培技术规程。蓝莓新品种示范点亩产增加 15% ～ 20%，对于促进我国不同区域蓝莓产业发展，起到示范带动作用。

（6）彩叶丁香新品种转化运用

开展优良彩叶丁香新品种‘瑛霞’（品种权号：20180330）、‘涌霞’（品种权号：20180331）、‘碧玉映月’（品种权号：20200074）、‘流光溢彩’（品种权号：20200075）、‘金翠’（品种权号：20200076）、‘金翅’（品种权号：20200077）、‘金贝壳’（品种权号：20200078）的嫩枝扦插繁殖和栽培管理技术研究，完善彩叶丁香新品种繁殖技术体系。在黑龙江省森林植物园建立彩叶丁香新品种苗木繁育示范基地 5 亩，扦插繁育苗木 3 万株，扦插成活率≥ 75%，移栽成活率≥ 80%，繁育扩大 7 个彩叶丁香新品种苗木数量，为规模化生产和区域试验以及推广应用提供物质基础和科学依据，带动彩叶丁香新品种产业化、规模化发展。

（7）绒毛白蜡新品种转化运用

开展绒毛白蜡新品种‘盐蜡’（品种权号：20180153）的嫁接、扦插和组织培养繁育技术研究，构建绒毛白蜡新品种苗木高效繁育技术体系，集成绒毛白蜡新品种繁育和栽培技术规程。营建绒毛白蜡新品种采穗圃 3 亩，生产穗条 5 万个；建立绒毛白蜡新品种繁育圃 5 亩，繁育 4 万株。在山东省滨州市无棣县营造绒毛白蜡新品种示范林 100 亩，保存率在 93% 以上，开展绒毛白蜡新品种苗木宣传和技术培训。

（8）三叶木通新品种转化运用

开展三叶木通新品种‘澧滨早凤’（品种权号：20180339）、‘澧滨天凤’（品种权号：20180363）、‘澧滨金凤’（品种权号：20210556）的繁育与高产栽培技术研究，制定三叶木通新品种繁育栽培技术规范。在湖南古丈县繁育三叶木通新品种苗木 3 万株；在广西罗城县建立仿生态规范化高产栽培示范园 30 亩，成活率 90%；周边辐射推广栽植面积 200 亩，三叶木通新品种单果重量和亩产量均提高 20% 以上。开展三叶木通新品种技术培训和加工利用，实现三叶木通新品种的综合转化应用。通过辐射推广，带动地方发展，逐步培育形成当地三叶木通特色效益产业，推动区域林产经济发展、林农增收致富。

（9）月季新品种转化运用

开展授权植物新品种‘粉花毯’（品种权号：20160018）、‘雪夫人’（品种权号：20200053）、‘新时代’（品种权号：20190303）、‘可爱冰淇淋’（品种权号：20190121）、

‘星语’（品种权号：20190302）、‘粉五月’（品种权号：20190301）、‘桔月’（品种权号：20180029）、‘燕京彩虹’（品种权号：20210337）、‘赤璧’（品种权号：20210338）、‘燕山粉’（品种权号：20210339）、‘飞燕’（品种权号：20210340）11 个月季新品种的繁殖和高效栽培技术研究，建立自育月季新品种快速生产繁殖和高效标准化商品种苗生产技术体系，编制自育月季新品种繁殖、栽培及应用技术规程，生产苗木量 10 万株以上，建立示范栽培繁殖基地 50 亩，构建自育月季新品种的应用配置模式 5 个，并加以推广应用。

（10）枸杞新品种转化运用

开展枸杞新品种‘科杞 6082’（品种权号：20180323）种苗繁育技术研究，在宁夏农林科学院枸杞科学研究所试验基地，种植枸杞新品种‘科杞 6082’示范林 20 亩，繁育种苗 10 万株，为产业提供高纯度种苗，为种植企业提供相应的配套栽培技术示范，引领品种的示范推广。

2.1 项林草知识产权转化运用项目通过验收

2022 年国家林业和草原局科技发展中心组织专家对“石竹复合墙体加工及构件组装的产业化应用技术”知识产权转化运用项目进行了现场查定和验收。该项目完成了合同规定的任务和考核指标，取得了良好的社会经济效益，促进了林业专利技术的产业化应用（表 3）。

表 3　2022 年通过验收的林草知识产权转化运用项目

序号	实施年份	项目名称	承担单位	负责人
1	2019	石竹复合墙体加工及构件组装的产业化应用技术	国际竹藤中心	陈复明

国际竹藤中心应用“一种模块化集成石竹复合新型墙体构件的制造方法（ZL 201610303874.X）”发明专利技术，进行了技术熟化，改进了薄型竹束单板层积复合材料制造工艺，形成了一套竹束 / 木单板层积复合材制造与石竹复合墙体模块化加工组装技术规程。设计制造了 4 套石竹复合墙体，经第三方检测，密度为 1.04 克 / 立方厘米的石竹墙体用竹束 / 木单板层积复合材顺纹 MOR 120 兆帕，MOE 13.00 季帕，横纹 MOR 123 兆帕，MOE 17.71 季帕，导热系数 0.07~0.09 瓦 /（米· 开尔文）。项目在福建省有竹科技有限公司改建成 3000 立方米 / 年竹束单板层积材生产线 1 条，具备 3 万平方米竹束单板层积材及复合板石竹复合墙体的年生产能力，在福建永安市洪田镇上石村建成了竹质装配式房屋。项目期间，授权发明专利 1 件，实用新型专利 1 件，获茅以升科技奖木材科学奖 1 项。（王地利、陈光、王忠明）

推进林业和草原植物新品种惠农工作

植物新品种权对于保护育种者权益、激励育种创新、壮大种苗产业、推动林业和草原发展、实施精准扶贫等具有举足轻重的作用。授权植物新品种转化应用是展示新品种生产潜力、发挥新品种效益的重要途径。促进植物品种权转化运用，防止植物新品种“闲置”，是促进林草高质量发展和保障育种人权益的基础。

1. 征集林草植物新品种惠农典型案例

为进一步探索优良植物新品种转化运用模式，充分发挥典型引领、榜样示范作用，推进林草植物新品种转化运用水平，2022 年 10 月 24 日国家林业和草原局科技发展中心发布《关于征集林草植物新品种惠农典型案例的通知》，开展全国林草植物新品种惠农典型案例征集活动。

重点征集全国各地区（单位）在运用林草植物新品种推动地区经济发展、产业增收、林农致富过程中涌现的典型案例和优秀做法。典型案例应具有一定的创新性和可操作性，有实效、可复制、能推广，包括但不限于以下惠农路径：一是产业生态化、生态产业化协同发展模式；二是由新品种衍生的新技术、新产业惠农路径；三是“产学研”融合发展惠农模式；四是已产生惠农效益的其他路径。通过向社会公开征集了一批植物新品种惠农典型案例，初步掌握了我国新品种转化运用情况，进一步推进林草植物新品种转化运用水平。

国家林业和草原局科技发展中心分别在北京延庆、大兴、北京林业大学等地与创新企业、评估公司、科研院所等召开新品种转化运用座谈会，探索新品种惠农新形式。

2. 推进林草知识产权助力乡村振兴

根据区域产业特点和实际需求，综合发挥植物新品种在助推育种创新，专利在助推技术攻关，地理标志在助推品质升级，商标在助推市场拓展等方面的独特优势，全方位支撑林草产业高质量发展。深入实施林草植物新品种惠农工程。加强高产稳产高抗油茶良种、优质林草中药材、花卉良种等优质植物新品种创制和产业化，促进林草育种创新和转化运用。开展涉林涉草产品商标品牌培育，加强森林康养基地等涉林涉草品牌宣传。积极参与地理标志助力乡村振兴行动，推进品种培优、品质提升、品牌打造。推动建设地理标志特色优势林草产业园区。组织实施一批专利导航工程，助力木本油料、竹、花卉苗木、林草中药材等林草特色优势产业种源、种植、机械化及加工等培育与产品化过程中的技术难题攻关，支持生物质能源、生物基材料等新兴产业蓬勃发展，支撑木竹材精深加工、竹藤等传统优势产业绿色化和数字化改造。

3. 植物新品种权转让

国家林业和草原局植物新品种保护办公室发布的《林草植物新品种保护公告》（第 202202 号）涉及 3 个植物新品种权协议转让，漳平市绿丰林业家庭农场的李属新品种‘醉美人’（品种权号：20210480）转让给漳平市大华百亩花卉园、漳平市绿丰林业家庭农场；漳平市绿丰林业家庭农场、福建省林业科学研究院的李属新品种‘蝶之恋’（品种权号：20210479）转让给漳平市大华百亩花卉园、漳平市绿丰林业家庭农场；福建丹樱生态农业发展有限公司的李属新品种‘元红’（品种权号：20210496）转让给江西三农花木集团有限公司。《林草植物新品种保护公告》（第 202204 号）涉及 4 个植物新品种权协议转让，河南省绿士达园艺有限公司的杨属新品种‘彩红杨’（品种权号：20150163）转让给河南绿士达生态科技有限公司；山东省果树研究所的李属新品种‘矮杰’（品种权号：20180333）转让给山东天地园艺科技有限公司；李庆光、林一心、王春云的冬青属新品种‘金山’（品种权号：20200369）转让给武平金树枝珍稀花卉有限公司；福建丹樱生态农业发展有限公司、南京林业大学、福建省农业科学院作物研究所的李属新品种‘粉黛’（品种权号：20210162）转让给江西三农花木集团有限公司。《林草植物新品种保护公告》（第 202206 号）涉及 9 个植物新品种权协议转让，周功克的银杏新品种‘优雅’（品种权号：20120157）、‘甜心’（品种权号：20120158）、‘魁梧’（品种权号：20120159）转让给青岛云汉银杏科技发展有限公司；杨新社、杨瑞的卫矛属新品种‘紫凤’（品种权号：20190286）、‘傲雪翠’（品种权号：20200345）转让给铜川市金圪垯种养殖股份有限公司；杨玉勇的绣球属新品种‘青山绿水’（品种权号：20150101）、‘花开富贵’（品种权号：20150102）、‘蓝宝石’（品种权号：20150103）转让给昆明南国山花园艺科技有限责任公司；徐培钊的卫矛属新品种‘金光辉’（品种权号：20210440）转让给淄博凯创园林有限公司。《林草植物新品种保护公告》（第202208号）涉及7个植物新品种权协议转让，北中百草岐黄（北京）科技有限公司的李属新品种‘京欧1号’（品种权号：20180226）、‘京欧2号’（品种权号：20180227）、‘京欧3号’（品种权号：20200248）、‘京欧4号’（品种权号：20200301）转让给青岛得高健康科技有限公司；山东省林木种质资源中心、山东林昱宏文冠果有限公司的文冠果新品种‘尖尖角’（品种权号：20220192）、‘小珍珠’（品种权号：20220193）、‘大珍珠’（品种权号：20220194）转让给山东省林草种质资源中心、山东林昱宏文冠果股份有限公司。2022年共有23个植物新品种权进行协议转让，这表明，林业授权新品种的市场潜力越来越大。（陈光、刘源）

加强林业和草原植物新品种权行政执法工作

1. 开展打击侵犯、假冒植物新品种权专项行动

2022 年 6 月，印发《国家林业和草原局办公室关于组织开展 2022 年打击制售假劣林草种苗和侵犯植物新品种权工作的通知》（办场字〔2022〕66 号），组织力量集中开展打击侵犯、假冒林草植物新品种权专项行动，强化了植物新品种行政执法工作的组织领导，提高了执法工作的权威性，加大了打击制售假劣林草种苗和侵犯植物新品种权行为工作力度，规范市场秩序，保护品种权人的合法权益。

各省（自治区、直辖市）在本地区开展了打击未经品种权人许可生产繁育或销售林草授权品种的繁殖材料、为商业目的将授权品种的繁育材料重复使用于生产另一品种的繁殖材料、假冒林草授权品种的行为，以及销售林业草授权品种时未使用其注册登记名称的行为。重点对各类种苗、花卉展会、交易会等市场进行检查，尤其是对重点品种、重点区域、重点企业进行抽查，强调要按照有关法律、法规，严格加强监管，及时查处有关违法行为，净化交易市场。

各省级林业和草原主管部门高度重视林草植物新品种权执法保护工作，加强组织领导，建立健全植物新品种权行政执法体系，加强行政执法队伍建设，健全林业植物新品种保护的执法机构，开展植物新品种保护宣传培训，提高执法人员的水平和办案能力。加大了打击制售假劣林草种苗和侵犯植物新品种权行为工作力度，规范市场秩序，保护品种权人的合法权益。加大了植物新品种权行政执法能力建设，强化宣传引导，形成了打击侵犯植物新品种权的强大态势。

2. 开展林草植物新品种保护行政执法工作调研

2022 年 3 月 1 日起，新《中华人民共和国种子法》正式实施，国家林业和草原局启动了《中华人民共和国林草植物新品种保护条例》修订工作，考虑《林草植物新品种保护行政执法办法》需要与新修订的《种子法》《植物新品种保护条例》相一致，2022 年启动了《林草植物新品种保护行政执法办法》修订的前期研究，推进行政执法和司法衔接。开展了广泛调研，就林草植物新品种行政执法工作开展情况进行座谈，特别对面临的困难、存在的主要问题进行认真研究，听取大家的意见和建议。

3. 指导品种权人积极维权，营造良好的市场氛围

仔细解答品种权人的各种维权咨询，认真解释《中华人民共和国植物新品种保护条例》《中华人民共和国植物新品种保护条例实施细则（林业部分）》及《林草植物新品种保护行政执法办法》的有关规定，指导利害关系人积极维权。同时，对各省林草部门在实施《林业植物新品种保护行政执法办法》过程中的疑问及时解答，认真指导，努力促进各地营造良好的新品种市场氛围。（陈光、王地利）

开展 2022 年全国林业和草原知识产权宣传周活动

2022 年 4 月 20 ～ 26 日是全国知识产权宣传周，主题为“全面开启知识产权强国建设新征程”。2022 年 4 月 26 日是第 22 个世界知识产权日。根据国家知识产权局《关于开展 2022 年全国知识产权宣传周活动的通知》（国知发办字〔2022〕16 号）精神，国家林业和草原局科技发展中心于 2022 年 4 月 20 ～ 26 日开展 2022 年全国林草知识产权宣传周系列活动。在宣传周期间，国家林业和草原局科技发展中心与有关司局和单位配合，通过媒体集中报道、出版科技图书、制作“部长谈知识产权”视频、举办培训和座谈会等活动，向公众普及和宣传林业与草原知识产权知识，展示林业实施知识产权战略取得的新进展、新成就，旨在通过系列活动，全面展示我国林草知识产权保护工作取得的显著成效，面向社会广泛宣传普及林草知识产权知识，提高大众知识产权保护意识，使林草知识产权保护工作更好地融入林草事业发展大局，力争在提升林草治理体系和治理能力现代化中展现更大作为。

国家林业和草原局科技发展中心制定了林草知识产权宣传周活动方案，以国家林业和草原局政府网、中国林业知识产权网、林业专业知识服务系统、《中国绿色时报》等媒体为载体，采取多种形式宣传了林业和草原知识产权工作，其中突出宣传了《国务院关于新形势下加快知识产权强国建设的若干意见》《关于强化知识产权保护的意见》以及中国在提升知识产权质量方面的政策和举措，重点宣传了林草发明专利、植物新品种权等高质量的知识产权在推进生态文明和美丽中国建设中的显著成效。开通了 2022 年全国林草知识产权宣传周网站，图文并茂地展示林草知识产权成果和最新进展，营造了有利于林草知识产权创造、保护和运用的良好氛围。2022 年 4 月 26 日，在《中国绿色时报》发表专栏文章《保护知识产权赋能林草创新》，全面介绍了 2021 年林业和草原知识产权的工作进展和成就，扩大了林业和草原知识产权的影响力。制作大型系列主题公益访谈节目“新闻 2+1”推出知识产权宣传周特别节目“全面开启知识产权强国建设新征程”。制作了“优良林草植物新品种巡礼”宣传视频，用图文并茂的方式重点介绍了近 80 个优良林草植物新品种。同时编辑出版了《2021 中国林业和草原知识产权年度报告》，编印了《林业知识产权动态》。进一步完善林草知识产权数据库，开展了林草知识产权信息咨询和预警服务，提高了林草知识产权信息资源的利用效率和服务水平，提倡全行业树立“尊重知识、崇尚创新、诚信守法”的知识产权文化理念，引导全行业从注重林草知识产权的数量向注重知识产权的质量、价值和效益转变。

按照国家林业和草原局部署，中国林业科学研究院、国际竹藤中心等直属单位也结合自身特点和需求，开展了知识产权宣传周活动。(陈光、王地利)

出版《2021 中国林业和草原知识产权年度报告》

2022 年 4 月，国家林业和草原局科技发展中心、国家林业和草原局知识产权研究中心编著的《2021 中国林业和草原知识产权年度报告》由中国林业出版社出版发行。

该报告指出，2021 年，国家林业和草原局深入学习贯彻党的十九大、十九届历次全会精神和习近平新时代中国特色社会主义思想，按照“五位一体”总体布局和“四个全面”战略布局，全面推进林草知识产权工作，为提升林草自主创新能力、加快林草业发展方式转变、提高林草核心竞争力、促进林草高质量发展提供了有力支撑，林草知识产权工作取得了新成绩、获得了新突破、迈上了新台阶。

2021 年，国家林业和草原局认真履行国务院知识产权战略实施工作部际联席会议成员工作职责，贯彻落实《知识产权强国建设纲要（2021—2035 年)》《“十四五”国家知识产权保护和运用规划》，深入实施知识产权强国战略，强化知识产权保护和运用。积极参与《中华人民共和国种子法》修改工作，发布了《中华人民共和国植物新品种保护名录（林草部分）(第八批)》。组织开展全国林草知识产权宣传周系列活动，聚力提升林草植物新品种权的审查质量和审查效率。加强林草植物新品种权行政执法工作，实施林草专利技术和授权植物新品种转化运用项目，推进林草植物新品种惠农工作，加强林草知识产权基础数据库和信息共享平台建设。

2021 年，国家林业和草原局科技发展中心（国家林业和草原局植物新品种保护办公室）共受理国内外植物新品种权申请 1442 件，授予植物新品种权 761 件。国家知识产权局公开的林业相关专利共计 97686 件，其中林业科研院所的专利 2208 件，林业高等院校的专利 9827 件。

北京、湖南、江苏等 30 个省（自治区、直辖市）、中国林业科学研究院、国际竹藤中心、北京林业大学和东北林业大学等单位的林草知识产权工作取得了较好成绩，提升了林草知识产权的综合能力和水平，促进了林草产业高质量发展。

随着林草自主创新能力的不断增强，林草植物新品种权、专利、商标、林产品地理标志、版权数量稳步增长，质量明显提高，知识产权对现代林业和草原发展的支撑作用日益明显。截至 2021 年年底，林草植物新品种申请量 7008 件，授权量 3404 件；林业相关专利公开量 708499 件，其中，发明专利 340334 件；草原相关专利公开量

101742件，其中，发明专利58827件；林业科研院所专利公开量13747件，其中，发明专利9052件；林业高等院校专利公开量58127件，其中，发明专利28525件；林产品地理标志1482件；林草软件著作权15185项。

该报告全面总结了2021年林草知识产权工作的主要进展和成果，通过对一年来林草知识产权工作主要进展和成果的展示，让更多的人了解、关心和支持林草知识产权工作，共同促进林草知识产权的创造、运用、保护，提升林草知识产权管理和服务水平，为加快推进现代林草高质量发展提供有力支撑。（刘婕、陈民）

出版《我国主要优势经济林树种论文与专利分析》

2022年12月，国家林业和草原局知识产权研究中心组织撰写的专著《我国主要优势经济林树种论文与专利分析》由中国林业出版社正式出版发行。

科技文献是科学技术研究直接产出的重要形式，也是全球科技共同体确定和评价科技贡献的重要依据。科技论文可以从不同层面反映我国在基础研究、应用研究等方面开展的工作及其与国内外科技界的交流情况。专利代表技术发明活动的产出，借助专利指标和数据能够分析国家的发明活动、技术发展水平、技术变革的速度和方向以及科技竞争力。总体上，科技论文和专利指标能够反映出全球各国绝大部分科技活动的重要成果，不仅易于进行统计和计量分析，而且方便进行国际比较研究。本书以2014年国家林业局、国家发展改革委、财政部联合印发的《全国优势特色经济林发展布局规划（2013—2020年）》重点选择的5个优势经济林树种（油茶、核桃、板栗、枣、杏），进行国内外论文和专利分析，运用科学计量学方法和可视化技术，对发展趋势、国家、机构、作者、技术类别、核心文献等内容进行分析和总结，通过论文和专利的综合分析初步对我国主要经济林产业发展的科学研究和技术创新态势进行梳理和评估，并提出发展建议。

主要研究结论及建议：一是，目前我国油茶、核桃、板栗、枣和杏的科学基础研究均以食品科技和植物科学为主，产业技术创新则以相关食品的制备和处理、收获和去皮装置为主，在具有较高附加值的经济林产品精深加工和利用方面的研究相对较少，建议加强经济林产品精深加工。二是，相对于国外而言，我国在经济林新品种培育方面的研究较少，关于经济林栽培技术方面的研究较多，因此，建议加强优质经济林新品种培育方面的研究，提高我国经济林产品在世界上的竞争力。三是，目前我国油茶、核桃、板栗、枣和杏的科学基础研究和产业技术创新，均以中国高校和研究机构为主，企业的研发实力较为薄弱，这非常不利于各类经济林产业的发展和做大做强，建议科研机构与企业联合攻关，带动经济林企业加强技术创新能力，将有利于中国经济林产业的长远健康发展。四是，近10年来油茶、板栗、枣和杏的科学基础研究和产业技术创新基本处于平稳发展阶段，缺乏更多新的科技突破来实现产业的跨越式发展，尤其是油茶、板栗和枣这类主要或仅受中国关注的经济林产品，只有通过深厚的科学基础研究和新技术研发应用，才能为各类经济林产业转型升级和持续健康发展保驾护航，建议加大主要经济林树种的科技创新力度，以科技为支撑引导经济林产业转型升级和高质量发展。五是，对于核桃和杏这类国内外研究均较多的经济林产品，建议加强与国外优势研究机构之间的合作交流。

本书共分 6 章：第 1 章，研究背景与方法；第 2 章，中国论文分析；第 3 章，世界论文分析；第 4 章，中国专利分析；第 5 章，世界专利分析；第 6 章，结论与建议。本书旨在通过对我国主要优势经济林树种的论文与专利分析，了解其科技创新现状，为相关政府部门、科研单位和企业的决策和技术创新提供参考。（马文君）

编印《林业知识产权动态》

为加强林业知识产权信息服务工作，跟踪国内外林业知识产权动态，实时监测和分析林业行业相关领域的专利动态变化，为国际履约和谈判提供信息支撑，2022 年编印了《林业知识产权动态》6 期，全年共发表动态信息 36 篇，政策探讨论文 6 篇，研究综述报告 6 篇，统计分析报告 6 篇。

《林业知识产权动态》是国家林业和草原局科技发展中心主办、国家林业和草原局知识产权研究中心承办的内部刊物，旨在跟踪国内外林业知识产权动态、政策、学术前沿和研究进展，通过组织专家进行信息采集、分析、翻译和编辑整理，对世界各国的林业知识产权现状及相关政策进行深入解读，提供林业知识产权信息服务。该刊为双月刊，每期 20 页，设有动态信息、政策探讨、研究综述、统计分析 4 个栏目，内容包括：各国林业知识产权动态，相关法律法规，国际履约相关问题研究，各国专利、植物新品种和生物遗传资源研究进展，林业重点领域专利分析研究，知识产权信息统计分析等。读者对象为知识产权相关的管理、科研、教学和企业人员。（马文君）

举办林草新品种及知识产权保护与管理培训班

2022 年 9 月 19 日，国家林业和草原局科技发展中心线上举办了林草新品种及知识产权保护与管理培训班，来自 31 个省（自治区、直辖市）及新疆生产建设兵团林业和草原主管部门、各大林草高校、林草综合测试站、测试分中心、分子鉴定实验室等单位的相关人员，共 700 多人参加了培训。

培训班邀请专家，针对国际植物新品种保护联盟（UPOV）最新进展和新修改《中华人民共和国种子法》相关条款、植物新品种相关法律问题做了专题讲解。对林草新品种及知识产权工作、林草植物新品种申请授权程序做了专题报告。对 2022 年度“双打”工作进行了详细讲解。对林草植物新品种“双打”执法工作进行了全面部署，并提出了工作要求。

此次培训班通过“林草网络学堂”平台进行线上直播，学员不仅可以在当天参加直播培训，还可以在一个月内反复观看培训视频，有充分的时间消化授课内容，也可以通过平台进行交流讨论，学员纷纷表示通过参加培训，系统地学习了林草新品种和

知识产权相关知识，受益匪浅，进一步增强了林草新品种和知识产权保护意识，提高了专业能力和水平。（陈光、柳玉霞）

加强林业和草原知识产权宣传与媒体报道

1. 制作“新闻2+1”知识产权宣传周特别节目“全面开启知识产权强国建设新征程”

为加强知识产权保护宣传教育，充分塑造尊重知识、崇尚创新、诚信守法、公平竞争的知识产权文化理念，2022年4月21日，大型系列主题公益访谈节目“新闻2+1”重磅推出知识产权宣传周特别节目“全面开启知识产权强国建设新征程”，特别邀请访谈嘉宾国家林业和草原局科技发展中心主任王永海、连线嘉宾中国林业科学研究院林业科技信息研究所副所长（国家林业和草原局知识产权研究中心常务副主任）王忠明与绿色中国网络电视新闻主播苏琳共聚云端，畅谈知识产权强国建设，为林草系统增强知识产权保护意识，强化知识产权保护和运用，全面推进林草知识产权和植物新品种惠农工作，促进林草高质量发展贡献中国智慧。

2. 制作“优良林草植物新品种巡礼”视频，推进林草植物新品种国际宣传

2022年8月26日，国家林业和草原局科技发展中心制作推出的“优良林草植物新品种巡礼”（英文版）短视频在国际植物新品种保护联盟（UPOV）官网发布。视频集中展示了我国国内市场效益高、群众口碑好、产业化潜力大的近80个优良林草植物新品种，许多优良林草植物新品种在维护国家生态安全、推动国土绿化、建设美丽中国、助力乡村振兴等方面发挥了积极作用，也向世界展现了我国林草植物新品种事业取得的成绩，推动中国优良林草植物新品种登上国际舞台，提高了我国植物新品种保护的国际影响力。

3. 在UPOV社交媒体平台发布8个中国林草植物新品种

2022年4月23日，在中国加入国际植物新品种保护联盟（UPOV）23周年之际，为在国际上宣传我国林草植物新品种保护成就，国家林业和草原局植物新品种保护办公室在UPOV推特和领英等社交媒体平台上发布了刺槐属新品种‘泓森槐’，山楂属新品种‘金如意’，石榴属新品种‘天使红’和‘中石榴4号’，木兰属新品种‘娇丹’‘娇红1号’‘绿星’和‘小璇’等8个中国林草植物新品种和4个青年育种者事迹，展现我国林草新品种创制创新风貌，宣传我国林草新品种发展情况和青年育种者事迹，传递中国声音，讲好中国林草新品种保护故事。在UPOV社交媒体平台宣传推介我国优良林草植物新品种彰显了我国林草植物新品种的育种成效，展现了我国植物新品种保护工作取得的巨大进步。

4. 加强林草知识产权宣传与媒体报道

2022年12月12日，根据国务院知识产权战略实施工作部际联席会议办公室《关于公布2022年度知识产权战略信息工作先进个人及优秀战略信息的通知》（国知战联办〔2022〕17号），国家林业和草原局柳玉霞荣获知识产权战略信息工作先进个人。

2022年，充分利用报刊、电视和网络等媒体以及科普平台，结合世界知识产权日、知识产权保护宣传周等，多渠道、多层次扩大林业知识产权动态、政策法规、创新成果和典型案例的宣传面和普及率，积极培育尊重知识、崇尚创新、诚信守法的知识产权文化，营造有利于林业知识产权创造、保护和运用的良好氛围，提高了林业行业的知识产权保护意识，形成了全社会关注和支持林草知识产权工作的文化环境。2022 年，在中国政府网、国家林业和草原局政府网、国家知识产权网、中国林业知识产权网、中国林业信息网、林业专业知识服务系统、中国林业植物新品种保护网等主要网站登载或转载有关林草知识产权方面的报道 120 多篇，在国务院知识产权战略实施工作部际联席会议公众号平台（知识产权战略）发布文章 4 篇。在《中国绿色时报》《科技日报》《中国知识产权报》上发表有关林草知识产权的重点报道 50 篇（表 4）。2022 年重点报道包括：《科技日报》4 月 22 日刊发的《内蒙古发布草种业专利导航成果》，12 月 12 日刊发的《加速林木种业发展，保障国家木材安全》；《中国知识产权报》3 月 29 日刊发的《种创新小草，还葱郁草原》，9 月 8 日刊发的《小艾草变身“致富草”》；《中国绿色时报》4 月 21 日刊发的《活跃在植物新品种育种领域的青年人》，4 月 26 日刊发的《保护知识产权，赋能林草创新》，9 月 15 日刊发的《林草植物新品种测试分中心明确测试发展方向》等。（柳玉霞、王地利、付贺龙）

表 4　主要媒体宣传报道林草知识产权

序号	标题	载体	报道日期
1	北林大[①]月季科研团队培育出 62 个新品种	中国绿色时报	20220106
2	国家林草局发布 2021 年第三批植物新品种权名单	中国绿色时报	20220111
3	亚林所[②]破译油茶遗传密码	中国绿色时报	20220114
4	河北迁西板栗老品牌焕发新活力	中国绿色时报	20220118
5	浙农林大[③]17 个品种获新品种权	中国绿色时报	20220118
6	南召 5 个植物新品种获得国家授权	中国绿色时报	20220208
7	浙江杜鹃花新品种授权总量居全国首位	中国绿色时报	20220210
8	7 个睡莲新品种获国际登录	中国绿色时报	20220217
9	强化苗木新品种维权任重道远	中国绿色时报	20220222
10	浙江花卉新品种选育取得新进展	中国绿色时报	20220304
11	安徽“全椒碧根果”获批国家地理标志证明商标	中国绿色时报	20220322
12	种创新小草，还葱郁草原	中国知识产权报	20220329
13	上海辰山植物园展示 48 个郁金香品种	中国绿色时报	20220329
14	沙漠种牧草：大地绿了，农民富了	中国知识产权报	20220407
15	中国林科院[④]白蜡抗虫育种应用获发明专利	中国绿色时报	20220418
16	我国荷花睡莲新品种国际登录再创佳绩	中国绿色时报	20220419
17	我国林草知识产权量稳质升	中国绿色时报	20220420
18	活跃在植物新品种育种领域的青年人	中国绿色时报	20220421
19	江苏杜鹃花新品种培育成果丰硕	中国绿色时报	20220421
20	内蒙古发布草种业专利导航成果	科技日报	20220422
21	国家林草局[⑤]向全球推介中国林草植物新品种	中国绿色时报	20220425

（续）

序号	标题	载体	报道日期
22	保护知识产权，赋能林草创新	中国绿色时报	20220426
23	天津开展种子法和植物新品种权保护执法	中国绿色时报	20220506
24	湖北十堰引进油橄榄新品种 17 个	中国绿色时报	20220512
25	浙江东阳签订首单地理标志商标保险	中国绿色时报	20220512
26	虎耳草属两个新品种获国际登录	中国绿色时报	20220517
27	北京举办春季新优花卉品种展示会	中国绿色时报	20220517
28	我国林草植物新品种成果丰硕	中国绿色时报	20220524
29	今年首批 215 个林草新品种获得授权	中国绿色时报	20220607
30	辽宁获批植物新品种权 11 件	中国绿色时报	20220613
31	浙江农林大③梅花蜡梅品种创新优势明显	中国绿色时报	20220614
32	上海应用技术大学发布 3 个萱草新品种	中国绿色时报	20220628
33	国际植物新品种保护联盟研讨相关测试指南文件	中国绿色时报	20220628
34	14 个蟹爪兰新品种获授权	中国绿色时报	20220630
35	上海植物园苦苣苔新品种获国际登录	中国绿色时报	20220707
36	山东两个栾树新品种通过审查	中国绿色时报	20220712
37	山东 4 个白蜡新品种通过现场实审	中国绿色时报	20220802
38	航天诱变育种有望育成玫瑰新品种	中国绿色时报	20220825
39	国家林草局⑤推进林草植物新品种国际宣传	中国绿色时报	20220831
40	小艾草变身“致富草”	中国知识产权报	20220908
41	我国育成羊蹄甲和玉叶金花新品种	中国绿色时报	20220913
42	林草植物新品种测试分中心明确测试发展方向	中国绿色时报	20220915
43	云南农科院⑥ 31 个花卉新品种集中亮相	中国绿色时报	20220927
44	30 余个切花荷花新品种融入花艺创作	中国绿色时报	20220927
45	广东评选 2022 年十大茶油品牌	中国绿色时报	20221027
46	地涌金莲新品种销售红火	中国绿色时报	20221101
47	溪畔杜鹃扦插繁殖方法获湖南省专利奖	中国绿色时报	20221110
48	《植物新品种保护条例》首次全面修订	中国绿色时报	20221201
49	加速林木种业发展，保障国家木材安全	科技日报	20221212
50	青海举行枸杞“柴达木”品牌发布会	中国绿色时报	20221229

注：①全称为“北京林业大学”；②全称为“中国林业科学研究院亚热带林业研究所”；③全称为“浙江农林大学”；④全称为“中国林业科学研究院”；⑤全称为“国家林业和草原局”；⑥全称为“云南省农业科学院”。

完善林业和草原植物新品种测试体系

开展植物新品种 DUS 测试是植物新品种授权机关对申请品种进行实质审查的重要内容。通过建立、健全林草植物新品种保护的技术支撑体系，加快测试指南编制，完善已知品种数据库，加强测试机构的合理布局和条件能力建设，有效提高了林草植物新品种的审查测试能力。

1. 加强林业和草原植物新品种测试体系建设

加强林草植物新品种测试体系顶层设计和布局研究，组织起草林业和草原植物新品种测试体系建设规划，为下一步优化测试机构布局、提升测试服务能力提供支撑。督导南昌测试站加快筹建进度，指导各测试机构加强测试能力建设，不断提升植物新品种测试质量和效率。2022 年 6 月，批复设立海南崖州测试分中心，加强筹建工作指导，支持海南自由贸易港及种业创新高地建设，推动林草种业振兴。

2. 有序推进林草植物新品种田间测试工作

按照林草植物品种权审查进度，及时下达品种测试任务，组织并指导测试机构开展田间测试工作。2022 年，委托林草植物新品种昆明测试站、上海测试站、杭州测试站、菏泽测试站对 361 个蔷薇属、杜鹃花属、绣球属、芍药属、山茶属等申请品种开展田间测试工作。各测试机构按照有关植物新品种测试指南标准和《林业植物新品种测试管理规定》进行田间测试，2022 年共完成 225 个月季品种、28 个杜鹃花品种、3 个绣球品种和 8 个一品红品种的田间种植测试工作，提交正式测试报告，为这些申请品种的依法授权提供了科学的审查依据。

截至 2022 年年底，国家林业和草原局植物新品种保护办公室共委托各测试机构开展了 1838 个申请品种的田间测试工作，已完成 1151 个品种的田间测试，提交正式测试报告。

3. 举办林草植物新品种测试分中心工作座谈会

2022 年 9 月，由国家林业和草原局科技发展中心主办、中国林业科学研究院华北林业实验中心承办的林草植物新品种测试分中心工作座谈会在京召开，重点围绕测试分中心在林草植物新品种测试体系中的定位以及在测试工作中如何充分发挥作用等关键问题进行研讨。会议明确新品种测试发展方向：一是测试中心应保障测试经费投入，加大对测试分中心支持力度；二是测试分中心需加强测试能力建设，尤其是承担 DUS 测试指南编制和已知品种收集工作；三是加强测试团队植物新品种培训工作。会议提出，测试分中心工作应侧重于 DUS 测试技术支持、植物已知品种数据库建设及植物新品种维权，工作范围应依据植物分布和新品种授权区域进行划分。

林草植物新品种测试工作与国家种业发展紧密相关，能够显著提高林草核心竞争力。测试分中心作为测试体系中的重要环节，目前存在经费支持受限、测试能力不足、人才队伍建设亟待加强等问题。中国林业科学研究院将持续加大对测试分中心建设的扶持力度，着力在条件能力建设、人才队伍建设和基础支撑能力上进一步加大投入，更好地服务于新品种测试和种业创新工作。

国家对知识产权保护力度不断加大，林草植物新品种权申请量与日俱增，测试分中心作为测试体系中承上启下的重要环节，应该进一步明确自身定位，做到实体化、精确化和实在化。会议强调，按照测试体系建设要求，尽快完成测试分中心建设；积极解决共性问题，加大项目经费投入；加强沟通交流，定期召开测试体系会议，保障新品种测试工作顺利开展。

4. 加强植物新品种测试指南编制工作

植物新品种测试指南是对申请品种权的新品种进行技术审查和描述的技术标准，也是开展植物新品种 DUS 测试的基础。按照国际植物新品种保护联盟（UPOV）对品种审查的要求，品种测试需依据相应的测试指南进行。为适应林业植物新品种申请、审查的需求，不断加大植物新品种测试指南制定工作。2022 年，组织完成了丁香属等 12 项植物新品种测试指南行业标准报批稿。

5. 完善林草植物新品种领域标准体系

为贯彻《中华人民共和国标准化法》《国家标准化发展纲要》，加快推进林草植物新品种领域标准化工作，2022 年 9 月 30 日《国家林业和草原局科技司科技中心关于印发林草植物新品种领域标准体系和相关工作安排的通知》（科标字〔2022〕49 号），对林草植物新品种领域现有标准进行整合优化，组织编制了《林草植物新品种领域标准体系》（含国家标准、行业标准），包括基础通用、林木、果树、木本观赏和其他等五大类标准。在标准制定及实施过程中，根据形势发展和履职需要，不断调整、充实和完善。

根据国家林业和草原局公告（2022 年第 16 号）——批准发布 43 项林业行业标准，2022 年木麻黄属、李属－樱花、金丝桃属、金镂梅属、侧柏属、黄檗属、栀子属、杜仲属和梓树属 9 项林业植物新品种测试指南以林业行业标准发布，其中 LY/T 2286—2022《植物新品种特异性、一致性、稳定性测试指南梓树属》，代替标准 LY/T 2286—2014）（表 5）。

表 5　2022 年发布的林业植物新品种 DUS 测试指南标准

序号	标准号	标准名称	发布日期
1	LY/T 3334-2022	植物新品种特异性、一致性、稳定性测试指南木麻黄属	20221130
2	LY/T 3335-2022	植物新品种特异性、一致性、稳定性测试指南李属－樱花	20221130
3	LY/T 3336-2022	植物新品种特异性、一致性、稳定性测试指南金丝桃属	20221130
4	LY/T 3337-2022	植物新品种特异性、一致性、稳定性测试指南金镂梅属	20221130
5	LY/T 3338-2022	植物新品种特异性、一致性、稳定性测试指南侧柏属	20221130
6	LY/T 3339-2022	植物新品种特异性、一致性、稳定性测试指南黄檗属	20221130
7	LY/T 3340-2022	植物新品种特异性、一致性、稳定性测试指南栀子属	20221130
8	LY/T 3341-2022	植物新品种特异性、一致性、稳定性测试指南杜仲属	20221130
9	LY/T 2286-2022	植物新品种特异性、一致性、稳定性测试指南梓树属（代替标准 LY/T 2286—2014）	20221130

截至 2022 年年底，累计开展了 165 项林草植物新品种测试指南的编制工作，已完成了金露梅、珍珠梅属、青檀属、金镂梅属、侧柏属、黄檗属、栀子属、杜仲属、榆属和崖柏属等 79 项测试指南标准的制定，分别以国家标准或行业标准发布，其中，国家标准 13 项、林草行业标准 66 项，有效提高了植物新品种的授权质量和审查测试能力。

5. 推进国际植物新品种测试指南编制工作

2022 年 6 月，在国际植物新品种保护联盟（UPOV）第 54 届观赏植物和树木工作组（TWO）网络会议上，银杏（*Ginkgo biloba*）国际植物新品种测试指南获国际植物新品种保护联盟批准立项，将由中国专家牵头编制。

推进枸杞属、木兰属国际植物新品种测试指南编制，由我国专家完成的枸杞属测试指南（第二稿）、木兰属测试指南（第三稿）广泛征询专家意见，在 UPOV 技术工作组会议上对国外专家提出的修改建议进行了交流和答复。2022 年 7 月 21 ～ 23 日，国家林业和草原局科技发展中心在银川召开枸杞属 UPOV 测试指南研制项目协调推进会，会议通报了枸杞属测试指南 UPOV 技术工作组会议讨论情况，实地考察了枸杞标准品种种植园区，研究提出了下一步枸杞属 UPOV 测试指南修改完善工作方案。

截至 2022 年年底，我国专家共承担了山茶属、牡丹、丁香属、核桃属、木兰属、枸杞属和银杏 7 项 UPOV 国际测试指南标准的制定，已完成山茶属、牡丹、丁香属、核桃属 4 项 UPOV 国际测试指南制定，并由 UPOV 发布实施，进一步提升了林草植物新品种国际标准话语权。（段经华、周建仁、马梅）

建设林业和草原知识产权基础数据库和共享平台

科技创新的基础是知识的积累、传播、运用和创新，专利文献和科学数据是提供知识和技术的源泉，是科技创新的基础。充分利用和整合国内外林草知识产权信息资源，建立林草知识产权数据库和公共信息服务平台将为林业科学研究和科技创新提供信息支撑。

1. 林草知识产权基础数据库建设

国家林业和草原局知识产权研究中心系统收集和整理了国内外与林草知识产权相关的主要科学数据和文献资料，构建了知识产权信息资源的组织、收集和整合建设机制，加大了林草知识产权信息资源的整合、专家知识的搜集和数据库建设力度，完善和建设了林草专利、植物新品种权、林产品地理标志、商标、著作权、知识产权动态、案例、文献、法律法规和资源导航等 15 个林草知识产权基础数据库，2022 年新增数据量 10 万条，累计数据量 170 万条。

2. 林草知识产权网站运维管理

维护和管理了“中国林业知识产权网”（http：//www.cfip.cn）和“林草植物新品种保护网”（http：//www.cnpvp.net）。加强网络信息安全管理，建立网络信息安全监控和保障系统，做好服务器的定期检查、软件升级和监控等工作。完成 2022 年度中国林业知识产权网、植物新品种申报信息系统的安全渗透测试及问题整改，优化各网络安全设备策略，保障网络系统的信息安全和稳定运行。落实网站负责人责任制，加强网上信息发布的检查和审核，网上信息每日更新，免费使用，扩大了林草知识产权信息资源的共享途径和使用范围。2022 年网站的用户访问量超过了 10 万人次，网站提供全年不间断、安全、稳定的在线检索服务，提高了林草知识产权信息资源的利用效率和服务水平。

开通了 2022 年全国林草知识产权宣传周网站，采取多种形式宣传林草知识产权知识和林草植物新品种保护成效，图文并茂地展示林草知识产权成果和最新进展，进一步扩大了林草知识产权的影响力。

3. 林草知识产权移动端应用

“林业知识服务”微信公众号、微信小程序整合林草专利、授权植物新品种等知识产权数据资源，与网站底层数据同步更新，用户无需注册和安装，只需关注“林业知识服务”微信公众号、微信小程序，可用智能手机或移动终端在线浏览和查询丰富的林草知识产权数据，每日更新，免费获取，使用更为便捷和高效，解决了知识获取的时效性和地域性限制。“林业知识服务”微信公众号的用户关注人数 13000 人。（王忠明、张慕博）

开展林业和草原植物新品种履约与国际合作

参加国际植物新品种保护联盟（UPOV）2022年度系列会议，认真履行中欧植物新品种保护合作协议，联合欧盟植物新品种保护办公室（CPVO）举办“中欧植物新品种保护法律法规研讨会”；参加商务部牵头的中欧知识产权工作组第25次会议，对涉及植物新品种保护议题提供参考意见；推进东亚区域交流，参加“第15届东亚论坛会议及国际研讨会”和印度尼西亚主办的“植物新品种电子申请系统研讨会”，向东亚植物新品种保护论坛提供了2021年度林草植物新品种申请量和授权量等数据。

1. 参加国际植物新品种保护联盟（UPOV）系列国际会议

2022年10月24～28日，国际植物新品种保护联盟（UPOV）2022年度会议在日内瓦召开，国家林业和草原局派员线上参会。会议主要包括理事会第56届常规会议（C/56）、顾问委员会第99届会议（CC/99）、行政法律委员会第79届会议（CAJ/79）、技术委员会第58届会议（TC/58）等系列会议。会议提供了包含中文在内六种语言的同传服务，这是UPOV首次将中文作为会议工作语言使用。

在本次理事会换届选举工作中，我国农业农村部科技发展中心总农艺师崔野韩博士成功当选理事会主席，任期3年，成为UPOV历史上首位中国籍理事会主席。理事会通过了2023年会议计划，包括将于2023年3月举办顾问委员会第100次会议、理事会特别会议、植物新品种保护与植物育种技术应用互动研讨会等。此外，顾问委员会对《实质性派生品种（EDV）解释性说明（草案）》进行了充分讨论，同意成立实质性派生品种顾问委员会工作小组（CC/WG-EDV）负责起草《关于UPOV公约（1991年文本）中实质性派生品种的解释性说明》，将在顾问委员会第100次会议上进行审议，用于替换或者废除《EDV解释性说明（2017版）》。（陈光、柳玉霞）

2. 联合举办中欧植物新品种保护法律法规研讨会

根据中欧植物新品种保护合作计划，在中欧知识产权合作项目（IPKey 项目）和国际植物新品种保护联盟（UPOV）支持下，由欧盟植物新品种保护办公室（CPVO）、国家林业和草原局科技发展中心（植物新品种保护办公室）、农业农村部科技发展中心联合主办的“中欧植物新品种保护法律法规研讨会”于 2022 年 5 月 6 日在线上召开，国内外专家 140 人参加会议，主要是为了促进中欧更充分了解国际以及双方法律法规的最新进展。与会人员针对实质性派生品种解释性文件内容、欧盟植物新品种保护法律法规最新情况、我国农业植物新品种保护最新进展、我国林草植物新品种保护最新进展等进行了交流研讨。(陈光、柳玉霞)

3. 参加 UPOV 收获材料和未经授权使用繁殖材料工作组（WG-HRV）第一次会议

2022 年 3 月 15 日，国际植物新品种保护联盟（UPOV）组织的“收获材料和未经授权使用繁殖材料工作组（WG-HRV）第一次会议”在线上召开。来自 23 个国家和国际组织的代表参加了会议，国家林业和草原局派员参会。工作组重点对三个解释性说明中关于“收获材料”和“繁殖材料”定义范畴、“有效的临时保护”和“未经授权使用繁殖材料”概念等进行了讨论和研究。会议一致认为“收获材料”“繁殖材料”术语的进一步澄清将有利于解释性说明起草工作，促使 UPOV 各成员对此类问题的认识更加一致。

收获材料和未经授权使用繁殖材料工作组于 2021 年 9 月 21 日成立，由中国、欧盟、荷兰、日本、韩国、国际园艺生产者协会（AIPH）、国际无性繁殖园艺植物育种家协会（CIOPORA）等 24 个国家和国际组织组成。该工作组主要工作是根据《国际植物新品种保护公约》，起草关于“收获材料行为”“繁殖材料”和“临时保护”的解释性说明，供行政和法律委员会（CAJ）审议。(柳玉霞)

4. 参加 UPOV 第 54 届观赏植物和树木工作组（TWO）网络会议

2022 年 6 月 13 ～ 17 日，国际植物新品种保护联盟（UPOV）第 54 届观赏植物和树木工作组（TWO）会议以线上会议形式召开，由德国植物新品种保护局和 UPOV 办公室举办。出席会议的有中国、德国、法国、新西兰、意大利、巴西、英国、澳大利亚等 27 个国家和国际组织的 88 名人员，其中 25 个联盟成员的专家 78 人、观察员 1 人（泰国）、无性繁殖观赏植物与果树育种家协会（CIOPORA）2 人、UPOV 总部 7 人。中国林业科学研究院林业研究所和陕西省西安植物园等国内 12 家单位的 18 名专家参加会议。会议就 UPOV 相关测试指南程序文件（TGP）的技术文件和信息文件开展讨论，专题报告包括品种描述的信息数据库、观赏作物的抗病性研究、分子技术、测试的国际合作等讨论与建议等 18 项议题。

会议讨论了 9 个测试指南，其中，荷兰专家修订的 2 个，分别是朱顶兰属（*Hippeastrum*）和匙叶草属（*Latouchea*）；日本专家修订的 2 个，分别是花烛属（*Anthurium*）和天蓝尖瓣藤（*Oxypetalum coeruleum*）；欧盟专家修订的 2 个，薰衣草属（*Lavender*）和一品红（*Euphorbia pulcherrima*）；中国专家牵头编制的木兰属（*Magonolia*）；法国专家修订的锦带花属（*Weigela*）；德国专家修订的帚石楠（*Calluna vulgaris*）。其中，花烛属、帚石楠和匙叶草属 3 个指南通过了本技术工作组讨论并提交技术委员会。2023 年，将增加讨论的测试指南有 3 个，分别是银杏（*Ginkgo biloba*）、莲属（*Nelumbo*）和滨菊属（*Leucanthemum*），其中，银杏和莲属将由中国专家牵头编制。

西安植物园专家作为起草 UPOV 木兰属新品种测试指南的首席专家，对木兰属（*Magonolia*）测试指南第三稿进行了讨论，对来自法国、英国等 4 个联盟成员的专家提出的 45 条（其中 16 条技术内容、29 条格式）修改建议进行了答复。（张川红）

5. 参加 UPOV 第 53 届果树作物技术工作组（TWF）网络会议

2022 年 7 月 11 ～ 15 日，中国林业科学研究院林业研究所专家参加了国际植物新品种保护联盟（UPOV）第 53 届果树作物技术工作组（TWF）线上会议。会议由 UPOV 办公室主办，出席本次会议的有法国、德国、新西兰、意大利、巴西、英国、澳大利亚以及我国等 37 个国家和国际组织 120 人，其中，我国专家 20 名。中国林业科学研究院林业研究所联合宁夏枸杞工程中心牵头起草 UPOV《枸杞属（*Lycium*）植物新品种特异性、一致性和稳定性测试指南》会上技术工作组对枸杞属测试指南第二稿进行了讨论，对来自德国和 UPOV 等多位感兴趣专家提出的 20 余条修改建议进行了答复。

本次会议就 UPOV 进展、TGP 技术文件和信息文件等开展讨论，包括品种描述的信息数据库、分子技术、测试的国际合作等 18 项议题。讨论了 13 个测试指南，其中新编制 2 个，修订 11 个。新编制测试指南 2 个，分别为我国牵头编制的枸杞属（*Lycium*）和日本牵头编制的桑属（*Morus*）。修订包括：匈牙利牵头修订的酸樱桃（*Prunus cerasus*; *P.* × *gondouinii*; *P. avium* × *P. cerasus*）；法国牵头修订的甜樱桃（*Prunus avium*）；西班牙牵头修订 3 个，分别为枳（*Citrus trifoliata*）、柠檬和酸橙（*Citrus* × *aurantiifolia*; *C. hystrix*; *C.* × *limon*）与柑橘（*Citrus*×*aurantium*; *C. reticulata*）；德国牵头修订 3 个，分别为苹果（*Malus domestica*）、树莓（*Rubus idaeus*）和草莓（*Fragaria*）；意大利牵头修订 2 个，分别为葡萄（*Vitis*）和榛子（*Corylus avellana*; *C. colurna*）；以及我国牵头修订的番石榴（*Psidium guajava*）。苹果和草莓通过本届技术组讨论提交技术委员会。下一次会议承办国为法国，地点为尼姆市，时间为 2023 年 7 月 3 ～ 7 日。（张川红）

6. 组织开展国际培训

2022 年国家林业和草原局科技发展中心组织开展了 5 次有关植物新品种保护的国际培训活动，包括 UPOV 远程学习课程 3 次，东亚论坛 DUS 处级和高级研讨班各 1 次，共计 88 人次。通过国际培训，我国从事植物新品种保护工作的管理和技术人员将有机会深入了解国际植物新品种保护体系，进一步强化林草植物新品种保护人才队伍建设，为深入参与国际交流与合作奠定人才基础。（柳玉霞）

7. 编制《第二次中国林木遗传资源国家报告》

积极履行联合国粮农组织（FAO）相关职责，国家林业和草原局科技发展中心组织专家完成了《第二次中国林木遗传资源国家报告》起草工作，并提交有关单位征求意见，在此基础上反复对报告进行修改完善，认真对报告中所有数据进行核实。《第二次中国林木遗传资源国家报告》充分体现了 10 年间中国林木遗传资源领域的变化和发展，对了解中国林木遗传资源动态变化趋势及其动因，并从国内、国际多个层面采取相应措施进行干预具有重要意义。（李启岭、杜冉）

北京市林业知识产权

1. 加强执法监督

北京市成立园林绿化综合执法大队，统一行使植物新品种相关处罚的市级处罚权，执法能力进一步加强。通过加强与农业农村、市场监管、公安等部门在林草种苗领域执法交流协作，共同打击违法行为，持续优化信息化、便捷化、法治化的营商环境。北京市园林绿化局植物新品种权保护工作由科技处牵头，国有林场和种苗管理处、北京市园林绿化资源保护中心、北京市园林绿化综合执法大队、北京市园林绿化科学研究院配合。市级、各区林草种苗执法工作与植物新品种保护执法工作均由相同人员承担。目前，北京市园林绿化领域现有行政执法队伍 17 支，执法编制 244 人，实际到位执法人员共 179 人。2022 年，共落实“双打”工作经费 53.34 万元，其中，综合执法大队支出 29.94 万元，北京市园林绿化资源保护中心支出 23.4 万元。6 月 14 日，印发《关于开展 2022 年林草种苗质量抽检的通知》（京绿办发〔2022〕158 号），开展专项抽检工作。7 月 6 日，印发《关于组织开展 2022 年打击制售假劣种苗和侵犯植物新品种权工作的通知》，全面部署“双打”工作。2022 年，北京市未接到侵权举报，未发现授权品种侵权、假冒现象。

2. 开展宣传培训

北京市园林绿化局 3 月 18 日组织各区相关部门，进行《中华人民共和国种子法》《北京市种子条例》中涉及知识产权保护工作内容的专题培训。5 月，开展《强化植物新品种保护，激励花卉品种创新运用》专题培训。6 月 29 日和 9 月 2 日，北京市园林绿化综合执法大队举办了 2 期执法疑难问题探讨线上培训，共 182 人次参加。9 月 19 日，北京市园林绿化局组织相关工作人员 20 名参加了国家林业和草原局林草新品种及知识产权保护与管理培训班。10 月 19 ～ 21 日，北京市林草种子专题线上培训，分为“双打”工作及“一法一条例”宣贯和林草种苗技术推广两大主题，共计 480 余人参加了培训。11 月 16 ～ 18 日，举办市林草种苗行业发展线上培训，邀请大专院校、科研院所等相关领域专家就新品种选育、品种审定、乡土草产业、芳香地被植物等开展专题讲解，各区相关人员共 360 余人观看了直播。

3. 举办新品种展示活动

北京市植物新品种多为科研单位申请，植物新品种转化运用处于快速发展阶段，花卉、果树类植物新品种应用情况较好，绿化类新品种主要由申请单位结合项目进行推广。5 月 12 ～ 22 日，2022 北京春季新优花卉品种展示推介会暨第八届北京花木春季花展，展示 180 余个北京自主知识产权的花卉品种。9 月 28 日，组织开展 2022 北京秋季花卉新优品种展，推出北京自育花卉新品种 150 余个，促进了植物新品种权转化运用。

4. 加强普法宣传

4 月 27 日，通过首都园林绿化微信公众号普法小课堂，刊发《〈中华人民共和国种子法〉之植物新品种》文章。《中国绿色时报》刊发《北京获授权的林草新品种数量在全国居首》文章，并通过首都园林绿化微信公众号宣传。印发《林草种子相关法律法规司法解释规章规范性文件汇编》（修订版），面向各区知识产权保护部门发放，向自然保护区等重点对象发放系列宣传海报 6000 张。每年、每季度按要求报送植物新品种各项数据和植物新品种行政执法工作总结。每个季度林业植物新品种申请量和授权量均通过 12330 平台面向社会进行公布。（北京市园林绿化局）

天津市林业知识产权

1. 落实实施纲要，研究制定任务分工方案

根据《天津市法治政府建设实施纲要（2021—2025 年）》和市委依法治市办年度工作要点等文件要求，天津市规划和自然资源局研究制定了落实知识产权保护工作措施，明确责任分工，每季度向市委依法治市办报送知识产权保护工作进展情况。

2. 严格质量监管，认真组织种苗质量抽查

天津市规划和自然资源局委托第三方机构对全市林草种苗质量进行抽检，着重检查大型苗圃、重点工程植树造林用苗、侵犯林业植物新品种权情况，并将检查情况通报各区，对检查出来的问题要求各区依法督促整改，天津市规划和自然资源局适时进行复查，同时将抽查情况报国家林业和草原局。

3. 加强执法监督，落实开展“双打”行动

按照国家和市“双打”工作的统一部署，天津市规划和自然资源局以打击制售假劣林草种苗和侵犯林业植物新品种权专项行动为抓手，采取定期核查、随机抽查、跟踪检查等多种检查形式，加大了在“元旦”“春节”“五一”“十一”等重要节日的检查力度，重点检查了苗圃、种苗（花卉）交易市场、经营门店等场所，检查许可证和假冒、侵犯林业植物新品种权等违法情况。通过检查，有效维护了林草种苗市场秩序，保护了林农利益。2022 年，天津市未发生假劣林草种苗和侵犯林业植物新品种权相关案件。

4. 加强共同协作，开展联合协作执法

为有效解决某些领域监管不到位、监管力量不足、单一部门打击力度不够等现象，天津市规划和自然资源局与市场监督管理委员会签署了《执法合作框架协议》，积极与市场监管部门进行交流协作，共同探讨高效、规范的执法经验，严厉打击假劣林草种苗和侵犯林业植物新品种权的违法行为。（天津市规划和自然资源局）

河北省林业和草原知识产权

1. 加强组织领导，统筹协调推进

印发《河北省林业和草原局关于强化林草知识产权创造、运用和保护工作的通知》（冀林草字〔2022〕90 号），明确了目标任务、推进计划、落实措施，压实了工作责任，有力推进了河北省林草知识产权创造、运用和保护工作走深走实。为共同构建知识产权大保护格局，省林业和草原局与省市场监督管理局等 9 部门联合签订了《知识产权保护合作协议》，深化了沟通联络、信息共享、技术支撑、执法协作、人才交流、宣传教育等方面的合作，实现与司法机关执法、司法信息互联互通，有力保障了《关于强化知识产权保护的意见》《“十四五”知识产权保护和运用规划》的实施。

2. 加强行政执法检查，保护植物新品种权者合法利益

河北省林业和草原局成立了综合执法监督处，加大了对市（县）林草主管部门行政综合执法工作的协调指导和监督检查力度，规范了查办侵犯植物新品种权案件行政执法程序，加强了全省林业和草原知识产权行政保护专业化建设。印发了《河北省林业和草原局关于开展 2022 年林木种苗行政执法检查和种苗质量抽查工作的通知》（冀林草字〔2022〕94 号），组织开展了种苗质量抽查和林草种子生产经营许可“双随机”抽查检查工作，抽查结果及时在网上公示，对抽查过程中发现的问题进行点名通报，有效保护了林草植物新品种权者合法利益。

3. 开展多元培训，提升能力和水平

结合疫情防控，积极开展线上培训，精心挑选授课人员，根据实际需要设计培训课程内容，保障了培训质量。编印了《林业和草原知识产权资料汇编》，将习近平总书记关于加强知识产权保护工作的有关讲话、林业和草原知识产权保护法律法规、河北省授权的植物新品种名录等内容全部纳入，并聘请专家详细讲解。8 月，在石家庄举办了林草种苗和植物新品权保护行政执法培训班，50 名执法工作骨干人员参加了培训。

4. 推动知识产权助力乡村振兴

以现代林果花卉产业基地建设项目为抓手，加大对河北省板栗、枣、核桃等地理标志产品扶持力度，充分发挥地理标志产品的示范带动作用，促进相关产业向集约化、规模化、品牌化发展。2022 年，安排省级财政补助资金 1400 万元，支持涉县、遵化、沧县等优势经济林主产县发展核桃、板栗、枣、仁用杏等特色经济林产业，通过打造高标准示范基地，培育地方特色优势林业产业，带动群众就业增收，助力乡村产业振兴。同时，充分发挥经济林产业技术支撑体系专家团队作用，加大对地理标志产品地区科技支撑力度，加强技术指导培训，推广标准化生产和先进适用技术，积极推进品种培优、品质提升工作。

5. 加大保护力度，打击侵权行为

河北省林业和草原局拓宽线上举报渠道，在省林业和草原局官网公布了打击侵犯植物新品种权行为举报电话和电子邮箱。各级林草主管部门严格执行信息共享、案情通报、案件移送制度，及时公开案件信息。认贯彻落实2022年全国打击侵权假冒工作电视电话会议精神，积极开展打击侵犯林草植物新品种权、假冒授权品种专项行动，印发了《关于组织开展2022年打击制售假劣林草种苗和侵犯植物新品种权工作的通知》，聚焦各种林木花卉博览会、交易会及大型专业市场以及重点区域、重点品种、重点企业，组织开展了打击侵犯林草植物新品种权专项行动，强化了植物新品种保护执法职能，增强了新品种保护意识，净化了植物新品种市场，为植物新品种权的保护提供了有力支撑。

6. 积极开展宣传，提升保护意识

为增强全社会尊重和保护知识产权的意识，围绕“全面开启知识产权强国建设新征程”这一主题，紧密结合林业草原工作实际，组织开展了形式多样的宣传活动。利用单位大厅显示屏，开展林业植物新品种宣传。在河北省林业和草原局官方微博和微信公众号，线上同步推介省林业和草原知识产权保护成效。在省林业和草原科学研究院举办了林业和草原新品种保护讲座，邀请“河北知亦可为专利代理事务所”专利代理师，详细讲解了专利概况、快速预审通道、案例剖析、非正常申请、高价值专利等相关知识产权内容，并和与会人员进行了深入的沟通交流，进一步提高了知识产权保护意识。（河北省林业和草原局）

山西省林业和草原知识产权

1. 加强信息报送工作

山西省林业和草原局强化林草知识产权信息管理，下发《山西省林业和草原局关于进一步加强全省林草知识产权信息报送工作的通知》（晋林科便字〔2022〕11号）文件，要求9个省直林局和11个地市确定知识产权信息联络员，确保知识产权信息的及时收集、整理和报送。省直属林草局和各地市林草部门每月报送知识产权创造、保护、运用、管理和经验做法等工作动态信息，局汇总整理后向省市场监督管理局报送“全面推进知识产权强省工作推进机制重大专项抓落实机制每月进展情况”信息，促进林草知识产权工作的分析总结。向省市场监督管理局报送林草假冒伪劣种苗案件。向国家林业和草原局报送林草知识产权保护总结报告和植物新品种侵权假冒案件统计材料和印证材料等。

2. 开展知识产权宣传工作

组织学习《知识产权强国建设纲要（2021—2035年）》和《“十四五”国家知识产权保护和运用规划》，制定落实工作方案和举措，增强尊重和保护知识产权意识。围绕“全面开启知识产权强国建设新征程”主题，通过网站、电子屏、宣传板等途径开展知识产权宣传周活动。创新林草知识产权传播手段，组织人员制作抖音、小视频等，探索通过图文音视频等新媒体形式，宣传林草知识产权。在局微信公众号上推出植物新品种权保护普法动漫讲座，宣传《中华人民共和国植物新品种保护条例实施细则》。为社会公众提供免费林草知识产权政策咨询、宣传培训等服务，开展各县（市）和省直属林草局林草植物新品种培训。推动知识产权保护线上线下融合发展，线上以局域网、抖音、微信等新媒体为主进行传播，线下以植物新品种推介、发放宣传册等方式进行。

3. 加强知识产权人才队伍建设和经费保障

山西省林业和草原局强化林草知识产权培训，切实提高知识产权队伍专业素质。举办山西省林草植物新品种保护和林草标准化培训班，邀请4位专家，围绕植物新品种保护和行政执法等进行专题授课，90余人参加了培训。组织全省11个地市林草知识产权负责人和省级林草知识产权保护与管理人员，参加国家林业和草原局组织的“林草植物新品种及知识产权保护与管理”线上培训班。太原市林草局等地市举办多种形式的林草植物新品种保护等知识产权讲座，提升林草知识产权工作人员的业务素质和能力水平。积极筹措资金，加大对知识产权工作的经费支持。在2022年林草工作经费拨付计划中，对林草知识产权保护工作予以适当倾斜，全年用于林草知识产权保护的专项经费资金17万元，较去年经费增长了70%。

4. 提高知识产权保护工作执法水平

山西省林业和草原局下发了《关于组织开展2022年山西省林草植物新品种保护专项行动的通知》（晋林科函〔2022〕333号），制定动员部署、征集线索、摸底检查、工作总结的时间表和路线图，细化打击侵犯林草知识产权的范围，对全省各市规划和自然资源局（林业局）、省直林局部署打击侵犯林草植物新品种权专项行动，截至2022年年底未发现林草植物新品种侵权案件。同时，加大“双打”案件的查处与督办，要求各地市明确专人负责，及时收集、汇总侵权假冒种苗违法行为线索，与司法行政机关协同配合，依法严肃查处。督促各地市和省直林局落实“双打”举报公开制度，对立案的案件及时结案，并向社会公开，2022年查处的4起案件均已向社会公开。

5. 强化社会共治能力建设

山西省林业和草原局按照《山西省林业和草原局关于林业植物新品种保护行政管理及执法工作相关事项的函》（晋林科函〔2022〕417号）文件精神，明确山西省境内的林业植物新品种保护行政执法案件由违法行为地的县级以上林业行政主管部门管辖，对林业植物新品种所有人的维权请求进行调解，维权请求事项中涉及可能受到行政处罚案件的，及时移交省直森林公安机关予以立案查处。（山西省林业和草原局）

内蒙古自治区林业和草原知识产权

1. 完善知识产权保护制度

配合内蒙古自治区人民代表大会常务委员会完成立法监督工作，2021年11月16日内蒙古自治区第十三届人民代表大会常务委员会第三十一次会议通过了《关于修改〈内蒙古自治区林木种子条例〉的决定》，施行《内蒙古自治区林木种子条例》（第二次修正）。内蒙古自治区人民代表大会常务委员会法制工作委员会于6月向自治区林业和草原局征求了《内蒙古自治区林木种子条例》修改意见，内蒙古自治区林业和草原局及时反馈了相关意见建议。为推进知识产权保护行政执法与刑事司法有效衔接运行，内蒙古自治区林业和草原局加入了内蒙古自治区打击侵犯知识产权和制售假冒伪劣商品行政执法与刑事司法衔接信息共享平台，通过平台实现工作互联互通、案件移送等工作。

2. 加强知识产权保护执法监督

组织开展打击侵犯植物新品种权工作，为强化植物新品种保护，内蒙古自治区林业和草原局常态化开展打击侵犯植物新品种权工作，要求各盟（市）高度重视，加强组织领导，成立领导小组，安排专人负责，做好案件受理工作，培训执法人员，宣传植物新品种保护相关法律知识，及时报送案件统计信息和工作总结。为更好推进工作，内蒙古自治区林业和草原局组织开展了“双随机”抽查，强化监管工作。2022 年，内蒙古自治区未发生侵犯植物新品种权案件。内蒙古自治区林业和草原局与国家林业和草原局植物新品种测试中心西北分中心的依托单位——中国林业科学研究院沙漠林业实验中心签订合作协议，在知识产权技术支撑方面开展合作，积极利用测试中心技术优势，为打击侵犯植物新品种权案件提供技术支撑。

3. 开展知识产权宣传培训与合作交流

加强干部培训和知识产权保护宣传工作，在局网站、相关微信公众号上发布知识产权保护相关宣传信息。在知识产权宣传周期间，组织开展知识产权宣传活动，向单位和社区人员发放材料并宣传知识产权保护知识。积极推进国际交流，5 月 6 日，组织涉及林草植物新品种培育研发、推广应用、保护执法方面的 18 位工作人员参加了农业农村部科技发展心、国家林业和草原局科技发展中心、欧盟植物新品种保护办公室共同主办的“中欧植物新品种保护法律研讨会”，以线上形式参与植物新品种保护的国际交流与研讨。组织开展了 2022 年全区林草植物新品种保护及种苗质量监管培训，各盟（市）、旗县（区）从事植物新品种保护与种苗质量监管的工作人员和企业代表 240 余人参加培训。（内蒙古自治区林业和草原局）

辽宁省林业和草原知识产权

1. 加强组织领导

为加强知识产权保护工作力度，强化辽宁省林业和草原局打击侵犯知识产权和制售假冒伪劣商品工作领导小组职责，下发《辽宁省林业和草原局林木种苗打假和查办侵犯植物新品种权案件工作实施方案》（辽林草种字〔2022〕1 号），确立工作目标、细化工作任务，明确工作措施。同时，建立健全省、市、县三级假冒伪劣和侵权行政处罚案件信息公开制度，加强监督检查、情况通报与考核，做到应公开尽公开。

2. 开展知识产权宣传

2022 年 4 月，以“全面开启知识产权强国建设新征程”为主题，开展知识产权宣传周活动。通过印发方案、制作宣传展板、号召广大机关干部通过辽宁省干部在线学习网络平台选修知识产权强国课程等形式，面向社会和林草系统广泛宣传、普及林草知识产权工作。下发《辽宁省林业和草原关于印发〈辽宁省2022年林木种苗打击侵权假冒宣传工作实施方案〉的通知》（辽林草种字〔2022〕4号），全面营造“双打”舆论氛围，指导各市充分利用广播、报刊、网络等传媒渠道形成宣传合力，宣传注重创新、诚信经营的林木种子公司，曝光典型案件、震慑犯罪分子。现场参加锦州市强化种苗执法监管主题活动，并印制发放《中华人民共和国种子法》宣传手册和打击侵权假冒宣传手册400余册。

3. 加强队伍专业化建设

辽宁省林业和草原局于9月16日举办了种苗业务能力提升线上培训班，解读种苗执法过程中的重点难点问题，加大对假劣种苗和侵犯植物新品种权违法行为的打击力度，规范案件查办，提高案件办理效率，同时对学员提问进行现场答疑解惑，切实提高了业务水平。

4. 积极争取资金支持

按照全国打击侵犯知识产权和制售假冒伪劣商品工作领导小组办公室（以下简称“双打办”）考核指标以及辽宁省对“双打”工作的有关部署，积极争取省级财政经费支持10万元，加大苗木、种子标签印制资金投入，在推动规范苗木经营管理上下功夫，为植物新品种保护执法提供必要的经费保障，提高行政执法效率。

5. 开展植物新品种保护专项行动

2022年8～11月，在全省范围内组织开展为期3个月的打击侵犯植物新品种执法保护专项行动，并制定下发《辽宁省林业和草原局办公室关于印发2022年打击侵犯林业植物新品种权专项行动方案的通知》，加大侵犯植物新品种权、假冒植物新品种案件查处力度，严厉打击未经品种权人许可，以商业目的生产或者销售林业授权品种的繁殖材料、假冒林业授权品种以及销售林业授权品种时未使用其注册登记名称等侵犯植物新品种权的各种违法行为。期间，要求各市林草主管部门在官网上更新各市查办植物新品种权案件负责人、举报电话、电子信箱等举报方式，拓宽线索收集渠道，加强社会监督。（辽宁省林业和草原局）

吉林省林业和草原知识产权

1. 全面统筹协作

吉林省各级林草主管部门高度重视林草植物新品种保护工作，将其列入年度重点工作计划，并统筹做好林业科技特派员服务科技强林行动、科普宣传等工作。加强与本地打击侵犯知识产权和制售假冒伪劣商品工作牵头部门的沟通协调，将打击侵犯林草植物新品种权工作纳入地方“双打”工作方案，形成打击合力，坚持依法治理、打建结合、统筹协作、社会共治。吉林省林业和草原局通过会议、发文等形式进行工作部署，结合属地实际进行安排部署，制定专项行动实施方案，强化宣传培训，明确打击范围和内容，对各类种苗、花卉博览会、交易会、大型专业市场进行检查，对重点品种、重点区域、重点企业进行抽查，对电子商务平台等进行重点监督指导。依法打击未经品种权人许可生产、繁殖、处理、许诺销售、销售、进口、出口、储存林业授权品种的繁殖材料，假冒林草授权品种，以及销售林草授权品种时未使用其注册登记名称等行为。

2. 依法查处案件

吉林省各地林草主管部门公布专项行动举报电话、电子邮箱或其他举报方式，明确专人负责，及时收集汇总侵犯林草植物新品种权的违法行为线索。组织开展调查摸底，重点检查授权品种的繁殖、生产、销售环节，包括各类苗圃、繁育场、种苗（花卉）交易市场、经营门店、电子商务平台等，清查侵权、假冒等违法情况。根据违法线索，及时调查取证，认定违法行为。符合立案条件的，及时立案查处；假冒品种涉嫌构成犯罪的，依法移送司法机关，并报告上一级林业主管部门。对于新修改的《中华人民共和国种子法》施行之后，不收敛、不收手侵犯植物新品种权的行为，进行了重点打击。不断落实信息公开工作制度，按要求公开林草植物新品种侵权假冒行政处罚案件的名称、被处罚者姓名或名称，以及主要违法事实和处罚种类、依据、结果等，接受社会监督。

3. 加强宣传培训

吉林省各级林业和草原主管部门积极参加国家林业和草原局管理干部学院举办的林草新品种及知识产权保护与管理培训班。认真学习林草新品种相关的法律、法规、历史、国际环境、工作要求、工作方法，为进一步开展林草植物新品种保护工作打下基础。通过网站、微信、广播、电视等媒体，广泛开展宣传报道，形成打击植物新品种侵权行为的高压态势，积极构建全社会尊重知识产权、合法使用授权植物新品种的良好氛围。加大新修改的《中华人民共和国种子法》《吉林省林木种子条例》宣传力度，通过发放单行本、法律文件汇编、邀请专家现场解读等方式，对林草种苗生产经营者开展指导，实现引导生产经营者自觉守法的目标。（吉林省林业和草原局）

黑龙江省林业和草原知识产权

1. 统筹安排，科学有序开展知识产权保护工作

为统筹林草知识产权保护工作，上下形成保护林草知识产权的合力，黑龙江省林业和草原局下发《关于开展2022年打击侵犯林草植物新品种等知识产权工作的通知》（办〔2022〕121号），对全省林草知识产权保护工作进行了统一部署，要求各级林草部门主要领导要亲自抓，分管领导要具体抓，职能部门要协力抓，一级抓一级，形成层层抓落实的工作格局。2022年年初，制定了黑龙江省林草局植物新品种等知识产权保护工作方案，做到林草植物新品种知识产权保护工作科学有序开展。同时，将林草植物新品种知识产权保护执法经费列入林草执法与监督经费系列当中，确保有足够的林草知识产权保护执法经费。

2. 积极开展专项治理，营造公平竞争环境

黑龙江省林业和草原局下发了《关于开展2022年全省林草种苗质量双随机监督检查暨行政执法检查工作的通知》（黑林草办发〔2022〕492号），省林草局科学技术和对外合作处、场圃处和东北林业大学相关人员组成“双随机”执法检查小组，对桦南、饶河、虎林、林口、林甸、依安、嫩江、望奎、南岔和巴彦10个市（县）进行侵犯林草知识产权案件的执法检查。通过网站向社会公布侵犯林草知识产权举报电话，还通过文件下发给各地市县，公布举报电话、邮箱和具体联系人，广泛征集侵犯林草知识产权违法线索，为保护林草知识产权、推进公平竞争创造良好的营商环境。

3. 积极开展业务培训，提升保护管理能力

充分利用线上优势，采取视频培训方式加大对植物新品种知识产权的培训力度。2022年8月4日，在哈尔滨举办了全省植物新品种知识产权保护网络培训班。将培训从市（县）林草主管领导和具体负责人，扩大到各林场、林业站等基层单位从事植物新品种知识产权保护工作有关人员，培训人次达834人次。通过培训，提高了工作人员打击侵犯知识产权违法行为的能力，为今后林草知识产权保护工作奠定了坚实的基础。

4. 积极开展摸底调查工作，为科学保护夯实基础

为全面掌握全省植物新品种使用情况，下发了《关于做好2022年打击侵犯林草植物新品种权技校考核的通知》。要求各级林草主管部门切实做好林草植物新品种摸底调查和侵犯林草植物新品种权案件上报工作。6月8～19日，黑龙江省林业和草原局组织对桦南、饶河和巴彦等10个市（县）的植物新品种摸底调查进行了抽查。对全省林草植物新品种保护、管理和使用等情况有了进一步的了解，为科学保护林草植物新品种等知识产权相关工作打下了坚实的基础。（黑龙江省林业和草原局）

上海市林业知识产权

1. 加强植物新品种权保护

按照《国家林业和草原局办公室关于组织开展2022年打击制售假劣林草种苗和侵犯植物新品种权工作的通知》（办场字〔2022〕66号）要求，上海市林业局召开专题会议，研究落实措施，并迅速转发文件，要求各区林业管理部门、相关直属单位组织学习，领会文件精神，狠抓工作落实。将打击侵犯林木种苗新品种权相关内容纳入《2022年上海市林业工作要点》（沪绿容〔2022〕48号），明确目标任务。结合“2022年林木种苗质量检查工作”，深入9个郊区，共检查23个造林项目的745个苗批和157家持证单位，在检查中有重点地进行林木种苗新品种权侵权行为的检查。同时，积极推进上海市林业总站履行国家林业和草原局植物新品种DUS测试上海站的职能。推动植物新品种科研育种单位在植物新品种创新、保护、转化以及惠民等方面开展了一系列卓有成效的工作。

2. 开展知识产权执法维权

加强执法队伍建设，严格落实各项保障措施，做到人员、装备、资金三到位。明确专职机构、专职人员，2名同志实施AB角工作制，确保工作不断档、服务不缺位。近年来，上海市林业局不断加强执法力量配置，并要求各区也要调整充实执法队伍。据统计，目前上海市系统共有51名（其中，市局机关8人）执法人员。各郊区执法队伍基本配备了执法记录仪、执法车辆，并落实了执法经费，实行统筹。参与上海市市场监管局等15部门联合开展的2022年网络市场监管专项行动（网剑行动），与种苗管理部门联手开展打击侵犯林木种苗新品种专项行动。按照上海市林业局“双打”工作的职能分工，将打击侵犯知识产权行为纳入执法稽查专项行动。结合造林推进工作以及造林苗木质量检查与验收工作，开展执法稽查30余次。结合打击制售假冒伪劣工作，组织开展打击侵犯知识产权的工作。

上海市林业局在“绿色上海”网站上设置“我要投诉”功能，接受市民举报，同时将知识产权侵权违法行为一并纳入“12345上海市民热线”受理范围，多渠道接受市民举报。对于发现或者接到举报、控告、移送、上级交办的违法行为，做到及时受理，迅速查处，高效办结，公开信息，确保案件得到准确处置。

3. 加强知识产权培训

充分利用网站、微信公众号、宣传资料等形式，广泛宣传《中华人民共和国知识产权法》和《中华人民共和国植物新品种保护条例》等法律法规，普法、知法、守法，通过科技下乡等活动进行宣传。2022年，主要采取线上方式进行培训，并在行业业务培训中融入知识产权的培训内容。2022年11月3日，上海市林业局举办“2022年上海市林业行政执法队伍能力提升线上培训会”，90人接受培训。全面部署，认真组织上海市林业总站、各区林业站和局机关相关处室，参加由国家林业和草原局举办的“林草新品种及知识产权保护与管理培训班”。（上海市林业局）

江苏省林业知识产权

1. 改革林业科技管理机制，促进知识产权创造

江苏省林业局高度重视和部署知识产权保护工作，积极配合省有关部门做好2022年知识产权保护考核迎考工作。贯彻落实《省政府办公厅关于改革完善江苏省省级财政科研经费管理的实施意见》（苏政办发〔2022〕13号）精神，联合省财政厅制定了《江苏省林业科技创新与推广项目和资金管理办法》，进一步改革完善省林业科技创新与推广项目和资金管理，扩大科技经费使用管理自主权，充分激发科技人员创新创业活力，促进江苏省林业知识产权创造，推进知识产权强省建设。

2. 组织开展执法专项行动，推进行政执法与司法衔接

江苏省林业局将打击制售假劣林草种苗和侵犯植物新品种权工作列入常规工作进行部署开展，并根据国家林业和草原局办公室《关于组织开展2022年打击制售假劣林草种苗和侵犯植物新品种权工作的通知》有关要求，印发了《关于开展林草种苗行政执法专项行动的通知》，部署各级林业主管部门落实工作责任，上下联动，强化与司法机关衔接配合，严厉打击侵权假冒植物新品种、制售假劣种子和无证生产经营等行为，规范林草种苗生产经营秩序，引导企业诚信守法经营，依法保护品种权人和购苗人的合法权益，创造公平公正的市场环境。2022年，江苏省未发现林业知识产权侵权投诉举报案件。

3. 积极推进互联网领域知识产权保护

认真贯彻落实《江苏省种子条例》《江苏省知识产权促进和保护条例》，履行林草种子管理部门职责和知识产权管理有关职责，与阿里巴巴集团华东公司达成战略合作，开展林草植物新品种保护，打击线上销售假冒伪劣林草种子行为，维护植物新品种权人的合法权益，采取必要措施协同平台内经营者，共同配合做好主管部门调查、当事双方调解仲裁等方面工作。探索建立电子商务平台经营者、林业主管部门、林业种子市场经营主体多方快捷处理机制，实现核查信息、案件处理的快速、及时反馈。

4. 加强知识产权保护人才队伍建设

积极组织业务培训，加强知识产权行政管理队伍专业化建设，举办2022年度全省林草种苗行政执法及植物新品种保护培训，采用线上培训的方式，面向各设区市、县（市、区）从事林草种苗执法相关工作人员，开展植物新品种权保护和种子执法培训。邀请国家林业和草原局和南京森林警察学院专家授课，全省260余人参加培训。

5. 组织开展知识产权保护科普宣传

制作林业知识产权（植物新品种权保护）保护相关的记事本、宣传扇等宣传物品，在常州市武进区、沭阳县、句容市等林草种苗花卉交易重点地区面向林农、生产大户发放。在省政务大厅、重要种苗经营场所等开展植物新品种权保护宣传，并通过组织科普活动面向中小学生普及林业植物新品种权保护知识。2022年7月，省林业局印发《关于征集提供林业植物授权新品种图册资料的通知》，组织开展全省授权林草植物新品种汇编，将新品种权人、特征性状、图片等信息汇集，为林草植物新品种保护和宣传提供支撑。（江苏省林业局办公室）

浙江省林业知识产权

1. 强化新品种转化运用，助力乡村振兴

认真落实浙江省委数字化改革工作要求，充分利用“浙江知识产权在线”交易平台，与植物新品种权人协商，将植物新品种权的品种信息和图片展示于一平台“林业植物新品种”销售大厅专区，迅速打通植物新品种创新、运用、保护、管理和服务的全链条。目前，已有冬青属、山茶属和槭属约40个新品种在销售大厅展示，可直接进行转让、许可和销售。宁波槭属新品种与江苏成功签订4万株许可协议，实现林业植物新品种供需双方无缝对接，提高了植物新品种转化应用效率。新品种转化运用方式灵活多样，如金华永根杜鹃花培育公司采用“新品种+基地生产+乡村旅游”模式，在金华雅畈镇建立120亩杜鹃花观赏园、山东青岛500亩和江西省弋阳县圭峰镇350亩，开展观赏价值高的‘红阳’‘红运来’‘仙鹤’等杜鹃新品种生产与推广，每年销售300多万株，年利润1100万元，为当地林业产值提升、农民就业增收和乡村振兴注入新的增长点，每年4月杜鹃花海已成为一个高效、生态、美丽乡村旅游典范，助力乡村振兴。

2. 强化“双打”行动，优化营商环境

印发《浙江省林业局办公室关于组织开展2022年打击制售假劣林草种苗和侵犯植物新品种权工作的通知》（浙林办绿〔2022〕13号），要求浙江省各地充分认识打击制售假劣种苗和侵犯植物新品种权工作的重要意义，充实林草种苗执法力量，持续发力，围绕重点区域、重点环节，加大种苗质量监督检查力度，排查林木种苗花卉交易集散地和交易市场等区域，严厉查处未经品种权人许可生产、繁殖、处理、许诺销售、销售、进口、出口林业授权品种的繁殖材料，假冒林业授权品种，以及销售授权品种时未使用其注册登记名称的侵权行为。加强《中华人民共和国种子法》《中华人民共和国植物新品种保护条例》等法律法规宣传，公布违法行为举报方式、举报电话等信息。按要求摸清监管植物新品种保护机构及人员队伍情况，省林业局科技处（林产品质量安全监管处）负责林业知识产权、植物新品种保护工作，岗位分工已落实专人，各地从事植物新品种管理工作人员90多人，案件查处移交给综合行政执法部门。汇总各地检查情况，2022年浙江省未发现侵犯植物新品种权案件。

3. 强化宣传培训，提升执法能力

印发《浙江省林业局办公室关于组织开展2022年林业知识产权宣传活动的通知》（浙林办科〔2022〕8号），要求浙江省各地林业主管部门结合实际创新宣传形式，面向林业企事业单位、花卉苗木生产基地、经营门店、青少年等对象群体，提倡进社区、进企业、进学校、进单位，重点宣传新《中华人民共和国种子法》《中华人民共和国植物新品种保护条例》《中华人民共和国植物新品种保护条例实施细则（林业部分）》等法律法规、国内植物新品种保护典型案例以及浙江省林业植物新品种创新成果、转化运用成效等，制作“宣贯《种子法》，云赏新品种”宣传视频，推送全省11市播放，树立尊重知识、崇尚科学和保护知识产权意识，营造鼓励知识创新和保护知识产权法律环境；印发《认识和保护林业植物新品种》宣传册，宣传林业植物新品种申报审批程序、品种类别、品种权人权益、相关法律法规等知识。编印并下发《浙江林业植物授权新品种（2021年）》图册，为植物新品种监管和执法办案提供依据。各地种苗管理部门采取深入花木基地和交易市场开展面对面宣传新《中华人民共和国种子法》、发放资料、现场答疑的形式进行指导服务，提高生产经营者的法律意识，依法规范生产经营行为。举办全省林业知识产权线上培训班，各地植物新品种保护工作人员和品种权人共150多人参加培训。同时，积极组织各市林业植物新品种工作负责同志参加国家林业和草原局科技发展中心举办的林草新品种及知识产权保护与管理培训班。

4. 重视制度建设，完善管理服务

积极参与《浙江省知识产权保护和促进条例》《浙江省知识产权奖励办法》的制定，重点起草《浙江省知识产权奖励实施细则》中涉及植物新品种评奖办法，包括植物新品种奖分级评价标准、评分指标体系和评分依据等，以政策激励创新，鼓励优良高价值植物新品种的培育和研发。参与《2022年设区市知识产权保护考核办法》相关制定工作，压实各地工作责任，落实执行各项规定举措。对接浙江知识产权在线平台建设和数据报送，重点参与一平台交易植物新品种信息格式设计，并向林业植物品种权人推广宣传，目前40个新品种在平台登记。（浙江省林业局）

安徽省林业知识产权

1. 完善法规制度

推动《安徽省林木种子条例》修订工作，新增“林木新品种保护”内容，经省政府审核同意后报省人民代表大会常务委员会审议通过《安徽省林木种子条例》。成为

《中华人民共和国种子法》修订后全国首个完成修订的省级林木种子条例，使林业知识产权保护法制体系更加完善。

2. 强化执法监督

开展专项执法，印发《2022 年安徽省林业局打击侵犯林草植物新品种权专项行动方案》《2022 年安徽省林业系统打击侵犯知识产权和制售假冒伪劣商品工作实施方案》，组织开展打击侵犯林草植物新品种权专项行动。全省各地林业部门组织执法人员 400 余人，对各类种苗花卉博览会、交易会、电子商务平台等侵权高发的专业市场开展重点整治。2022 年，安徽省未发生侵权假冒林草植物新品种的案件。

3. 推进转化运用

出台《关于推进安徽省林草创新联合体建设的指导意见（试行）》，推进林业关键核心技术研究；强化推广示范，制定《林业科技特派员服务科技强林行动方案（2022—2025 年）》，组织开展林业科技特派员服务科技强林行动，开展林业科技服务 6321 次，将新品种、新技术、新模式、新装备等林业领域知识产权成果作为重要内容并采取月度报告制度，加快推进林业知识产权保护和运用。

4. 加强宣传培训

举办 2022 年全省林业科技活动周，围绕《中华人民共和国植物新品种保护条例》《安徽省知识产权保护办法》、新修订的《安徽省林木种子条例》等开展林业知识产权保护主题宣传活动 401 次，发布宣传报道 149 篇。举办全省林草植物新品种保护暨科技创新培训班，邀请国家林业和草原局植物新品种保护办公室专家以“实施知识产权强国战略，提升林草植物新品种保护水平”为主题授课，对《知识产权强国建设纲要（2021—2035 年）》进行了详细的解读，对林草植物新品种保护规范执法提出了明确要求，全省林业部门科技管理人员及林业知识产权保护工作的有关人员 700 余人在分会场或线上参加培训。（安徽省林业局）

福建省林业知识产权

1. 强化组织领导，畅通举报渠道

福建省林业局加大知识产权保护工作力度，强化组织领导，及时更新局打击侵犯知识产权和制售假劣林草种苗工作领导小组（闽林办〔2022〕19 号），明确由林业种苗、科技、执法等机构相互配合，协同开展林业“双打”工作。各级林业主管部门能够畅通举报渠道，及时收集制售假劣林草种苗和侵犯植物新品种权的违法行为线索，并组织种苗、科技、执法等机构相互配合，依法依规严厉查处。

2. 严格监督检查，加强知识产权保护

根据国家林业和草原局部署，下发《福建省林业局办公室关于切实抓好 2022 年打击制售假劣林木种苗和侵犯植物新品种权工作的通知》（闽林办〔2022〕10 号），部署福建省各地开展打击侵犯植物新品种权专项行动，严厉打击种苗侵权假冒违法行为。省级共抽查 14 个县（市、区）57 家林木种苗生产经营和使用单位，抽检了 3 个种批、60 个苗批，种批合格率 100%，苗批合格率 100%。同时开展了植物新品种授权调查摸底。

3. 创新植物新品种授权激励机制

2018 年起，福建省在全国率先建立花卉新品种奖励机制，每年从省级财政预算花卉产业发展专项资金中安排资金，对获得国家植物新品种权且推广种植效益显著的花卉品种进行奖励，极大地激励了花卉品种创新的积极性，花卉新品种授权数量稳步增长。近两年共有 176 个花卉品种获得国家植物新品种权。

4. 加大宣传培训，提高保护意识

福建省各级林业部门结合实际开展知识产权宣传周、科技活动周、“三下乡”、科普日等活动，向公众普及和宣传《中华人民共和国种子法》《中华人民共和国植物新品种保护条例》《福建省种子条例》等，重点宣传科技成果、植物新品种权等高质量的知识产权在新福建建设中的显著成效，提高了林业知识产权创造、运用、保护和管理能力。2022 年，举办了全省种苗质量监管与执法培训班和全省林业科技业务培训班，邀请相关专家就《中华人民共和国植物新品种保护条例》《中华人民共和国种子法》解读、种苗质量监管与执法、行政执法程序等课程作专题辅导讲座。全省各设区市、县（市、区）林业主管部门、平潭综合实验区资源生态局分管领导、科技科（中心、站）及种苗站负责人，以及从事植物新品种保护行政执法共 240 多人参加培训。（福建省林业局）

江西省林业知识产权

1. 开展打击侵犯林业植物新品种权专项行动

江西省林业局高度重视打击涉林侵权假冒工作的组织开展，将维护林农利益作为重要工作内容，明确由局国有林场和种苗管理处负责打击假冒伪劣林草种苗工作，局科技和对外合作处负责林业植物新品种保护工作，并安排专人负责具体工作，制定年度工作计划，落实打假工作经费。在国家林业和草原局科技发展中心统一部署安排下，继续在全省开展打击侵犯林业植物新品种权专项行动。2022 年 7 月 15 日，印发《江西省林业局办公室关于组织开展 2022 年打击制售假劣林草种苗和侵犯植物新品种权工作的通知》，就提高林木种苗知识产权保护认识、加强种苗市场监管、强化植物新品种权保护、加大案件处理力度等工作进行部署。组织开展了林木种苗生产专项治理行动、林木种苗“双随机一公开”等一系列行政执法行动，并不断加强日常监管。在“江西林科网”公布了侵权假冒举报电话、电子邮箱和举报信件寄送地址，面向社会广泛征集案件线索，明确专人负责，及时收集、汇总侵权假冒相关线索和信息，并要求各设区市林业主管部门发现相关侵权线索，第一时间上报。专项行动期间，江西省未接到林业植物新品种侵权举报，未发现侵害新品种权现象。

2. 加强植物新品种执法队伍建设

2022 年，为贯彻落实《国家林业和草原局办公室关于组织开展 2022 年打击制售假劣林草种苗和侵犯植物新品种权工作的通知》（办场字〔2022〕66 号）要求，印发了《江西省林业局办公室关于组织开展 2022 年打击制售假劣林草种苗和侵犯植物新品种权工作的通知》，常态化开展林业植物新品种保护行政执法行动，完成行政权力清单的梳理。根据 2022 年 3 月 1 日生效的新《中华人民共和国种子法》，结合国务院和省政府有关要求，江西省林业局及时与国家林业和草原局沟通协调，按照新要求、新标准重新对行政审批事项的流程、审批权限、申请材料及事前、事中、事后监管措施进行更正。江西省绝大多数设区市成立了专门的执法大队，100个县（区）基本成立了专门的执法队伍。省本级层面专门成立了省林业局执法监督处，负责对全省涉林执法工作进行监督管理，具体执法工作由省、市、县三级按照属地原则，进行层级管理。江西省现有299人从事林木种苗工作，其中，省本级6人，市本级44人，县级249人，均配备有卷尺、游标卡尺等常规检测工具，省本级建有专业种子质量检验室，能够对种子的净度、含水量等指标进行检测。

3. 加强知识产权宣传培训

利用现代媒体扩大宣传范围。通过江西林科网，大力宣传林业植物新品种权保护、林木种苗质量管理等相关知识和法律法规。如在江西林科网设立“新品种保护”专栏，下设保护名录、品种权查询、政策法规、远程课堂等板块，普及林业植物新品种知识和相关法律法规，强化保护知识产权意识，营造保护知识产权氛围。2022年9月20日，举办了“林草新品种及知识产权保护线上培训班”，就林草植物新品种保护与行政执法、林草植物新品种申请实务、林业植物新品种创制、保护与运用情况、相关案例等邀请相关专家进行授课。在省市场监督局举办的“我最喜爱的地理标志商标”展示活动颁奖典礼上，“袁州油茶”地理标志商标荣获“我最喜爱的地理标志商标”优秀奖。（江西省林业局）

山东省林业知识产权

1. 加强组织领导，健全工作机制

山东省林业局成立了由分管局领导任组长，有关处室主要负责人为成员的“双打”工作领导小组，确保打击制售假劣林草种苗和侵犯植物新品种权工作落到实处。按照《2022年全国打击侵犯知识产权和制售假冒伪劣商品工作要点》等文件要求，制定印发了《山东省自然资源厅办公室关于组织开展打击制售假劣种苗和侵犯植物新品种权工作的通知》等文件，在全省范围内组织开展打击制售假劣林草种苗和侵犯植物新品种执法权工作。各市林业行政主管部门也通过进一步加强组织领导、健全工作机制等措施，确保林业“双打”工作取得成效。

2. 组织开展知识产权宣传周活动

2022年4月20～26日，采取线下线上相结合方式，开展了以“保护科技创新，全面开启知识产权强省建设新征程”为主题的“知识产权宣传周”活动。各级林业主管部门和90多家单位参与活动。通过微信公众号等媒体向社会发布了《共同保护植物新品种权倡议书》，开展“植物新品种权保护知识问答”活动，点击量达到12000人次。抽调4名业务骨干，参加山东广播电视台乡村广播《乡村法治带头人》网络视频现场直播节目，闪电新闻、齐鲁网、喜马拉雅等多家新闻媒体平台同步直播，受众反映良好。各市也分别运用各类传统媒体和新媒体，开展多层次、多方位的宣传。日照市借助送科技下乡、科技周等活动，对植物新品种保护、林木种苗等法律法规和政策进行宣传，提高了公众知法、懂法、守法意识，形成打击林草知识产权侵权行为的氛围和高压态势。

3. 加大知识产权培训力度

2022 年 8 月，在日照市举办全省场圃种苗高质量发展和森林防火培训班。邀请山东农业大学、鲁东大学、省林木种苗协会有关专家，围绕林草种苗高质量发展思路与对策、林草种苗质量监管和植物新品种保护等方面内容进行授课，同时赴 2 个种苗企业开展了现场教学。各市林业主管部门、林业中心有关负责同志，部分国有场圃负责人共 90 余人参加培训。组织全省林草系统 780 余人参加全国林草种苗质量监管及种苗生产统计专题网络培训，山东省所有学员全部在规定时间内圆满完成学习任务。各市也针对种苗质量和植物新品种保护工作开展了不同形式的培训。

4. 强化执法检查

组织开展重点领域执法检查，对各类种苗花卉博览会、交易会、农贸市场等重点场所进行实地检查，对电商平台加强监管，严厉打击网售种苗和侵犯植物新品种权违法行为，保护权利人、创新主体和林农利益。建立“双打”投诉举报制度，全省共设立举报电话 153 个。各地加大与市场监管、综合执法、公安等部门沟通与合作。2022 年，山东省撤销林草种子生产经营许可证 40 份，掌握种苗违法线索 6 起，处理种苗违法案件 3 起，未发生侵犯植物新品种权和假冒授权品种现象。组织开展“双随机、一公开”抽查和种子“一法一条例”执法检查，配合省人民代表大会成立 3 个检查组赴青岛、烟台、枣庄、济宁、潍坊、东营 6 市，对《中华人民共和国种子法》《山东省种子条例》实施情况开展执法检查。强化信息报送，严格执行林业部门查办案件季报制度、林业行政处罚案件信息公开制度，明确专人执行种苗侵权假冒案件季报告和零报告制度。（山东省林业局）

河南省林业知识产权

1. 落实专责和专项经费

成立河南省林业局打击侵犯知识产权和制售假冒伪劣商品工作领导小组，并结合局机关和事业单位人事变动情况调整领导小组人员组成，明确打击侵犯植物新品种权工作由主管副局长负责，科技处牵头，省林业技术工作总站等单位共同参与，明确专人负责日常协调、调度、督导等工作，定期汇总上报阶段性总结和统计数据等。制定印发《河南省 2022 年植物新品种保护执法专项行动方案》，2022 年 6 月 1 日起在全省范围内组织开展为期 6 个月的植物新品种保护执法专项行动。经与财政部门沟通协调，结合省财政科技兴林项目，2022 年专门下达省级林业科技管理项目经费 35 万元，用于科技项目管理、知识产权保护、标准化、科普等工作，有力保障打击侵犯植物新品种权工作的落实。

2. 突出重点，大力开展案件查处

按照河南植物新品种保护执法专项行动安排，2022 年 8 ～ 9 月，对授权品种的繁殖、生产、销售环节，包括苗圃、种苗（花卉）交易市场等场所，开展了抽查，严厉打击侵权、假冒等违法行为。重点打击未经品种权人许可，以商业目的生产或者销售林业授权品种的繁殖材料、假冒林业授权品种的行为，以及销售林业授权品种时未使用其注册登记名称的行为。重点对各种林木种苗、花卉交易会等侵权高发的专业市场进行检查，加强监管，对重点品种、重点区域、重点企业进行检查，及时查处涉及品种权的违法行为。通过公布林草植物新品种行政案件举报电话、电子邮箱等举报方式，公开征集案件线索，并明确专人负责，及时收集、汇总侵权假冒行为线索。通过专项行动，有效遏制了侵权、假冒植物新品种违法行为，截至 2022 年年底，河南省未发现或者接到举报、控告、移送、上级交办侵犯林草植物新品种权的案件。

3. 抓好知识产权宣传和培训

利用科技活动周、全国科普日为契机号召各地市灵活采取线上和线下形式，开展新《中华人民共和国种子法》《中华人民共和国植物新品种保护条例》等植物新品种保护宣传活动，积极营造大众共同参与的氛围。2022 年 8 月 16 日，平顶山市举办了全市林木种苗质量管理和植物新品种保护培训班，60 余人参加培训，主要讲解了种子法律法规、植物新品种保护等方面的内容。2022 年 9 月 23 日，安阳市林业局举办了全市基层林站站长培训班，50 多人参加培训，主要讲授了基层林站建设与管理、林业植物新品种保护与执法、林业标准化等方面的内容。2022 年 12 月 6 日，举办河南省植物新品种保护行政执法培训班，邀请国家林业和草原局科技发展中心专家对林草知识产权及植物新品种保护工作内容进行讲解，并强调河南省“双打”考核林业工作要点。省林业局相关处室、局属有关单位，省级以上林业科研院校（所），各省辖市、济源示范区林业主管部门，各省辖市林（农林）科研院所等有关人员共 170 余人参会。（河南省林业局）

湖北省林业知识产权

1. “面对面”宣传，公众法律意识逐步提高

湖北省林业局相继在武汉市汉口北花卉市场、十堰市六堰文化广场、宜昌市花园里农业园区、鄂州市东佛试验林场开展了 4 场林草知识产权保护宣传活动，发放《中华人民共和国种子法》单行本、植物新品种保护宣传册、实用栽培技术等资料 3000 余份。现场解答了市民有关植物新品种方面的咨询，呼吁广大市民通过正规合法渠道购买林草种子，共同守护绿色生态。11 月 16 日，湖北省林业局以视频会议形式举办了“全省林木种苗行政执法暨油茶种苗生产经营管理培训班”，培训内容包括《中华人民共和国种子法》《中华人民共和国植物新品种保护条例》、油茶生产管理等，300 余人参加了培训。

2. “靶向性”聚焦，市场监管力度持续增强

2022 年中央一号文件要求“支持扩大油茶种植面积，改造提升低产林”，湖北省林业局把油茶苗木质量安全作为开展湖北省油茶产业扩面提质增效行动的重要条件，大力整顿油茶苗木市场秩序，把油茶穗条和苗木市场作为重中之重强化监管。出台《湖北省油茶产业扩面提质增效行动种苗管理办法》，明确了种苗生产经营管理、调剂调拨、激励措施和监督管理的相关要求。在 2022 年度“双打”行动方案中突出强调参与油茶产业扩面提质增效行动的地区，重点加强对油茶定点苗圃生产经营和油茶造林项目用苗的监管，把无证无签生产销售油茶、销售假冒伪劣苗木、未按造林要求使用油茶良种等行为作为典型案件重点查办，为扩面提质增效行动顺利展开打下良好基础。

3.“点对点”帮扶，知识产权转化运用卓有成效

湖北省在做好植物品种权保护工作的同时，还致力于帮助品种权人，实现新品种权转化应用。由华中农业大学选育的“华农丽风”和“华农青龙”授权品种是“少毛”悬铃木新品种，能有效解决城市悬铃木飞毛问题。为使新品种走向市场，实现科研成果向实际生产有效转化，助力华中农业大学与武汉市花木公司、万绿生态园林股份有限公司达成了战略合作，开展了新品种的联合繁育、研发和生产工作。现已培育“华农丽风”“华农青龙”嫁接工程苗 3 万株，几个晚花少果悬铃木品种已经采用高接换头的方法，应用在武汉市的街道上。（湖北省林业局办公室）

湖南林业知识产权

1. 加强领导，建立健全组织领导体制

湖南省林业局高度重视知识产权保护工作，将知识产权有关文件精神作为局务会的学习内容，将植物新品种权保护工作列入打击侵犯知识产权和制售假冒伪劣商品工作的重要内容，将“双打”工作作为年度重点工作之一进行专门部署，明确分工，成立了由分管局领导任组长、科技合作处、国有林和种苗站负责人任副组长，局办公室、规财处、法规改革处等为成员的“双打”工作领导小组，省、市、县都设立了专项行动举报电话、电子邮箱，明确专人负责，及时收集、汇总侵权案件线索，接受社会监督。

2. 加强宣传，提高知识产权保护意识

为保护植物新品种权，打击侵权行为，湖南省林业局不断加强有关植物新品种权法律法规的宣传工作力度，提升全社会知识产权保护意识。在知识产权宣传周期间，各级林业部门组织开展了一系列宣传活动。湖南省林业局在办公楼电子显示屏进行了专题宣传，在湖南林业政务网发布了湖南省林业领域主要科研成果、新授权的林业植物新品种等；各市（州）林业局、省林业局各直属单位结合各自的工作实际开展了相关宣传活动。湖南林业信息网站建立了“双打信息”专栏，宣传相关政策，不定期发布相关信息，报导工作情况。

3. 加强业务培训，提升植物新品种保护能力

湖南省林业局将知识产权保护纳入其行业教育培训计划，对全省植物新品种保护管理以及行政执法人员进行专项培训。2022 年，有 3 项相关培训纳入了湖南省林业局行业教育培训计划，包括全省林业标准化及知识产权培训班、林草种苗繁育暨种苗行政执法和“双打”、林业法治培训班等。各市（州）林业局分管领导、植物新品种保护工作负责人和市（州）林业科学所所长等 270 余人次参加培训。同时，积极组织省、市从事相关工作的管理和技术人员参加国家林业和草原局和省举办的林草新品种及知识产权保护与管理培训班、行政执法人员培训班等。

4. 加强行业监管，扎实开展执法专项行动

湖南省林业局组织开展了 2022 年全省林木种苗质量抽查和种苗行政执法检查暨

打击侵犯植物新品种权专项行动，对林业植物新品种侵权假冒行政处罚案件进行部署，重点检查了林业种苗交易市场等潜在侵权高发场所，严厉打击未经品种权人许可，生产或销售林业授权品种的繁殖材料、假冒林业授权品种的行为，以及销售林业授权品种时未使用其注册登记名称的行为。专项行动开展期间，各级林业执法部门高度关注植物新品种的发展动态和试种情况，对部分林业植物新品种权交易活动进行了调查，并积极提供相关法律、法规和政策咨询，协助有关企业和个人维护其植物新品种权。通过专项行动，净化了市场，有效震慑了侵犯植物新品种权行为。

5. 加强制度建设，探索植物新品种保护长效机制

湖南省林业局在高度重视法律法规贯彻执行的同时，注重规章制度的建设和完善，不断加大信息公开力度，将侵犯林业植物新品种权案件纳入政府信息公开范围，对发现的违法线索及时调查取证，对认定的违法行为及时立案查处，并及时公开工作进展和成效，曝光典型案例。此外，进一步规范植物新品种权交易市场，积极探索有效保护品种权人合法权益和促进植物新品种培育的机制，引导各法人单位在国家政策框架的前提下，完善本单位规章制度，全力推动植物新品种保护事业健康发展。（湖南省林业局）

广东省林业知识产权

1. 部署林业植物新品种保护工作

认真贯彻落实习近平总书记关于加强知识产权保护工作的重要指示精神及《中华人民共和国种子法》《中华人民共和国植物新品种保护条例》《广东省知识产权保护条例》和《知识产权强国建设纲要（2021—2035年)》，印发了《广东省林业局关于加强林业植物新品种保护工作的通知》，将植物新品种权的行政保护列入《广东省林业局2022年法治建设工作要点》，建立常态化工作机制，进一步推动和加强林业植物新品种保护，在全省范围内部署开展打击侵犯植物新品种权工作。

2. 完善植物新品种保护相关制度

制定印发了《广东省林业局行政处罚裁量权适用规则》《广东省林业局行政处罚裁量基准表》和《广东省林业局行政执法减免责清单》，明确了处罚依据、裁量档次、违法情节、裁量标准等。省林业局、省公安厅、省检察院联合印发了《广东省林业行政机关移送涉嫌犯罪案件实施办法》和《广东省林业行政执法与刑事司法衔接工作实施办法》，依法打击涉林违法犯罪行为。在“广东省政务服务事项管理系统”设立“侵犯植物新品种权处理”行政裁决事项，提高相关案件处理便捷度。

3. 开展打击侵犯植物新品种权专项行动

转发了国家林业和草原局《关于组织开展2022年打击制售假劣林草种苗和侵犯植物新品种权工作的通知》，公布了举报电话、电子邮箱及联系人等信息。按照《广东省政府关于取消和调整实施一批省级权责清单事项的决定》有关植物新品种保护行政执法重心下移的要求，组织并督促市（县）林业主管部门切实加强植物新品种保护执法。各地根据实际积极开展植物新品种执法工作，高州市林业局重点针对茶花生产开展行政检查，先后检查了70多家生产企业，要求生产经营单位依法依规合法经营，并积极推动品种权人与种植户协商签订合作协议，实现双赢。同时，摸清了广东省林业植物新品种授权及生产情况。

4. 加强植物新品种保护宣传培训

加强《中华人民共和国种子法》《中华人民共和国植物新品种保护条例》等宣传培训，充分利用科技进步活动月、科技活动周、知识产权宣传周、送科技下乡等活动和省林业局官网、微信公众号等渠道，积极宣传林业植物新品种保护等知识，提高公众知识产权保护意识，营造良好的社会氛围。开展了“植物新品种保护”专题培训，组织参加全国“林草新品种及知识产权保护与管理培训班”，全省各地级以上市林业主管部门和有关单位相关负责人 80 多人参加了培训。同时，还积极指导地市开展植物新品种保护培训，切实提升基层工作人员业务水平和执法能力。（广东省林业局）

广西壮族自治区林业知识产权

1. 开展打击侵犯植物新品种权专项行动

印发《广西壮族自治区林业局办公室关于做好 2022 年林木种苗质量抽查暨打击制售假劣林木种苗与侵犯林业植物新品种权专项行动的通知》（桂林办场字〔2022〕3 号）等系列文件，分别于 2022 年 2 ～ 4 月和 11 ～ 12 月组织开展 2022 年打击制售假劣林木种苗和侵犯林业植物新品种权专项执法行动，要求全区各地林业部门深入重点场所，重点检查授权品种的繁殖、生产、销售环节，及时查处侵权假冒违法行为，有效形成打击植物新品种侵权、假冒行为的舆论氛围和高压态势，以实际行动引导林业行业从业人员尊重知识产权。自治区层面对全区 110 个（次）苗圃，29 个造林地和 42 个苗木市场（集贸市场）开展实地抽查，均未发现无授权生产、经营和使用林业植物新品种等侵犯植物新品种权违法行为。

2. 加强知识产权成果转化推广应用

着重推进信息服务与交流合作，如广西森林资源与生态环境监测中心林业野外调查等相关软件继续在全区林草生态综合监测、森林督查等工作中推广应用，大大地提高了基层林业管理部门的工作效率和技术水平；“营造林工程项目规划设计与管理系统 V1.0”开始应用于 5 个区直国有林场 25 项营造林工程建设项目规划设计编制，提高了作业设计的工作效率和测算结果的合理性。广西林业设计院与相关科研单位、企业联合申报的“北部湾经济区自然资源监测评价工程技术创新中心”获得自然资源部办公厅批准，成为 2022 年获批的 50 个工程技术创新中心之一。

3. 加强知识产权宣传培训

以知识产权宣传周等活动为契机，组织局直属单位开展悬挂横幅、制作板报、电子屏轮播、网站宣传等形式多样的林业知识产权宣传培训，提高林业科技人员知识产权意识，形成尊重知识、激励发明创造的良好氛围。2022 年 10 月 10 ～ 11 日，举办了 2022 年全区林业科技创新与推广应用培训班，培训内容包括林业植物新品种保护与执法、知识产权发明创造与保护等，各市、区直林业单位及有关行业协会共 70 人参加了培训。（广西壮族自治区林业局）

海南省林业知识产权

1. 加强政策引导，充分激发创新活力

鼓励支持科研单位结合实际制定科研项目实施方案、职称评定等工作方案，激发科研人员创新热情，有效利用知识产权政策引导科技创新。海南省林业科学研究院依据《科研奖励办法》对知识产权相关工作进行管理和奖励，对科研人员出版学术著作、发表科研论文、获得授权专利、软件著作权、植物新品种等各类知识产权活动给予奖励，对利用知识产权成果进行应用示范和转化运用者，给予奖励。

2. 强化宣传教育，扩大知识产权影响力

依托科技下乡、食品安全宣传周、农业科技成果入村巡回展等活动，对获得海南省林草知识产权的成果进行宣传。在2022年科技活动月中，精心筛选近十年来取得的科技成果，结合海南林业生产需要和各地特色，制作了红树林湿地保护、热带林业碳达峰及碳中和研究、林下经济发展、林木良种培育、热带雨林和长臂猿栖息地生态监测与近自然修复等成果图展板10块，技术资料600余份，接受咨询400余人。通过现场技术咨询、发放实用技术资料、展板等形式，向广大的群众宣传、传授林业科技知识。通过省林业科学研究院网站、微信公众号等网络媒体力量，对获得的知识产权成果、宣传活动等情况进行报道，扩大知识产权工作影响力。省林业科学研究院科研管理科根据科研人员实际需求，不定期邀请海南汉普知识产权研究所等相关专家进行知识产权专项讲座，以提升科研人员的专利点挖掘及技术交底书撰写能力，并拓宽知识产权业务知识。

3. 强化知识产权运用，加快林木良种培育与推广

海南省林业科学研究院围绕主要造林树种、特色经济树种、红树林树种积极开展林木品种资源培育工作。在省林业科学研究院云龙基地、枫木实验林场等地繁育良种良苗100余万株，为荒山造林、乡村道路绿化、经济林建设提供了一批优质良种壮苗，在琼中、东方等地建设海南黄花梨、坡垒、油茶等良种示范种植基地200余亩，通过种苗推介，辐射推广1000余亩。(海南省林业局)

重庆市林业知识产权

1. 强化组织领导，确保责任落实

认真贯彻全国打击侵犯知识产权和制售假冒伪劣商品工作领导小组办公室（以下简称“双打办”)《2022年全国打击侵犯知识产权和制售假冒伪劣商品工作要点》和国家林业和草原局办公室《关于组织开展2022年打击制售假劣种苗和保护植物新品种权工作的通知》精神。重庆市林业局下发《关于开展2022年打击制售假劣林草种苗和侵犯植物新品种权工作的通知》(渝林科〔2022〕6号)，对全市2022年林业“双打”工作进行专项安排部署，明确目标任务、工作内容，突出林木种苗市场监督、植物新品种权保护、宣传教育培训、案件查处等“双打”工作重点内容。

2. 健全监督机制，加大查处力度

建立健全舆情监测机制，畅通信息反馈渠道。市林业局设立并及时对外公布举报电话和电子信箱，充分利用市林业局网站等媒介，加大公开力度。各区（县）林业局也相应设立公开举报电话及邮箱，落实专人负责，做好举报登记和种苗行政案件信息报送，确保执法行动公开透明。加强信息报送，积极收集各区（县）林业行政案件报表，按季度及时向市场监管局及国家林业和草原局反馈。落实经费 80 万元开发“渝苗宝”APP，探索建立智慧监管模式。组建工作组赴永川区、大足区、奉节县等 10 个区（县）开展种苗质量现场抽检工作，深入区（县）开展林业植物新品种行政执法现场调研。2022 年，重庆市未发生侵犯林业植物新品种权相关案件。

3. 加强宣传培训，提升业务素质

在全市认真开展《中华人民共和国种子法》及知识产权宣传活动，组织各区（县）开展多形式宣传。编印《种子法及配套法规知识汇编》等资料 4000 份，制作环保宣传袋 6500 个、宣传资料 68000 余份、横幅（标语）684 条、宣传展板 80 余块，受众人数 52300 人次。举办 2022 年林草种苗质量管理培训，重点讲解种苗质量监管、植物新品种保护、轻基质容器育苗技术等知识内容，全市各区（县）、重点林业企业的林草种苗工作负责人及技术人员共 90 余人参加培训。举办全市林业行政执法培训班，全市各级林业行政执法人员 120 余人次参加培训，切实提高了执法人员法律素养和执法质效。

4. 加强交流协作，推动联合执法

与市公安局、市人民检察院联合出台了《重庆市林业行政执法与刑事司法衔接工作办法》（渝林防〔2021〕20 号），对案件移送、接收以及立案监督的条件、流程、所需材料和时间要求进行了明确，探索建立林业部门、公安机关和人民检察院联合办案机制、联席会议制度、联络员制度和信息发布机制，切实实现林业行政执法与刑事司法的有效衔接。（重庆市林业局）

四川省林业和草原知识产权

1. 高度重视林草知识产权保护工作

四川省林业和草原局作为省知识产权和打击假冒工作领导小组成员单位，高度重视林草知识产权保护工作，召开专题会议听取汇报，组织学习有关法律法规，要求各业务处室高度重视，认真做好知识产权保护工作。2022 年 7 ～ 8 月，在全省开展了种子法知识竞赛，推进知识产权保护工作有力有序开展。将《中华人民共和国植物新品种保护条例》的学习纳入 2023 年度“一月一主题”会前学法计划。印发了《四川省林业和草原局关于开展打击制售假劣林草种苗和侵犯植物新品种权工作的通知》（川林科函〔2022〕645 号），要求各地明确责任领导，落实具体人员，认真学习知识产权及植物新品种保护有关法律法规和文件精神，进一步加强执法队伍建设，提升行政执法工作和管理能力。

2. 完善知识产权工作机制建设

四川省林业和草原局成立省林业和草原局知识产权与打击侵权假冒工作领导小组，分管局领导任组长，相关局领导任副组长，局科技处具体牵头负责知识产权保护工作，指定专人负责此项工作的联系、协调与推进。根据《四川省林业和草原局关于进一步明确林业草原行政执法责任分工的通知》（川林发〔2020〕50号）要求，按照“局机关相关处室（单位）管业务、管执法”的原则，明确由数字林草与科技处承担省本级行政执法工作，指导四川省业务领域行政执法工作。局科技处与法规处密切配合，根据新修订的《中华人民共和国种子法》，结合《中华人民共和国植物新品种保护条例》和《林业植物新品种保护行政执法办法》，重新细化了林草植物新品种侵权行为的行政处罚裁量标准。将涉及林草植物新品种行政执法的有关资料汇总成册，下发到各市（州），要求进一步加强学习，提升执法水平和业务能力。

3. 开展植物新品种专项保护行动

开展植物新品种的摸底调查工作，主要针对新品种权人、申请时间、获批时间以及年审等情况进行调查，要求各地一旦收到品种权人的举报，执法人员应及时进行调查取证，对假冒品种涉嫌违法犯罪的，移送司法机关，做好行政执法与司法的衔接。2022年1月5日，攀枝花仁和区、凉山州会理县接到河南榴开百子农业科技有限公司投诉两地共4家涉及红石榴新品种侵权案件，两地及时立案，会理县林业局还会同农村农业局、知识产权局联合执法。经质询、现场调查取证，投诉并不属实，侵权事实不成立，已撤案并函复投诉方，对方无异议。

4. 加强知识产权宣传和培训

结合科技下乡万里行活动与现代林业产业（农业“10+3”产业体系）创新项目技术培训等工作，组织开展植物新品种保护的培训与宣讲。6月20～23日在成都举办了全省林草产业发展助推乡村振兴培训班，11月15～18日在都江堰举办了全省林草科技支撑能力提升培训班，通过线下线上相结合的方式对植物新品种保护工作内容进行重点培训，共计200余人参加培训。同时，结合地方需求，先后在广元、泸州、凉山等地组织了专项植物新品种培训，共计230余人参加培训。加大全省林草执法人员的培训力度，进一步夯实了植物新品种保护执法基础，全省执法力量特别是市、县级执法机构得到显著加强。全省共有林草植物新品种及综合执法机构83个，其中，省级执法机构1个，市（州）级执法机构16个，县（市）区级执法机构66个。现有执法人员共计948人，其中专职执法人员224人。

5. 推进“川渝”交流与合作

根据四川省林业和草原局科技处（站）与重庆市科技处签订的《川渝地区联合开展打击侵犯植物新品种权行政执法工作合作协议》，从推进植物新品种保护工作方面入手，进行交流，互通有无，联合开展植物新品种保护专项行动，协同推进打击侵犯植物新品种权案件的行政执法工作。2022年8月，川渝两地交换共享了《第二批林木良种生产经营单位名录》。（四川省林业和草原局）

贵州省林业知识产权

1. 加强植物新品种保护宣传培训

贵州省林业局采取三级联合宣传方式，即省、自治州、县三级林业主管部门联合，直接向普通群众宣传保护植物新品种的知识和法规，发放《认识植物新品种》等宣传资料，通过三级联合宣传形式，进一步强化自治州、县林业人员植物新品种保护工作的意识和能力，积极投入打击植物新品种权的工作中。6 月 27 ～ 30 日，举办 2022 年全省林草种苗行政执法和质量监管培训班，邀请国家林业和草原局科技发展中心专家，针对林草知识产权及植物新品种保护工作进行授课。全省、市（自治州）、各县（市、区、特区）共 100 余人参加培训，通过培训，强化了全省林业主管部门相关工作人员对林业知识产权保护工作的意识。

2. 开展打击侵犯植物新品种权专项行动

贵州省林业局制定《2022 年打击制售假劣林草种苗和侵犯植物新品种权工作要点》并印发至各市（自治州）林业局，要求省和各市（自治州）林业主管部门明确植物新品种保护责任机构，公布本地区侵犯植物新品种权行为的举报电话、电子信箱等举报方式，及时收集各地区掌握的植物新品种违法情况，汇总侵权假冒行为线索。及时做好植物新品种动态信息及侵权案件情况报送。每季度调度各市（自治州）侵犯植物新品种权案件数量，并向国家林业和草原局报送查办案件统计表。全年向贵州省市场监督管理局报送植物新品种保护相关工作动态信息 2 次。

3. 开展植物新品种保护执法活动

8 月，贵州省林业局科技处、局外合与产业处、贵州省花卉协会组成工作组到“2022 国际（贵阳）花卉品种展示会”现场，开展植物新品种保护执法检查活动。现场与植物新品种权人进行交谈，检查是否存在未经品种权人许可生产、繁殖、处理、许诺销售、销售、进口、出口、储存林业授权品种的繁殖材料，假冒林业授权品种情况，以及销售林业授权品种时未使用其注册登记名称等行为，了解当前植物新品种保护工作中出现的难点和疑惑，现场进行交流和解答。安顺市、毕节市林业局结合“双随机、一公开”开展植物新品种保护执法检查活动；遵义市林业局到当地花鸟市场和花卉批发市场等区域走访检查；六盘水市林业局走访品种权人，详细了解周边是否存在侵犯植物新品种权行为，并抽查部分苗圃。通过一系列的执法检查活动，切实维护品种权人的合法权益，营造了良好营商环境。2022 年，贵州省没有出现植物新品种权侵权案件。

贵州省 9 个市（自治州）、88 个县（市、区、特区）均明确了林草植物新品种保护执法机构，全省有相关执法人员 911 名，其中，持有执法证的有 786 名，专职执法人员 216 名。年度林草植物新品种执法使用经费共 25.6 万。（贵州省林业局）

云南省林业和草原知识产权

1. 开展打击侵犯植物新品种权专项行动

云南省林业和草原局成立“云南省林业植物新品种保护行政执法组”，负责林草植物新品种行政执法工作，持续开展打击侵犯制售假劣林草种苗和侵犯植物新品种权专项行动，发现 2 起侵犯林草植物新品种权违法行为，被侵权人直接向法院起诉，其中 1 起由法院主持达成调解，1 起由法院组织宣判品种权人胜诉。

2. 开展品种选育，促进产业竞争力提升

组织开展林草植物新品种选育，加大优良新品种申报力度，云南省选育了一批具有自主知识产权的品种。2022 年，云南省获国家授权植物新品种 72 件，累计授权植物新品种 313 件，不断增强林草产业的核心竞争力。

3. 加大宣传力度，提高知识产权意识

积极组织开展林草知识产权宣传周活动，拓展宣传渠道，充分利用网络、微信、视频等新媒体，宣传贯彻《中华人民共和国种子法》《中华人民共和国植物新品种保护条例》等法律法规，展示云南林草知识产权优秀成果，印发林草知识产权宣传手册 3500 余册。举办云南林草知识产权专题讲座、省林草植物新品种保护和执法培训班，培训管理和技术人员 344 人次。各州（市）林草主管部门深入基层举办现场咨询活动，发放技术资料，制作宣传展板宣传知识产权成果和法律法规，有效提高了林草知识产权保护意识。（云南省林业和草原局）

西藏自治区林业和草原知识产权

1. 开展专项打击行动

西藏自治区林业和草原局印发了《关于进一步做好全区林草工程前期工作的通知》《关于切实加强林草知识产权保护和打击制售假劣林草种苗工作的通知》等相关文件，要求各地（市）林业和草原局高度重视营造林建设和造林树种执法检查工作。按照国家和自治区相关部门要求，西藏自治区林业和草原局积极配合拉萨南北山指挥部办公室做好苗木检查复检工作，共复检苗木 178 万余株。重点检查无证、假证、证照不全、货证不符等违法违规调运苗木的情况，全面深入开展打击制售假冒伪劣林草种苗和保护植物新品种权专项行动，确保重点国土绿化工程种苗质量。

2. 积极开展宣传培训

为动员广大人民群众参与打击侵权假冒活动，通过采取科技下乡、造林调研、造林现场指导等多种方法，开展了灵活多样、丰富多彩的林草打击侵权假冒工作，向社会宣传《中华人民共和国种子法》《中华人民共和国植物新品种保护条例》等法律法规，不断提高全社会对专利、植物新品种等知识产权的保护意识。为切实提高农牧民及基层林草技术人员打击侵权和假冒伪劣种苗的法律意识，共举办 5 期培训班，重点培训政策措施、先造后补相关文件、造林技术、苗木鉴别等相关内容。（西藏自治区林业和草原局）

陕西省林业知识产权

1. 工作部署周密细致

陕西省林业局高度重视涉林知识产权保护管理，周密部署全年林业知识产权保护工作。健全陕西省林业局知识产权保护工作协调领导小组，全面指导开展打击涉林侵权假冒工作。印发《陕西省林业局2022年打击侵犯林草植物新品种权和制售假冒伪劣林草种苗工作安排》（陕林策字〔2022〕164号）等文件，设置侵权举报电话，开展摸底调查，统一部署，全面组织开展了打击侵犯林草植物新品种权专项行动。明确省林业局法科处为省级林草新品种保护执法机构，指定专责人员2名，落实保护经费10万元，选聘法律顾问，有效确保知识产权保护工作扎实开展。加强部门协作，联合省公安厅印发《关于建立涉林案件查办协作机制的意见》，规范全省林业行政执法行为。

2. 执法监督扎实开展

陕西省林业局积极开展涉林知识产权执法监督，深入全省12个地（市）开展督导调研，进一步督促各地（市）严厉打击涉林侵权假冒行为。配合省知识产权办开展全省知识产权保护工作进展情况督导检查，并就发现的问题及时督促整改。落实《关于加强林业行政执法工作的指导意见》，进一步加强陕西行政执法队伍建设，切实助力提升林业行政执法能力。

3. 宣传培训效果显著

依据《陕西林业法治宣传教育第八个五年规划（2021—2025年）》，陕西省林业局积极组织开展2022年全省知识产权宣传周、打击侵权假冒宣传月等宣传活动，举办陕西省林木种苗质量管理能力提升培训、全省涉林知识产权讲座等活动，广泛宣传《中华人民共和国种子法》《中华人民共和国植物新品种保护条例》等法律法规和科学知识，全年共举办涉林“双打”宣传培训170余场次，培训执法人员约4700人次；制作展板横幅等近600幅，发放宣传资料9万余份，现场咨询3600余人次。其中，8月3～5日在宝鸡举办了陕西省林草植物新品种保护培训班，邀请国家林业和草原局植物新品办公室等专家授课，全省110多名参训人员依法行政能力普遍提升。

4. 加强信息服务与交流合作

结合工作实际，在政策制定、标准规范编制、督导检查、调查摸底、执法协作等方面，积极与国家林业和草原局、省双打办、省知识产权局等单位交流协作，陕西省新品种保护工作取得实效。2022年，向国家林业和草原局报送植物新品种保护执法季报信息和工作总结5次，向省双打办报送月报信息和工作总结12次，向省知识产权局报送工作信息4次。2022年，陕西省未发生涉林知识产权重大侵权假冒违法案件。（陕西省林业局）

甘肃省林业和草原知识产权

1. 加强组织领导，制定工作方案

甘肃省林业和草原局2022年初召开专题会议研究制定年度工作计划，严格按照国家林业和草原局开展林业植物新品种行政执法专项行动要求，研究部署全省林草系统植物新品种行政执法工作。积极开展知识产权保护工作，加强与省知识产权战略实施工作领导小组办公室、省知识产权局、省打击侵权假冒办公室等部门的沟通协调，形成合力联合执法。积极配合做好甘肃省知识产权保护状况白皮书编制工作，认真梳理年度知识产权保护工作及取得的成效，及时向省知识产权局报送相关材料并参加白皮书初稿审定会议，提出修改意见。促进知识产权能力提升，将知识产权创造作为科研项目成果评价重要内容，激发激励知识产权创造能力。大力支持并鼓励各类植物新品种培育主体，积极申请植物新品种权。

2. 开展植物新品种行政执法专项行动

甘肃省林业和草原局印发《关于组织开展2022年度打击制售假劣林草种苗和侵犯植物新品种权工作的通知》，对全省林草系统打击制售假劣林草种苗和侵犯植物新品种权进行了安排，明确了工作目标、重点任务，确定了专门机构和具体联系人，为开展全省林业植物新品种执法保护专项行动提供了保证。局直属各单位严格按照通知要求，开展植物新品种行政执法工作。同时，开展植物新品种本地状况及其违法情况调查摸底工作。2022年，甘肃省未收到侵犯植物新品种权违法案件。甘肃省林业和草原局加强与省打假办、省知识产权战略实施工作联席部门间的沟通协调，进一步完善行政执法与刑事司法衔接，落实有关制度规定，将打击侵犯植物新品种权专项行动与其他有关的专项活动有机结合，形成合力效应，有效打击侵犯植物新品种权行为。

3. 开展知识产权宣传周活动，加强植物新品种保护宣传和培训

印发《关于做好2022年局直系统知识产权宣传周的通知》，组织局直属单位以“全面加强林草知识产权保护，推动林草事业高质量发展”为主题，积极开展“4·26知识产权周”活动。各市（州）林草局、局直属各单位结合本地本单位实际，组织林业科研、推广等单位，开展形式多样的知识产权宣传周活动，发放宣传材料，向社会公众宣传植物新品种知识及其植物新品种权保护的重要性。创新方式方法，广泛开展植物新品种保护培训与宣传，2022年9月，组织局机关负责知识产权保护人员和局直属有关单位科技人员20人，线上参加了国家林业和草原局科技发展中心举办的林草新品种及知识产权保护与管理培训班。

4. 加强执法检查，积极创建合法经营环境

认真落实《林业植物新品种保护行政执法办法》，加大执法检查，省林木种苗站组织人员，前往全省主要林木种苗和花卉生产基地和销售市场，对生产销售假冒、伪劣的行为进行专项检查，及时查处违法行为。同时，向生产经营者发放宣传单，帮助和督促他们了解植物新品种权的知识和有关法律法规等，增强合法生产和经营林木种苗的法律意识。努力营造知法守法的环境氛围，有效发挥“两法衔接”信息平台作用，及时发布开展打击侵犯林业植物新品种权违法行为专项行动的有关信息。省林草局、市州林草局充分利用门户网站、新闻媒体，对专项行动进行跟踪报道，形成打击植物新品种侵权、假冒行为的舆论氛围和高压态势。（甘肃省林业和草原局）

青海省林业和草原知识产权

1. 积极安排部署，推动落实

青海省林业和草原局制定《2022年知识产权保护工作要点和责任分工》《关于开展2022年打击侵犯植物新品种权专项行动的通知》，确保知识产权保护工作有序推动。召开“林草高新技术进青海”工作座谈会，组织全省各市（州）林业和草原局、科研院所、长期科研基地等80多人，现场交流青海林草系统知识产权保护工作的重点任务、阶段目标、存在问题等，进一步增强了各市（州）林草主管部门、科研院所等相关单位对保护林草知识产权的主体责任意识。

2. 强化知识产权保护工作

为掌握青海省林草系统植物新品种保护现状和林草知识产权社会认知度，通过门户网站和“青海林草”微信公众号发布《知识产权保护问卷调查》、公布侵犯植物新品种权投诉举报电话和电子邮箱，面向全社会开展林草知识产权保护情况摸底调查。在省行政服务和公共资源交易中心林草服务窗口公布侵犯植物新品种权行政裁决流程示意图，为品种权人和利害关系人咨询及办理植物新品种侵权事宜提供引导。

3. 组织开展打击侵犯林草植物新品种权专项行动

青海省林业和草原局指导各市（州）通过县域联合、跨部门联合等方式深入西宁市湟源县、大通县，海东市乐都区、循化县、化隆县，黄南藏族州同仁市、泽库县、祁连县、门源县，海南藏族州共和县、贵德县所辖的11个（种苗）花卉经营门店、苗圃、苗木繁育基地、种苗交易市场等场所对授权品种的繁殖、生产、销售环节进行监督检查和指导，规范了植物新品种交易市场秩序，形成了打击侵犯植物新品种权的高压态势。2022年，没有接到举报电话，青海省未发现制售假冒伪劣及植物新品种侵权案件。

4. 开展科普宣传和培训

通过门户网站和“青海林草”微信公众号科普林草植物新品种及《中华人民共和国植物新品种保护条例》。举办“全省林业和草原科技管理培训班”和“全省林木种苗行政执法及质量检查工作培训班”，培训全省林草系统315人次，进一步增强了植物新品种保护工作人员的责任意识和工作能力。（青海省林业和草原局）

宁夏回族自治区林业和草原知识产权

1. 注重知识产权顶层设计

严格实施《宁夏回族自治区知识产权保护和运用“十四五”规划》。贯彻落实习近平总书记关于知识产权保护工作的重要讲话精神以及《中华人民共和国种子法》《中华人民共和国植物新品种保护条例》等法律法规，召开专题会议研究部署林草领域知识产权保护工作，明确各任务牵头单位和具体实施的单位责任，细化工作分工，形成了一级抓一级、层层抓落实的工作局面。推动知识产权保护工作机制顺畅运行，强化知识产权保护有关信息报送，严格信息审核把关，按季度报送查办案件统计表。

2. 加强知识产权行政执法力度

全面推进打击制售假冒伪劣林草种苗工作，开展打击侵犯植物新品种权专项行动，认真做好植物新品种摸底调查统计。对植物新品种权人开展行政检查，经实地监督调查，销售授权品种均使用其注册登记名称；所有授权品种均依法依规经品种权所有人许可，从事生产、繁殖、销售，未曾出现侵犯和假冒植物新品种等违法案件，全区植物新品种权得到有效保护。

3. 深化地理标志产品治理和保护

开展“宁夏枸杞”地理标志证明商标使用管理和保护工作。制定了《“宁夏枸杞”地理标志证明商标使用管理办法（试行）》《“宁夏枸杞”地理标志证明商标许可使用申请书》《“宁夏枸杞”地理标志证明商标使用承诺书》《“宁夏枸杞”地理标志证明商标使用许可合同》等，配合修订《宁夏回族自治区枸杞产业促进条例》，于2022年7月1日起实施。全面开展“宁夏枸杞”地理标志证明商标许可使用工作，推行“证明商标+地理标志专用标志+企业商标+溯源码”的“三标一码”管理模式，已许可21家经营主体使用“宁夏枸杞”地理标志证明商标。配合安徽芜湖三山经济开发区管委会市场监管局、泾源县市场监督管理局对侵权商品进行辨认，协查“宁夏枸杞”近似商标案件，维护“宁夏枸杞”地理标志证明商标专用权。

4. 推进知识产权人才队伍建设

注重加强业务培训和经验交流，分别在固原市泾源县举办全区林木种苗管理培训班和全区国家重点林木良种基地观摩交流会。重点从新《中华人民共和国种子法》解读、植物新品种权保护、林草种子生产经营许可证核发、林木种苗处罚流程及案卷填写、林木种苗质量管理、良种基地经营和管理水平、林木种苗和种子生产等方面，对全区国有林场和林木种苗管理人员160余人和全区35名国家重点林木良种基地、国家和省级林木资源库负责人等进行了系统培训，提高了执法人员业务能力和水平。（宁夏回族自治区林业和草原局）

新疆维吾尔自治区林业和草原知识产权

1. 完善知识产权法规制度体系

继续推进《新疆维吾尔自治区实施〈中华人民共和国种子法〉办法》（以下简称《实施办法》）修订工作。在自治区农业农村厅的牵头下，着手修改《实施办法》修订草案（征求意见稿），努力为自治区加快现代种业创新发展提供法治保障。组织编印《新疆林果产品指导目录》（2021版），以图文并茂的形式，翔实介绍所收录398家新疆林果企业（合作社）基本情况、注册商标、主要产品、产品质量、质量认证、拟合作项目等内容，进一步促进提升了新疆林果质量品牌和市场竞争力。在林果企业参加疆外各大展会和推介会中加强知识产权保护，对有剽窃使用他人产品外观图文、盗用他人知识产权作品等行为的，三年内不得参加各类交易会、博览会。

2. 强化知识产权保护运用

积极动员新疆维吾尔自治区涉林草科研单位、高校、地州林草科技机构积极向国家林业和草原局申报林草植物新品种权。连续5年每年投入经费120万元，支持新疆维吾尔自治区林业科学研究院开展林果新品种选育研究。连续3年共投入经费600万余元，支持阿克苏、博州、吐鲁番、阿勒泰4个地州市开展林果“两品一标”认证和质量追溯体系建设，积极推动新疆林果产品质量认证和知识产权保护，库尔勒香梨、吐鲁番葡萄干、精河枸杞3项产品被列入“首批中欧互认保护100+100地理标志保护产品”。依托新疆维吾尔自治区林业科学研究院申请筹备成立自治区技术转移机构，为实现林草领域知识产权转化提供保障。新疆维吾尔自治区林业和草原局推荐的新疆维吾尔自治区林业科学研究院“一种人工种植肉苁蓉立体多功能液体接种机”专利荣获第五届新疆维吾尔自治区专利三等奖。

3. 加强行政执法，营造植物新品种权保护良好氛围

印发《关于开展2022年打击制售假劣林草种苗和侵犯植物新品种权工作通知》（新林场字〔2022〕22号），专项部署、指导落实、常态推进打击制售假劣林草种苗和侵犯植物新品种权工作。长期在自治区林业和草原局网站公布打击制售假劣种苗和保护植物新品种权举报方式，动员社会力量参与监督，完善监督机制，在全自治区开展林草种苗质量抽检工作。2022年新疆维吾尔自治区未发生侵犯林草植物新品种权的案件。

4. 加强执法宣传，提高林草植物新品种权保护意识

联合乌鲁木齐市林草种苗站、自治区草原总站开展“3·15打击侵权植物新品种和制售假冒伪劣商品”专项行动，现场接待群众咨询100余次，发放各类宣传册200余份。12月16日，自治区林业和草原局林场种苗处和科技处共同举办“2022年自治区林草种苗行政执法和植物新品种保护人员视频培训班”，全区共计300余人参加。组织林果业提质增效专家服务团、林果业发展科技支撑首席专家，联动地、县、乡、村林草科技服务力量，开展林果技术培训，将知识产权保护、林果新品种权保护作为一项重要的培训和宣传内容，及时宣传林草植物新品种权保护工作成绩。（新疆维吾尔自治区林业和草原局办公室）

大兴安岭林业集团公司林业知识产权

1. 加强企业知识产权管理

大兴安岭林业集团公司围绕集团重点工作，扶持一批技术含量高、市场前景好、带动效应强的自主知识产权项目进行转化运用，提高了知识产权的贡献率。鼓励企业与高等院校、科研院所通过专利技术转让、许可等进行科技合作。持续开展知识产权专项精准指导服务，集团企业知识产权创造、运用、保护和管理成效进一步提升。

2. 推动企业知识产权创造

积极引导企业将核心技术申请专利保护，发挥高新技术企业专利龙头企业的引领作用，充分发挥专利的价值作用，营造激励科技创新的良好氛围。大兴安岭神州北极木业公司完善有关知识产权信息检索、运营管理以及奖惩等制度，与专利代理公司建立合作关系，建立了公司知识产权管理制度，制定了发明创造奖励机制，提高了知识产权管理的信息化水平。已拥有各项专利24项，在木构件、配套机械、外观设计等方面实现创新，并对发明专利进行技术推广与应用。大兴安岭北极珍品汇电子商务有限公司成立工作领导小组，加强对知识产权工作的统一领导和综合协调，明确职责分工，营造激励发明创造的良好环境，确保公司在专利申请、软件著作权申请、商标申请量的递增。组织开展了3场知识产权培训，20多家公司签约孵化的中小企业管理和技术人员参加培训，提升了中小企业对知识产权的创造、运用、管理和保护能力，帮助企业培养知识产权管理人才。在政府采购、云会馆系统、智慧旅游平台、大数据共享、大宗交易系统、数据分析、溯源系统、直播互动系统等方面已独立自主拥有软件著作权 15 项。

3. 加强宣传，营造氛围

大兴安岭林业集团公司完善知识产权宣传工作格局，建设全方位、多层次传播矩阵，广泛宣传、深入普及知识产权文化理念，增强尊重和保护知识产权意识。在"4 · 26 世界知识产权日"知识产权宣传周期间，与地方共同开展知识产权培育与转化运营专题线上培训，大兴安岭集团 160 余人参加培训。9 月 15 ～ 21 日全国科普日期间，大兴安岭集团和 10 个林业局都分别开展知识产权宣传活动，通过设置咨询台、发放宣传资料、解答咨询等方式向过往的职工、群众宣传知识产权基础知识，营造浓郁而热烈的知识产权宣传氛围，促进集团上下充分认识知识产权对于科技创新的重要推动作用。（大兴安岭林业集团公司）

2022 年林业和草原专利统计分析

专利分为发明专利、实用新型和外观设计 3 种类型。发明专利是指对产品、方法或者其改进所提出的新的技术方案。实用新型是指对产品的形状、构造或者其结合所提出的适于实用的新的技术方案。外观设计是指对产品的形状、图案或者其结合以及色彩与形状、图案的结合所作出的富有美感并适于工业应用的新设计。

一、林业专利分析

国家林业和草原局知识产权研究中心组织专家，研究整理形成了一批与林业相关的关键词和国际专利分类号，采用关键词与国际专利分类号相结合的方式检索数据，并进行数据清洗和整理，形成最终的林业专利数据。

1. 总量分析

2022 年，国家知识产权局中国专利数据库公开的林业专利量 105630 件，年度专利量首次突破 10 万件。“十三五”期间（2016—2020 年）公开的的林业专利共 376996 件，同比增长 176.49%。截至 2022 年年底，林业专利公开量共计 814129 件（表 6，图 1）。

表 6　1985—2022 年林业专利公开量统计　　单位：件

年份	专利总量	发明专利	实用新型	外观设计
1985	8	6	1	1
1986	198	112	85	1
1987	396	195	191	10

（续）

年份	专利总量	发明专利	实用新型	外观设计
1988	506	177	320	9
1989	619	229	366	24
1990	620	279	300	41
1991	752	250	442	60
1992	1130	322	731	77
1993	971	405	485	81
1994	1383	605	711	67
1995	1378	566	681	131
1996	1505	676	625	204
1997	1688	691	706	291
1998	1962	769	784	409
1999	2702	772	1336	594
2000	2791	872	1295	624
2001	3275	1134	1356	785
2002	3769	1246	1465	1058
2003	4755	1758	1621	1376
2004	4507	1856	1526	1125
2005	6506	3452	1808	1246
2006	7645	3388	2488	1769
2007	9560	4334	3052	2174
2008	11452	5322	3928	2202
2009	13739	6355	3968	3416
2010	13651	5466	3785	4400
2011	14232	7640	4776	1816
2012	18763	11449	6256	1058
2013	26453	14293	9636	2524
2014	31835	20065	9620	2150
2015	45066	27518	14199	3349
2016	52628	31086	18458	3084
2017	65260	40717	21337	3206
2018	86842	47113	35551	4178
2019	80343	39818	36847	3678
2020	91923	30633	56260	5030
2021	97686	28765	65869	3052
2022	105630	33039	66827	5764
合计	814129	373373	379692	61064

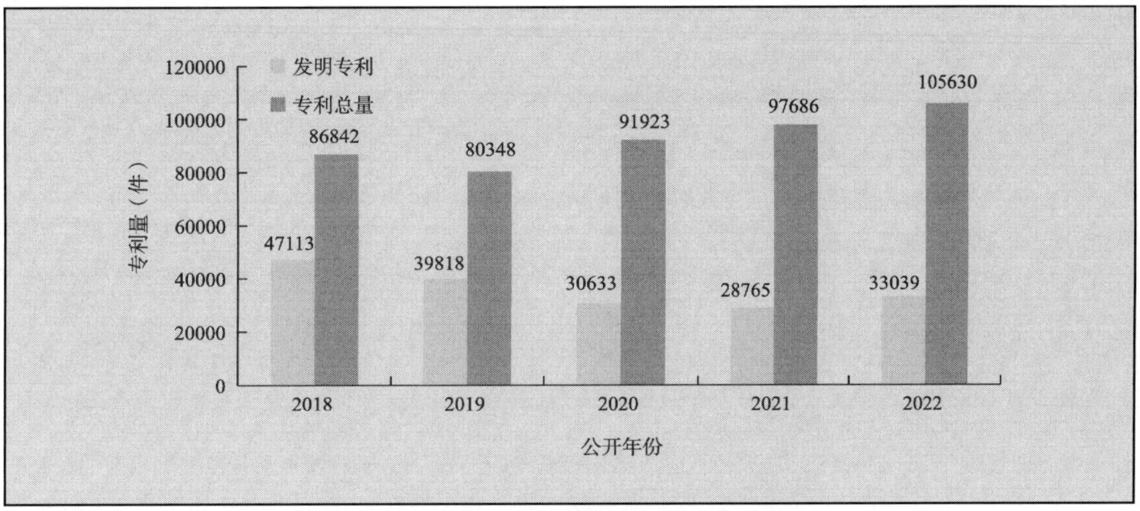

图 1　2018—2022 年林业专利公开量统计

2. 发展趋势分析

林业专利申请始于 1985 年。这一年我国刚刚开始实施《中华人民共和国专利法》和建立专利制度。1985—1998 年林业专利技术发展十分缓慢，每年公开的林业专利量不超过 2000 件；1999—2011 年林业专利量平稳增长，每年公开的林业专利量从 1999 年的 2000 多件逐渐增长为 2010 年的 1 万多件；2012—2022 年期间，总体来看，除了 2019 年林业专利量与往年相比所有下降以外，其他年度林业专利量迅猛增长，每年公开的林业专利量由 2012 年的 1 万多件攀升到 2022 年的 10 万多件。值得注意的是，2019 年以来虽然林业专利总量持续稳定上升，但是发明专利量呈下降或平稳趋势（图 2）。

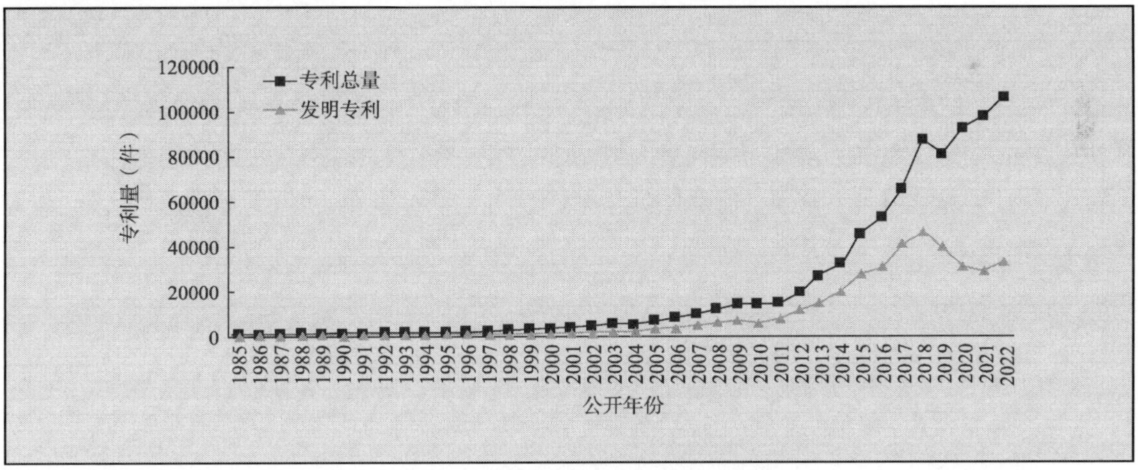

图 2　1985—2022 年林业专利量发展趋势

3. 专利类型分析

2022 年，林业专利共 105630 件，其中，发明专利 33039 件（31.28%），实用新型专利 66827 件（63.26%），外观设计 5764 件（5.46%）。2011—2019 年林业专利中发明专利所占比重均保持在 50% ～ 64%，2020—2022 年尽管林业专利量仍然迅速增长，但专利增长主要来自实用新型专利，发明专利占比明显下降，为 30% ～ 33%。截至 2022 年年底，林业专利共 814129 件，其中，发明专利 373373 件，占林业专利总量的 45.86%，实用新型 379692 件（46.64%），外观设计 61064 件（7.50%）（图 3）。

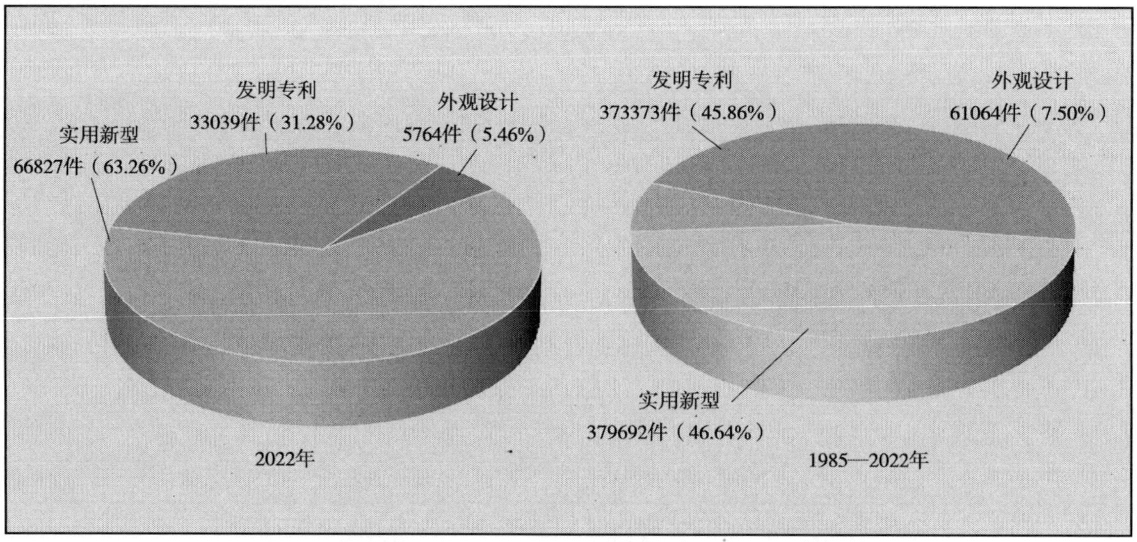

图 3　2022 年与 1985—2022 年林业专利的专利类型统计

4. 申请人构成分析

林业专利的创造主体主要是企业。2022 年林业专利申请人中企业、高等院校和科研院所所占比重分别为 57.24%、15.09% 和 14.70%。截至 2022 年年底，林业专利申请人中企业、高等院校和科研院所所占比重分别为 50.15%、16.46% 和 10.97%（图 4）。

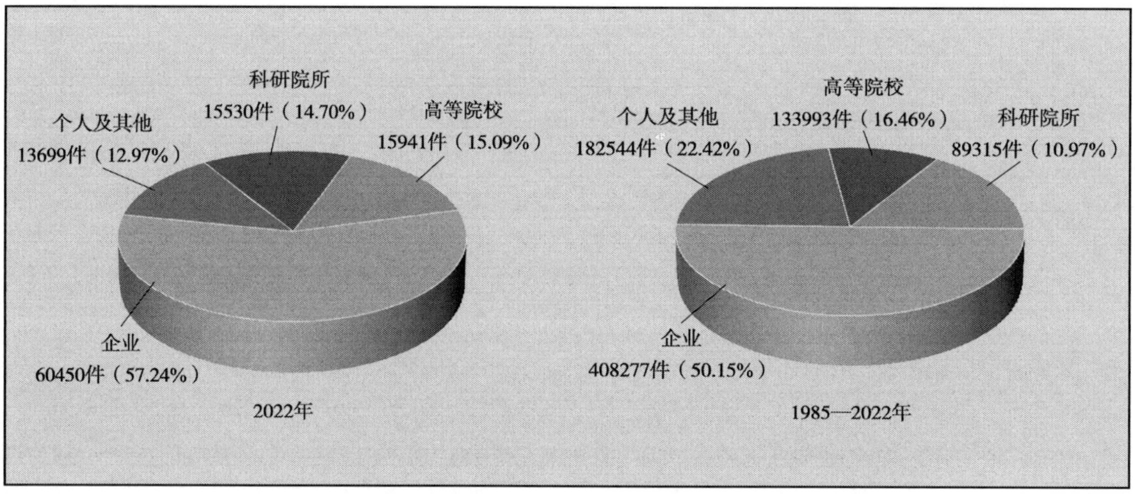

图 4　2022 年与 1985—2022 年林业专利的申请人构成统计

5. 地域分析

对全国 31 个省（自治区、直辖市）的林业专利申请公开量的分析结果显示，2022 年各省（自治区、直辖市）公开的林业专利中，江苏的专利量最多，共 12957 件，其次是山东（10253 件）、广东（9680 件）和浙江（8047 件），排名前 10 位的省还包括安徽（5057 件）、北京（4485 件）、河南（3888 件）、福建（3747 件）、湖北（3664 件）、四川（3639 件）。截至 2022 年年底，江苏专利量排名第 1，共 104356 件，排名前 10 位的省还包括浙江（82610 件）、广东（66908 件）、山东（54877 件）、安徽（47812 件）、北京（37929 件）、福建（37771 件）、四川（28430 件）、河南（27684 件）、广西（25420 件）（表 7）。

表7 1985—2022年全国各省（自治区、直辖市）的林业专利公开量统计 单位：件

排名	省（自治区、直辖市）	专利总量	公开年份				
			2018	2019	2020	2021	2022
1	江苏	104356	10543	11964	14569	14557	12957
2	浙江	82610	10885	7927	8181	7613	8047
3	广东	66908	7342	6319	8385	9182	9680
4	山东	54877	4341	4590	5855	7079	10253
5	安徽	47812	6830	4121	4366	4488	5057
6	北京	37929	3098	3332	3496	3987	4485
7	福建	37771	4833	4044	5422	3624	3747
8	四川	28430	3751	2923	2921	3341	3639
9	河南	27684	3576	3105	3470	4002	3888
10	广西	25420	3717	1971	1716	1813	2479
11	湖南	25051	2309	2983	3261	3098	3387
12	黑龙江	23791	2005	2148	2566	2835	3208
13	陕西	23735	2162	3010	2439	2935	3139
14	湖北	20954	2123	2267	2460	2666	3664
15	云南	20444	2056	2433	2518	2935	3452
16	上海	19841	1327	1592	1911	2279	2503
17	河北	19274	1742	1853	2940	3113	3436
18	江西	16611	2229	2029	2872	2756	2406
19	辽宁	15510	1124	1259	1554	1818	2104
20	重庆	14304	1453	1392	1338	1966	1642
21	天津	13950	1578	1373	1391	1628	1165
22	贵州	13762	2348	1847	1434	1577	1423
23	甘肃	10750	1226	1335	1477	1728	1650
24	吉林	8343	757	690	807	871	1047
25	山西	7911	749	759	921	1092	1135
26	新疆	7072	599	510	577	979	1147
27	宁夏	6226	549	750	791	1058	1265
28	内蒙古	5119	430	434	675	900	1095
29	海南	3756	210	296	481	811	980
30	青海	2480	238	286	332	448	388
31	西藏	581	34	62	102	87	158

6. 林业重点领域专利分析

按森林培育、木材加工、林业机械、竹藤产业、木地板产业、林产化工和林业生物质能源 7 个主要领域对林业专利进行统计分析。2022 年，森林培育领域专利公开量为 14892 件、木材加工 12084 件、林业机械 8787 件、竹藤产业 5997 件、木地板产业 1277 件、林产化工 2337 件、林业生物质能源 1468 件（表 8，图 5）。

截至 2022 年年底，专利量最多的是森林培育和木材加工，分别为 111784 件和 99543 件，其次是竹藤产业（72119 件）和林业机械（65749 件）。7 个林业重点领域中发明专利比重最高的是林产化工和林业生物质能源，分别为 67.38% 和 57.91%，其次是森林培育（50.02%）、木材加工（38.81%）、林业机械（38.67%）、竹藤产业（36.25%）和木地板产业（27.97%）（表 8，图 5）。

表 8　1985—2022 年林业重点领域专利公开量统计　　单位：件

领域分类	专利总量				2022年专利量			
	发明专利	实用新型	外观设计	合计	发明专利	实用新型	外观设计	合计
森林培育	55917	54489	1378	111784	4424	10258	210	14892
木材加工	38630	60865	48	99543	2782	9298	4	12084
林业机械	25427	40150	172	65749	2402	6341	44	8787
竹藤产业	26146	24278	21695	72119	1585	2793	1619	5997
木地板产业	4605	8981	2880	16466	230	986	61	1277
林产化工	18249	8522	313	27084	1119	1186	32	2337
林业生物质能源	9004	6440	105	15549	538	927	3	1468

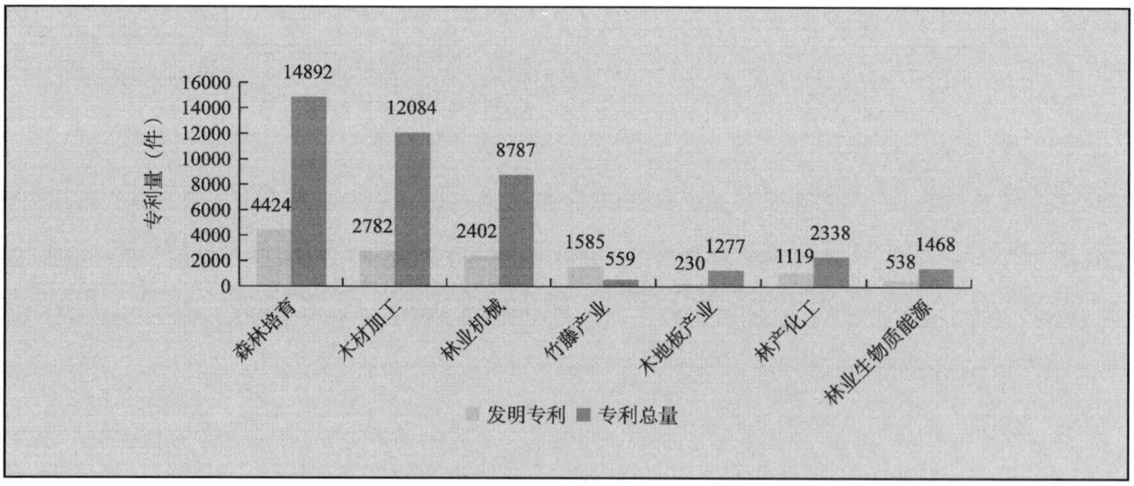

图 5　2022 年林业重点领域专利公开量统计

二、林业科研院所和高等院校专利分析

本报告中的林业科研院所是指林业系统的科研机构，主要包括国家、省（直辖市）、市、县 4 级林业科研和开发机构，不包括各类农林科学院。林业高等院校包括各类林业高校和农林高校。专利分析包括林业高校和农林高校的所有专利的原因主要是

由于许多农林高校，如西北农林科技大学、浙江农林科技大学等农林高校的前身均为林业高校，因此学校拥有大量的林业领域专利。此外，许多林业高校的专业越来越趋于综合化，也拥有大量其他领域专利，为了保证专利数据的客观性，本报告对林业高校和农林高校的所有专利进行了统计分析。

1. 总量分析

2022 年，全国林业科研院所的专利公开量为 2195 件，其中，发明专利公开量为 1099 件，占其专利公开总量 50.07%；林业高等院校的专利公开量为 7088 件，其中，发明专利 3221 件，占其专利公开总量的 45.44%。截至 2022 年年底，林业科研院所的专利公开量共计 15942 件，其中，发明专利公开量 10151 件，占其专利公开总量的 63.67%；林业高等院校的专利公开量共计 65215 件，其中，发明专利公开量 31746 件，占其专利公开总量的 48.68%（表 9，图 6）。

表 9　1985—2022 年林业科研院所和高等院校的专利公开量统计　　单位：件

公开年份	科研院所				高等院校			
	发明专利	实用新型	外观设计	合计	发明专利	实用新型	外观设计	合计
1985	1	0	0	1	0	0	0	0
1986	9	5	0	14	1	1	0	2
1987	12	8	0	20	3	5	0	8
1988	9	12	0	21	6	2	0	8
1989	11	7	0	18	3	9	0	12
1990	13	13	0	26	6	4	0	10
1991	14	6	2	22	3	11	0	14
1992	12	22	1	35	13	8	0	21
1993	9	5	0	14	10	8	0	18
1994	11	9	0	20	3	7	0	10
1995	14	7	1	22	6	6	0	12
1996	10	6	3	19	8	11	0	19
1997	10	10	1	21	6	6	0	12
1998	11	3	0	14	9	10	0	19
1999	9	11	0	20	5	10	0	15
2000	5	14	0	19	12	14	0	26
2001	12	18	0	30	12	21	0	33
2002	9	1	0	10	21	14	0	35
2003	24	17	1	42	49	18	0	67
2004	31	17	3	51	58	22	0	80
2005	41	12	4	57	161	33	0	194
2006	66	17	1	84	194	39	0	233
2007	106	13	1	120	305	31	2	338

（续）

公开年份	科研院所				高等院校			
	发明专利	实用新型	外观设计	合计	发明专利	实用新型	外观设计	合计
2008	172	56	1	229	440	63	55	558
2009	200	62	0	262	569	102	48	719
2010	197	68	11	276	685	164	22	871
2011	280	101	3	384	845	382	82	1309
2012	396	96	7	499	1328	485	298	2111
2013	451	128	10	589	1476	882	445	2803
2014	561	136	2	699	1813	692	343	2848
2015	699	215	13	927	2050	921	363	3334
2016	672	285	16	973	2234	1121	227	3582
2017	966	304	12	1282	2794	1400	388	4582
2018	944	483	23	1450	3318	2287	816	6421
2019	1156	448	52	1656	4300	3689	808	8797
2020	757	799	57	1613	2690	5654	835	9179
2021	1152	1026	30	2208	3089	6227	511	9827
2022	1099	1063	33	2195	3221	3575	292	7088
合计	10151	5503	288	15942	31746	27934	5535	65215

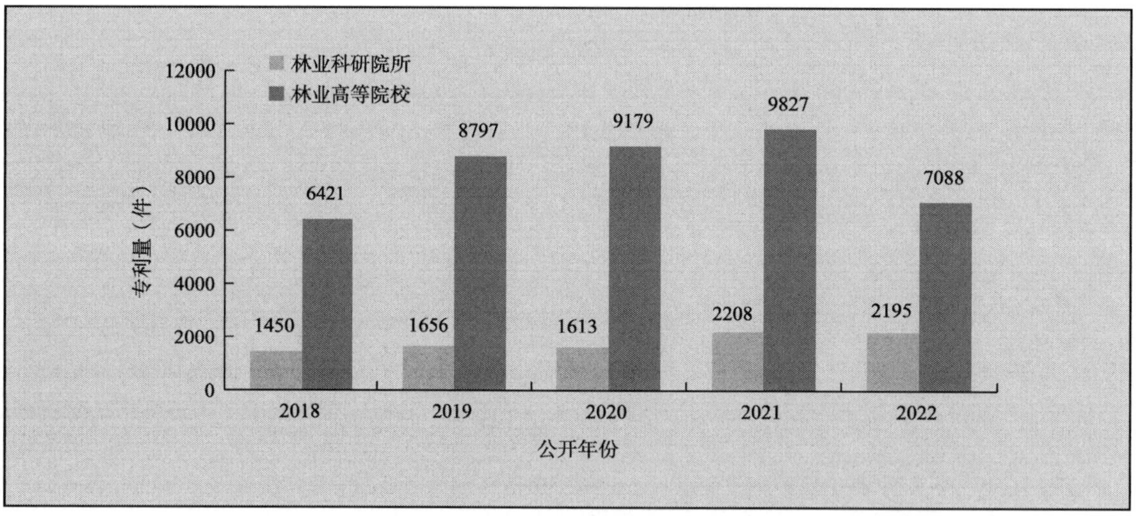

图 6　2018—2022 年林业科研院所和高等院校专利公开量统计

2. 发展趋势分析

林业科研院所和高等院校的专利发展趋势可以划分为 4 个阶段，第一阶段为 1985—2003 年，每年的专利量不足 100 件，增长十分缓慢；第二阶段为 2004—2010 年，每年专利量 200 ～ 1000 件，增长较为迅速；第三阶段为 2011—2019 年，专利量迅猛增长，由 2011 年的 1500 多件增至 2019 年 1 万多件；第四阶段为 2020 年至今，年度专利量较为平稳，基本维持在 1 万件左右。自 2011 年以来，林业高等院校的专利增长速度明显超过了林业科研院所，二者专利量之间的差距逐步拉大（图 7）。

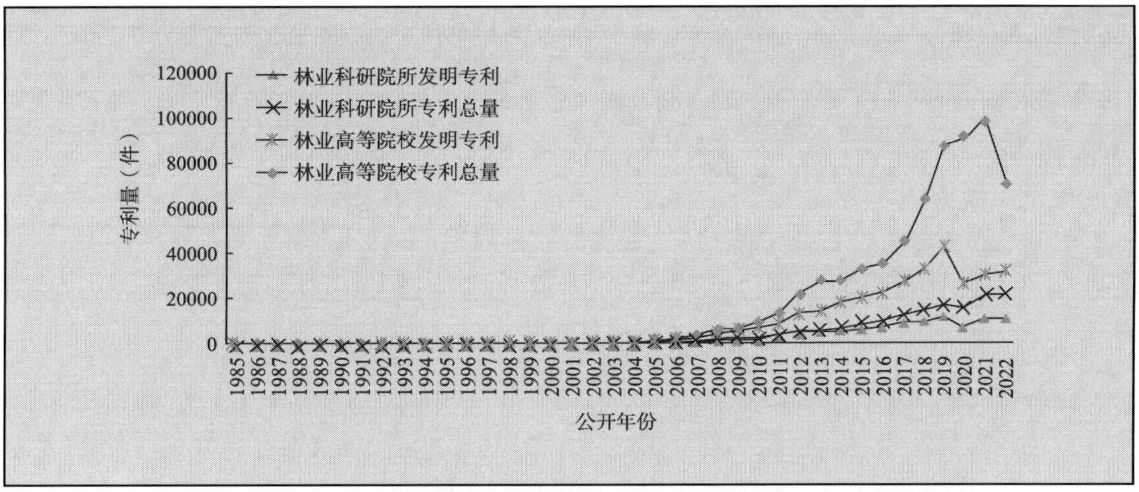

图 7　1985—2022 年林业科研院所和高等院校的专利公开量发展趋势

3. 申请人分析

专利申请人分析包括每件专利的所有共同申请人，并对申请人（机构）的不同写法、历史变迁和异名进行了规范化加工整理，以保持统计数据的完整性和准确性。

2022 年，在林业科研院所中，中国林业科学研究院的专利公开量为 411 件，占林业科研院所专利总量的 18.72%，其次是浙江省林业科学研究院（103 件）和广西壮族自治区林业科学研究院（100 件）。在林业高等院校中，南京林业大学的专利公开量为 2485 件，其次是东北林业大学（1188 件）和西北农林科技大学（955 件）。近年来，农林类高等院校的专利量增长较快（表 10）。

表 10　2022 年林业科研院所和高等院校专利申请人的专利公开量统计　　单位：件

分类	序号	申请人	发明专利	实用新型	外观设计	合计
科研院所	1	中国林业科学研究院	341	70	0	411
	2	浙江省林业科学研究院	44	59	0	103
	3	广西壮族自治区林业科学研究院	56	44	0	100
	4	江西省林业科学院	30	59	0	89
	5	湖南省林业科学院	52	21	0	73
	6	广东省林业科学研究院	32	32	6	70
	7	陕西省林业科学院	21	40	0	61
	8	海南省林业科学研究院	19	39	0	58
	9	甘肃省治沙研究所	7	37	3	47
	10	国际竹藤中心	29	9	3	41
	10	黑龙江林业科学研究院	13	28	0	41
高等院校	1	南京林业大学	908	1562	15	2485
	2	东北林业大学	385	723	80	1188
	3	西北农林科技大学	504	429	22	955
	4	北京林业大学	333	92	19	444
	5	浙江农林大学	140	171	30	441

（续）

分类	序号	申请人	发明专利	实用新型	外观设计	合计
高等院校	6	福建农林大学	270	94	26	390
	7	西南林业大学	153	158	71	382
	8	中南林业科技大学	216	85	8	309
	9	信阳农林学院	109	80	0	189
	10	江苏农林职业技术学院	64	34	2	100

截至 2022 年年底，在林业科研院所中，中国林业科学研究院的专利公开量共 5015 件，占林业科研院所专利总量的 31.46%。其次是广西壮族自治区林业科学研究院（972 件）、浙江省林业科学研究院（744 件）、云南省林业和草原科学院（641 件）和黑龙江省林业科学院（503 件）。近年来，省级林业科研院所的专利公开量增长较快。在林业高等院校中，南京林业大学的公开专利量共 19744 件，其次是西北农林科技大学（9077 件）、东北林业大学（8794 件）、福建农林大学（7145 件）、浙江农林大学（5366 件）、北京林业大学（4868 件）、中南林业科技大学（3750 件）、西南林业大学（2538 件）（表 11）。

表 11　1985—2022 年林业科研院所和高等院校专利申请人的专利公开量统计 单位：件

分类	序号	申请人	发明专利	实用新型	外观设计	合计
科研院所	1	中国林业科学研究院	4045	943	27	5015
	2	广西壮族自治区林业科学研究院	800	172	0	972
	3	浙江省林业科学研究院	439	305	0	744
	4	云南省林业和草原科学院	211	342	88	641
	5	黑龙江林业科学研究院	199	297	7	503
	6	甘肃省治沙研究所	201	256	14	471
	7	国际竹藤中心	309	132	9	450
	8	湖南省林业科学院	278	146	0	424
	9	山东省林业科学研究院	305	72	0	377
	10	广东省林业科学研究院	187	90	24	301
高等院校	1	南京林业大学	6895	11465	1384	19744
	2	西北农林科技大学	6011	2941	125	9077
	3	东北林业大学	3396	4414	984	8794
	4	福建农林大学	4304	2497	344	7145
高等院校	5	浙江农林大学	2541	1288	1537	5366
	6	北京林业大学	4056	737	75	4868
	7	中南林业科技大学	2409	1089	252	3750
	8	西南林业大学	809	997	732	2538
	9	信阳农林学院	483	1173	8	1664
	10	江苏农林职业技术学院	1069	369	24	1462

4. 发明专利授权情况分析

（1）授权发明专利总量分析

2022 年，林业科研院所发明专利授权共计 655 件，林业高等院校发明专利授权共计 1910 件。

截至 2022 年年底，林业科研院所共获得发明专利授权 4421 件，占林业科研院所发明专利申请总量的 43.55%；林业高等院校共获得发明专利授权 13343 件，占林业高等院校发明专利申请总量的 42.03%（表 12，图 8、图 9）。2010 年以来，林业科研院所和林业高等院校的发明授权量均快速增长，相比之下林业高等院校增长更快。

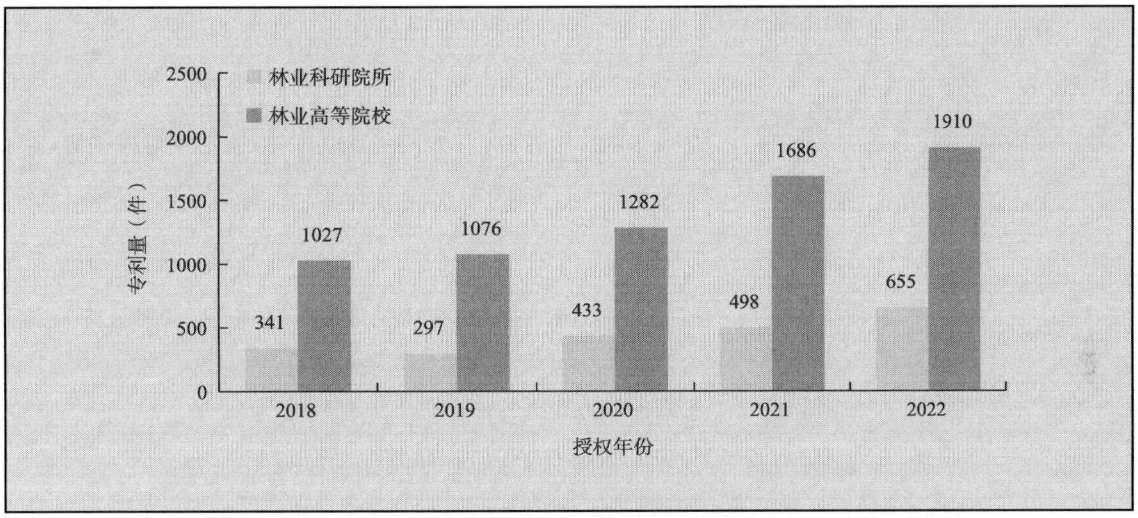

图 8　2018—2022 年林业科研院所和高等院校发明专利授权量统计

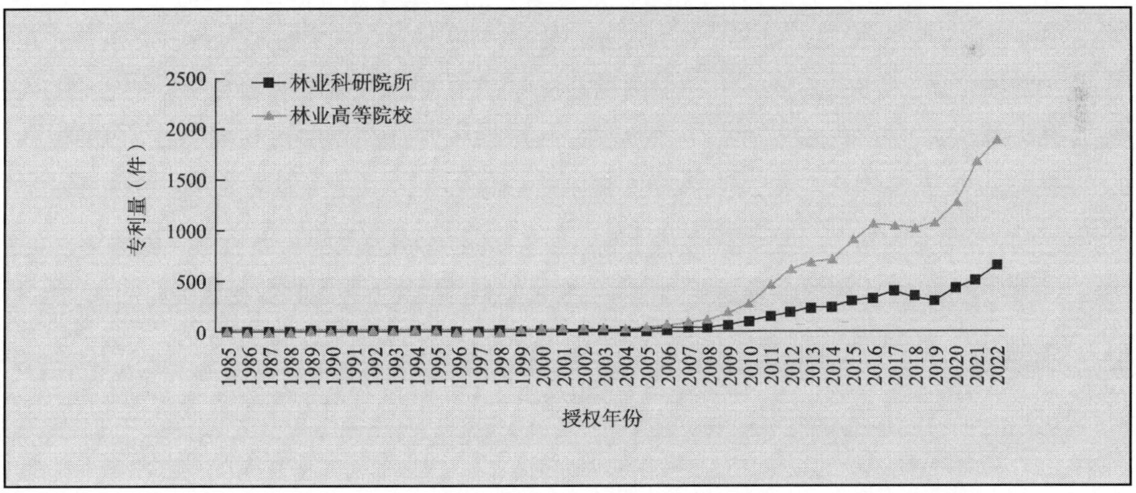

图 9　1985—2022 年林业科研院所和高等院校授权发明专利发展趋势

表 12　1985—2022 年林业科研院所和高等院校的发明专利授权量统计　　单位：件

授权年份	科研院所	高等院校	授权年份	科研院所	高等院校
1985	1	0	2005	13	38
1986	0	0	2006	26	60
1987	2	1	2007	39	85

（续）

授权年份	科研院所	高等院校	授权年份	科研院所	高等院校
1988	3	1	2008	32	114
1989	9	2	2009	75	188
1990	4	2	2010	105	266
1991	5	1	2011	160	465
1992	9	2	2012	181	636
1993	4	2	2013	234	688
1994	2	6	2014	239	709
1995	4	3	2015	296	917
1996	2	3	2016	324	1075
1997	1	1	2017	390	1047
1998	2	1	2018	341	1027
1999	4	5	2019	297	1076
2000	3	3	2020	433	1282
2001	5	6	2021	498	1686
2002	4	4	2022	655	1910
2003	8	6	合计	4421	13343
2004	11	25			

（2）专利权人分析

专利权人分析包括每件授权发明专利的所有共同专利权人，并对专利权人（机构）的不同写法、历史变迁和异名进行了规范化加工整理，以保持统计数据的完整性和准确性。

2022 年，在林业科研院所中，中国林业科学研究院的发明专利授权量为 260 件，占林业科研院所发明专利授权总量的 39.69%，其次是广西壮族自治区林业科学研究院（44 件）和浙江省林业科学研究院（41 件）。在林业高等院校中，排名前 3 的分别是南京林业大学（608 件）、西北农林科技大学（257 件）和福建农林大学（201 件）（表 13）。

表 13　2022 年林业科研院所和高等院校发明专利的专利权人授权量统计　　单位：件

分类	序号	专利权人	授权量
科研院所	1	中国林业科学研究院	260
	2	广西壮族自治区林业科学研究院	44
	3	浙江省林业科学研究院	41
	4	国际竹藤中心	21
	5	广东省林业科学研究院	19
	6	上海市园林科学规划研究院	18
	7	山东省林业科学研究院	17
	8	湖南省林业科学院	15
	9	吉林省林业科学研究院	12
	10	江西省林业科学院	11

（续）

分类	序号	专利权人	授权量
高等院校	1	南京林业大学	608
	2	西北农林科技大学	257
	3	福建农林大学	201
	4	北京林业大学	196
	5	东北林业大学	171
	6	中南林业科技大学	169
	7	浙江农林大学	164
	8	西南林业大学	72
	9	信阳农林学院	31
	10	江苏农林职业技术学院	21

截至 2022 年年底，在林业科研院所中，中国林业科学研究院的发明专利授权量共 2065 件，占林业科研院所发明专利授权总量的 46.71%，其次是广西壮族自治区林业科学研究院（352 件）和浙江省林业科学研究院（233 件）。在林业高等院校中，排名前 3 的分别是南京林业大学（2915 件）、福建农林大学（2050 件）和西北农林科技大学（1929 件）（表 14）。

表 14　1985—2022 年林业科研院所和高等院校发明专利的专利权人授权量统计　单位：件

分类	排名	专利权人	授权量
科研院所	1	中国林业科学研究院	2065
	2	广西壮族自治区林业科学研究院	352
	3	浙江省林业科学研究院	233
	4	山东省林业科学研究院	170
	5	国际竹藤中心	136
	6	湖南省林业科学院	104
	7	黑龙江林业科学研究院	86
	8	河北省林业和草原科学研究院	83
	9	上海市园林科学规划研究院	72
	10	广东省林业科学研究院	71
高等院校	1	南京林业大学	2915
	2	福建农林大学	2050
	3	西北农林科技大学	1929
	4	北京林业大学	1824
	5	东北林业大学	1258
	6	浙江农林大学	1282
	7	中南林业科技大学	1224
	8	江苏农林职业技术学院	313
	9	西南林业大学	274
	10	信阳农林学院	116

三、草原专利分析

国家林业和草原局知识产权研究中心组织专家，研究整理形成了一批与草原相关的关键词和国际专利分类号，采用关键词与国际专利分类号相结合的方式检索数据，并进行数据清洗和整理，形成最终的草原专利数据。

1. 总量分析

2022 年，国家知识产权局专利数据库公开的草原专利量 13419 件，近 3 年的专利量都维持在 1 万件以上。“十三五”期间（2016—2020 年）公开的草原专利共 51171 件，同比增长 113.25%。截至 2022 年年底，草原专利公开量共计 115161 件（表 15，图 10）。

表 15　1985—2022 年草原专利公开量统计　　单位：件

年份	专利总量	发明专利	实用新型	外观设计
1985	0	0	0	0
1986	37	31	6	0
1987	75	60	14	1
1988	72	47	25	0
1989	77	57	19	1
1990	86	61	22	3
1991	109	71	37	1
1992	134	86	45	3
1993	149	100	37	12
1994	166	136	28	2
1995	169	110	46	13
1996	181	125	44	12
1997	244	188	48	8
1998	277	214	51	12
1999	321	203	106	12
2000	325	210	82	33
2001	447	288	119	40
2002	518	307	148	63
2003	622	362	183	77
2004	636	370	163	103
2005	955	670	185	100
2006	1237	705	294	238
2007	1181	703	308	170
2008	1339	758	332	249
2009	1826	1087	370	369
2010	2407	1380	564	463

（续）

年份	专利总量	发明专利	实用新型	外观设计
2011	2633	1653	571	409
2012	3881	2520	762	599
2013	4630	2777	1140	713
2014	5565	3828	1187	550
2015	7287	4866	1884	537
2016	7814	5278	2174	362
2017	9646	6832	2449	365
2018	11926	7267	4133	526
2019	10081	5766	3814	501
2020	11704	4737	5705	1262
2021	12985	4974	7499	512
2022	13419	5330	7531	558
合计	115161	64157	42125	8879

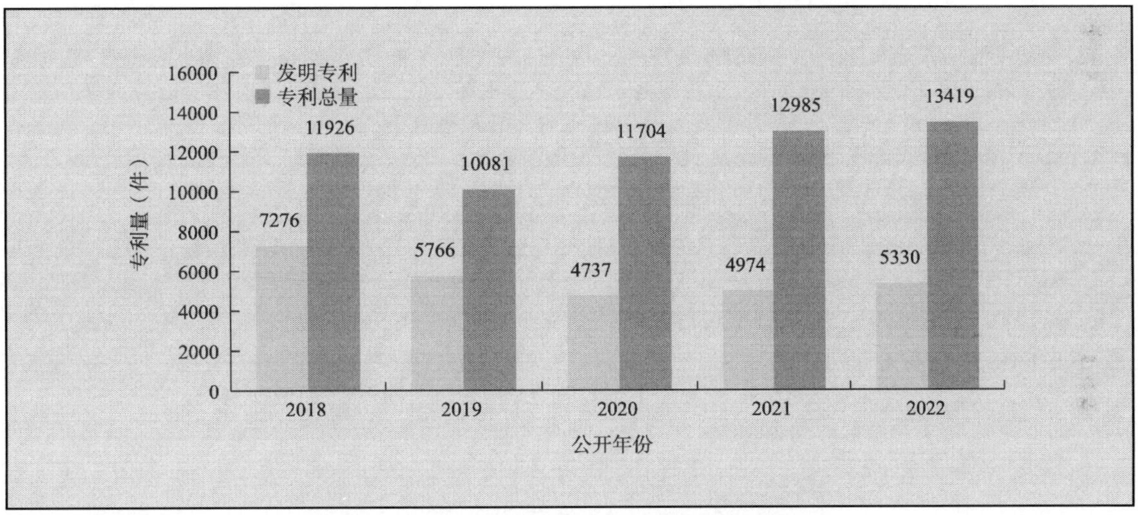

图 10　2018—2022 年草原专利公开量统计

2. 发展趋势分析

1986—2004 年草原专利技术发展十分缓慢，每年公开的草原专利量不超过 700 件；2005—2011 年草原专利量平稳增长，每年公开的草原专利量从 2005 年的 900 多件逐渐增长为 2011 年的 2000 多件；2012—2018 年，草原专利量迅猛增长，每年公开的草原专利量由 2012 年的 1000 多件攀升到 2019 年的 1 万多件；近 4 年来草原专利总量持续上升，但是发明专利量则有所减少并趋于平稳（图 11）。

3. 专利类型分析

2022 年，草原专利共 13419 件，其中，发明专利 5330 件（39.72%），实用新型专利 7531 件（56.12%），外观设计 558 件（4.16%）。截至 2022 年年底，草原专利共 115161 件，其中发明专利 64157 件，占草原专利总量的 55.71%，实用新型 42125 件（36.58%），外观设计 8879 件（7.71%）（图 12）。

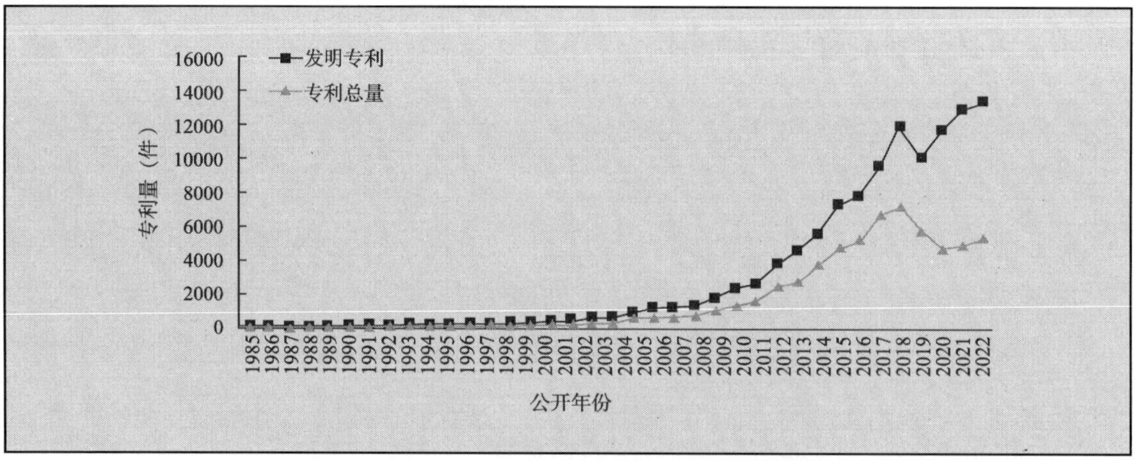

图 11　1985—2022 年草原专利量发展趋势

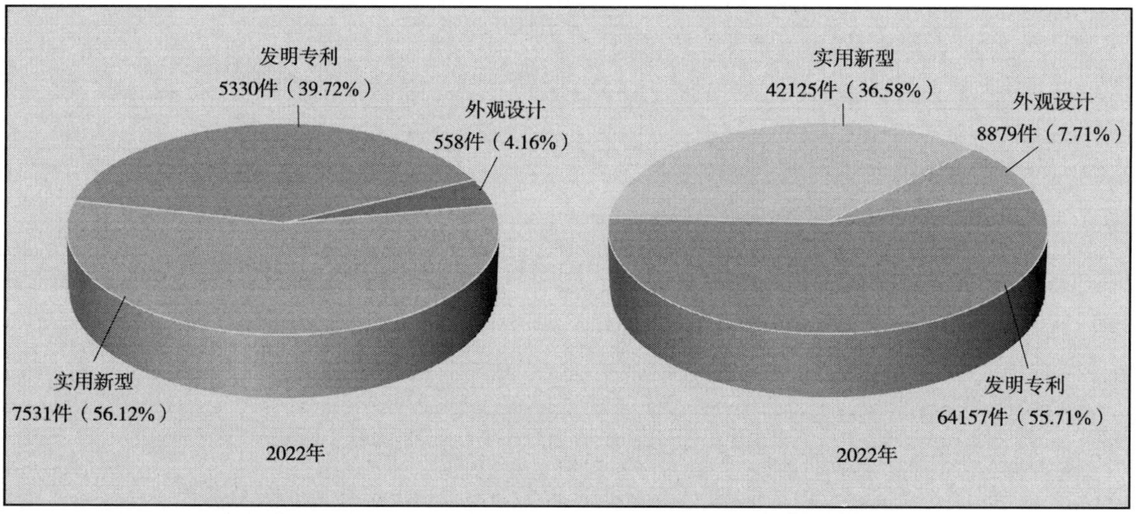

图 12　2022 年与 1985—2022 年草原专利的专利类型统计

4. 申请人构成分析

草原专利的创造主体主要是企业。2022 年草原专利申请人中，企业、高等院校和科研院所所占比重分别为 64.31%、11.47% 和 17.93%。截至 2022 年年底，草原专利申请人中企业、高等院校和科研院所所占比重分别 52.89%、10.82% 和 9.83%（图 13）。

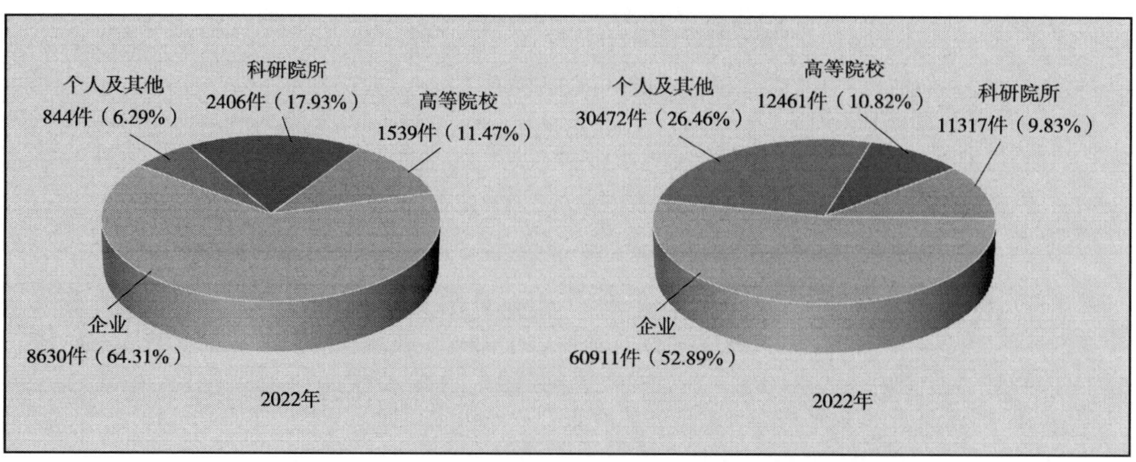

图 13　2022 年与 1985—2022 年草原专利的申请人构成统计

5. 地域分析

对全国31个省（自治区、直辖市）的草原专利申请公开量的分析结果显示，2022年各省（自治区、直辖市）公开的草原专利中，江苏的专利量最多，共1402件，其次是广东（1187件）和山东（1111件），排名前10位的省还包括浙江（923件）、河南（707件）、云南（664件）、安徽（547件）、北京（542件）、湖北（498件）、内蒙古（465件）。截至2022年年底，江苏的专利量最多，共17246件，其次是浙江（11574件），此外，山东、广东、安徽的草原专利公开量也较多，均在6000件以上（表16）。（马文君）

表16　1985—2022年全国各省（自治区、直辖市）草原专利公开量统计　单位：件

排名	省（自治区、直辖市）	专利总量	公开年份				
			2018	2019	2020	2021	2022
1	江苏	17246	1649	1476	1752	1786	1402
2	浙江	11574	1344	1040	1285	1025	923
3	山东	8692	783	732	780	983	1111
4	广东	8545	1033	736	1090	1120	1187
5	安徽	6735	1092	587	602	667	547
6	北京	4478	361	379	394	430	542
7	河南	4271	455	421	456	562	707
8	福建	3448	457	283	422	340	367
9	四川	3416	421	318	323	385	432
10	广西	3134	385	209	176	219	290
11	湖北	2931	414	321	284	319	498
12	湖南	2891	288	385	322	327	357
13	内蒙古	2709	248	214	330	491	465
14	黑龙江	2664	165	176	231	316	329
15	上海	2615	170	191	269	299	299
16	甘肃	2563	359	343	318	381	359
17	河北	2382	187	231	356	400	417
18	云南	2325	164	156	278	428	664
19	辽宁	2239	229	159	157	245	213
20	陕西	1913	210	206	174	213	237
21	天津	1878	181	190	164	152	126
22	贵州	1838	237	191	190	229	239
23	江西	1716	202	202	252	302	256
24	新疆	1325	98	98	118	182	201
25	吉林	1070	89	97	93	152	170
26	重庆	882	197	158	150	230	184
27	山西	834	92	93	108	125	93

（续）

排名	省（自治区、直辖市）	专利总量	公开年份				
			2018	2019	2020	2021	2022
28	宁夏	824	80	73	115	153	205
29	青海	606	56	83	124	121	114
30	海南	490	14	44	74	101	112
31	西藏	219	28	36	44	48	37

2022 年林业和草原植物新品种统计分析

植物新品种是指经过人工培育或者对发现的野生植物加以开发，具有新颖性、特异性、一致性和稳定性并适当命名的植物品种。

一、总量分析

2022 年，国家林业和草原局植物新品种保护办公室共年受理林业和草原植物新品种权申请 1828 件，授予植物新品种权 651 件。截至 2022 年年底，国家林业和草原局已受理国内外林业和草原植物新品种申请 8836 件，授予植物新品种权 4055 件。2016 年以来，林业植物新品种的申请量和授权量均快速增长（表 17，图 14）。

表 17　1999—2022 年林业和草原植物新品种申请量和授权量统计　　单位：件

年度	申请量			授权量		
	国内申请人	国外申请人	合计	国内品种权人	国外品种权人	合计
1999	181	1	182	6	0	6
2000	7	4	11	18	5	23
2001	8	2	10	19	0	19
2002	13	4	17	1	0	1
2003	14	35	49	7	0	7
2004	17	19	36	16	0	16
2005	41	32	73	19	22	41
2006	22	29	51	8	0	8
2007	35	26	61	33	45	78
2008	57	20	77	35	5	40
2009	62	5	67	42	13	55
2010	85	4	89	26	0	26
2011	123	16	139	11	0	11
2012	196	26	222	169	0	169
2013	169	8	177	115	43	158
2014	243	11	254	150	19	169

（续）

年度	申请量			授权量		
	国内申请人	国外申请人	合计	国内品种权人	国外品种权人	合计
2015	208	65	273	164	12	176
2016	328	72	400	178	17	195
2017	516	107	623	153	7	160
2018	720	186	906	359	46	405
2019	656	146	802	351	88	439
2020	897	150	1047	332	109	441
2021	1225	217	1442	637	124	761
2022	1649	179	1828	150	501	651
合计	7472	1364	8836	2999	1056	4055

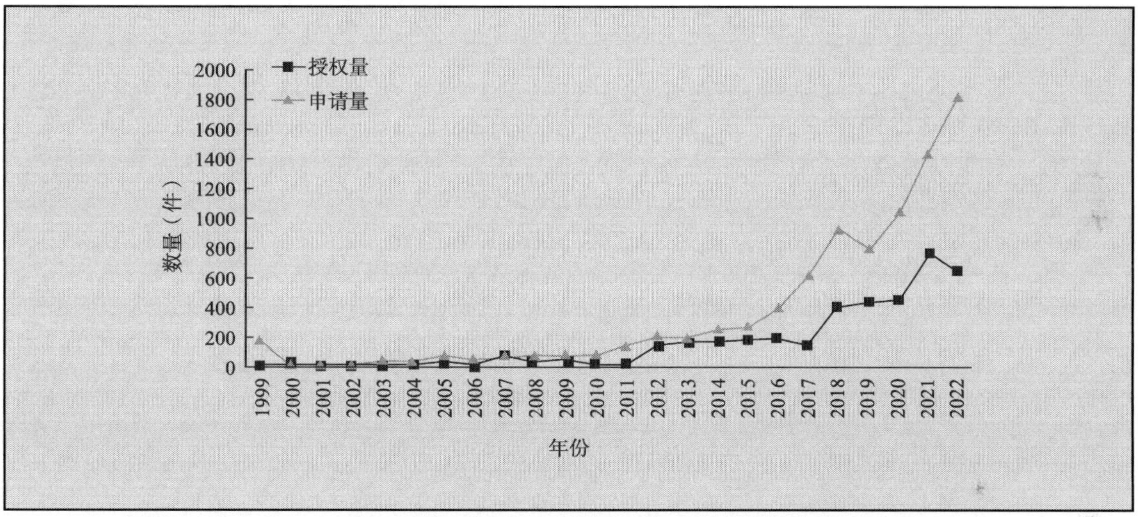

图 14　1999—2022 年林业和草原植物新品种申请量和授权量变化趋势

二、授权品种分析

1. 植物类别分析

林业和草原授权植物新品种的植物类别以观赏植物为主，2022 年，林业和草原授权植物新品种中，观赏植物 498 件，占年度授权总量的 76.50%，其次是林木 68 件（10.44%）、经济林 62 件（9.52%）、木质藤本 7 件（1.08%）。截至 2022 年年底，在林业和草原授权植物新品种中观赏植物 2777 件，占总量的 68.48%，其次是林木 606 件（14.95%）、经济林 539 件（13.29%）（表 18，图 15）。

表 18　1999—2022 年林业和草原授权植物新品种中不同植物类别的授权量统计　单位：件

年份	林木	经济林	观赏植物	竹	木质藤本	其他	合计
1999	6	0	0	0	0	0	6
2000	3	0	20	0	0	0	23
2001	2	2	14	0	0	1	19
2002	0	1	0	0	0	0	1
2003	6	1	0	0	0	0	7

（续）

年份	林木	经济林	观赏植物	竹	木质藤本	其他	合计
2004	6	4	5	0	0	1	16
2005	3	1	34	0	0	3	41
2006	5	0	3	0	0	0	8
2007	7	1	70	0	0	0	78
2008	10	6	19	1	0	4	40
2009	14	1	39	0	0	1	55
2010	10	6	10	0	0	0	26
2011	2	1	5	0	0	3	11
2012	27	20	113	0	2	7	169
2013	34	9	114	1	0	0	158
2014	24	13	121	1	0	10	169
2015	31	28	106	1	2	8	176
2016	44	40	104	2	3	2	195
2017	18	17	120	1	1	3	160
2018	62	99	238	2	3	1	405
2019	69	70	287	1	0	12	439
2020	89	77	257	1	0	17	441
2021	66	80	600	9	3	3	761
2022	68	62	498	0	7	16	651
合计	606	539	2777	20	21	92	4055

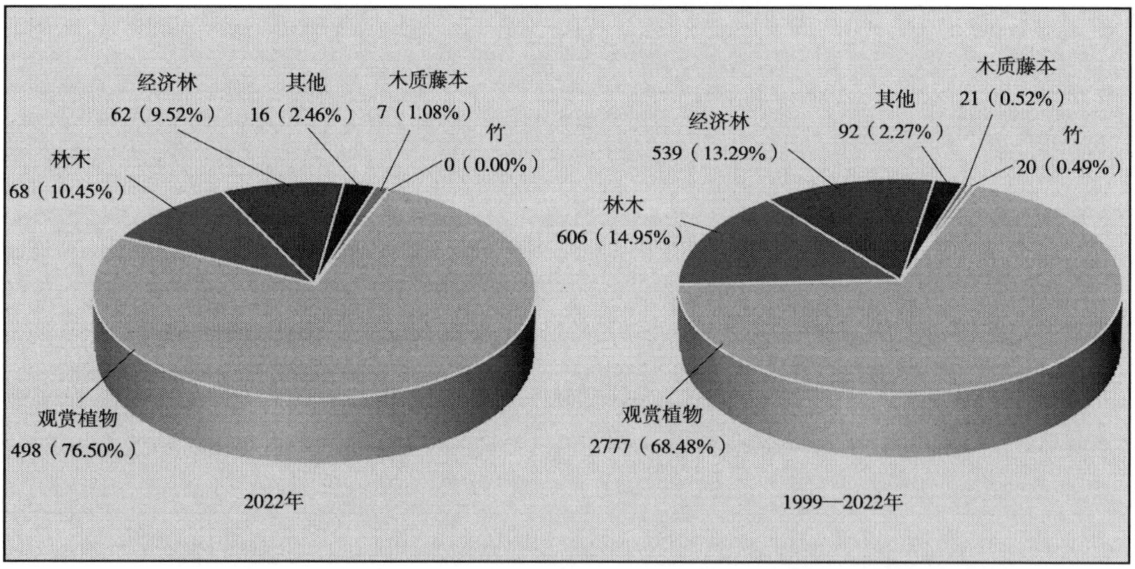

图 15　2022 年与 1999—2022 年林业和草原授权植物新品种的不同植物类别统计

2. 申请国家分析

2022 年，国内申请人获得林业和草原植物新品种权 501 件，占年度授权总量的 76.96%，授权品种以蔷薇属和李属为主；在国外申请人中，有 9 个国家的品种权人获得林业和草原植物新品种授权 150 件，占年度授权总量的 23.04%，授权品种以蔷薇属为主。截至 2022 年年底，国内申请人获得林业和草原植物新品种权 3350 件，占授权总量的

82.61%，授权品种以蔷薇属和芍药属为主；国外共有 13 个国家的品种权人在中国获得林业和草原植物新品种权 705 件，占授权总量的 17.39%，授权品种以蔷薇属为主，其次是越橘属和大戟属，授权量最多的国家是荷兰，共 294 件，其次是法国（102 件）、德国（93 件）、美国（69 件）、英国（44 件）、澳大利亚（33 件）、丹麦（32 件）、日本（20 件）（表 19）。

表 19　1999—2022 年林业和草原授权植物新品种中各国的授权量统计　　单位：件

排名	国家	1999—2022年授权总量	2022年授权量	主要植物属种
1	中国	3350	501	蔷薇属、芍药属
2	荷兰	294	96	蔷薇属
3	法国	102	17	蔷薇属
4	德国	93	7	蔷薇属
4	美国	69	5	越橘属
6	英国	44	4	蔷薇属
7	澳大利亚	33	7	越橘属、蔷薇属、大戟属
8	丹麦	32	0	蔷薇属
9	日本	20	11	蔷薇属
10	西班牙	6	2	越桔属
11	比利时	6	0	杜鹃花属
12	意大利	4	0	蔷薇属
13	新西兰	1	0	蔷薇属
14	厄瓜多尔	1	1	蔷薇属
合计		4055	651	

3. 属（种）分析

2022 年，林业和草原植物新品种授权量最多的是蔷薇属，其次是李属、杜鹃花属、芍药属、越橘属、紫薇属（图 16）。截至 2022 年年底，授权量最多的依次是蔷薇属 932 件，占授权总量的 22.98%，其次是芍药属 201 件（4.96%）、杜鹃花属 194 件（4.78%）、杨属 178 件（4.39%）、李属 176 件（4.34%）（表 20）。

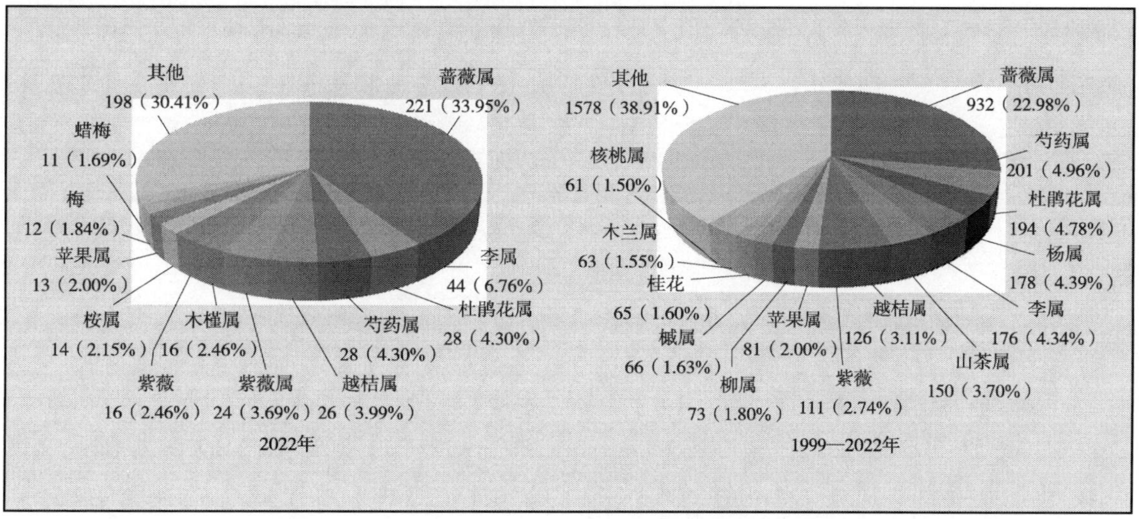

图 16　2022 年与 1999—2022 年林业和草原授权植物新品种的属（种）统计

表 20　1999—2022 年各国林业和草原授权品种的属（种）授权量统计　单位：件

属（种）	1999—2022年授权总量														
	中国	荷兰	法国	德国	美国	英国	澳大利亚	丹麦	日本	比利时	西班牙	意大利	厄瓜多尔	新西兰	合计
蔷薇属	371	281	102	75	5	40	10	32	10	0	0	4	1	1	932
芍药属	201	0	0	0	0	0	0	0	0	0	0	0	0	0	201
杜鹃花属	185	0	0	0	0	0	0	0	3	6	0	0	0	0	194
杨属	178	0	0	0	0	0	0	0	0	0	0	0	0	0	178
李属	176	0	0	0	0	0	0	0	0	0	0	0	0	0	176
山茶属	150	0	0	0	0	0	0	0	0	0	0	0	0	0	150
越橘属	80	0	0	0	28	0	13	0	0	0	5	0	0	0	126
紫薇	111	0	0	0	0	0	0	0	0	0	0	0	0	0	111
苹果属	81	0	0	0	0	0	0	0	0	0	0	0	0	0	81
柳属	73	0	0	0	0	0	0	0	0	0	0	0	0	0	73
槭属	62	0	0	0	4	0	0	0	0	0	0	0	0	0	66
桂花	65	0	0	0	0	0	0	0	0	0	0	0	0	0	65
木兰属	63	0	0	0	0	0	0	0	0	0	0	0	0	0	63
核桃属	61	0	0	0	0	0	0	0	0	0	0	0	0	0	61
文冠果	58	0	0	0	0	0	0	0	0	0	0	0	0	0	58
卫矛属	54	0	0	0	0	0	0	0	0	0	0	0	0	0	54
紫薇属	48	0	0	0	0	0	0	0	0	0	0	0	0	0	48
大戟属	3	7	0	18	7	0	10	0	0	0	0	0	0	0	45
含笑属	45	0	0	0	0	0	0	0	0	0	0	0	0	0	45
杏	41	0	0	0	2	0	0	0	0	0	0	0	0	0	43
桉属	41	0	0	0	0	0	0	0	0	0	0	0	0	0	41
梅	39	0	0	0	0	0	0	0	0	0	0	0	0	0	39
白蜡树属	34	0	0	0	0	0	0	0	0	0	0	0	0	0	34
悬钩子属	11	0	0	0	18	4	0	0	0	0	1	0	0	0	34
牡丹	33	0	0	0	0	0	0	0	0	0	0	0	0	0	33
榆属	33	0	0	0	0	0	0	0	0	0	0	0	0	0	33
其他	1053	6	0	0	5	0	0	0	7	0	0	0	0	0	1071
合计	3350	294	102	93	69	44	33	32	20	6	6	4	1	1	4055

4. 品种权人授权量分析

品种权人分析包括每件授权植物新品种的所有共同品种权人，并对品种权人（机构）的不同写法、历史变迁和异名进行了规范化加工整理，以保持统计数据的完整性和准确性。

2022 年，林业和草原植物新品种授权量最多的是云南锦科花卉工程研究中心有限公司，共 31 件，其次是中国科学院（27 件）、云南省农业科学院（25 件）、中国林业科学研究院（23 件）、北京林业大学（23 件）；排名前 15 的品种权人中有 3 家外国企业。截至 2022 年年底，林业和草原植物新品种授权总量最多的是北京林业大学，共 273 件，其次是中国林业科学研究院（224 件）；排名前 15 的品种权人中有 2 家外国企业，分别是迪瑞特知识产权公司（De Ruiter Intellectual Property B.V.）（92 件）、德国科德斯月季育种公司（W.Korder'Sohne）（43 件）（表 21）。

表 21　1999—2022 年林业和草原授权植物品种的品种权人授权量统计　　单位：件

序号	1999—2022年授权总量		序号	2022年授权量	
	品种权人	授权量		品种权人	授权量
1	北京林业大学	273	1	云南锦科花卉工程研究中心有限公司	31
2	中国林业科学研究院	224	2	中国科学院	27
3	山东省林业科学研究院	139	3	云南省农业科学院	25
4	中国科学院	129	4	中国林业科学研究院	23
5	南京林业大学	109	4	北京林业大学	23
6	迪瑞特知识产权公司（De Ruiter Intellectual Property B.V.）	92	6	长沙湘莹园林科技有限公司	21
7	中国农业科学院	90	6	英德市旺地樱花种植有限公司	21
8	山东农业大学	73	6	多盟集团公司（Dümmen Group B.V.）	21
9	湖南省林业科学院	78	6	大连森茂现代农业有限公司	21
10	云南省农业科学院	79	10	斯佩克玫瑰育种国际有限公司（Spek Rose Breeding International B.V.）	20
11	棕榈生态城镇发展股份有限公司	50	11	韶关市旺地樱花种植有限公司	19
12	江苏省林业科学研究院	55	12	荷兰彼得·西吕厄斯控股公司（Piet Schreurs Holding B.V.）	19
13	云南锦科花卉工程研究中心有限公司	47	13	湖南省林业科学院	18
14	英德市旺地樱花种植有限公司	45	14	中国农业科学院	16
15	德国科德斯月季育种公司（W.Korder'Sohne）	43	14	浙江农林大学	16
			14	广州天适集团有限公司	16

5. 品种权人构成分析

品种权人构成分析以第一品种权人类型进行统计。2022 年，林业和草原植物新品种的品种权人以企业为主，共获得植物新品种权 303 件（46.54%），其次是科研院所 212 件（32.57%）和高等院校 89 件（13.67%）。截至 2022 年年底，林业和草原植物新品种的品种权人以企业和科研院所为主，分别获得植物新品种权 1654 件和 1166 件，分别占总量的 40.79% 和 28.76%，其次是高等院校 685 件（16.89%）（图 17）。企业更加侧重于观赏植物的新品种培育，科研院所和高等院校则相对均衡一些，林木和经济林的新品种培育也较多（表 22）。

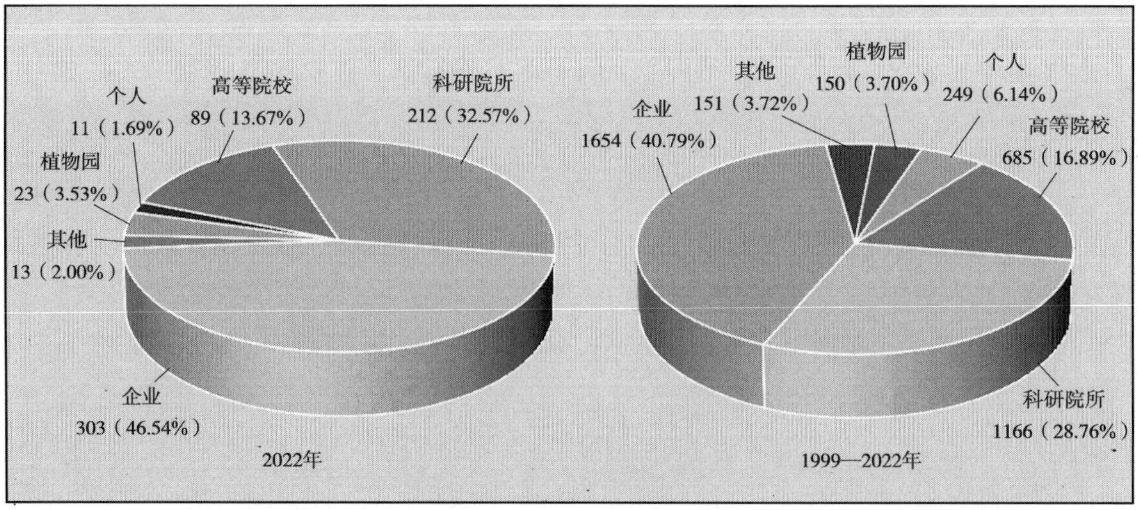

图 17　2022 年与 1999—2022 年林业和草原授权植物新品种品种权人构成统计

表 22　1999—2022 年林业和草原授权品种中不同植物类别品种权人授权量统计　单位：件

植物类别	品种权人						
	企业	科研院所	高等院校	个人	其他	植物园	合计
观赏植物	1310	585	416	174	119	140	2744
林木	135	293	141	46	10	3	628
经济林	154	255	97	26	15	2	549
其他	48	18	19	3	5	0	93
木质藤本	7	4	3	0	2	5	21
竹	0	11	9	0	0	0	20
合计	1654	1166	685	249	151	150	4055

6. 授权品种地域分析

授权品种地域分析根据品种培育地进行统计。2022 年，全国共有 27 个省（自治区、直辖市）获得林业和草原植物新品种权，授权量最多的是云南和北京，分别为 75 件和 74 件，占国内授权总量的 14.97% 和 14.77%，其次是浙江（45 件）、江苏（41 件）、山东（37 件）和福建（36 件）。截至 2022 年年底，全国共有 29 个省（自治区、直辖市）获得林业和草原植物新品种权，授权量最多的是北京，共 607 件，占国内授权总量的 18.12%，其次是山东、浙江、云南和江苏。北京以芍药属、山东以柳属、浙江以杜鹃花属、云南以蔷薇属、江苏以苹果属为主要授权品种（表 23）。

表 23　1999—2022 年各省（自治区、直辖市）林业和草原植物新品种授权量统计　单位：件

序号	省（自治区、直辖市）	1999—2022年授权总量	2022年授权量	主要属（种）
1	北京	607	74	芍药属、杨属、蔷薇属
2	山东	421	37	柳属、苹果属
3	浙江	375	45	杜鹃花属
4	云南	313	75	蔷薇属

（续）

序号	省（自治区、直辖市）	1999—2022年授权总量	2022年授权量	主要属（种）
5	江苏	242	41	苹果属
6	广东	226	30	李属、山茶属
7	河南	175	15	杨属、卫矛属
8	湖南	131	30	紫薇、山茶属
9	福建	127	36	李属、桂花
10	河北	104	25	枣属、榆属
11	辽宁	99	27	越橘属
12	甘肃	75	1	芍药属、牡丹
13	上海	58	1	山茶属、木瓜属
14	广西	57	17	木槿属、桂花
15	黑龙江	49	4	锦带花属
16	陕西	47	5	木兰属
17	四川	37	4	木槿属、核桃属、花椒属
18	湖北	33	6	悬铃木属
19	江西	30	2	南酸枣属
20	内蒙古	29	4	杨属、圆柏属
21	宁夏	28	1	枸杞属
22	安徽	24	3	杜鹃花属、楝属
23	新疆	18	6	核桃属、胡颓子属
24	山西	17	0	核桃属、皂荚属
25	贵州	9	2	方竹属、蔷薇属
26	海南	7	7	木槿属
27	吉林	5	1	杨属、越橘属
28	天津	4	0	蔷薇属
29	重庆	3	2	桂花、木通属、杜鹃花属
	合计	3350	501	

三、品种申请分析

2022年，林业和草原植物新品种申请量共1828件，其中，国内申请1649件，占申请量的90.21%，国外申请179件（9.79%）。截至2022年年底，林业和草原植物新品种申请量共8836件，其中，国内申请7472件，占申请量的84.56%，国外申请1364件（15.44%）。

1. 属（种）分析

2022年，林业和草原植物新品种申请以蔷薇属为主，共357件，占年度申请总量的19.53%，其次是杜鹃花属150件（8.20%）、绣球属97件（5.30%）、李属95件（5.20%）、山茶属82件（4.48%）（图18）。

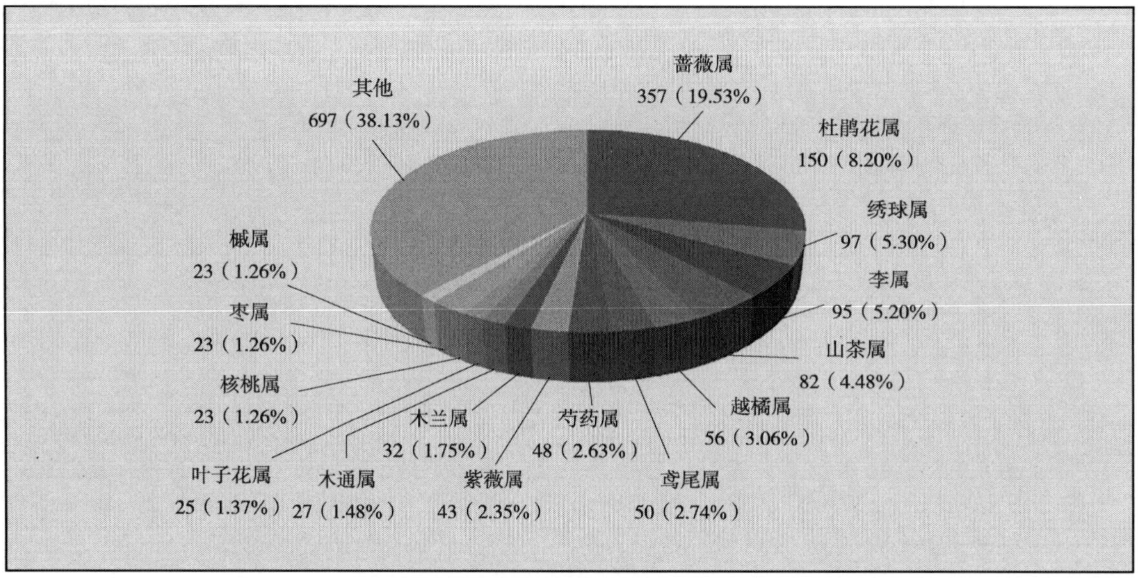

图 18　2022 年申请的林业和草原植物新品种属（种）统计

2. 申请人分析

品种申请人分析包括每件植物新品种的所有共同申请人，并对申请人（机构）的不同写法、历史变迁和异名进行了规范化加工整理，以保持统计数据的完整性和准确性。

2022 年全国共有 224 位申请人申请了林业和草原植物新品种，排名前 3 的是苏州市华冠园创园艺科技有限公司（128 件）、北京林业大学（77 件）和中国科学院（70 件）（表 24）。

表 24　2022 年林业和草原植物新品种申请人的申请量统计　　单位：件

序号	申请人	申请量	主要属（种）
1	苏州市华冠园创园艺科技有限公司	128	蔷薇属
2	北京林业大学	77	芍药属
3	中国科学院	70	紫薇属
4	金华市永根杜鹃花培育有限公司	69	杜鹃花属
5	昆明南国山花园艺科技有限责任公司	49	绣球属
6	福建丹樱生态农业发展有限公司	42	李属
7	云南省农业科学院花卉研究所	41	蔷薇属、杜鹃花属
8	浙江农林大学	39	木兰属、木犀属
9	湖南省林业科学院	33	紫薇属、山茶属、檵木属
10	肇庆棕榈谷花园有限公司	32	山茶属
11	北京市植物园管理处	30	鸢尾属
12	浙江虹安园艺有限公司	29	杜鹃花属
13	广东阿婆六生态农业发展有限公司	28	山茶属
13	昆明杨月季园艺有限责任公司	28	绣球属、蔷薇属
13	英德市旺地樱花种植有限公司	28	李属
13	中国林业科学研究院	28	木通属、杜仲

3. 申请人构成分析

申请人构成分析以第一申请人类型进行统计。2022 年，林业和草原植物新品种的申请人以企业为主，共 947 件，占申请总量的 51.81%，其次是科研院所 443 件，高等院校 244 件，个人 77 件，植物园 54 件（图 19）。

4. 申请人地域分析

从申请人国家来看，2022 年共有 12 个国家申请了林业和草原植物新品种，按申请量依次是中国（1649 件）、荷兰（66 件）、澳大利亚（30 件）、美国（30 件）、日本（25 件）、德国（14 件）、以色列（7 件）、法国（4 件）、比利时（2 件）、西班牙（2 件）、加拿大（1 件）、英国（1 件）。

从国内申请人的地域分布来看，申请量排名前 6 位的是江苏（257 件）、浙江（218 件）、云南（211 件）、山东（160 件）、广东（126 件）、北京（105 件），这 6 个地区的申请量占国内申请总量的 65.21%（图 20）。（马文君、刘源）

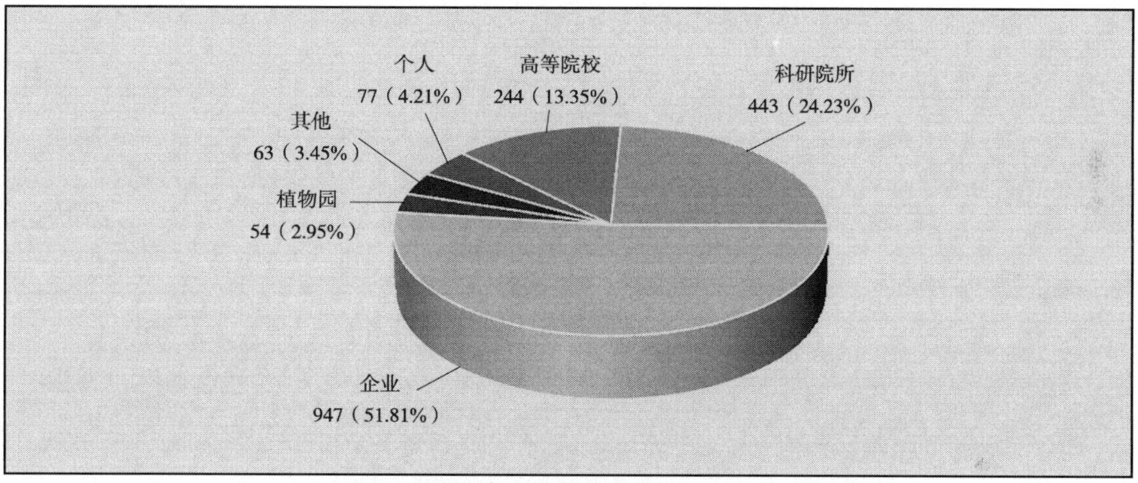

图 19　2022 年林业和草原植物新品种申请人构成统计

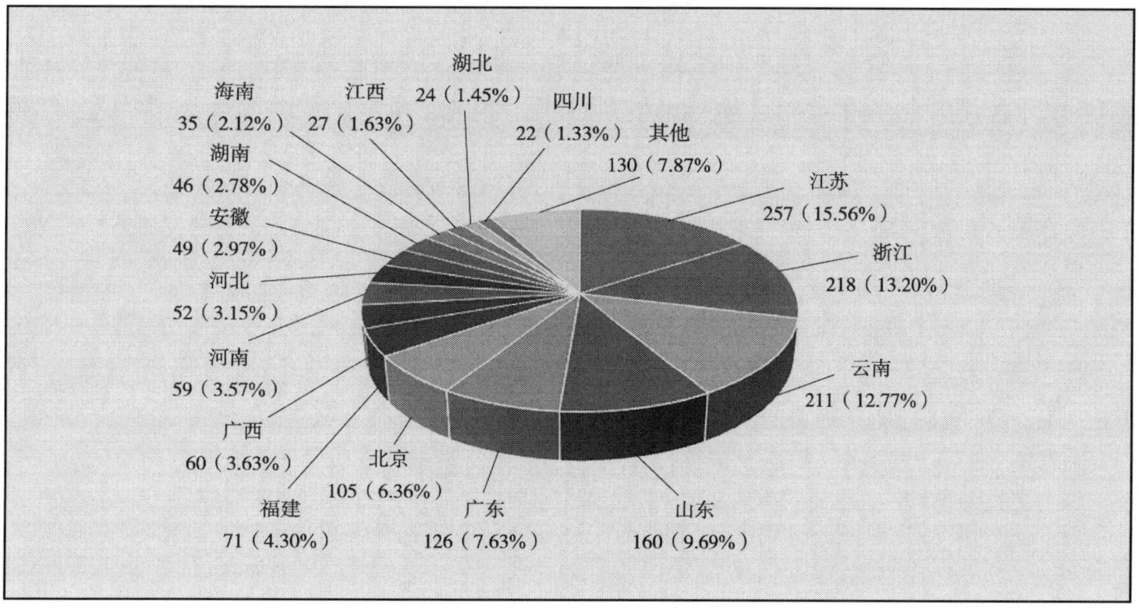

图 20　2022 年国内林业和草原植物新品种申请人地域分布

2022 年林产品地理标志统计分析

林产品地理标志是指林产品来源于特定地域，产品品质和相关特性主要取决于该地域的自然生态环境和历史人文因素，并经审核批准以地域名称冠名的特有林产品标志。地理标志属于特定领域的知识产权，许多林产品都具有地理标志特性。

根据中国农业农村部网站和国家知识产权局公告统计，2022 年注册和登记的林产品地理标志共 135 件，占林产品地理标志总量的 8.35%（图 21）。2022 年，花椒和核桃的地理标志数量较多，分别为 7 件和 4 件（表 25）。

截至 2022 年年底，我国已注册和登记的林产品地理标志共 1617 件，主要有核桃、枣、板栗、花椒和木耳等。从林产品地理标志地域分布来看，四川和山东的地理标志数量较多，分别为 160 件和 137 件，占总量的 9.90% 和 8.47%（表 26）。（范圣明）

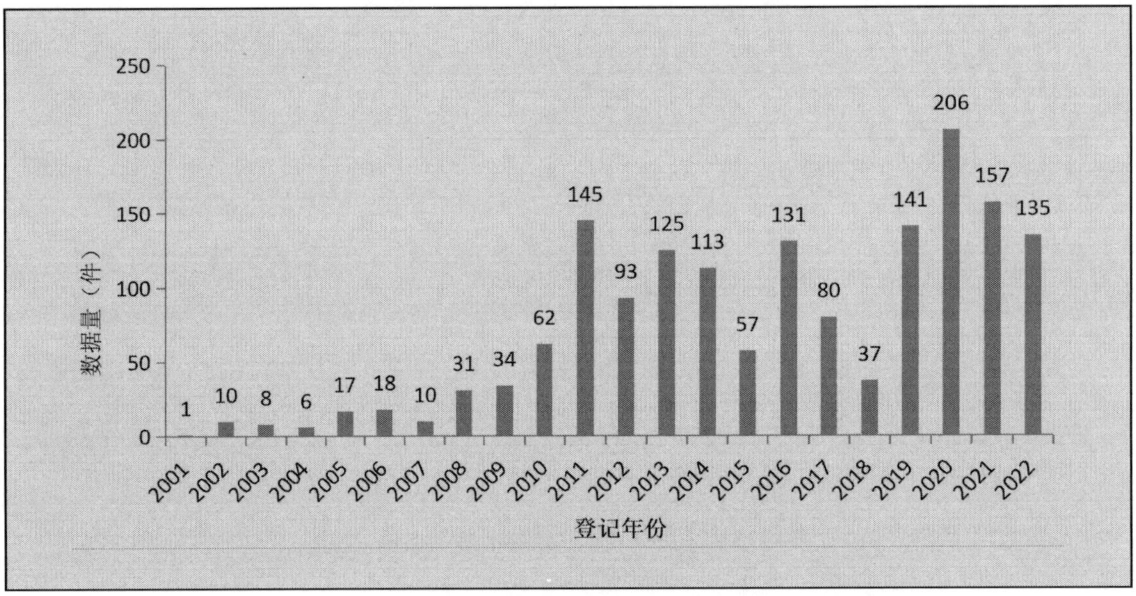

图 21　2001—2022 年注册和登记的林产品地理标志数量统计

表 25　2001—2022 年主要林产品地理标志登记量统计

产品类别	累计总量	2021年	2022年
枣	154	18	3
核桃	147	8	4
板栗	76	1	2
花椒	59	6	7
木耳	54	1	2
杏	48	2	2
枸杞	33	4	3
油茶（含茶油）	30	2	3
其他	1016	115	109
合计	1617	157	135

表 26　2001—2022 年主要省份林产品地理标志登记量统计

省份	累计总量	2021年	2022年
四川	160	17	12
山东	137	9	4
河北	92	11	14
云南	79	8	20
福建	77	8	10
浙江	74	6	5
湖北	73	6	3
安徽	73	7	9
甘肃	71	9	5
山西	67	11	5
陕西	67	3	6
其他	647	62	42
合计	1617	157	135

2022 年林业和草原著作权统计分析

1. 林业和草原图书

2022 年，全国共出版图书 258769 种（全国新书目数据中心统计），其中，科技类图书 54245 种，相比于 2021 年总体下降了 2%。生物科学、农业科学、生态环境等与林草业相关图书的出版品种与 2021 年相比有小幅度增长，其中，国家公园、碳中和、生态修复、自然保护区、生物多样性、环境保护等主题图书增长明显。2022 年出版的主要林业和草原图书共 398 种。

为了总结生态文明建设的经验，更好地开拓林草生态实践道路，国家林业和草原局宣传中心主编了《守护绿水青山——中国林草生态实践》。该书精选了塞罕坝机械林场的生态创业史、山西右玉沙地造林生态保护修复、甘肃八步沙林场防沙治沙、青海祁连山黑土滩治理、天津七里海湿地保护修复等 30 个全国林草生态实践的成果和经验，以图文的形式展现美丽中国的建设成就。

2022 年，“北京林业大学学术思想文库”第一辑由中国林业出版社出版，首次系统梳理了北京林业大学 7 位院士的科学思想和理念，包括《汪菊渊院士学术思想研究》《关君蔚院士学术思想研究》《沈国舫院士学术思想研究》《陈俊愉院士学术思想研究》《朱之悌院士学术思想研究》《孟兆祯院士学术思想研究》《尹伟伦院士学术思想研究》。该系列丛书追溯了院士的青葱岁月，凝练了院士的教育思想，展现了院士的大家风范，学术性强、史料丰富、故事生动，展现了院士与北京林业大学、与林草行业的相互成就。

2022 年公布的国家出版基金拟资助项目中，《中国植物药清源书系》《国家重点保护野生动物名录图鉴》《浙江昆虫志》《植物科属大辞典》《植物进化史》《长白山野生经济植物种子图鉴》《中国珍稀濒危野生兰科花形态图志》《中国红树林生物多样性调查（广西卷）》《百年变迁：两位东西方植物学家的影像重逢》《中国特有树种森林学概论（Silvics of China）》《中国黄河中上游流域自然资源图集》《大秦岭蝶类志》《中国药用植物病害图鉴》等林草相关学科图书入选。

《土壤重金属污染植物修复》《中国动物志昆虫纲双翅目缟蝇科》《现代原竹结构研究及应用》《植物名实图考新释》《中国生态文明理论与实践》《华东珍稀濒危植物图鉴》《小 RNA——植物生命过程的关键密码》《竹材细胞壁构造学》列入 2022 年度国家科学技术学术著作出版基金资助项目。

2022 年第十一届梁希科普奖获奖图书中，《森林的故事（树木篇、保护篇、生态篇）》《北京鸟类图谱》获一等奖，《我们在中国——多样性的中国野生动物》《遇见最美古诗词：草木繁华，恰似伊人凝妆》《沪上白玉兰——小明观察日记》获二等奖，《聆听荒野——荒漠中的生命之美》《中国鹤》获三等奖。

《三江源国家公园自然图鉴》《山川纪行——臧穆野外日记》《植物的“智慧”》获“典赞 · 2022 科普中国”科普图书提名。（孙小满）

2. 林业和草原软件著作权

软件著作权是指软件的开发者或者其他权利人依据有关著作权法律的规定，对于软件作品所享有的各项专有权利。软件著作权经过登记后，软件著作权人享有发表权、开发者身份权、使用权、使用许可权和获得报酬权。林业和草原软件著作权指与林业和草原相关的软件著作权。

根据中国版权保护中心计算机软件著作权登记公告统计，2022 年林业和草原软件著作权登记共 1439 项，2022 年登记量排名前 5 的软件著作权人分别是：北京林业大学（431 项）、西北农林科技大学（263 项）、西南林业大学（226 项）、中国林业科学研究院（104 项）和北京市农林科学院（65 项）。

截至 2022 年年底，登记的林业和草原软件著作权共 16624 项，其中，2022 年的软件著作权登记量占 8.8%。软件著作权人主要来自林草高等院校、科研院所及相关的林草企业。林业和草原软件著作权登记总量排名前 5 的软件著作权人分别是的是北京林业大学（3299 项）、南京林业大学（2240 项）、西北农林科技大学（1887 项）、西南林业大学（872 项）和中国林业科学研究院（852 项）。（范圣明）

附　表

附表1　2022年林业和草原授权植物新品种

序号	品种权号	品种名称	属（种）	品种权人	培育人	申请号	申请日	授权日
1	20220042	阿萨利米（ARSALIM）	蔷薇属	A·R·B·A·公司（A.R.B.A. B.V.）	艾尔·皮·德布林（Ir. P. de Bruin）	20190193	20190129	20220513
2	20220330	阿卢布罗（ARBLUBLO）	蔷薇属	A·R·B·A·公司（A.R.B.A. B.V.）	艾尔·皮·德布林（Ir. P. de Bruin）	20190747	20191021	20221229
3	20220110	艾必斯塔（IRBstar）	蔷薇属	E·G·希尔公司（E.G. Hill Company Inc.）	迪恩·如勒（Dean Rule）	20200542	20200717	20220513
4	20220477	酥籽	石榴属	安徽省农业科学院园艺研究所	徐义流、秦改花、刘春燕、张德安、黎积誉	20201123	20201230	20221229
5	20220478	妃红	石榴属	安徽省农业科学院园艺研究所	秦改花、刘春燕、黎积誉、徐义流、赵宏远	20201124	20201230	20221229
6	20220516	颍荷	蔷薇属	安徽颍荷生态农业发展有限公司、阜阳市百益花卉园艺有限公司、安徽省农业科学院农业工程研究所	康丽云、樊德新、兰伟、张雨涵、唐菲、史丹、史良、王晶晶、孟艳琼、朱糠宁	20210200	20210407	20221229
7	20220650	红队长（RedCaptain）	蔷薇属	奥特曼植物公司（Altman Plants）	林彬（Ping Lim）	20210753	20210730	20221229
8	20220197	格拉 14088（GRA14088）	蔷薇属	澳大利亚巨花苗圃有限公司（Grandiflora Nurseries Pty. Ltd.）	H·E·舒德尔斯（H.E.Schreuders）	20201058	20201216	20220513
9	20220198	格拉 131153（GRA131153）	蔷薇属	澳大利亚巨花苗圃有限公司（Grandiflora Nurseries Pty. Ltd.）	H·E·舒德尔斯（H.E.Schreuders）	20201060	20201216	20220513
10	20220199	格拉 136411（GRA136411）	蔷薇属	澳大利亚巨花苗圃有限公司（Grandiflora Nurseries Pty. Ltd.）	H·E·舒德尔斯（H.E.Schreuders）	20201061	20201216	20220513
11	20220460	格拉 16836（GRA16836）	蔷薇属	澳大利亚巨花苗圃有限公司（Grandiflora Nurseries Pty. Ltd.）	H·E·舒德尔斯（H.E.Schreuders）	20201059	20201216	20221229
12	20220461	格拉 161264（GRA161264）	蔷薇属	澳大利亚巨花苗圃有限公司（Grandiflora Nurseries Pty. Ltd.）	H·E·舒德尔斯（H.E.Schreuders）	20201063	20201216	20221229
13	20220462	格拉 1511131（GRA1511131）	蔷薇属	澳大利亚巨花苗圃有限公司（Grandiflora Nurseries Pty. Ltd.）	H·E·舒德尔斯（H.E.Schreuders）	20201064	20201216	20221229
14	20220463	格拉 1512517（GRA1512517）	蔷薇属	澳大利亚巨花苗圃有限公司（Grandiflora Nurseries Pty. Ltd.）	H·E·舒德尔斯（H.E.Schreuders）	20201066	20201216	20221229
15	20220210	贵妃杨	杨属	白城市林业科学研究院	王凤林	20210005	20210107	20220513
16	20220349	筑梓 1 号	梓树属	保定筑邦园林景观工程有限公司	高龙肖、兰素金、岳彩伟、黄孝志、岳宗瑞、崔炫洁、李勇	20200060	20191217	20221229

（续）

序号	品种权号	品种名称	属（种）	品种权人	培育人	申请号	申请日	授权日
17	20220350	香妃	梓树属	保定筑邦园林景观工程有限公司	岳彩伟、兰素金、谢启章、高龙肖、岳宗瑞、崔炫洁、黄孝志、李勇	20200065	20191225	20221229
18	20220351	炫杨一号	杨属	保定筑邦园林景观工程有限公司	高龙肖、岳彩伟、谢启章、兰素金、崔炫洁、黄孝志、岳宗瑞、李勇	20200066	20191225	20221229
19	20220321	楚林保丰	核桃属	保康县核桃技术推广中心、湖北省林业科学研究院	王其竹、徐永杰、付亚男、廖舒、徐朝煜、李孝鑫、王代全、陈万胜、陈远雄	20190661	20190917	20221229
20	20220267	燕京粉	蔷薇属	北京林业大学	高述民、周燕、冯慧、杨慕菡、张凡、祝园园、范莉娟、郑国欢、李纳新	20180900	20181217	20221229
21	20220268	燕京公主	蔷薇属	北京林业大学	高述民、周燕、杨慕菡、祝园园、孙亚红、吴洪敏、张凡、李纳新	20180901	20181217	20221229
22	20220269	笑妃	蔷薇属	北京林业大学	高述民、周燕、杨慕菡、祝园园、孙亚红、吴洪敏、张凡、李纳新	20180902	20181217	20221229
23	20220285	蝴蝶舞	紫薇属	北京林业大学	潘会堂、冯露、梁晓涵、刘婷婷、鞠易倩、张启翔、蔡明、郑唐春、程堂仁、王佳	20190209	20190228	20221229
24	20220648	且听风	蔷薇属	北京林业大学	于超、罗乐、程璧瑄、周利君、潘会堂、张启翔	20210749	20210730	20221229
25	20220649	君莫笑	蔷薇属	北京林业大学	于超、罗乐、周利君、程璧瑄、潘会堂、张启翔	20210750	20210730	20221229
26	20220122	圆圆	无患子属	北京林业大学、福建源华林业生物科技有限公司	贾黎明、郑玉琳、刘济铭、陈仲、徐圆圆、史双龙、赵国春、王昕、王立宪、兰天、翁学煌、罗水晶、张端光	20200853	20201018	20220513
27	20220123	稳稳	无患子属	北京林业大学、福建源华林业生物科技有限公司	贾黎明、刘济铭、孙操稳、陈仲、郑玉琳、史双龙、王昕、王立宪、翁学煌、张端光、罗水晶	20200856	20201018	20220513
28	20220441	红昕	无患子属	北京林业大学、福建源华林业生物科技有限公司	贾黎明、刘济铭、陈仲、王昕、孙操稳、郑玉琳、赵国春、刘诗琦、何秋阳、翁学煌、罗水晶、张端光	20200854	20201018	20221229
29	20220506	小山秋白	鸢尾属	北京林业大学、高亦珂、范诸平	高亦珂、范诸平、郭彦超、张启翔	20210134	20210303	20221229
30	20220507	小山紫旗	鸢尾属	北京林业大学、高亦珂、范诸平	高亦珂、范诸平、郭彦超、张启翔	20210135	20210303	20221229
31	20220508	祖母秋紫	鸢尾属	北京林业大学、高亦珂、范诸平	高亦珂、范诸平、郭彦超、张启翔	20210136	20210303	20221229
32	20220365	京桂 1 号桉	桉属	北京林业大学、广西壮族自治区国有东门林场	康向阳、杨珺、邱炳发、兰俊、王建忠、熊涛、张磊、詹定举、唐再生、刘鑫	20200282	20200412	20221229
33	20220366	京桂 2 号桉	桉属	北京林业大学、广西壮族自治区国有东门林场	康向阳、杨珺、兰俊、王建忠、邱炳发、张磊、熊涛、黎怀玲、覃卫星、罗成龙	20200283	20200412	20221229

（续）

序号	品种权号	品种名称	属（种）	品种权人	培育人	申请号	申请日	授权日
34	20220367	京桂 3 号桉	桉属	北京林业大学、广西壮族自治区国有东门林场	杨珺、康向阳、王建忠、兰俊、张磊、邱炳发、熊涛、唐再生、覃林波、赵英伟	20200284	20200412	20221229
35	20220368	京桂 4 号桉	桉属	北京林业大学、广西壮族自治区国有东门林场	杨珺、康向阳、熊涛、邱炳发、王建忠、兰俊、张磊、刘鑫、李丽芳、卫忠诚	20200285	20200412	20221229
36	20220369	京桂 5 号桉	桉属	北京林业大学、广西壮族自治区国有东门林场	杨珺、康向阳、兰俊、熊涛、邱炳发、王建忠、张磊、唐再生、李卫发、姚秀冬	20200286	20200412	20221229
37	20220465	大花冬绿	蜡梅	北京林业大学、鄢陵县林海绿色投资发展有限公司、鄢陵县林业局	李庆卫、王静、张纪堂、张春萍、梁永恒、曹应伟、王秀军、许彦军、李乐辉	20201087	20201217	20221229
38	20220466	淡妆蝶舞	蜡梅	北京林业大学、鄢陵县林海绿色投资发展有限公司、鄢陵县林业局	李庆卫、张纪堂、张春萍、王秀军、王静、李乐辉、丁铭明、许彦军、柴德勇	20201088	20201217	20221229
39	20220467	黄金枝	蜡梅	北京林业大学、鄢陵县林海绿色投资发展有限公司、鄢陵县林业局	李庆卫、张纪堂、王静、刘建科、曹应伟、陈彦伟、梁永恒、王秀军、姬雪芹	20201090	20201217	20221229
40	20220419	首善之花	蔷薇属	北京纳波湾园艺有限公司	王波	20200702	20200830	20221229
41	20220420	长城歌谣	蔷薇属	北京纳波湾园艺有限公司	王波、祁阁洲、王文雅	20200703	20200830	20221229
42	20220421	夏都之光	蔷薇属	北京纳波湾园艺有限公司	王波、祁阁洲、王文雅	20200704	20200830	20221229
43	20220457	京暑红	栗属	北京农学院	秦岭、曹庆芹、张卿、邢宇、刘建玲、刘海涛、王金宝	20201035	20201204	20221229
44	20220456	怀奇	栗属	北京市怀柔区板栗技术试验与推广站	刘建玲、邢宇、赵永廉、秦岭、刘阳、王金宝、曹庆芹、刘海涛、张卿、孙玮玮、何久艳	20201033	20201204	20221229
45	20220161	京玉 2 号	枣属	北京市林业果树科学研究院	潘青华、张玉平、胡广隆	20200958	20201110	20220513
46	20220178	佳甜	山楂属	北京市林业果树科学研究院	董宁光、郑书旗、张锐、王敏	20200992	20201119	20220513
47	20220162	平安葫芦枣	枣属	北京市林业果树科学研究院、北京市水源保护林试验工作站	潘青华、张俊民、张玉平、胡广隆	20200959	20201110	20220513
48	20220163	水枣	枣属	北京市林业果树科学研究院、涿鹿县林业和草原局、涿鹿神林果业有限公司	张玉平、李雪峰、刘汉芬、潘青华、周晨虹	20200960	20201110	20220513
49	20220278	立叶	侧柏属	北京市农林科学院	刘国彬、曹均、张玉平、白金、潘青华、姚砚武、廖婷、王烨、郭丽琴	20190136	20190103	20221229
50	20220595	早栗 5 号	栗属	北京市农林科学院	兰彦平、程丽莉、程运河、曹庆昌	20210519	20210624	20221229
51	20220597	京仁 4 号	杏	北京市农林科学院	孙浩元、杨丽、王玉柱、张俊环、姜凤超、张美玲	20210528	20210625	20221229
52	20220628	京红 1 号	核桃属	北京市农林科学院	郝艳宾、齐建勋、张赟齐、陈永浩、董宁光、蔡亚军	20210644	20210713	20221229

（续）

序号	品种权号	品种名称	属（种）	品种权人	培育人	申请号	申请日	授权日
53	20220260	燕京黄	蔷薇属	北京市园林科学研究院	周燕、赵世伟、冯慧、李纳新、王洪伟	20180872	20181211	20221229
54	20220261	美月	蔷薇属	北京市园林科学研究院	周燕、冯慧、巢阳、王涛	20180875	20181211	20221229
55	20220262	粉燕巢	蔷薇属	北京市园林科学研究院	周燕、吉乃喆、陈洪菲、李纳新、王岩	20180877	20181211	20221229
56	20220263	燕山黄	蔷薇属	北京市园林科学研究院	周燕、赵世伟、冯慧、李纳新、华莹	20180879	20181211	20221229
57	20220264	金粉玉	蔷薇属	北京市园林科学研究院、北京林业大学	周燕、高述民、吉乃喆、杨慕菡、吴洪敏、李纳新	20180886	20181211	20221229
58	20220265	春燕	蔷薇属	北京市园林科学研究院、北京林业大学	周燕、高述民、杨慕菡、孙亚红、李纳新、甄伟	20180890	20181211	20221229
59	20220275	圆月之光	蔷薇属	北京市园林科学研究院、辽阳市千百汇月季种植专业合作社	张西西、华莹、陈洪菲、樊德新、赵世伟、卜燕华、马俊丽	20190127	20181229	20221229
60	20220276	圆月之星	蔷薇属	北京市园林科学研究院、辽阳市千百汇月季种植专业合作社	张西西、华莹、陈洪菲、马俊丽、樊德新、赵世伟、卜燕华	20190128	20181229	20221229
61	20220518	袅晴丝	蔷薇属	北京市园林科学研究院、辽阳市千百汇月季种植专业合作社	张西西、吴建芝、张春和、赵世伟、樊德新、赵继业	20210232	20210420	20221229
62	20220521	暮春粉黛	蔷薇属	北京市园林科学研究院、辽阳市千百汇月季种植专业合作社	张西西、樊德新、张春和、舒健骅、田宇、赵世伟、赵继业	20210239	20210421	20221229
63	20220522	旌旗在望	蔷薇属	北京市园林科学研究院、辽阳市千百汇月季种植专业合作社	张西西、樊德新、舒健骅、徐菁、赵世伟、闫东艳	20210241	20210421	20221229
64	20220432	紫玉	丁香属	北京市植物园管理处、中国园林博物馆北京筹备办公室	陈进勇、孟昕、樊金龙、朱莹	20200785	20200918	20221229
65	20220433	紫霞	丁香属	北京市植物园管理处、中国园林博物馆北京筹备办公室	陈进勇、孟昕、樊金龙、朱莹	20200786	20200918	20221229
66	20220374	尹棘 2 号	枣属	沧州市农林科学院	孙文元、孙一、李俊英、芮松青、王梅、黄素芳、李雅静、陈健、赵忠祥、郭维新、王连鹏	20200337	20200512	20221229
67	20220375	尹棘 3 号	枣属	沧州市农林科学院	孙文元、孙一、李俊英、芮松青、王梅、黄素芳、李雅静、陈健、赵忠祥、郭维新、王连鹏	20200338	20200512	20221229
68	20220376	尹棘 4 号	枣属	沧州市农林科学院	孙文元、孙一、黄素芳、李俊英、芮松青、赵忠祥、赵花其、陈健、曹平平、薛文、李亚卉、王梅、武婷、郭维新、王连鹏、王云计、李雅静	20200339	20200512	20221229
69	20220377	尹棘 5 号	枣属	沧州市农林科学院	孙文元、孙一、李俊英、芮松青、黄素芳、李雅静、赵忠祥、郭维新、王连鹏	20200340	20200512	20221229

（续）

序号	品种权号	品种名称	属（种）	品种权人	培育人	申请号	申请日	授权日
70	20220378	尹棘 6 号	枣属	沧州市农林科学院	孙文元、孙一、李俊英、芮松青、黄素芳、李雅静、赵忠祥、郭维新、王连鹏	20200341	20200512	20221229
71	20220115	岭南紫蝶	紫薇	郴州市林业科学研究所、长沙湘莹园林科技有限公司	何才生、李茂娟、王华龙、曹凤鸣、曹炜、王曦、侯德平、刘海石、王惠	20200823	20201009	20220513
72	20220116	岭南粉韵	紫薇	郴州市林业科学研究所、长沙湘莹园林科技有限公司	李茂娟、何才生、刘海石、崔强、张海霞、邓少华、廖祯妮、刘娟娟、王惠	20200824	20201009	20220513
73	20220117	岭南贵妃	紫薇	郴州市林业科学研究所、长沙湘莹园林科技有限公司	刘海石、何才生、李茂娟、徐毓泽、刘超、曾玉祥、谷阳、朱志全、王惠	20200825	20201009	20220513
74	20220018	蓝韵之光	越橘属	成都森茂现代农业有限公司、大连森茂现代农业有限公司	赵丽娜、王贺新、徐国辉	20180551	20180904	20220513
75	20220341	秾苑小生	芍药属	城发集团（青岛）旅游发展有限公司、中国农业科学院蔬菜花卉研究所	周兆宇、董昱、张秀新、范俊峰、王顺利	20200030	20191210	20221229
76	20220411	秾点繁红	芍药属	城发集团（青岛）旅游发展有限公司、中国农业科学院蔬菜花卉研究所	周兆宇、董昱、张秀新、范俊峰、任秀霞	20200635	20200807	20221229
77	20220413	秾色国艳	芍药属	城发集团（青岛）旅游发展有限公司、中国农业科学院蔬菜花卉研究所	薛文栋、张秀新、董昱、王艳艳、任秀霞	20200640	20200807	20221229
78	20220416	秾苑绣女	芍药属	城发集团（青岛）旅游发展有限公司、中国农业科学院蔬菜花卉研究所	薛文栋、张秀新、王艳艳、李昆、薛璟祺	20200655	20200807	20221229
79	20220425	蒙樱 1 号	李属	赤峰市林业科学研究所	程瑞春、李显玉、乌志颜、张岱松、张丽、齐鑫淼、许成国、李晓宇、段磊	20200736	20200907	20221229
80	20220431	三川页	杏	赤峰市林业科学研究所	李显玉、乔明武、赵鸥、阿拉坦图雅、穆喜云、段磊	20200770	20200917	20221229
81	20220434	蒙樱 2 号	李属	赤峰市林业科学研究所	程瑞春、李显玉、乌志颜、张岱松、李晓宇、齐鑫淼、许成国、赵明智、王艳刚	20200787	20200920	20221229
82	20220623	蒙樱 3 号	李属	赤峰市林业科学研究所	程瑞春、李显玉、乌志颜、张岱松、许成国、李晓宇、张丽、赵明智、王艳刚	20210594	20210708	20221229
83	20220270	星光天空（Starlit Sky）	绣球属	川舆园艺有限公司（有限会社川舆園芸）	川口隆德	20180905	20180901	20221229
84	20220019	晨雁	越橘属	大连大学、大连来宝现代农业科技有限公司、大连森茂现代农业有限公司	王贺新、吴小南、徐国辉、李春日、包华真、张国、徐银双、娄鑫、赵丽娜、姜长辉	20180562	20180904	20220513
85	20220241	森茂 263	越橘属	大连大学、大连森茂现代农业有限公司	王贺新、彭恒辰、雷蕾、闫东玲、张明军、魏炳康、娄鑫	20180616	20180913	20221229

（续）

序号	品种权号	品种名称	属（种）	品种权人	培育人	申请号	申请日	授权日
86	20220025	国蓝	越橘属	大连大学、大连森茂现代农业有限公司、大连普世蓝农业科技有限公司	徐国辉、李逸斐、杜乾慧、王丽、尹泽宇、任瀚、苏秦、高铭楠、王欣、赵丽娜、王贺新、徐银双、姜长辉	20180692	20181020	20220513
87	20220545	森茂 714	越橘属	大连大学、四川省农业科学院经济作物育种栽培研究所	徐国辉、王贺新、阳翠、董顺文、张小军、陈昌琳、钟程操	20210314	20210517	20221229
88	20220238	普世蓝 271	越橘属	大连普世蓝农业科技有限公司	王一舒、陈英敏、闫东玲	20180566	20180904	20221229
89	20220028	宝珠	越橘属	大连普世蓝农业科技有限公司、大连森茂现代农业有限公司	赵丽娜、徐银双、杨焕军、宋维瑄、郑鑫磊、徐国辉、姜长辉、王贺新、刘国玲	20180697	20181020	20220513
90	20220017	蓝海之梦	越橘属	大连森茂现代农业有限公司	王贺新、徐国辉	20180549	20180903	20220513
91	20220023	启明星	越橘属	大连森茂现代农业有限公司	王贺新、徐国辉	20180690	20181020	20220513
92	20220029	南沙蓝	越橘属	大连森茂现代农业有限公司	王贺新、徐国辉	20180700	20181020	20220513
93	20220227	森茂 543	越橘属	大连森茂现代农业有限公司	王贺新、陈英敏、徐国辉、闫东玲、赵丽娜	20180277	20180603	20221229
94	20220228	森茂 538	越橘属	大连森茂现代农业有限公司	陈英敏、王贺新、赵丽娜、徐国辉、闫东玲	20180278	20180603	20221229
95	20220229	森茂 460	越橘属	大连森茂现代农业有限公司	王贺新、陈英敏、徐国辉、赵丽娜、闫东玲	20180279	20180603	20221229
96	20220237	森茂 383	越橘属	大连森茂现代农业有限公司	王贺新、徐国辉、彭恒辰	20180553	20180904	20221229
97	20220239	森茂 176	越橘属	大连森茂现代农业有限公司	王贺新、张敏、徐国辉、雷蕾、彭恒辰	20180574	20180904	20221229
98	20220240	森茂 225	越橘属	大连森茂现代农业有限公司	徐国辉、王贺新、闫东玲	20180576	20180904	20221229
99	20220373	蓝汐	越橘属	大连森茂现代农业有限公司	王贺新、徐国辉	20200323	20200501	20221229
100	20220026	雪蓝	越橘属	大连森茂现代农业有限公司、大连大学	徐国辉、黄子莹、姜长辉、徐银双、王贺新、娄鑫、刘国玲	20180694	20181020	20220513
101	20220225	森茂 495	越橘属	大连森茂现代农业有限公司、大连大学	徐国辉、王贺新、陈英敏、赵丽娜、闫东玲、张明军、娄鑫	20180271	20180603	20221229
102	20220226	森茂 529	越橘属	大连森茂现代农业有限公司、大连大学	徐国辉、王贺新、陈英敏、闫东玲、赵丽娜、张明军、娄鑫	20180272	20180603	20221229
103	20220027	团圆	越橘属	大连森茂现代农业有限公司、大连大学、大连普世蓝农业科技有限公司	徐国辉、王丽、杨焕军、宋维瑄、郑鑫磊、李逸斐、杜乾慧、付香、徐银双、刘国玲、娄鑫、王贺新	20180696	20181020	20220513
104	20220030	蓝冰	越橘属	大连森茂现代农业有限公司、大连大学、大连普世蓝农业科技有限公司	徐国辉、杜乾慧、王丽、尹泽宇、任瀚、娄鑫、王贺新、徐银双、刘国玲、赵丽娜	20180701	20181020	20220513
105	20220045	坦 14121（TAN14121）	蔷薇属	德国坦涛月季育种公司（Rosen Tantau KG，Germany）	克里斯汀安·埃维尔斯（Christian Evers）	20190313	20190415	20220513
106	20220049	坦 12209（TAN12209）	蔷薇属	德国坦涛月季育种公司（Rosen Tantau KG，Germany）	克里斯汀安·埃维尔斯（Christian Evers）	20190375	20190605	20220513

（续）

序号	品种权号	品种名称	属（种）	品种权人	培育人	申请号	申请日	授权日
107	20220107	坦 10167（TAN10167）	蔷薇属	德国坦涛月季育种公司（Rosen Tantau KG，Germany）	克里斯汀安·埃维尔斯（Christian Evers）	20200487	20200708	20220513
108	20220391	坦 13161（TAN13161）	蔷薇属	德国坦涛月季育种公司（Rosen Tantau KG，Germany）	克里斯汀安·埃维尔斯（Christian Evers）	20200491	20200708	20221229
109	20220221	德瑞斯红十三（DrisRaspThirteen）	悬钩子属	德瑞斯克公司（Driscoll's，Inc.）	马提亚·维腾（Matthias D. VITTEN）、布莱恩·K·汉密尔顿（Brian K. HAMILTON）、理查德·E·哈里森（Richard E. HARRISON）	20170567	20170606	20221229
110	20220224	德瑞斯红十二（DrisRaspTwelve）	悬钩子属	德瑞斯克公司（Driscoll's，Inc.）	马提亚斯·维腾（Matthias D. VITTEN）、理查德·E·哈里森（Richard E. HARRISON）、路易斯·米格尔·罗德里格兹·马丁内兹（Luis Miguel Rodriguez MARTINEZ ）	20180265	20171120	20221229
111	20220426	德瑞斯红十七（DrisRaspSeventeen）	悬钩子属	德瑞斯克公司（Driscoll's，Inc.）	马提亚斯·维腾（Matthias VITTEN）、路易斯·米格尔·罗德里格兹·马丁内兹（Luis Miguel Rodriguez MARTINEZ）、凯尔·拉克（Kyle RAK）、詹姆斯·海里格（James HEILIG）	20200739	20191119	20221229
112	20220629	绿塔	山矾属	德兴市荣兴苗木有限责任公司	倪尉廷、高芳、周小安、江兰、陶露露、周卫荣、周卫信	20210666	20210715	20221229
113	20220005	瑞斯 0520A（RUICI0520A）	蔷薇属	迪瑞特知识产权公司（De Ruiter Intellectual Property B.V.）	汉克·德·格罗特（H.C.A. de Groot）	20180117	20180125	20220513
114	20220013	瑞可 1341A（RUICO1341A）	蔷薇属	迪瑞特知识产权公司（De Ruiter Intellectual Property B.V.）	汉克·德·格罗特（H.C.A. de Groot）	20180498	20180828	20220513
115	20220014	瑞克 1236A（RUICK1236A）	蔷薇属	迪瑞特知识产权公司（De Ruiter Intellectual Property B.V.）	汉克·德·格罗特（H.C.A. de Groot）	20180515	20180901	20220513
116	20220043	瑞普克 0401A（RUIPK0401A）	蔷薇属	迪瑞特知识产权公司（De Ruiter Intellectual Property B.V.）	汉克·德·格罗特（H.C.A. de Groot）	20190237	20190314	20220513
117	20220044	瑞普恩 0722A（RUIPN0722A）	蔷薇属	迪瑞特知识产权公司（De Ruiter Intellectual Property B.V.）	汉克·德·格罗特（H.C.A. de Groot）	20190239	20190314	20220513
118	20220083	瑞斯 2557A（RUICI2557A）	蔷薇属	迪瑞特知识产权公司（De Ruiter Intellectual Property B.V.）	汉克·德·格罗特（H.C.A. de Groot）	20200252	20200407	20220513
119	20220084	瑞可吉 1247A（RUICJ1247A）	蔷薇属	迪瑞特知识产权公司（De Ruiter Intellectual Property B.V.）	汉克·德·格罗特（H.C.A. de Groot）	20200253	20200407	20220513
120	20220447	瑞克恩 1053B（RUICN1053B）	蔷薇属	迪瑞特知识产权公司（De Ruiter Intellectual Property B.V.）	汉克·德·格罗特（H.C.A. de Groot）	20200961	20201111	20221229

（续）

序号	品种权号	品种名称	属（种）	品种权人	培育人	申请号	申请日	授权日
121	20220448	瑞慕克 0004（RUIMCR0004）	蔷薇属	迪瑞特知识产权公司（De Ruiter Intellectual Property B.V.）	汉克·德·格罗特（H.C.A. de Groot）	20200964	20201111	20221229
122	20220451	瑞克优 2031A（RUICQ2031A）	蔷薇属	迪瑞特知识产权公司（De Ruiter Intellectual Property B.V.）	汉克·德·格罗特（H.C.A. de Groot）	20201004	20201125	20221229
123	20220452	瑞克优 2117A（RUICQ2117A）	蔷薇属	迪瑞特知识产权公司（De Ruiter Intellectual Property B.V.）	汉克·德·格罗特（H.C.A. de Groot）	20201005	20201125	20221229
124	20220453	瑞克优 2700A（RUICQ2700A）	蔷薇属	迪瑞特知识产权公司（De Ruiter Intellectual Property B.V.）	汉克·德·格罗特（H.C.A. de Groot）	20201006	20201125	20221229
125	20220498	绿凤凰	栎属	东台市通源种苗场、中国林业科学研究院亚热带林业研究所	路晓宏、陈益泰、柴胜元、王树凤、路鲲、叶厚群、樊岁君、谈士浪、何小洋	20210112	20210223	20221229
126	20220501	福源	栎属	东台市通源种苗场、中国林业科学研究院亚热带林业研究所	路晓宏、柴胜元、陈益泰、施翔、路鲲、叶厚群、樊岁君、谈士浪、何小洋	20210115	20210224	20221229
127	20220493	多盟赛思慕（Dorosigsym）	蔷薇属	多盟集团公司（Dümmen Group B.V.）	菲利普·威斯（Philippe Veys）	20210052	20210122	20221229
128	20220494	多盟斯帕森（Dorospasen）	蔷薇属	多盟集团公司（Dümmen Group B.V.）	菲利普·威斯（Philippe Veys）	20210053	20210122	20221229
129	20220495	多盟苏士（Dorosuez）	蔷薇属	多盟集团公司（Dümmen Group B.V.）	菲利普·威斯（Philippe Veys）	20210054	20210122	20221229
130	20220605	多盟奥利森（Doroolysen）	蔷薇属	多盟集团公司（Dümmen Group B.V.）	菲利普·威斯（Philippe Veys）	20210568	20210707	20221229
131	20220606	奥莱嘉德嘉玛（Olijadvjama）	蔷薇属	多盟集团公司（Dümmen Group B.V.）	菲利普·威斯（Philippe Veys）	20210569	20210707	20221229
132	20220607	多盟拉文（Dorolaven）	蔷薇属	多盟集团公司（Dümmen Group B.V.）	菲利普·威斯（Philippe Veys）	20210571	20210707	20221229
133	20220608	多盟雷迪丽（Doroladyli）	蔷薇属	多盟集团公司（Dümmen Group B.V.）	菲利普·威斯（Philippe Veys）	20210572	20210707	20221229
134	20220609	多盟欧拉恩（Dorooraon）	蔷薇属	多盟集团公司（Dümmen Group B.V.）	菲利普·威斯（Philippe Veys）	20210573	20210707	20221229
135	20220610	多盟皮驰弗（Doropeachfu）	蔷薇属	多盟集团公司（Dümmen Group B.V.）	菲利普·威斯（Philippe Veys）	20210574	20210707	20221229
136	20220611	多盟耶弗（Doroyelfor）	蔷薇属	多盟集团公司（Dümmen Group B.V.）	菲利普·威斯（Philippe Veys）	20210575	20210707	20221229
137	20220620	多盟弗古微德（Doroforgowed）	蔷薇属	多盟集团公司（Dümmen Group B.V.）	西尔万·卡穆斯塔（Silvan Kamstra）	20210584	20210708	20221229

（续）

序号	品种权号	品种名称	属（种）	品种权人	培育人	申请号	申请日	授权日
138	20220046	多盟思慕（Dorosmur）	蔷薇属	多盟集团公司（Dümmen Group B.V.）	西尔万·卡穆斯塔（Silvan Kamstra）	20190347	20190521	20220513
139	20220047	多盟莫里斯（Doromonlis）	蔷薇属	多盟集团公司（Dümmen Group B.V.）	菲利普·威斯（Philippe Veys）	20190349	20190521	20220513
140	20220051	多盟萨什（Dorosumshi）	蔷薇属	多盟集团公司（Dümmen Group B.V.）	西尔万·卡穆斯塔（Silvan Kamstra）	20190389	20190606	20220513
141	20220052	多盟克拉艾（Dorocrazeye）	蔷薇属	多盟集团公司（Dümmen Group B.V.）	西尔万·卡穆斯塔（Silvan Kamstra）	20190392	20190606	20220513
142	20220053	莱克提斯拉卡特（Lexteewsizzacat）	蔷薇属	多盟集团公司（Dümmen Group B.V.）	菲利普·威斯（Philippe Veys）	20190394	20190606	20220513
143	20220081	多盟哈尼阿维（Dorohoneyav）	蔷薇属	多盟集团公司（Dümmen Group B.V.）	菲利普·威斯（Philippe Veys）	20200246	20200407	20220513
144	20220082	莱克斯特奈普（Lexytnelp）	蔷薇属	多盟集团公司（Dümmen Group B.V.）	西尔万·卡穆斯塔（Silvan Kamstra）	20200250	20200407	20220513
145	20220085	多盟波纳普（Dorobonap）	蔷薇属	多盟集团公司（Dümmen Group B.V.）	菲利普·威斯（Philippe Veys）	20200303	20200424	20220513
146	20220459	比乌马（BBWMA）	蔷薇属	厄瓜多尔橙褐育种工程公司（Brownbreeding Ingenieria S.A.）	特兰·巴利亚（Teran Barea）	20201054	20201213	20221229
147	20220236	玫拉卡巴（MEICRAKABA）	蔷薇属	法国玫兰国际有限公司（MEILLAND INTERNATIONAL S.A）	阿兰·安东尼·玫兰（Alain Antoine MEILLAND）	20180516	20180901	20221229
148	20220288	玫克瑞特（MEICREPEAT）	蔷薇属	法国玫兰国际有限公司（MEILLAND INTERNATIONAL S.A）	阿兰·安东尼·玫兰（Alain Antoine MEILLAND）	20190356	20190522	20221229
149	20220069	戴尔巴洛斯（Delbaros）	蔷薇属	法国乔治斯·戴尔巴德月季有限公司（Société Nouvelle Pépinières & Roseraies Georges DELBARD）	阿诺德·戴尔巴德（Arnaud.delbard）	20190710	20191012	20220513
150	20220070	戴斯帕拉泰（Delsprastel）	蔷薇属	法国乔治斯·戴尔巴德月季有限公司（Société Nouvelle Pépinières & Roseraies Georges DELBARD）	阿诺德·戴尔巴德（Arnaud.delbard）	20190712	20191012	20220513
151	20220071	戴尔维佳（Delverja）	蔷薇属	法国乔治斯·戴尔巴德月季有限公司（Société Nouvelle Pépinières & Roseraies Georges DELBARD）	阿诺德·戴尔巴德（Arnaud.delbard）	20190713	20191012	20220513
152	20220090	粉嫣	李属	福建丹樱生态农业发展有限公司	王珉、阙平、林荣光、王琳、林玮捷、胡坚平	20200346	20200522	20220513

（续）

序号	品种权号	品种名称	属（种）	品种权人	培育人	申请号	申请日	授权日
153	20220091	元霞	李属	福建丹樱生态农业发展有限公司	王珉、林荣光、王琳、林玮捷、阙平、胡坚平	20200349	20200522	20220513
154	20220092	霞飞	李属	福建丹樱生态农业发展有限公司	阙平、林荣光、王珉、林玮捷、胡坚平、王星榕	20200350	20200522	20220513
155	20220093	元绯	李属	福建丹樱生态农业发展有限公司	胡坚平、林荣光、王琳、王珉、林玮捷、阙平	20200351	20200522	20220513
156	20220094	彤妃	李属	福建丹樱生态农业发展有限公司	王珉、吕彤、阙平、魏一、林荣光、林玮捷、胡坚平	20200352	20200522	20220513
157	20220095	盈春	李属	福建丹樱生态农业发展有限公司	林荣光、王珉、胡坚平、阙平、王琳、林玮捷	20200353	20200522	20220513
158	20220096	丰花早樱	李属	福建丹樱生态农业发展有限公司	王琳、王珉、林荣光、林玮捷、阙平、胡坚平	20200355	20200522	20220513
159	20220097	蕊蝶	李属	福建丹樱生态农业发展有限公司	王珉、王琳、林荣光、林玮捷、胡坚平	20200359	20200522	20220513
160	20220098	婉红	李属	福建丹樱生态农业发展有限公司	阙平、魏一、林毅雁、王珉、林玮捷、胡坚平、林荣光、王琳	20200361	20200522	20220513
161	20220099	醉妃	李属	福建丹樱生态农业发展有限公司	王琳、林荣光、王珉、林玮捷、胡坚平、阙平、王星榕	20200362	20200522	20220513
162	20220565	丰丹	李属	福建丹樱生态农业发展有限公司	林荣光、廖鹏辉、吕彤、魏一、阙平、王星榕	20210422	20210603	20221229
163	20220582	双蕊飞霞	李属	福建丹樱生态农业发展有限公司	胡坚平、庄莉彬、游云飞、林榕燕、罗志贤、林兵、吕彤、魏一、王琳	20210464	20210610	20221229
164	20220585	翠霞	李属	福建丹樱生态农业发展有限公司	王星榕、邹小兴、叶菁、吕彤、晏琴梅、郑淑娟、王耿昌、毛志群、林荣光	20210468	20210610	20221229
165	20220592	闽韵	李属	福建丹樱生态农业发展有限公司	林玮捷、戴志聪、陈文团、罗剑锋、朱玲、林荣光、吕彤	20210496	20210616	20221229
166	20220158	春香	山茶属	福建省龙岩市秀峰茶花有限公司	张陈环、张森行、游鸣飞、王大庄	20200950	20201107	20220513
167	20220159	大庄秋香	山茶属	福建省龙岩市秀峰茶花有限公司	张陈环、游鸣飞、王大庄	20200951	20201107	20220513
168	20220160	秀峰一号	山茶属	福建省龙岩市秀峰茶花有限公司	张陈环、张寿丰、段明霞	20200952	20201107	20220513
169	20220008	亚植之恋	叶子花属	福建省亚热带植物研究所	林春松、徐夙侠、黄青云、张雪芹、张文惠	20180251	20180525	20220513
170	20220354	东山红霞	杜鹃花属	福建洋塔园艺有限公司	游文聪、方永根、黄泽春、魏磊、鄢宏宇、刘生财	20200084	20191230	20221229
171	20220355	翠屏春晓	杜鹃花属	福建洋塔园艺有限公司	陈发兴、游文聪、陈秋玲、卫梅、陈孝丑、方永根	20200086	20191230	20221229

（续）

序号	品种权号	品种名称	属（种）	品种权人	培育人	申请号	申请日	授权日
172	20220356	临水玉凤	杜鹃花属	福建洋塔园艺有限公司	游文聪、方永根、张经宋、戴丽新、陈发兴、黄泽春	20200089	20191230	20221229
173	20220124	媛华	无患子属	福建源华林业生物科技有限公司、北京林业大学	贾黎明、刘济铭、高媛、陈仲、孙操稳、高世轮、赵国春、刘诗琦、徐圆圆、翁学煌、罗水晶、张端光	20200857	20201018	20220513
174	20220332	苦水新玫 1 号	蔷薇属	甘肃新玫农业发展有限公司	王春友、施茂林、施胜林	20190785	20191108	20221229
175	20220394	建南 1 号	卫矛属	高建设、冯天爽、张正振	高建设、冯天爽、张正振、姚飞、刘春和、高伟、王浩、伍红见、冯天玉、杜贞星、王传亮、高悦鹏	20200521	20200716	20221229
176	20220395	建南 2 号	卫矛属	高伟、刘春和、伍红见	高伟、刘春和、伍红见、高建设、冯天爽、张正振、姚飞、王浩、冯天玉、杜贞星、王传亮、高悦鹏	20200522	20200716	20221229
177	20220396	建南 4 号	卫矛属	高悦鹏、王传亮、杜贞星	高悦鹏、王传亮、杜贞星、姚飞、王浩、冯天玉、高伟、刘春和、伍红见、高建设、冯天爽、张正振	20200524	20200716	20221229
178	20220513	桂柿 1 号	柿	广西特色作物研究院	全金成、黄金盟、江一红	20210182	20210318	20221229
179	20220216	东林 1 号	桉属	广西壮族自治区国有东门林场	兰俊、张磊、王建忠、熊涛、黎怀玲、莫继有、苏勇、唐再生、陈东林、石前、李丽芳、吴永富、沈云、吴兵、黄全东	20150142	20150810	20221229
180	20220218	东林 5 号	桉属	广西壮族自治区国有东门林场	邱炳发、兰俊、王建忠、张磊、熊涛、莫继有、黎怀玲、唐再生、李丽芳、马忠才	20170145	20170307	20221229
181	20220219	东林 6 号	桉属	广西壮族自治区国有东门林场	邱炳发、熊涛、张磊、黎怀玲、兰俊、王建忠、唐再生、李丽芳、刘金炽	20170146	20170307	20221229
182	20220011	满堂红	李属	广州红树林生态科技有限公司、英德市旺地樱花种植有限公司、韶关市旺地樱花种植有限公司	曾昭佳、叶小玲、朱军、胡晓敏、邱晓平、何宗儒、陈端妮、阮文俊	20180379	20180708	20220513
183	20220497	紫姝	野牡丹属	广州普邦园林股份有限公司、中山大学	谢腾芳、刘晓洲、李冰敏、谭广文、曾凤、周仁超、邓演文、贾培义、刘莹、钟燕、孙晨雨、李银	20210082	20210204	20221229
184	20220105	南国佳人	李属	广州天适集团有限公司、广州旺地园林工程有限公司、韶关市旺地樱花种植有限公司	叶小玲、陈红锋、何宗儒、朱军、冯钦钊、熊海坚、叶超宏、胡晓敏	20200457	20200629	20220513

（续）

序号	品种权号	品种名称	属（种）	品种权人	培育人	申请号	申请日	授权日
185	20220104	春色	李属	广州天适集团有限公司、广州旺地园林工程有限公司、英德市旺地樱花种植有限公司	胡晓敏、叶小玲、赵月、陈端妮、刘振静、朱军、杨梓滨、高珊	20200456	20200629	20220513
186	20220566	步步高	李属	广州天适集团有限公司、广州旺地园林工程有限公司、英德市旺地樱花种植有限公司	胡晓敏、叶小玲、朱军、何宗儒、陈端妮、冯钦钊、杨梓滨、高珊	20210424	20210604	20221229
187	20220575	天适红	李属	广州天适集团有限公司、广州旺地园林工程有限公司、英德市旺地樱花种植有限公司	高扬、袁美琼、胡晓敏、叶小玲、朱军、熊婷婷、高珊、何宗儒	20210438	20210607	20221229
188	20220642	丹心	李属	广州天适集团有限公司、广州旺地园林工程有限公司、英德市旺地樱花种植有限公司	崔晓东、胡晓敏、朱军、杨梓滨、叶小玲、叶小霞、高珊、何宗儒	20210727	20210722	20221229
189	20220622	天适流光	李属	广州天适集团有限公司、韶关市旺地樱花种植有限公司、英德市旺地樱花种植有限公司	胡晓敏、赵平丽、朱军、叶小玲、高珊、冯钦钊、何宗儒、杨梓滨	20210593	20210708	20221229
190	20220631	追梦	李属	广州天适集团有限公司、韶关市旺地樱花种植有限公司、英德市旺地樱花种植有限公司	董斌、高珊、胡晓敏、朱军、赵平丽、叶小玲、冯钦钊、杨梓滨	20210677	20210716	20221229
191	20220638	晨曦	李属	广州天适集团有限公司、英德市旺地樱花种植有限公司、韶关市旺地樱花种植有限公司	朱军、叶自慧、黄碧金、叶小玲、高珊、杨梓滨、陈端妮、胡晓敏	20210701	20210720	20221229
192	20220601	天适妙玉	李属	广州旺地园林工程有限公司、广州天适集团有限公司、韶关市旺地樱花种植有限公司	胡晓敏、叶小玲、朱军、冯钦钊、杨梓滨、高珊、彭秋瑜	20210559	20210705	20221229
193	20220640	天适繁星	李属	广州旺地园林工程有限公司、广州天适集团有限公司、韶关市旺地樱花种植有限公司	张尚坤、陈端妮、杨进良、林杰好、朱军、叶小玲、胡晓敏、杨梓滨	20210712	20210720	20221229
194	20220643	天适云舒	李属	广州旺地园林工程有限公司、广州天适集团有限公司、英德市旺地樱花种植有限公司	叶小玲、胡晓敏、朱军、陈端妮、熊育明、杨梓滨、邱晓平	20210728	20210722	20221229
195	20220594	暖玉	李属	广州旺地园林工程有限公司、韶关市旺地樱花种植有限公司、英德市旺地樱花种植有限公司	赵平丽、李振权、钟文超、朱军、叶小玲、胡晓敏、高珊、叶小娟	20210514	20210622	20221229

（续）

序号	品种权号	品种名称	属（种）	品种权人	培育人	申请号	申请日	授权日
196	20220633	祥瑞	李属	广州旺地园林工程有限公司、英德市旺地樱花种植有限公司、韶关市旺地樱花种植有限公司	叶小玲、冯钦钊、曾劲、李园凤、朱军、胡晓敏、熊育明	20210690	20210719	20221229
197	20220544	黔莓1号	悬钩子属	贵州省亚热带作物研究所	申刚、刘凡值、李廷洋、杨剑、尚昆、刘剑东	20210313	20210517	20221229
198	20220405	奢香1号	杜鹃花属	贵州师范大学	龚记熠、李欲轲、唐明、张习敏、孙威、乙引、刘杰	20200592	20200805	20221229
199	20220196	中柿6号	柿	国家林业和草原局泡桐研究开发中心	韩卫娟、傅建敏、孙鹏、刁松锋、李华威、索玉静	20201043	20201209	20220513
200	20220551	华仲19号	杜仲	国家林业和草原局泡桐研究开发中心	刘攀峰、杜庆鑫、王璐、杜兰英、杜红岩、孙志强、刘昌勇、庆军、何凤	20210383	20210527	20221229
201	20220550	华仲20号	杜仲	国家林业和草原局泡桐研究开发中心	杜庆鑫、刘攀峰、王璐、杜兰英、杜红岩、孙志强、庆军、何凤、黄海燕	20210382	20210527	20221229
202	20220548	仲林1号	杜仲	国家林业和草原局泡桐研究开发中心	王璐、杜兰英、杜红岩、刘攀峰、杜庆鑫、孙志强、庆军、何凤	20210380	20210527	20221229
203	20220549	华仲26号	杜仲	国家林业和草原局泡桐研究开发中心	杜红岩、王璐、杜兰英、刘攀峰、杜庆鑫、孙志强、庆军、何凤	20210381	20210527	20221229
204	20220515	金小白	叶子花属	海南省农业科学院热带园艺研究所	杨珺、符瑞侃、云勇	20210197	20210406	20221229
205	20220533	小晴	叶子花属	海南省农业科学院热带园艺研究所	杨珺、符瑞侃、云勇	20210282	20210510	20221229
206	20220322	新月玉言	蔷薇属	韩倩	韩倩	20190667	20190918	20221229
207	20220470	风姿2号	刺槐属	河北农业大学、保定市满城区苗圃场、保定市林木种苗管理站	张军、董研、王进茂、杨敏生、柳俊明、王立成、李清泉、陈义兰、吴娜	20201111	20201227	20221229
208	20220471	风姿3号	刺槐属	河北农业大学、河北省洪崖山国有林场、保定市林木种苗管理站	张军、陈义兰、郝晨汝、董研、杨敏生、庞新博、刘朝华、柳俊明、王立成、陈红刚	20201112	20201227	20221229
209	20220472	风姿4号	刺槐属	河北农业大学、衡水市林业科学研究所	王进茂、张军、董研、杨敏生、李轩、杨爱颖、柳俊明、李清泉、李心力、孟丽	20201113	20201227	20221229
210	20220402	夏日香雪	胡枝子属	河北燕青农业科技有限公司	杨彦青、庞曼、郭艳超	20200531	20200716	20221229
211	20220190	鹤重锦	素馨属	河南省鹤城迎春花研究院有限公司	张志华、马淑芳、郭朝蓝、王玉华、李辉、王金梅、高天、邱玲	20201021	20201127	20220513
212	20220191	鹤顶黄	素馨属	河南省鹤城迎春花研究院有限公司	郭朝蓝、张志华、王玉华、马淑芳、李永生、蔡金海、李玉生、刘秀云、张志琴	20201022	20201127	20220513
213	20220517	锦簇	蜡梅	河南省林业科学研究院	沈植国、丁鑫、王安亭、孙萌、程建明、沈希辉、汤正辉、石发良	20210214	20210412	20221229

（续）

序号	品种权号	品种名称	属（种）	品种权人	培育人	申请号	申请日	授权日
214	20220531	豫红 1 号	蜡梅	河南省林业科学研究院	沈植国、尚忠海、丁鑫、岳长平、汤正辉、孙萌、程建明、沈希辉	20210260	20210430	20221229
215	20220532	密花风铃	蜡梅	河南省林业科学研究院	丁鑫、沈植国、王志刚、孙萌、陈尚凤、韩健、汤正辉、程建明、沈希辉	20210261	20210430	20221229
216	20220273	普卢塔图（PROTATU）	蔷薇属	荷兰奥夫堡植物研究公司（Plant Research Overberg B.V.）	P · A · 范德波尔（P.A.van de Pol）	20190111	20181225	20221229
217	20220274	普卢坦诺（PROTANO）	蔷薇属	荷兰奥夫堡植物研究公司（Plant Research Overberg B.V.）	P · A · 范德波尔（P.A.van de Pol）	20190112	20181225	20221229
218	20220286	贝肯珀娜（BKPONAR）	大戟属	荷兰贝肯坎普植物有限公司（Beekenkamp Plants B.V.）	安妮 · 科妮莉亚 · 贝肯坎普（Annie Cornelia Beekenkamp）	20190240	20190314	20221229
219	20220427	贝肯朋来（BKPONAI）	大戟属	荷兰贝肯坎普植物有限公司（Beekenkamp Plants B.V.）	安妮 · 考莱利雅 · 贝肯坎普（Annie Cornelia Beekenkamp）	20200750	20200913	20221229
220	20220428	贝肯朋贝（BKPONBF）	大戟属	荷兰贝肯坎普植物有限公司（Beekenkamp Plants B.V.）	安妮 · 考莱利雅 · 贝肯坎普（Annie Cornelia Beekenkamp）	20200751	20200913	20221229
221	20220429	贝肯朋乐（BKPONLR）	大戟属	荷兰贝肯坎普植物有限公司（Beekenkamp Plants B.V.）	安妮 · 考莱利雅 · 贝肯坎普（Annie Cornelia Beekenkamp）	20200752	20200913	20221229
222	20220009	西吕 75664（SCH75664）	蔷薇属	荷兰彼得 · 西吕厄斯控股公司（Piet Schreurs Holding B.V.）	P · N · J · 西吕厄斯（Petrus Nicolaas Johannes Schreurs）	20180355	20180703	20220513
223	20220050	西吕 74764（SCH74764）	蔷薇属	荷兰彼得 · 西吕厄斯控股公司（Piet Schreurs Holding B.V.）	P · N · J · 西吕厄斯（Petrus Nicolaas Johannes Schreurs）	20190376	20190605	20220513
224	20220233	西吕 74152（SCH74152）	蔷薇属	荷兰彼得 · 西吕厄斯控股公司（Piet Schreurs Holding B.V.）	P · N · J · 西吕厄斯（Petrus Nicolaas Johannes Schreurs）	20180356	20180704	20221229
225	20220258	西吕 78149（SCH78149）	蔷薇属	荷兰彼得 · 西吕厄斯控股公司（Piet Schreurs Holding B.V.）	P · N · J · 西吕厄斯（Petrus Nicolaas Johannes Schreurs）	20180827	20181207	20221229
226	20220289	西吕 77020（SCH77020）	蔷薇属	荷兰彼得 · 西吕厄斯控股公司（Piet Schreurs Holding B.V.）	P · N · J · 西吕厄斯（Petrus Nicolaas Johannes Schreurs）	20190377	20190605	20221229
227	20220290	西吕 80407（SCH80407）	蔷薇属	荷兰彼得 · 西吕厄斯控股公司（Piet Schreurs Holding B.V.）	P · N · J · 西吕厄斯（Petrus Nicolaas Johannes Schreurs）	20190378	20190605	20221229
228	20220291	西吕 84906（SCH84906）	蔷薇属	荷兰彼得 · 西吕厄斯控股公司（Piet Schreurs Holding B.V.）	P · N · J · 西吕厄斯（Petrus Nicolaas Johannes Schreurs）	20190379	20190605	20221229
229	20220223	莱克斯克劳德（Lexeclod）	蔷薇属	荷兰多盟集团公司（Dümmen Group B.V.）	菲利普 · 韦斯（Philippe Veys）	20180089	20180112	20221229

（续）

序号	品种权号	品种名称	属（种）	品种权人	培育人	申请号	申请日	授权日
230	20220293	多普莱姆（Duepobrnemb）	大戟属	荷兰多盟集团公司（Dümmen Group B.V.）	阿彦·库特（Arjan Koot）	20190438	20190708	20221229
231	20220072	西露丝 83483（SCH83483）	蔷薇属	荷兰西露丝花卉控股有限公司（Piet Schreurs Holding B.V.）	P·N·J·西露丝（Petrus Nicolaas Johannes Schreurs）	20200204	20200320	20220513
232	20220108	西露丝 70787（SCH70787）	蔷薇属	荷兰西露丝花卉控股有限公司（Piet Schreurs Holding B.V.）	P·N·J·西露丝（Petrus Nicolaas Johannes Schreurs）	20200494	20200709	20220513
233	20220109	西露丝 82959（SCH82959）	蔷薇属	荷兰西露丝花卉控股有限公司（Piet Schreurs Holding B.V.）	P·N·J·西露丝（Petrus Nicolaas Johannes Schreurs）	20200496	20200709	20220513
234	20220113	西露丝 85200（SCH85200）	蔷薇属	荷兰西露丝花卉控股有限公司（Piet Schreurs Holding B.V.）	P·N·J·西露丝（Petrus Nicolaas Johannes Schreurs）	20200792	20200924	20220513
235	20220114	西露丝 88431（SCH88431）	蔷薇属	荷兰西露丝花卉控股有限公司（Piet Schreurs Holding B.V.）	P·N·J·西露丝（Petrus Nicolaas Johannes Schreurs）	20200793	20200924	20220513
236	20220358	西露丝 42384（SCH42384）	蔷薇属	荷兰西露丝花卉控股有限公司（Piet Schreurs Holding B.V.）	P·N·J·西露丝（Petrus Nicolaas Johannes Schreurs）	20200186	20200313	20221229
237	20220359	西露 88566（SCH88566）	蔷薇属	荷兰西露丝花卉控股有限公司（Piet Schreurs Holding B.V.）	P·N·J·西露丝（Petrus Nicolaas Johannes Schreurs）	20200205	20200320	20221229
238	20220392	西露丝 78234（SCH78234）	蔷薇属	荷兰西露丝花卉控股有限公司（Piet Schreurs Holding B.V.）	P·N·J·西露丝（Petrus Nicolaas Johannes Schreurs）	20200495	20200709	20221229
239	20220393	西露丝 85712（SCH85712）	蔷薇属	荷兰西露丝花卉控股有限公司（Piet Schreurs Holding B.V.）	P·N·J·西露丝（Petrus Nicolaas Johannes Schreurs）	20200497	20200709	20221229
240	20220435	西露丝 80693（SCH80693）	蔷薇属	荷兰西露丝花卉控股有限公司（Piet Schreurs Holding B.V.）	P·N·J·西露丝（Petrus Nicolaas Johannes Schreurs）	20200791	20200924	20221229
241	20220436	西露丝 88448（SCH88448）	蔷薇属	荷兰西露丝花卉控股有限公司（Piet Schreurs Holding B.V.）	P·N·J·西露丝（Petrus Nicolaas Johannes Schreurs）	20200794	20200924	20221229
242	20220437	西露丝 88470（SCH88470）	蔷薇属	荷兰西露丝花卉控股有限公司（Piet Schreurs Holding B.V.）	P·N·J·西露丝（Petrus Nicolaas Johannes Schreurs）	20200795	20200924	20221229
243	20220086	爱普特 153014（IPT153014）	蔷薇属	荷兰英特普兰特月季育种公司（Interplant Roses B.V.）	范·多伊萨姆（ir. A.J.H. van Doesum）	20200309	20200430	20220513
244	20220087	爱普特 032414（IPT032414）	蔷薇属	荷兰英特普兰特月季育种公司（Interplant Roses B.V.）	范·多伊萨姆（ir. A.J.H. van Doesum）	20200312	20200430	20220513
245	20220088	英特慕思红（INTERMUXPRED）	蔷薇属	荷兰英特普兰特月季育种公司（Interplant Roses B.V.）	范·多伊萨姆（ir. A.J.H. van Doesum）	20200314	20200430	20220513

（续）

序号	品种权号	品种名称	属（种）	品种权人	培育人	申请号	申请日	授权日
246	20220089	爱普特 234014（IPT234014）	蔷薇属	荷兰英特普兰特月季育种公司（Interplant Roses B.V.）	范·多伊萨姆（ir. A.J.H. van Doesum）	20200330	20200507	20220513
247	20220154	爱普开 234513（IPK234513）	蔷薇属	荷兰英特普兰特月季育种公司（Interplant Roses B.V.）	范·多伊萨姆（ir. A.J.H. van Doesum）	20200942	20201106	20220513
248	20220175	春晖	李属	黑龙江省森林植物园	郁永英、李洪林、杨向东、郁永富、单春兰、李长海、翟晓鸥、宋莹莹、张少琳、姜远翮	20200986	20201118	20220513
249	20220176	春光	荚蒾属	黑龙江省森林植物园	郁永英、李洪林、杨向东、郁永富、单春兰、李长海、翟晓鸥、宋莹莹、张少琳、姜远翮	20200987	20201118	20220513
250	20220177	白河之恋	花楸属	黑龙江省森林植物园	郁永英、李洪林、杨向东、郁永富、单春兰、李长海、翟晓鸥、宋莹莹、张少琳、姜远翮	20200988	20201118	20220513
251	20220651	繁星	茶藨子属	黑龙江省雨蕾生物科技发展有限公司、黑龙江省林业科学研究所、黑龙江碧云科技开发有限公司	李巍、胡伟、王艳敏、李海霞、王洪梅、张海峰、李静、郭成博、李正华、刘凤英	20210754	20210730	20221229
252	20220388	衡蜡一号	白蜡树属	衡水市林业科学研究所、河北农业大学、衡水林源绿化工程有限公司	张会恰、张军、杨爱颖、吴娜、孟丁丁、杜向前、任晔、李轩、宋爱红、张彦杰、孟丽、杨敏生	20200483	20200706	20221229
253	20220389	衡蜡二号	白蜡树属	衡水市林业科学研究所、河北农业大学、衡水林源绿化工程有限公司	张会恰、董研、吴娜、杨爱颖、孟丁丁、陈红刚、辛芳英、孟丽、穆丽英、张锐、李轩、杨敏生	20200484	20200706	20221229
254	20220390	衡蜡三号	白蜡树属	衡水市林业科学研究所、河北农业大学、衡水林源绿化工程有限公司	张会恰、任亚超、孟丁丁、杨爱颖、吴娜、王桂景、孙春雨、何立焕、王玉才、张绍杰、杨敏生	20200485	20200706	20221229
255	20220406	楚林保鑫	核桃属	湖北省林业科学研究院、保康县核桃技术推广中心	徐永杰、王其竹、廖舒、付亚男、徐春永、姜德志、徐朝煜、李孝鑫、王代全、陈万胜、赵勇	20200602	20200807	20221229
256	20220204	湘农惜红	檵木属	湖南农业大学	李炎林、于晓英、许璐、李玉帆、邓斯颖、张力	20201101	20201219	20220513
257	20220205	湘农湘韵	檵木属	湖南农业大学	李炎林、张大毛、于晓英、许璐、张霞、张力	20201102	20201219	20220513
258	20220206	湘农粉黛	檵木属	湖南农业大学	李炎林、张霞、于晓英、张大毛、许璐、郭佩瑶	20201103	20201219	20220513

（续）

序号	品种权号	品种名称	属（种）	品种权人	培育人	申请号	申请日	授权日
259	20220207	湘农小娇	檵木属	湖南农业大学	于晓英、张力、李炎林、郭佩瑶、许璐、邓斯颖	20201104	20201219	20220513
260	20220208	湘农玉蛟	檵木属	湖南农业大学	李炎林、于晓英、王香菲、许璐、张大毛、张力	20201105	20201219	20220513
261	20220209	湘农粉娇	檵木属	湖南农业大学	于晓英、张霞、李炎林、许璐、张大毛、张力	20201106	20201219	20220513
262	20220329	湘南红	紫薇属	湖南省林业科学院、郴州市林业科学研究所、长沙湘莹园林科技有限公司	何才生、王晓明、曾慧杰、蔡能、李永欣、乔中全、王湘莹、王惠	20190742	20191017	20221229
263	20220138	潇湘艳舞	紫薇	湖南省林业科学院、湖南彩霞园林绿化有限公司、长沙湘莹园林科技有限公司	王晓明、黄佳丽、乔中全、曾慧杰、李永欣、蔡能、陈艺、王惠	20200889	20201022	20220513
264	20220136	潇湘彩蝶	紫薇	湖南省林业科学院、湘西自治州林学会、长沙湘莹园林科技有限公司	王晓明、钟少伟、向魁文、和红晓、李永欣、蔡能、曾慧杰、乔中全、王惠	20200886	20201022	20220513
265	20220442	潇湘紫裳	紫薇属	湖南省林业科学院、湘西自治州林学会、长沙湘莹园林科技有限公司	王晓明、向魁文、李永欣、蔡能、曾慧杰、乔中全、陈艺、王惠	20200887	20201022	20221229
266	20220126	潇湘红魁	紫薇	湖南省林业科学院、长沙湘莹园林科技有限公司	王湘莹、李永欣、蔡能、乔中全、曾慧杰、王晓明、陈艺、王惠	20200876	20201022	20220513
267	20220127	潇湘惊艳	紫薇	湖南省林业科学院、长沙湘莹园林科技有限公司	王湘莹、乔中全、曾慧杰、王晓明、李永欣、蔡能、陈艺、王惠	20200877	20201022	20220513
268	20220128	潇湘紫珠	紫薇	湖南省林业科学院、长沙湘莹园林科技有限公司	王湘莹、曾慧杰、蔡能、王晓明、乔中全、李永欣、陈艺、王惠	20200878	20201022	20220513
269	20220129	潇湘美人	紫薇	湖南省林业科学院、长沙湘莹园林科技有限公司	王湘莹、王晓明、蔡能、乔中全、曾慧杰、李永欣、陈艺、王惠	20200879	20201022	20220513
270	20220130	潇湘粉韵	紫薇	湖南省林业科学院、长沙湘莹园林科技有限公司	李永欣、王晓明、蔡能、曾慧杰、乔中全、陈艺、王湘莹、王惠	20200880	20201022	20220513
271	20220131	潇湘红馨	紫薇	湖南省林业科学院、长沙湘莹园林科技有限公司	李永欣、王晓明、蔡能、曾慧杰、乔中全、刘思思、陈艺、王湘莹、王惠	20200881	20201022	20220513
272	20220132	潇湘紫星	紫薇	湖南省林业科学院、长沙湘莹园林科技有限公司	李永欣、王晓明、蔡能、曾慧杰、乔中全、刘思思、陈艺、王湘莹、王惠	20200882	20201022	20220513
273	20220133	潇湘红霞	紫薇	湖南省林业科学院、长沙湘莹园林科技有限公司	蔡能、王晓明、乔中全、曾慧杰、李永欣、王湘莹、陈艺、王惠	20200883	20201022	20220513
274	20220134	潇湘雪蝶	紫薇	湖南省林业科学院、长沙湘莹园林科技有限公司	乔中全、王晓明、曾慧杰、蔡能、李永欣、陈艺、王湘莹、王惠	20200884	20201022	20220513
275	20220135	潇湘艳紫	紫薇	湖南省林业科学院、长沙湘莹园林科技有限公司	曾慧杰、王晓明、乔中全、蔡能、李永欣、王湘莹、陈艺、王惠	20200885	20201022	20220513

（续）

序号	品种权号	品种名称	属（种）	品种权人	培育人	申请号	申请日	授权日
276	20220326	湘女情	紫薇属	湖南省林业科学院、长沙湘莹园林科技有限公司	王湘莹、王晓明、李永欣、曾慧杰、乔中全、蔡能、陈艺、刘思思、王惠	20190731	20191017	20221229
277	20220327	锦绣红	紫薇属	湖南省林业科学院、长沙湘莹园林科技有限公司	曾慧杰、王晓明、乔中全、蔡能、李永欣、王湘莹、刘思思、陈艺、张翼、王惠	20190734	20191017	20221229
278	20220328	红精灵	紫薇属	湖南省林业科学院、长沙湘莹园林科技有限公司	蔡能、李永欣、乔中全、曾慧杰、王晓明、王湘莹、刘思思、陈艺、王惠	20190736	20191017	20221229
279	20220137	潇湘粉蝶	紫薇	湖南省林业科学院、长沙湘莹园林科技有限公司、益阳南洞庭湖自然保护区管理局	王晓明、李清平、李永欣、蔡能、乔中全、曾慧杰、陈艺、王惠	20200888	20201022	20220513
280	20220230	丽良	蚊母树属	华东药用植物园科研管理中心	王军锋、练发良、徐肇友、姚金星、张声梯、戴海英、雷珍、何小勇、陈世通、揭任娟	20180318	20180612	20221229
281	20220231	丽姬	蚊母树属	华东药用植物园科研管理中心	洪震、周世军、戴海英、姚金星、练发良、郑俞、何小勇、潘永柱、雷珍	20180320	20180612	20221229
282	20220232	雪里红	蚊母树属	华东药用植物园科研管理中心	戴海英、练发良、章慧青、周雄飞、吴冰宜、徐肇友、揭任娟、潘永柱、洪震、王军锋、何小勇、姚菊俊	20180321	20180612	20221229
283	20220179	华农润雪	梅	华中农业大学	张杰、张俊卫、包满珠	20200993	20201119	20220513
284	20220180	华农早粉	梅	华中农业大学	张俊卫、张杰、包满珠	20200994	20201119	20220513
285	20220112	吉龙 1 号	樟属	吉安市林业科学研究所	甘青、李茂军、彭招兰、周日巍、黄逢龙、蒋志茵、周琴、杨亮、龚伟、周小卿、吴茂隆、刘钊、吴雪松、贺珑、董文浩	20200571	20200729	20220513
286	20220323	树生瑞奇	核桃属	济宁波尼果农林科技有限公司	田献润、何庆景、薛红燕、祝令顺、杨玉良、杨克强、公庆党、赵春磊、巨云为、田胜男	20190693	20190927	20221229
287	20220283	苏楝 S20	楝属	江苏省林业科学研究院	隋德宗、吴静、王保松、陈庆生、施士争、王伟伟、教忠意、郑纪伟、姜开朋	20190190	20190129	20221229
288	20220284	苏楝 S80	楝属	江苏省林业科学研究院	隋德宗、吴静、王保松、陈庆生、施士争、王伟伟、教忠意、郑纪伟、姜开朋	20190191	20190129	20221229
289	20220352	仙僮一号	蔷薇属	江苏省林业科学研究院	汪有良、蒋泽平、黄利斌	20200070	20191225	20221229
290	20220353	仙僮二号	蔷薇属	江苏省林业科学研究院	汪有良、蒋泽平、黄利斌	20200071	20191225	20221229
291	20220385	苏柳 2012	柳属	江苏省林业科学研究院	何旭东、王保松、隋德宗、王伟伟	20200468	20200702	20221229
292	20220386	苏柳 2013	柳属	江苏省林业科学研究院	教忠意、王保松、何旭东、郑纪伟	20200469	20200702	20221229
293	20220387	苏柳 2043	柳属	江苏省林业科学研究院	教忠意、王红玲、黄瑞芳、施士争	20200472	20200702	20221229

（续）

序号	品种权号	品种名称	属（种）	品种权人	培育人	申请号	申请日	授权日
294	20220598	祝融	杜鹃花属	江苏省农业科学院	苏家乐、刘晓青、李畅、周惠民、何丽斯、孙晓波、郭臻昊	20210544	20210705	20221229
295	20220599	霞飞	杜鹃花属	江苏省农业科学院	刘晓青、李畅、苏家乐、何丽斯、周惠民、孙晓波	20210551	20210705	20221229
296	20220612	香妃玉	杜鹃花属	江苏省农业科学院	李畅、刘晓青、苏家乐、周惠民、何丽斯、孙晓波	20210576	20210707	20221229
297	20220613	阿朵朵	杜鹃花属	江苏省农业科学院	刘晓青、苏家乐、李畅、何丽斯、周惠民、孙晓波	20210577	20210707	20221229
298	20220481	紫荷	紫薇属	江苏省中国科学院植物研究所	李亚、王淑安、王鹏、汪庆、李林芳、杨如同	20210016	20210114	20221229
299	20220482	粉芙蓉	紫薇属	江苏省中国科学院植物研究所	王鹏、王淑安、李亚、汪庆、李林芳、杨如同	20210017	20210114	20221229
300	20220483	稚子面	紫薇属	江苏省中国科学院植物研究所	汪庆、王淑安、王鹏、李林芳、杨如同、李亚	20210018	20210114	20221229
301	20220485	桃蕾	紫薇属	江苏省中国科学院植物研究所	王淑安、王鹏、李亚、汪庆、李林芳、杨如同	20210020	20210114	20221229
302	20220486	香腮雪	紫薇属	江苏省中国科学院植物研究所	王淑安、王鹏、汪庆、李亚、李林芳、杨如同	20210021	20210114	20221229
303	20220503	宁香 1 号	紫薇属	江苏省中国科学院植物研究所	陈红、王传永、李云龙、蔡小龙、周艳威、陆小清、种昕冉、周婷	20210126	20210302	20221229
304	20220504	绯云添香	紫薇属	江苏省中国科学院植物研究所	王传永、陈红、蔡小龙、李云龙、陆小清	20210128	20210302	20221229
305	20220505	宁香 2 号	紫薇属	江苏省中国科学院植物研究所	陈红、李云龙、王传永、周艳威、陆小清、种昕冉、张凡	20210131	20210303	20221229
306	20220333	红狮子	杜鹃花属	金华市永根杜鹃花培育有限公司	方永根、汤荣堂、郑国良、黄飞来	20200008	20191209	20221229
307	20220334	早春五彩	杜鹃花属	金华市永根杜鹃花培育有限公司	方永根、郑国良、汤荣堂	20200009	20191209	20221229
308	20220335	蜻蜓	杜鹃花属	金华市永根杜鹃花培育有限公司	方永根、郑国良、黄飞来、汤荣堂	20200010	20191209	20221229
309	20220336	红艳	杜鹃花属	金华市永根杜鹃花培育有限公司	方永根、黄飞来、汤荣堂、郑国良	20200012	20191209	20221229
310	20220337	红绣球	杜鹃花属	金华市永根杜鹃花培育有限公司	方永根	20200015	20191209	20221229
311	20220379	恩皮斯文 19280 (NPCW19280)	大戟属	克莱姆＋索恩股份有限公司 (Klemm + Sohn GmbH & Co. KG)	奎多·乌·图布夫（Guido von Tubeuf）	20200342	20200514	20221229
312	20220380	恩皮斯文 19282 (NPCW19282)	大戟属	克莱姆＋索恩股份有限公司 (Klemm + Sohn GmbH & Co. KG)	奎多·乌·图布夫（Guido von Tubeuf）	20200343	20200514	20221229

（续）

序号	品种权号	品种名称	属（种）	品种权人	培育人	申请号	申请日	授权日
313	20220511	恩皮斯文 18087（NPCW18087）	大戟属	克莱姆 + 索恩股份有限公司（Klemm + Sohn GmbH & Co. KG）	奎多·乌·图布夫（Guido von Tubeuf）	20210141	20210305	20221229
314	20220588	韧月	蔷薇属	蓝月（上海）花卉科技工作室、上海佰麟园林绿化工程有限公司	明凤、李东世、李博文	20210484	20210611	20221229
315	20220644	俊秀	卫矛属	廊坊嘉沐园林科技有限公司	姚飞、闫淑芳、王浩、张军、高悦鹏、冯树香、刘易超、杨敏生、陈丽英、樊彦聪、代嵩华、冯天玉	20210742	20210729	20221229
316	20220645	碧波	卫矛属	廊坊嘉沐园林科技有限公司	高悦鹏、张军、闫淑芳、刘易超、冯树香、杨敏生、代嵩华、陈丽英、樊彦聪	20210743	20210729	20221229
317	20220646	龙翔	卫矛属	廊坊嘉沐园林科技有限公司	高悦鹏、闫淑芳、张军、冯树香、刘易超、杨敏生、樊彦聪、陈丽英、代嵩华	20210744	20210729	20221229
318	20220440	华林桐 6 号	泡桐属	雷凯、赵丹宁、杨元林	雷凯、赵丹宁、杨元林、雷自星、杨金明、韦运武、李囡囡、王睿、王宇甦	20200831	20201011	20221229
319	20220272	华冠	白蜡树属	李承水	李承水、刘平、袁传镇、丰震、李燕、徐金莲、郭赛谦、张振英、颜国栋	20190097	20181223	20221229
320	20220492	华丽	花椒属	丽江市林业科学研究所、华坪县林业和草原局	高云贵、李庆华、彭吉光、王洪艳、关云琳、杨志刚、王晓燕、马琴、洪献梅、丁德品、杨根林、子桂才、谭凤琼、王益琴、胡佳莫	20210048	20210121	20221229
321	20220530	辽蓝 513	越橘属	辽宁省果树科学研究所	陶承光、刘有春、王兴东、王宏光、王升、魏鑫、谭永军、刘修丽、袁兴福、魏永祥	20210259	20210430	20221229
322	20220535	辽蓝 515	越橘属	辽宁省果树科学研究所	刘成、刘有春、杨玉春、杨艳敏、孙斌、张舵、王莉、高树清、魏永祥、蒋明三	20210285	20210511	20221229
323	20220449	辽青 1 号	杨属	辽宁省杨树研究所	蔄胜军、刘巍、彭儒胜、梁德军、尹杰、宋立志、彭建东、党伟	20200997	20201124	20221229
324	20220450	辽青 2 号	杨属	辽宁省杨树研究所	蔄胜军、刘巍、彭儒胜、梁德军、尹杰、宋立志、彭建东、周成	20200998	20201124	20221229
325	20220156	宝钧夏风	山茶属	龙岩市花木南园艺有限公司	张陈环、游鸣飞、王大庄	20200947	20201107	20220513
326	20220157	春晓	山茶属	龙岩市花木南园艺有限公司	张陈环、游鸣飞、王大庄	20200949	20201107	20220513
327	20220292	无刺玫一号	蔷薇属	马荣申、韩子衍、杜宪臣	马荣申、韩子衍、杜宪臣、赵红艳、杜君如	20190411	20190618	20221229
328	20220331	普拉布鲁 1525（Plablue1525）	越橘属	纳瓦拉植物股份有限公司（Plantas de Navarra，S.A.）	亚历山大·皮尔罗恩 - 达尔邦尼（Alexandre Pierron-Darbonne）	20190762	20191029	20221229
329	20220217	阿德丽塔（Adelita）	悬钩子属	纳瓦拉植物股份有限公司（Plantas de Navarra，S.A.）	亚历山大·皮尔罗恩 - 达尔邦尼（Alexandre PIERRON-DARBONNE）	20160110	20160603	20221229

（续）

序号	品种权号	品种名称	属（种）	品种权人	培育人	申请号	申请日	授权日
330	20220587	珊瑚湾	苹果属	南京林业大学、扬州小苹果园艺有限公司	张往祥、徐立安、徐天炜、陆晓吉、彭琴	20210478	20210610	20221229
331	20220055	胭脂雪	李属	南京林业大学、福建丹樱生态农业发展有限公司	伊贤贵、林荣光、王贤荣、王珉、叶谋鑫、王琳、林玮捷、李蒙、段一凡、朱淑霞	20190442	20190709	20220513
332	20220468	南林宁玉	木犀属	南京林业大学、江苏农林职业技术学院	岳远征、王良桂、杨秀莲、陈贡伟、施婷婷	20201095	20201218	20221229
333	20220469	南林秋韵	木犀属	南京林业大学、江苏农林职业技术学院	杨秀莲、王良桂、岳远征、陈贡伟、施婷婷	20201096	20201218	20221229
334	20220556	春花秋月	苹果属	南京林业大学、扬州小苹果园艺有限公司	张往祥、刘星辰、彭冶、曹福亮	20210410	20210603	20221229
335	20220557	红颜	苹果属	南京林业大学、扬州小苹果园艺有限公司	张往祥、陈永霞、谢寅峰、徐天炜、刘星辰	20210411	20210603	20221229
336	20220558	红珍珠	苹果属	南京林业大学、扬州小苹果园艺有限公司	张往祥、徐立安、彭冶、刘星辰、曹福亮	20210412	20210603	20221229
337	20220559	金典	苹果属	南京林业大学、扬州小苹果园艺有限公司	张往祥、张之晨、何娜、范月嵘	20210413	20210603	20221229
338	20220560	金秋	苹果属	南京林业大学、扬州小苹果园艺有限公司	张往祥、徐立安、冯岚、刘星辰、曹福亮	20210414	20210603	20221229
339	20220561	夏艳	苹果属	南京林业大学、扬州小苹果园艺有限公司	张往祥、彭冶、刘星辰、曹福亮	20210415	20210603	20221229
340	20220579	十月江南	苹果属	南京林业大学、扬州小苹果园艺有限公司	张往祥、陈永霞、刘星辰、谢寅峰、陆晓吉	20210452	20210608	20221229
341	20220580	紫晶	苹果属	南京林业大学、扬州小苹果园艺有限公司	张往祥、徐立安、陆晓吉、刘星辰、曹福亮	20210453	20210608	20221229
342	20220581	紫玉坠	苹果属	南京林业大学、扬州小苹果园艺有限公司	张往祥、陈永霞、范月嵘、冯岚	20210455	20210609	20221229
343	20220586	雅典娜	苹果属	南京林业大学、扬州小苹果园艺有限公司	张往祥、刘星辰、魏子秋、彭冶、曹福亮	20210473	20210610	20221229
344	20220589	香珊瑚	苹果属	南京林业大学、扬州小苹果园艺有限公司	张往祥、彭冶、徐天炜、何娜、曹福亮	20210489	20210611	20221229
345	20220054	南农丰娇	梅	南京农业大学	高志红、倪照君、侍婷、韩键、章镇	20190422	20190627	20220513
346	20220519	冬日暖阳	木槿属	南宁市园林科研所、广西槿汇岭南园林科技有限公司	霍行、黄旭光、杨思霞、廖堂贵	20210234	20210420	20221229
347	20220523	粉黛	木槿属	南宁市园林科研所、广西槿汇岭南园林科技有限公司	黄玲璞、黄旭光、杨思霞、阮俊	20210242	20210421	20221229
348	20220524	媚霞	木槿属	南宁市园林科研所、广西槿汇岭南园林科技有限公司	姜立甫、黄旭光、杨思霞、黄菊秋、冉思霖	20210243	20210421	20221229
349	20220525	醉红蝶	木槿属	南宁市园林科研所、广西槿汇岭南园林科技有限公司	黄宇寒、黄旭光、杨思霞、韦惠师	20210244	20210421	20221229
350	20220528	梦粉碧玉	木槿属	南宁市园林科研所、广西槿汇岭南园林科技有限公司	秦玲、黄旭光、赵建文、陆炎松	20210250	20210423	20221229
351	20220529	芳菲	木槿属	南宁市园林科研所、广西槿汇岭南园林科技有限公司	杨思霞、黄旭光、王卫南、杨华妹	20210251	20210423	20221229
352	20220520	紫焰	木槿属	南宁市园林科研所、广西槿汇岭南园林科技有限公司	黄丽丹、黄旭光、杨思霞、姜立甫	20210237	20210421	20221229
353	20220526	暮山紫	木槿属	南宁市园林科研所、广西槿汇岭南园林科技有限公司	黄旭光、阮俊、罗恩波、黄爱玲	20210247	20210421	20221229

（续）

序号	品种权号	品种名称	属（种）	品种权人	培育人	申请号	申请日	授权日
354	20220527	蝶梦	木槿属	南宁市园林科研所、广西槿汇岭南园林科技有限公司	黄旭光、王卫南、覃民全、杨思霞	20210248	20210421	20221229
355	20220277	邕红	木槿属	南宁市园林科研所、南宁圣特生物科技有限公司	秦玲、黄旭光、王坤煌、阮俊、王卫南、赵建文、黄丽丹、陆炎松、黄霖、黄英群	20190132	20190102	20221229
356	20220318	聚发	蔷薇属	南阳月季基地	赵磊、李文奇、孙聚有、王怀青、许春峰、邢远基、吴奉朝	20190586	20190825	20221229
357	20220020	尼尔普豪斯（NIRPHORSE）	蔷薇属	尼尔普国际有限公司（NIRP INTERNATIONAL SA）	亚历山德罗·吉奥恩（Alessandro Ghione）	20180629	20180914	20220513
358	20220021	尼尔普 SW（NIRPSW）	蔷薇属	尼尔普国际有限公司（NIRP INTERNATIONAL SA）	亚历山德罗·吉奥恩（Alessandro Ghione）	20180642	20180914	20220513
359	20220036	尼尔普伟菲（NIRPWIFI）	蔷薇属	尼尔普国际有限公司（NIRP INTERNATIONAL SA）	亚历山德罗·吉奥恩（Alessandro Ghione）	20180836	20181207	20220513
360	20220037	曼洛克（MANOCK）	蔷薇属	尼尔普国际有限公司（NIRP INTERNATIONAL SA）	亚历山德罗·吉奥恩（Alessandro Ghione）	20180843	20181207	20220513
361	20220038	尼尔普拉格（NIRPRAG）	蔷薇属	尼尔普国际有限公司（NIRP INTERNATIONAL SA）	亚历山德罗·吉奥恩（Alessandro Ghione）	20190108	20181225	20220513
362	20220111	尼尔普索（NIRPSOL）	蔷薇属	尼尔普国际有限公司（NIRP INTERNATIONAL SA）	亚历山德罗·吉奥恩（Alessandro Ghione）	20200557	20200722	20220513
363	20220242	尼尔普马可（NIRPMACLE）	蔷薇属	尼尔普国际有限公司（NIRP INTERNATIONAL SA）	亚历山德罗·吉奥恩（Alessandro Ghione）	20180637	20180914	20221229
364	20220259	尼尔派得（NIRPEDE）	蔷薇属	尼尔普国际有限公司（NIRP INTERNATIONAL SA）	亚历山德罗·吉奥恩（Alessandro Ghione）	20180838	20181207	20221229
365	20220403	尼尔普吉尔（NIRPKILL）	蔷薇属	尼尔普国际有限公司（NIRP INTERNATIONAL SA）	亚历山德罗·吉奥恩（Alessandro Ghione）	20200554	20200722	20221229
366	20220404	尼尔普泰尔（NIRPTERE）	蔷薇属	尼尔普国际有限公司（NIRP INTERNATIONAL SA）	亚历山德罗·吉奥恩（Alessandro Ghione）	20200558	20200722	20221229
367	20220552	尼尔普瑞塔（NIRPRITA）	蔷薇属	尼尔普国际有限公司（NIRP INTERNATIONAL SA）	亚历山德罗·吉奥恩（Alessandro Ghione）	20210401	20210601	20221229
368	20220553	尼尔普特里克（NIRPTRILK）	蔷薇属	尼尔普国际有限公司（NIRP INTERNATIONAL SA）	亚历山德罗·吉奥恩（Alessandro Ghione）	20210402	20210601	20221229
369	20220593	宁农杞 15 号	枸杞属	宁夏农林科学院枸杞科学研究所	秦垦、张波、戴国礼、曹有龙、焦恩宁、黄婷、何昕孺、周旋、段淼渊、安巍、石志刚、何军、高燕	20210513	20210622	20221229

（续）

序号	品种权号	品种名称	属（种）	品种权人	培育人	申请号	申请日	授权日
370	20220514	磐早榧	榧树属	磐安县自然资源和规划局、浙江省林业科学研究院、磐安县中药产业发展促进中心	陈红星、李海波、张苏炯、宋其岩、叶碧欢、张敏、马苗岳	20210195	20210401	20221229
371	20220151	大棠琴红	苹果属	青岛市农业科学研究院	沙广利、马荣群、黄粤、孙红涛、孙吉禄、葛红娟、张蕊芬	20200933	20201101	20220513
372	20220200	绿粉黛	槭属	青岛抬头生态建设工程有限公司	郝雪英、郭赛谦、张振英、朱晓兵、李增强、余拱鑫	20201097	20201219	20220513
373	20220201	雀之翎	槭属	青岛抬头生态建设工程有限公司	张振英、郭百川、郭赛谦、朱晓兵、郝雪英、余拱鑫	20201098	20201219	20220513
374	20220202	枫之异	槭属	青岛抬头生态建设工程有限公司	朱晓兵、郭百川、郭赛谦、张振英、郝雪英、李增强	20201099	20201219	20220513
375	20220203	红蓑衣	槭属	青岛抬头生态建设工程有限公司	郭赛谦、张振英、朱晓兵、郝雪英、余拱鑫、李增强	20201100	20201219	20220513
376	20220338	夕阳红	杜鹃花属	青岛永根园艺有限公司	方永根、马云、赵玉弟	20200017	20191209	20221229
377	20220339	奔放	杜鹃花属	青岛永根园艺有限公司	方永根	20200019	20191209	20221229
378	20220340	希望	杜鹃花属	青岛永根园艺有限公司	方永根	20200023	20191209	20221229
379	20220438	勋章	栎属	日照金枫园林科技有限公司、山东省林业科学研究院	王振猛、王洪永、马丙尧、王霞、陈睿、王清华、张新慰、杜振宇、王燕、毛秀红、高嘉、王世才	20200804	20200928	20221229
380	20220383	中闽 3 号	叶子花属	厦门市园林植物园	周群、林悦其	20200432	20200628	20221229
381	20220541	骏妤	叶子花属	厦门市园林植物园	周群	20210299	20210514	20221229
382	20220542	卧龙 1 号	叶子花属	厦门市园林植物园	周群	20210300	20210514	20221229
383	20220543	星斑 1 号	叶子花属	厦门市园林植物园	周群、张万旗	20210301	20210514	20221229
384	20220384	紫袍	叶子花属	厦门市园林植物园、厦门路艺生态科技有限公司	周群、陈志腾	20200433	20200628	20221229
385	20220454	金珀	文冠果	山东林昱宏文冠果股份有限公司、山东省林草种质资源中心	张鑫洋、王震、赵永军、吴丹、解孝满、杨海平、李猛、林俊梅	20201023	20201130	20221229
386	20220455	绯豆	文冠果	山东林昱宏文冠果股份有限公司、山东省林草种质资源中心	王震、王磊、赵永军、解孝满、庄振杰、林俊梅、高广臣、刘莉	20201024	20201130	20221229
387	20220304	卷叶流苏	流苏树属	山东农业大学	李际红、国浩平、曲凯、刘佳庚、周文玲、王宝锐、侯丽丽、郭海丽、王如月	20190521	20190813	20221229
388	20220305	冲霄	流苏树属	山东农业大学	李际红、曲凯、国浩平、刘佳庚、周文玲、王宝锐、侯丽丽、郭海丽、王如月	20190525	20190813	20221229

（续）

序号	品种权号	品种名称	属（种）	品种权人	培育人	申请号	申请日	授权日
389	20220077	陈寺峪 1 号	板栗	山东省果树研究所	洪坡、刘庆忠、王甲威、陈新、朱东姿、张力思、徐丽、魏海蓉、宗晓娟、李化传	20200233	20200402	20220513
390	20220078	国丰 1 号	板栗	山东省果树研究所	洪坡、刘庆忠、朱东姿、陈新、张力思、王甲威、徐丽、魏海蓉、谭钺、邹强	20200235	20200402	20220513
391	20220192	尖尖角	文冠果	山东省林木种质资源中心、山东林昱宏文冠果有限公司	王磊、赵永军、解孝满、李文清、张鑫洋、赵立军、王震、林俊梅	20201028	20201130	20220513
392	20220193	小珍珠	文冠果	山东省林木种质资源中心、山东林昱宏文冠果有限公司	赵永军、吴丹、解孝满、李文清、王震、张鑫洋、林俊梅、刘莉	20201029	20201130	20220513
393	20220194	大珍珠	文冠果	山东省林木种质资源中心、山东林昱宏文冠果有限公司	解孝满、赵永军、王磊、林俊梅、刘莉、庄振杰、高广臣	20201030	20201130	20220513
394	20220445	鲁栾 1 号	栾树属	山东省林业保护和发展服务中心、滕州市林业事业发展中心	窦霄、董章凯、段正洪、徐昌建、周继磊、张明哲、刘红、张军、秦永建、秦荣荣、郭建曜、崔凤华、甄民	20200956	20201109	20221229
395	20220446	鲁栾 2 号	栾树属	山东省林业保护和发展服务中心、滕州市林业事业发展中心	窦霄、董章凯、段正洪、徐昌建、周继磊、张明哲、张鹏远、张军、秦永建、秦荣荣、郭建曜、崔凤华、甄民	20200957	20201109	20221229
396	20220220	绿箭	白蜡树属	山东省林业科学研究院	吴德军、燕丽萍、刘翠兰、王振猛、姚俊修、王因花、王爱、张波、贺英俊、任飞、杨庆山	20170278	20170601	20221229
397	20220625	鲁箭	白蜡树属	山东省林业科学研究院	吴德军、燕丽萍、王因花、刘翠兰、李丽、梁静、李庆华、高嘉、刘桂民、王开芳、翟国锋、魏娟、舒秀阁	20210629	20210713	20221229
398	20220626	绒红 3 号	白蜡树属	山东省林业科学研究院	燕丽萍、吴德军、王因花、刘翠兰、李丽、臧真荣、任飞、李庆华、翟国锋、姚俊修、李善文、舒秀阁、刘国利	20210639	20210713	20221229
399	20220627	红箭	白蜡树属	山东省林业科学研究院	王因花、吴德军、燕丽萍、李丽、刘翠兰、王开芳、梁静、高嘉、王振猛、姚俊修、任飞、翟国锋	20210642	20210713	20221229
400	20220101	绿箭	山茱萸属	山东万路达毛株文化产业发展有限公司、山东万路达园林科技有限公司	董春晖、张帆、彭芸、赵路苹、杨鸿刚、邵红梅、颜鲁、张伟、赵祥宝、张庆通、李明花、王芳	20200387	20200605	20220513
401	20220100	大秋紫	山茱萸属	山东万路达园林科技有限公司、山东万路达毛株文化产业发展有限公司、青岛市园林林业技术学校	罗杰、张帆、赵阳、颜鲁、王笑、吕昆仑、张伟、赵祥宝、綦真、胡鹏、刘琪、张庆通、王芳、王乾	20200385	20200605	20220513

（续）

序号	品种权号	品种名称	属（种）	品种权人	培育人	申请号	申请日	授权日
402	20220125	紫叶粉黛	桃花	陕西省西安植物园	王亚玲、樊璐、叶卫、吴建军、冯瑞生	20200868	20201021	20220513
403	20220381	紫之梦	绣球属	上海辰山植物园、杭州市园林绿化股份有限公司	胡永红、叶康、秦俊、高凯、邱帅、张宪权、魏建芬、陈浩、彭悠悠、刘群录	20200363	20200522	20221229
404	20220382	梦幻星空	绣球属	上海辰山植物园、杭州市园林绿化股份有限公司	秦俊、叶康、胡永红、邱帅、高凯、张宪权、郭娟、孙丽娜、张楠、刘群录	20200364	20200522	20221229
405	20220604	飞翔	李属	韶关市旺地樱花种植有限公司、广州旺地园林工程有限公司、广州天适集团有限公司	朱军、高扬、胡晓敏、叶小玲、林杰好、胡小锋、杨梓滨、阮文俊	20210566	20210706	20221229
406	20220624	朝云	李属	韶关市旺地樱花种植有限公司、广州旺地园林工程有限公司、英德市旺地樱花种植有限公司	叶小玲、张伟、鲁好君、沈荔荔、徐金晶、温剑龙、朱军、胡晓敏	20210598	20210709	20221229
407	20220571	冰翡	李属	韶关市旺地樱花种植有限公司、英德市旺地樱花种植有限公司、广州旺地园林工程有限公司	朱军、叶小玲、钟文超、胡晓敏、高珊、杨梓滨、叶小兰、胡雨寒	20210433	20210607	20221229
408	20220590	星辰	李属	韶关市旺地樱花种植有限公司、英德市旺地樱花种植有限公司、广州旺地园林工程有限公司	张尚坤、张伟、杨进良、徐金晶、宁阳阳、叶小玲、朱军、胡晓敏	20210491	20210615	20221229
409	20220600	天适琬玉	李属	韶关市旺地樱花种植有限公司、英德市旺地樱花种植有限公司、广州旺地园林工程有限公司	周世均、赵平丽、熊育明、朱军、冯钦钊、叶小玲、胡晓敏、高珊	20210558	20210705	20221229
410	20220439	香雪 2 号	栀子属	嵊州市栀香花木有限公司	张军、张冬芬、求鹏英、黄少平、徐全华、宋科佳、钱亚来、毕文玉、施玲玲	20200813	20200929	20221229
411	20220061	斯佩巴普（Spebalpe）	蔷薇属	斯佩克玫瑰育种国际有限公司（Spek Rose Breeding International B.V.）	埃里克·罗纳德·斯佩克（Erik Ronald Spek）	20190569	20190823	20220513
412	20220062	斯佩贝克斯（Spebex）	蔷薇属	斯佩克玫瑰育种国际有限公司（Spek Rose Breeding International B.V.）	埃里克·罗纳德·斯佩克（Erik Ronald Spek）	20190574	20190823	20220513
413	20220063	斯佩德嘉塔（Spedegatta）	蔷薇属	斯佩克玫瑰育种国际有限公司（Spek Rose Breeding International B.V.）	埃里克·罗纳德·斯佩克（Erik Ronald Spek）	20190579	20190823	20220513
414	20220064	斯佩英红（Spehinred）	蔷薇属	斯佩克玫瑰育种国际有限公司（Spek Rose Breeding International B.V.）	埃里克·罗纳德·斯佩克（Erik Ronald Spek）	20190584	20190823	20220513
415	20220065	斯佩巴曼莎（Spebamantha）	蔷薇属	斯佩克玫瑰育种国际有限公司（Spek Rose Breeding International B.V.）	埃里克·罗纳德·斯佩克（Erik Ronald Spek）	20190632	20190904	20220513
416	20220066	斯佩波密兹（Spebomets）	蔷薇属	斯佩克玫瑰育种国际有限公司（Spek Rose Breeding International B.V.）	埃里克·罗纳德·斯佩克（Erik Ronald Spek）	20190633	20190904	20220513

（续）

序号	品种权号	品种名称	属（种）	品种权人	培育人	申请号	申请日	授权日
417	20220067	斯佩克（Specur）	蔷薇属	斯佩克玫瑰育种国际有限公司（Spek Rose Breeding International B.V.）	埃里克·罗纳德·斯佩克（Erik Ronald Spek）	20190635	20190904	20220513
418	20220306	斯佩巴帕（Spebapeau）	蔷薇属	斯佩克玫瑰育种国际有限公司（Spek Rose Breeding International B.V.）	埃里克·罗纳德·斯佩克（Erik Ronald Spek）	20190570	20190823	20221229
419	20220307	斯佩巴特（Spebardot）	蔷薇属	斯佩克玫瑰育种国际有限公司（Spek Rose Breeding International B.V.）	埃里克·罗纳德·斯佩克（Erik Ronald Spek）	20190571	20190823	20221229
420	20220308	斯佩班迪（Spebandy）	蔷薇属	斯佩克玫瑰育种国际有限公司（Spek Rose Breeding International B.V.）	埃里克·罗纳德·斯佩克（Erik Ronald Spek）	20190572	20190823	20221229
421	20220309	斯佩贝儿丽斯（Spebareless）	蔷薇属	斯佩克玫瑰育种国际有限公司（Spek Rose Breeding International B.V.）	埃里克·罗纳德·斯佩克（Erik Ronald Spek）	20190573	20190823	20221229
422	20220310	斯佩比诺（Spebinion）	蔷薇属	斯佩克玫瑰育种国际有限公司（Spek Rose Breeding International B.V.）	埃里克·罗纳德·斯佩克（Erik Ronald Spek）	20190575	20190823	20221229
423	20220311	斯佩伯红（Speburred）	蔷薇属	斯佩克玫瑰育种国际有限公司（Spek Rose Breeding International B.V.）	埃里克·罗纳德·斯佩克（Erik Ronald Spek）	20190576	20190823	20221229
424	20220312	斯佩达珀（Spedapple）	蔷薇属	斯佩克玫瑰育种国际有限公司（Spek Rose Breeding International B.V.）	埃里克·罗纳德·斯佩克（Erik Ronald Spek）	20190577	20190823	20221229
425	20220313	斯佩达兹（Spedatz）	蔷薇属	斯佩克玫瑰育种国际有限公司（Spek Rose Breeding International B.V.）	埃里克·罗纳德·斯佩克（Erik Ronald Spek）	20190578	20190823	20221229
426	20220314	斯佩多菲亚（Spedophia）	蔷薇属	斯佩克玫瑰育种国际有限公司（Spek Rose Breeding International B.V.）	埃里克·罗纳德·斯佩克（Erik Ronald Spek）	20190580	20190823	20221229
427	20220315	斯佩薇拉（Spewella）	蔷薇属	斯佩克玫瑰育种国际有限公司（Spek Rose Breeding International B.V.）	埃里克·罗纳德·斯佩克（Erik Ronald Spek）	20190581	20190823	20221229
428	20220316	斯佩维丽（Spevelly）	蔷薇属	斯佩克玫瑰育种国际有限公司（Spek Rose Breeding International B.V.）	埃里克·罗纳德·斯佩克（Erik Ronald Spek）	20190582	20190823	20221229
429	20220317	斯佩维斯（Spevessy）	蔷薇属	斯佩克玫瑰育种国际有限公司（Spek Rose Breeding International B.V.）	埃里克·罗纳德·斯佩克（Erik Ronald Spek）	20190583	20190823	20221229
430	20220320	斯佩汉娜（Spehanna）	蔷薇属	斯佩克玫瑰育种国际有限公司（Spek Rose Breeding International B.V.）	埃里克·罗纳德·斯佩克（Erik Ronald Spek）	20190634	20190904	20221229
431	20220474	蜀森 11 号	木通属	四川农业大学、成都农业科技职业学院、四川八月瓜生物科技有限公司	罗培高、高芳、陈巍、杨皓、阳淑、沈金亮、钟胜福、关雎、黎青	20201116	20201228	20221229
432	20220476	蜀森 14 号	木通属	四川农业大学、四川八月瓜生物科技有限公司、达州市农业科学研究院	罗培高、阳淑、华小菊、沈金亮、钟胜福、黎青、关雎、陈巍、杨皓	20201119	20201228	20221229
433	20220475	蜀森 13 号	木通属	四川农业大学、雅安八月瓜生物科技有限公司、四川八月瓜生物科技有限公司	罗培高、高芳、杨皓、陈巍、符鹏、何自行、尤华忠、关雎、张秋怡、董晴	20201118	20201228	20221229

（续）

序号	品种权号	品种名称	属（种）	品种权人	培育人	申请号	申请日	授权日
434	20220153	无刺红	花椒属	四川省林业科学研究院、四川省植物工程研究院	罗建勋、刘芙蓉、王海峰、姜德云、曾攀、龚霞、吴银明、马阿义	20200939	20201103	20220513
435	20220024	墨蓝	越橘属	四川省农业科学院经济作物育种栽培研究所、大连森茂现代农业有限公司、大连大学	阳翠、董顺文、张小军、陈昌琳、钟程操、徐国辉、王贺新	20180691	20181020	20220513
436	20220166	玉玲珑	芍药属	苏州工业园区园林绿化工程有限公司、扬州大学	赵志华、沈颀、查风林、徐瑞、陶俊	20200967	20201111	20220513
437	20220167	露红烟紫	芍药属	苏州工业园区园林绿化工程有限公司、扬州大学	李萍、赵志华、赵崇九、王曦君、陶俊	20200968	20201111	20220513
438	20220168	姹紫芳妍	芍药属	苏州工业园区园林绿化工程有限公司、扬州大学	龚伟、杨卫卫、孔芬、赵大球、汤寓涵	20200969	20201111	20220513
439	20220169	流光争艳	芍药属	苏州工业园区园林绿化工程有限公司、扬州大学	孔芬、陈鑫、刘鹏、徐丽娅、赵大球	20200970	20201111	20220513
440	20220430	浙覆 3 号	悬钩子属	台州市农业科学研究院、台州学院	江景勇、陈珍、邱莉萍、邱智敏、李小白、华小菊、潘仙鹏、洪小玲	20200769	20200915	20221229
441	20220243	红云	紫薇属	泰安市泰山林业科学研究院、泰安时代园林科技开发有限公司	王长宪、张林、王峰、张安琪、孙忠奎、王郑昊、程甜甜、高红、孙芳、谢学阳	20180645	20180921	20221229
442	20220244	红海	紫薇属	泰安市泰山林业科学研究院、泰安时代园林科技开发有限公司	程甜甜、张林、王峰、朱翠翠、孙忠奎、李承秀、王波、于永畅、乔谦、杨波	20180646	20180921	20221229
443	20220245	花海	紫薇属	泰安市泰山林业科学研究院、泰安时代园林科技开发有限公司	王峰、孙忠奎、王郑昊、张林、朱翠翠、孙芳、李承秀、李长新、于永畅、任红剑	20180647	20180921	20221229
444	20220246	浓情	紫薇属	泰安市泰山林业科学研究院、泰安时代园林科技开发有限公司	王峰、孙忠奎、张林、程甜甜、李承秀、朱翠翠、王郑昊、李长新、仲凤维、王长宪	20180648	20180921	20221229
445	20220247	祥云	紫薇属	泰安市泰山林业科学研究院、泰安时代园林科技开发有限公司	张林、孙忠奎、王峰、程甜甜、张安琪、王长宪、仲凤维、王波、杨波、乔谦	20180649	20180921	20221229
446	20220248	追梦	紫薇属	泰安市泰山林业科学研究院、泰安时代园林科技开发有限公司	李承秀、张林、孙忠奎、张兴、程甜甜、杜辉、王长宪、李长新、谢学阳、仲凤维	20180650	20180925	20221229
447	20220249	凤飞	槭属	泰安市泰山林业科学研究院、泰安时代园林科技开发有限公司	张林、王峰、杜辉、程甜甜、张安琪、孙忠奎、朱翠翠、王郑昊、任红剑、王波、谷文硕	20180659	20181009	20221229
448	20220250	凤蝶	槭属	泰安市泰山林业科学研究院、泰安时代园林科技开发有限公司	张林、王长宪、孙忠奎、李承秀、程甜甜、王峰、张安琪、朱翠翠、乔谦、于永畅、李长新	20180660	20181009	20221229

（续）

序号	品种权号	品种名称	属（种）	品种权人	培育人	申请号	申请日	授权日
449	20220155	奇红 2 号	文冠果	潍坊职业学院、山东沃奇农业开发有限公司	丁世民、李守科、吴祥春、赵从凯、朱亮庆、赵祥树、王蕾	20200945	20201106	20220513
450	20220496	玉盘龙珠	木槿属	温州科技职业学院（温州市农业科学研究院）	陈家龙、朱建军、王巍伟	20210057	20210123	20221229
451	20220118	西农 1 号	花椒属	西北农林科技大学	魏安智、杨途熙、刘永红、薛智德、唐光辉、费希同	20200826	20201009	20220513
452	20220119	西农 2 号	花椒属	西北农林科技大学	刘永红、薛智德、魏安智、杨途熙、马尧	20200827	20201009	20220513
453	20220120	西农 3 号	花椒属	西北农林科技大学	魏安智、刘永红、杨途熙、薛智德、唐光辉、刘玉林	20200828	20201009	20220513
454	20220121	西农 5 号	花椒属	西北农林科技大学	杨途熙、魏安智、刘永红、薛智德、冯世静、刘玉林	20200829	20201009	20220513
455	20220372	锦绣楝	楝属	肖以恒	肖以恒	20200297	20200423	20221229
456	20220184	雅丰	胡颓子属	新疆林业科学院	罗青红、刘巧玲、周斌、古丽尼沙·卡斯木、盛玮、帕提古丽·买买提吐尔逊、阿不都热西提·热合曼、蒋腾、池文泽、刘丽燕	20201015	20201126	20220513
457	20220185	金莎	胡颓子属	新疆林业科学院	阿不都热西提·热合曼、盛玮、蒋腾、周斌、罗青红、帕提古丽·买买提吐尔逊、池文泽、刘丽燕、古丽尼沙·卡斯木、刘巧玲	20201016	20201126	20220513
458	20220186	白沙甜	胡颓子属	新疆林业科学院	阿不都热西提·热合曼、刘巧玲、罗青红、蒋腾、帕提古丽·买买提吐尔逊、古丽尼沙·卡斯木、盛玮、周斌、刘丽燕、池文泽	20201017	20201126	20220513
459	20220187	红玉	胡颓子属	新疆林业科学院	周斌、池文泽、蒋腾、刘丽燕、盛玮、刘巧玲、罗青红、帕提古丽·买买提吐尔逊、古丽尼沙·卡斯木、阿不都热西提·热合曼	20201018	20201126	20220513
460	20220188	红铃	胡颓子属	新疆林业科学院	周斌、刘丽燕、帕提古丽·买买提吐尔逊、古丽尼沙·卡斯木、罗青红、蒋腾、刘巧玲、阿不都热西提·热合曼、盛玮、池文泽	20201019	20201126	20220513
461	20220189	金皇后	胡颓子属	新疆林业科学院	阿不都热西提·热合曼、古丽尼沙·卡斯木、罗青红、刘丽燕、蒋腾、刘巧玲、池文泽、周斌、帕提古丽·买买提吐尔逊、盛玮	20201020	20201126	20220513
462	20220048	吉尔斯莫蒙特（GEUSMOMENTS）	蔷薇属	选择育种公司（Select Breeding B.V.）	迈克尔·德·吉尔斯（Michael de Geus）	20190353	20190521	20220513

（续）

序号	品种权号	品种名称	属（种）	品种权人	培育人	申请号	申请日	授权日
463	20220106	吉尔斯普拉（GEUSPURA）	蔷薇属	选择育种公司（Select Breeding B.V.）	迈克尔·德·吉尔斯（Michael de Geus）	20200482	20200705	20220513
464	20220287	吉尔斯艾乐（GEUSELEA）	蔷薇属	选择育种公司（Select Breeding B.V.）	迈克尔·德·吉尔斯（Michael de Geus）	20190352	20190521	20221229
465	20220164	墨狮	芍药属	扬州大学	陶俊、祖梦婷、赵大球、孟家松	20200965	20201111	20220513
466	20220165	红艳流金	芍药属	扬州大学	陶俊、潘昊磊、汤寓涵、赵大球	20200966	20201111	20220513
467	20220073	小灵感	蔷薇属	宜良多彩盆栽有限公司	刘天平、胡明飞、何云县、卢燕、叶晓念	20200218	20200401	20220513
468	20220074	神秘	蔷薇属	宜良多彩盆栽有限公司	刘天平、胡明飞、何云县、卢燕、叶晓念	20200225	20200401	20220513
469	20220075	蓝海	蔷薇属	宜良多彩盆栽有限公司	刘天平、胡明飞、何云县、卢燕、叶晓念	20200227	20200401	20220513
470	20220076	布丁	蔷薇属	宜良多彩盆栽有限公司	刘天平、胡明飞、何云县、卢燕、叶晓念	20200230	20200401	20220513
471	20220271	凤舞	蔷薇属	宜良多彩盆栽有限公司	刘天平、胡明飞、何云县、卢燕、叶晓念	20190013	20181218	20221229
472	20220364	灵感	蔷薇属	宜良多彩盆栽有限公司	刘天平、胡明飞、何云县、卢燕、叶晓念	20200223	20200401	20221229
473	20220010	紫烟	李属	英德市旺地樱花种植有限公司、广州红树林生态科技有限公司、广东天适樱花悠乐园有限公司	叶小玲、朱军、叶超宏、熊海坚、彭秋瑜、何宗儒、陈红锋、胡晓敏	20180372	20180708	20220513
474	20220621	明媚	李属	英德市旺地樱花种植有限公司、广州天适集团有限公司、韶关市旺地樱花种植有限公司	朱军、杨梓滨、曾劲、胡晓敏、冯钦钊、陈端妮、高珊、叶小玲	20210592	20210708	20221229
475	20220567	若玉	李属	英德市旺地樱花种植有限公司、韶关市旺地樱花种植有限公司、广东宝地南华产城发展有限公司	梁荣、李振权、谢畅、胡晓敏、李园凤、叶小玲、朱军	20210426	20210604	20221229
476	20220103	天骄	李属	英德市旺地樱花种植有限公司、韶关市旺地樱花种植有限公司、广州天适集团有限公司	曾昭佳、朱军、刘振静、杨梓滨、赵月、叶小玲、冯钦钊、胡晓敏	20200451	20200629	20220513
477	20220572	映雪	李属	英德市旺地樱花种植有限公司、韶关市旺地樱花种植有限公司、广州天适集团有限公司	胡晓敏、叶小玲、黄碧金、熊育明、陈端妮、冯钦钊、高珊、朱军	20210435	20210607	20221229
478	20220614	天适风华	李属	英德市旺地樱花种植有限公司、韶关市旺地樱花种植有限公司、广州天适集团有限公司	叶小玲、胡晓敏、陈端妮、朱军、冯钦钊、杨梓滨、高珊、何宗儒	20210578	20210707	20221229
479	20220007	奥斯布莱格（AUSOBLIGE）	蔷薇属	英国大卫奥斯汀月季公司（David Austin Roses Limited）	大卫·奥斯汀（David J.C. Austin）	20180211	20180412	20220513

（续）

序号	品种权号	品种名称	属（种）	品种权人	培育人	申请号	申请日	授权日
480	20220006	奥斯普莱（AUSAPPLY）	蔷薇属	英国大卫奥斯汀月季公司（David Austin Roses Limited）	大卫·奥斯汀（David J.C. Austin）	20180210	20180412	20220513
481	20220079	奥斯怡蜜芝（AUSIMAGE）	蔷薇属	英国大卫奥斯汀月季公司（David Austin Roses Limited）	大卫·奥斯汀（David J.C. Austin）	20200241	20200407	20220513
482	20220080	奥斯瓦格斯（AUSWAGSY）	蔷薇属	英国大卫奥斯汀月季公司（David Austin Roses Limited）	大卫·奥斯汀（David J.C. Austin）	20200242	20200407	20220513
483	20220234	英特雅士利（Interaciryl）	蔷薇属	英特普兰特月季育种公司（Interplant Roses B.V.）	范·多伊萨姆（Ir. A.J.H. van Doesum）	20180414	20180711	20221229
484	20220343	英特爱巴布尔（Intereybabul）	蔷薇属	英特普兰特月季育种公司（Interplant Roses B.V.）	范·多伊萨姆（ir. A.J.H. van Doesum）	20200053	20191212	20221229
485	20220344	英特爱巴布特斯（Intereybabtes）	蔷薇属	英特普兰特月季育种公司（Interplant Roses B.V.）	范·多伊萨姆（ir. A.J.H. van Doesum）	20200054	20191212	20221229
486	20220345	英特爱巴伯尔格（Intereybabolg）	蔷薇属	英特普兰特月季育种公司（Interplant Roses B.V.）	范·多伊萨姆（ir. A.J.H. van Doesum）	20200055	20191212	20221229
487	20220346	英特爱巴布纳福（Intereybabnaf）	蔷薇属	英特普兰特月季育种公司（Interplant Roses B.V.）	范·多伊萨姆（ir. A.J.H. van Doesum）	20200056	20191212	20221229
488	20220347	英特爱巴布斯（Intereybabews）	蔷薇属	英特普兰特月季育种公司（Interplant Roses B.V.）	范·多伊萨姆（ir. A.J.H. van Doesum）	20200057	20191212	20221229
489	20220348	英特爱巴勃特（Intereybabert）	蔷薇属	英特普兰特月季育种公司（Interplant Roses B.V.）	范·多伊萨姆（ir. A.J.H. van Doesum）	20200058	20191212	20221229
490	20220444	爱普开 061814（IPK061814）	蔷薇属	英特普兰特月季育种公司（Interplant Roses B.V.）	范·多伊萨姆（ir. A.J.H. van Doesum）	20200943	20201106	20221229
491	20220536	丹墨玫枝（Danmo Rose Branch）	蔷薇属	有限会社木村企画（CO.LTD. KIMURA PLANNING）、沈阳晶卉园艺有限公司	木村卓功（Takunori Kimura）	20210288	20210513	20221229
492	20220538	托妮莎德（Doniazade）	蔷薇属	有限会社木村企画（CO.LTD. KIMURA PLANNING）、沈阳晶卉园艺有限公司	木村卓功（Takunori Kimura）	20210293	20210513	20221229
493	20220539	夏莉玛（Shalimar）	蔷薇属	有限会社木村企画（CO.LTD. KIMURA PLANNING）、沈阳晶卉园艺有限公司	木村卓功（Takunori Kimura）	20210294	20210513	20221229
494	20220537	潘妮洛佩亚（penelopeia）	蔷薇属	有限会社木村企画（CO.LTD. KIMURA PLANNING）、沈阳晶卉园艺有限公司	木村卓功（Takunori Kimura）	20210292	20210513	20221229
495	20220540	月夜光影（Shadow of the Moon）	蔷薇属	有限会社木村企画（CO.LTD. KIMURA PLANNING）、沈阳晶卉园艺有限公司	木村卓功（Takunori Kimura）	20210296	20210513	20221229

（续）

序号	品种权号	品种名称	属（种）	品种权人	培育人	申请号	申请日	授权日
496	20220547	砂时计（LeSablier）	蔷薇属	有限会社木村企画（CO.LTD. KIMURA PLANNING）、沈阳晶卉园艺有限公司	木村卓功（Takunori Kimura）	20210335	20210517	20221229
497	20220294	黑天鹅	蔷薇属	俞红强	俞红强	20190490	20190809	20221229
498	20220295	金凤凰	蔷薇属	俞红强	俞红强	20190492	20190809	20221229
499	20220296	金山	蔷薇属	俞红强	俞红强	20190494	20190809	20221229
500	20220056	香雪公主	蔷薇属	玉溪迪瑞特花卉有限公司	杜秀娟	20190485	20190809	20220513
501	20220370	紫玉之妃	蔷薇属	玉溪紫玉花卉产业有限公司、玉溪市农业科学院	张军云、段家彬、张钟、张建康、钱遵姚、杨光炤、王文智、杨世先、张艳华、董广、李晓亮	20200291	20200415	20221229
502	20220256	烈火	蔷薇属	云南艾蔷薇园艺科技有限公司	程小毛、谭思艳、卢秀慧、张林华	20180741	20181118	20221229
503	20220357	繁华	蔷薇属	云南大学、昆明南国山花园艺科技有限责任公司	吴学尉、王丽花、黄斌全、何飞飞、刘丹丹、刘海英、曾倩、杨玉勇	20200130	20200106	20221229
504	20220002	阿兰	蔷薇属	云南锦科花卉工程研究中心有限公司	倪功、曹荣根、田连通、白云评、乔丽婷、阳明祥、何琼	20160380	20161125	20220513
505	20220003	拉马	蔷薇属	云南锦科花卉工程研究中心有限公司	曹荣根、张力、倪功、田连通、白云评、乔丽婷、阳明祥、何琼	20180044	20171229	20220513
506	20220004	盛夏	蔷薇属	云南锦科花卉工程研究中心有限公司	曹荣根、张力、倪功、田连通、白云评、乔丽婷、阳明祥、何琼	20180046	20171229	20220513
507	20220012	红之樽	蔷薇属	云南锦科花卉工程研究中心有限公司	倪功、曹荣根、田连通、乔丽婷、何琼、阳明祥、白云平	20180468	20180809	20220513
508	20220022	一丈红	蔷薇属	云南锦科花卉工程研究中心有限公司	曹荣根、张力、倪功、田连通、白云评、乔丽婷、阳明祥、何琼	20180674	20181017	20220513
509	20220031	艳影	蔷薇属	云南锦科花卉工程研究中心有限公司	倪功、曹荣根、田连通、乔丽婷、何琼、阳明祥、白云平	20180793	20181124	20220513
510	20220032	温存	蔷薇属	云南锦科花卉工程研究中心有限公司	倪功、曹荣根、田连通、乔丽婷、何琼、阳明祥、白云评	20180795	20181124	20220513
511	20220033	娇羞	蔷薇属	云南锦科花卉工程研究中心有限公司	倪功、曹荣根、田连通、乔丽婷、何琼、阳明祥、白云平	20180796	20181124	20220513
512	20220034	星辉	蔷薇属	云南锦科花卉工程研究中心有限公司	倪功、曹荣根、田连通、乔丽婷、何琼、阳明祥	20180798	20181123	20220513
513	20220035	娇颜	蔷薇属	云南锦科花卉工程研究中心有限公司	倪功、曹荣根、田连通、乔丽婷、何琼、阳明祥	20180800	20181124	20220513
514	20220057	倾心	蔷薇属	云南锦科花卉工程研究中心有限公司	田连通、倪功、乔丽婷、何琼、王江兵	20190502	20190812	20220513

（续）

序号	品种权号	品种名称	属（种）	品种权人	培育人	申请号	申请日	授权日
515	20220058	茜茜公主	蔷薇属	云南锦科花卉工程研究中心有限公司	田连通、倪功、乔丽婷、何琼、王江兵	20190503	20190812	20220513
516	20220059	烈火如歌	蔷薇属	云南锦科花卉工程研究中心有限公司	田连通、倪功、乔丽婷、何琼、阳明祥	20190507	20190812	20220513
517	20220060	星期八	蔷薇属	云南锦科花卉工程研究中心有限公司	田连通、倪功、乔丽婷、何琼、阳明祥	20190509	20190812	20220513
518	20220222	纯洁	蔷薇属	云南锦科花卉工程研究中心有限公司	曹荣根、张力、倪功、田连通、白云评、乔丽婷、阳明祥、何琼	20180041	20171229	20221229
519	20220235	粉之妍	蔷薇属	云南锦科花卉工程研究中心有限公司	倪功、曹荣根、田连通、乔丽婷、何琼、阳明祥、白云平	20180469	20180809	20221229
520	20220251	醉玲珑	蔷薇属	云南锦科花卉工程研究中心有限公司	曹荣根、张力、倪功、田连通、白云评、乔丽婷、阳明祥、何琼	20180673	20181017	20221229
521	20220252	金蝉	蔷薇属	云南锦科花卉工程研究中心有限公司	曹荣根、张力、倪功、田连通、白云评、乔丽婷、阳明祥、何琼	20180676	20181017	20221229
522	20220257	粉之语	蔷薇属	云南锦科花卉工程研究中心有限公司	倪功、曹荣根、田连通、乔丽婷、何琼、阳明祥、白云平	20180794	20181124	20221229
523	20220297	元气少女	蔷薇属	云南锦科花卉工程研究中心有限公司	田连通、倪功、乔丽婷、何琼、王江兵	20190504	20190812	20221229
524	20220298	桃花醉	蔷薇属	云南锦科花卉工程研究中心有限公司	田连通、倪功、乔丽婷、何琼、王江兵	20190505	20190812	20221229
525	20220299	春之舞	蔷薇属	云南锦科花卉工程研究中心有限公司	田连通、倪功、乔丽婷、何琼、阳明祥	20190506	20190812	20221229
526	20220300	落霞	蔷薇属	云南锦科花卉工程研究中心有限公司	田连通、倪功、乔丽婷、何琼、阳明祥	20190508	20190812	20221229
527	20220301	蒹葭	蔷薇属	云南锦科花卉工程研究中心有限公司	田连通、倪功、乔丽婷、何琼	20190510	20190812	20221229
528	20220302	无双	蔷薇属	云南锦科花卉工程研究中心有限公司	田连通、倪功、乔丽婷、何琼、阳明祥	20190511	20190812	20221229
529	20220303	流年	蔷薇属	云南锦科花卉工程研究中心有限公司	田连通、倪功、张力、乔丽婷、何琼、王江兵	20190512	20190812	20221229
530	20220422	秋恋	蔷薇属	云南锦科花卉工程研究中心有限公司	倪功、曹荣根、何琼、乔丽婷、田连通、阳明祥、王江兵	20200709	20200901	20221229
531	20220423	迷梦	蔷薇属	云南锦科花卉工程研究中心有限公司	倪功、曹荣根、何琼、乔丽婷、田连通、阳明祥、王江兵	20200718	20200901	20221229
532	20220424	辛格瑞拉	蔷薇属	云南锦科花卉工程研究中心有限公司	倪功、曹荣根、何琼、乔丽婷、田连通、阳明祥、王江兵	20200724	20200901	20221229
533	20220443	相思豆	蔷薇属	云南锦科花卉工程研究中心有限公司	倪功、曹荣根、何琼、乔丽婷、田连通、阳明祥、王江兵	20200930	20201031	20221229
534	20220001	旭日	蔷薇属	云南锦苑花卉产业股份有限公司、云南锦科花卉工程研究中心有限公司	倪功、曹荣根、田连通、白云评、乔丽婷、阳明祥	20150252	20151203	20220513
535	20220170	翠湖彤云	杜鹃花属	云南省农业科学院花卉研究所	解玮佳、张露、李世峰、彭绿春、宋杰、王继华、李绅崇、蔡艳飞	20200972	20201112	20220513

（续）

序号	品种权号	品种名称	属（种）	品种权人	培育人	申请号	申请日	授权日
536	20220171	阳春雪	杜鹃花属	云南省农业科学院花卉研究所	李世峰、彭绿春、解玮佳、张露、宋杰、蔡艳飞、张颢、许凤	20200973	20201112	20220513
537	20220172	红妆	杜鹃花属	云南省农业科学院花卉研究所	王继华、宋杰、解玮佳、李世峰、李树发、彭绿春、蔡艳飞、李慧敏	20200974	20201112	20220513
538	20220173	花妍	杜鹃花属	云南省农业科学院花卉研究所	解玮佳、李世峰、彭绿春、宋杰、张露、黎霞、李绅崇、张艺萍	20200975	20201112	20220513
539	20220174	芳华	杜鹃花属	云南省农业科学院花卉研究所	彭绿春、蔡艳飞、宋杰、张露、李世峰、解玮佳、王继华、杨秀梅	20200976	20201112	20220513
540	20220546	云上曦	山茶属	云南省农业科学院花卉研究所	蔡艳飞、李树发、王继华、李世峰、解玮佳、宋杰	20210333	20210517	20221229
541	20220583	灼灼其华	蔷薇属	云南省农业科学院花卉研究所	邱显钦、晏慧君、王其刚、周宁宁、蹇洪英、陈敏	20210466	20210610	20221229
542	20220584	珍宝	蔷薇属	云南省农业科学院花卉研究所	邱显钦、晏慧君、王其刚、蹇洪英、陈敏、周宁宁	20210467	20210610	20221229
543	20220615	云之绯羽	杜鹃花属	云南省农业科学院花卉研究所	解玮佳、李世峰、宋杰、彭绿春、王继华、张颢、杨秀梅、许凤	20210579	20210707	20221229
544	20220616	翠湖晓妆	杜鹃花属	云南省农业科学院花卉研究所	李世峰、解玮佳、彭绿春、王继华、张露、张颢、张丽芳、唐路瑶	20210580	20210707	20221229
545	20220630	团聚	大丽花属	云南省农业科学院花卉研究所	王祥宁、段青、郭燕、杜文文、贾文杰、马璐琳	20210669	20210715	20221229
546	20220632	丰收	大丽花属	云南省农业科学院花卉研究所	贾文杰、杜文文、段青、王祥宁、郭燕、马璐琳	20210679	20210718	20221229
547	20220634	火花	大丽花属	云南省农业科学院花卉研究所	王继华、贾文杰、杜文文、马璐琳、段青、孙建丽	20210691	20210719	20221229
548	20220635	赤玉	大丽花属	云南省农业科学院花卉研究所	张颢、段青、杜文文、郭燕、贾文杰、杨维	20210692	20210719	20221229
549	20220641	粉黛	大丽花属	云南省农业科学院花卉研究所	段青、杜文文、王祥宁、贾文杰、崔光芬、瞿素萍、李慧敏	20210726	20210722	20221229
550	20220619	翠湖怜香	杜鹃花属	云南省农业科学院花卉研究所	解玮佳、李世峰、彭绿春、宋杰、张露、许凤、李绅崇、李慧敏	20210583	20210707	20221229
551	20220617	云之染彩	杜鹃花属	云南省农业科学院花卉研究所	彭绿春、宋杰、张露、李世峰、解玮佳、王继华、蔡艳飞、杨秀梅	20210581	20210707	20221229
552	20220618	云之蜜语	杜鹃花属	云南省农业科学院花卉研究所	王继华、彭绿春、解玮佳、李世峰、宋杰、李树发、蔡艳飞、张艺萍	20210582	20210707	20221229

（续）

序号	品种权号	品种名称	属（种）	品种权人	培育人	申请号	申请日	授权日
553	20220636	红颜	大丽花属	云南省农业科学院花卉研究所、玉溪云星生物科技有限公司	杜文文、贾文杰、段青、吴丽芳、马璐琳、王祥宁	20210693	20210719	20221229
554	20220637	小清新	大丽花属	云南省农业科学院花卉研究所、玉溪云星生物科技有限公司	段青、杜文文、马璐琳、李慧敏、王祥宁	20210699	20210719	20221229
555	20220639	萤火	大丽花属	云南省农业科学院花卉研究所、玉溪云星生物科技有限公司	马璐琳、段青、杜文文、贾文杰、王祥宁、郭燕	20210702	20210720	20221229
556	20220068	凤凰传奇	蔷薇属	云南省农业科学院花卉研究所、云南桂舒悦园艺科技有限公司	张颢、唐开学、邱显钦、晏慧君、王其刚、陈敏、蹇洪英、周宁宁、李淑斌	20190699	20191009	20220513
557	20220324	蝶影重重	蔷薇属	云南省农业科学院花卉研究所、云南桂舒悦园艺科技有限公司	陈敏、唐开学、张颢、邱显钦、王其刚、李淑斌、晏慧君、蹇洪英、周宁宁	20190700	20191009	20221229
558	20220325	梦青春	蔷薇属	云南省农业科学院花卉研究所、云南桂舒悦园艺科技有限公司	邱显钦、唐开学、张颢、晏慧君、王其刚、陈敏、蹇洪英、周宁宁、李淑斌	20190701	20191009	20221229
559	20220152	芳颜	蔷薇属	云南省农业科学院花卉研究所、云南集创园艺科技有限公司	蹇洪英、王其刚、晏慧君、邱显钦、陈敏、张婷、李树发、李淑斌、周宁宁	20200938	20201102	20220513
560	20220266	张仁 3 号	杏	张家口市农业科学院	王秀荣、吕丽霞、张斌、许建铭、王玉祥、张宝英、任全军、张敏、闫凤岐、王伟军、郝建宇、景刚	20180892	20181212	20221229
561	20220464	张双 6 号	杏	张家口市农业科学院	王秀荣、吕丽霞、许建铭、王玉祥、王维、赵海洋、王伟军、郝建宇、刘晓婕、杨振华、贾莉、楚紫辉、李克文、闫文静	20201067	20201216	20221229
562	20220534	凤尾楠	楠属	长江大学	费永俊、胡蝶、孙兵、肖波、于鹏宇、潘晓	20210283	20210510	20221229
563	20220015	平瓣绿萼	梅	浙江农林大学	赵宏波、董彬、张超、付建新	20180531	20180903	20220513
564	20220016	长艳宫粉	梅	浙江农林大学	赵宏波、董彬、张超、包志毅	20180534	20180903	20220513
565	20220139	五福映日	梅	浙江农林大学	赵宏波、董彬、杨丽媛、王千千	20200909	20201029	20220513
566	20220140	晓阳朱砂	梅	浙江农林大学	赵宏波、董彬、杨丽媛、王千千	20200910	20201029	20220513
567	20220141	月光玉蝶	梅	浙江农林大学	赵宏波、董彬、杨丽媛、王千千	20200911	20201029	20220513
568	20220142	多变粉妆	梅	浙江农林大学	董彬、赵宏波、杨丽媛、王千千、王楠楠	20200912	20201029	20220513
569	20220143	桃红宫粉	梅	浙江农林大学	董彬、赵宏波、杨丽媛、王千千、王楠楠	20200913	20201029	20220513
570	20220144	脂红宫粉	梅	浙江农林大学	赵宏波、董彬、杨丽媛、王千千、王楠楠	20200914	20201029	20220513
571	20220145	素玉绿萼	梅	浙江农林大学	赵宏波、董彬、杨丽媛、王千千、王楠楠	20200915	20201029	20220513
572	20220146	金紫冠	蜡梅	浙江农林大学	赵宏波、杨丽媛、董彬、王千千	20200916	20201029	20220513
573	20220147	平黄素心	蜡梅	浙江农林大学	杨丽媛、赵宏波、董彬、王千千	20200917	20201029	20220513
574	20220148	黄馨素	蜡梅	浙江农林大学	杨丽媛、赵宏波、董彬、王千千	20200918	20201029	20220513

（续）

序号	品种权号	品种名称	属（种）	品种权人	培育人	申请号	申请日	授权日
575	20220149	玉堂春	蜡梅	浙江农林大学	赵宏波、杨丽媛、董彬、王千千	20200919	20201029	20220513
576	20220150	新月紫影	蜡梅	浙江农林大学	赵宏波、杨丽媛、董彬、王千千	20200920	20201029	20220513
577	20220509	磐匀榧	榧树属	浙江农林大学、磐安县自然资源和规划局、磐安县农家缘香榧专业合作社	张敏、陈红星、张迟、郑国良、张苏炯、傅志华、曹兆平、张笑	20210137	20210304	20221229
578	20220510	磐东榧	榧树属	浙江农林大学、磐安县自然资源和规划局、磐安县农家缘香榧专业合作社	张敏、陈红星、张迟、张苏炯、郑国良、陈海清、傅志华	20210138	20210304	20221229
579	20220211	朝霞	乌桕属	浙江省林业科学研究院	李因刚、柳新红、周琦、蒋冬月、沈鑫、石从广	20210028	20210118	20220513
580	20220212	争艳	乌桕属	浙江省林业科学研究院	李因刚、石从广、柳新红、周琦、沈鑫、蒋冬月	20210032	20210119	20220513
581	20220213	漫山红遍	乌桕属	浙江省林业科学研究院	李因刚、柳新红、周琦、张丽芳、沈鑫、蒋冬月	20210033	20210119	20220513
582	20220214	灿烂	乌桕属	浙江省林业科学研究院	李因刚、周琦、柳新红、沈鑫、蒋冬月、石从广	20210034	20210119	20220513
583	20220215	辉煌	乌桕属	浙江省林业科学研究院	李因刚、周琦、柳新红、石从广、沈鑫、蒋冬月	20210035	20210119	20220513
584	20220407	紫绮	紫薇属	浙江省林业科学研究院	王金凤、周琦、陈卓梅	20200625	20200817	20221229
585	20220409	绝代双娇	紫薇属	浙江省林业科学研究院	周琦、陈卓梅、王金凤	20200627	20200817	20221229
586	20220410	紫绶	紫薇属	浙江省林业科学研究院	陈卓梅、周琦、王金凤	20200628	20200817	20221229
587	20220480	富贵	杜鹃花属	浙江省林业科学研究院	杨华、宋绪忠、王秀云、陈卓梅、王金凤、沈剑	20210008	20210113	20221229
588	20220408	紫俏	紫薇属	浙江省林业科学研究院、浙江省亚热带作物研究所	王金凤、周琦、陈卓梅、马晓华	20200626	20200817	20221229
589	20220371	翩然	荚蒾属	中国科学院武汉植物园	刘宏涛、吕文君、夏伯顺、黄升、袁玲、王淑慧	20200296	20200422	20221229
590	20220554	白蝶	羊蹄甲属	中国科学院西双版纳热带植物园	吴福川、钱丽珠、李关宏	20210405	20210601	20221229
591	20220591	粉色佳人	羊蹄甲属	中国科学院西双版纳热带植物园	吴福川	20210492	20210615	20221229
592	20220602	西园 1 号	羊蹄甲属	中国科学院西双版纳热带植物园	吴福川、钱丽珠、李关宏	20210560	20210705	20221229
593	20220603	恩达	玉叶金花属	中国科学院西双版纳热带植物园	吴福川	20210561	20210705	20221229
594	20220647	喜洋洋	羊蹄甲属	中国科学院西双版纳热带植物园	吴福川、钱丽珠、郝春卉	20210748	20210729	20221229
595	20220473	娉婷	丁香属	中国科学院植物研究所	崔洪霞、石雷、臧淑英	20201115	20201228	20221229
596	20220555	华彩染黛	芍药属	中国科学院植物研究所	杨勇、王亮生、李珊珊、吴铭鑫、张琳	20210407	20210603	20221229

（续）

序号	品种权号	品种名称	属（种）	品种权人	培育人	申请号	申请日	授权日
597	20220562	华妃醉颜	芍药属	中国科学院植物研究所	李珊珊、王亮生、杨勇、王倩玉、任红旭	20210416	20210603	20221229
598	20220563	华彩星辰	芍药属	中国科学院植物研究所	李珊珊、王亮生、杨勇、朱瑾、徐文忠	20210418	20210603	20221229
599	20220564	华妃荷韵	芍药属	中国科学院植物研究所	杨勇、王亮生、李珊珊、武耀星、刘成	20210421	20210603	20221229
600	20220568	华妃焕彩	芍药属	中国科学院植物研究所	杨勇、王亮生、李珊珊、吕梦雯、薛博阳	20210429	20210607	20221229
601	20220569	华妃闭月	芍药属	中国科学院植物研究所	王亮生、李珊珊、杨勇、王晓晗、肖红强	20210430	20210607	20221229
602	20220570	华焰红阳	芍药属	中国科学院植物研究所	王亮生、杨勇、李珊珊、胡杨、徐文忠	20210432	20210607	20221229
603	20220573	华妃十八	芍药属	中国科学院植物研究所	王亮生、李珊珊、杨勇、侯异璇、肖红强	20210436	20210607	20221229
604	20220574	华彩叠锦	芍药属	中国科学院植物研究所	王亮生、杨勇、李珊珊、苏治帆、任红旭	20210437	20210607	20221229
605	20220576	华妃浓妆	芍药属	中国科学院植物研究所	李珊珊、王亮生、杨勇、薛畅、刘成	20210439	20210607	20221229
606	20220577	华彩流光	芍药属	中国科学院植物研究所	李珊珊、王亮生、杨勇、孙苗、张艺馨	20210440	20210607	20221229
607	20220578	华玉光芒	芍药属	中国科学院植物研究所	王亮生、杨勇、李珊珊、李冰、张玲	20210445	20210608	20221229
608	20220360	加美 1 号	杨属	中国林业科学研究院林业研究所	苏晓华、黄秦军、蔄胜军、张冰玉、丁昌俊、梁德军、褚延广、张伟溪	20200214	20200402	20221229
609	20220361	加美 2 号	杨属	中国林业科学研究院林业研究所	苏晓华、黄秦军、蔄胜军、张冰玉、丁昌俊、梁德军、褚延广、张伟溪	20200215	20200402	20221229
610	20220362	青雄 1 号	杨属	中国林业科学研究院林业研究所	苏晓华、张伟溪、蔄胜军、丁昌俊、梁德军、黄秦军	20200216	20200402	20221229
611	20220363	青雄 2 号	杨属	中国林业科学研究院林业研究所	苏晓华、黄秦军、蔄胜军、丁昌俊、梁德军、张伟溪	20200217	20200402	20221229
612	20220181	礼宾月凤	木通属	中国林业科学研究院林业研究所、古丈县明宏农业发展有限公司	李斌、林富荣、郭文英、黄平、向明宏	20200999	20201125	20220513
613	20220182	礼宾亮凤	木通属	中国林业科学研究院林业研究所、古丈县明宏农业发展有限公司	李斌、林富荣、郭文英、黄平、向明宏	20201000	20201125	20220513
614	20220183	礼宾山凤	木通属	中国林业科学研究院林业研究所、重庆市林业科学研究院、巫山县聚豪缘农业开发有限公司	李斌、林富荣、郭文英、黄平、刘春生、王伟、李月文、林梅、任仕猛	20201001	20201125	20220513
615	20220253	热林 22	桉属	中国林业科学研究院热带林业研究所	徐建民、李光友、陆钊华、卢国桓、赵汝玉、黄宏健、胡杨、谭沛涛、陈守光、徐秀婷	20180723	20181105	20221229
616	20220254	热林 120	桉属	中国林业科学研究院热带林业研究所	徐建民、李光友、陆钊华、姚庆端、胡德荣、刘荣忠、胡杨、陆海飞、罗成学、粟国磊、陈儒香	20180724	20181105	20221229

（续）

序号	品种权号	品种名称	属（种）	品种权人	培育人	申请号	申请日	授权日
617	20220255	热林 518	桉属	中国林业科学研究院热带林业研究所	徐建民、李光友、陆钊华、彭仕尧、吴世军、赵汝玉、胡杨、黄宏健、陈应彪、谭沛涛、陈文平、陈儒香	20180725	20181105	20221229
618	20220279	热林 28	桉属	中国林业科学研究院热带林业研究所	李光友、徐建民、彭仕尧、赵汝玉、胡杨、黄宏健、陈文平、欧生、李华强、陈马兴、陈守光、徐秀婷、陈儒香	20190160	20190121	20221229
619	20220280	热林 108	桉属	中国林业科学研究院热带林业研究所	李光友、徐建民、姚庆端、陆钊华、洪长福、方福钟、陆海飞、刘荣忠、胡杨、黄宏健	20190161	20190121	20221229
620	20220281	热林 117	桉属	中国林业科学研究院热带林业研究所	李光友、徐建民、姚庆端、陆钊华、方福钟、吴世军、刘荣忠、胡杨、粟国磊、姜成、李从容	20190162	20190121	20221229
621	20220499	福广	栎属	中国林业科学研究院亚热带林业研究所、东台市通源种苗场	柴胜元、王树凤、孙海菁、路晓宏、施翔、叶厚群、唐育林、路燕	20210113	20210224	20221229
622	20220500	福吉	栎属	中国林业科学研究院亚热带林业研究所、东台市通源种苗场	柴胜元、王树凤、陈益泰、孙海菁、路晓宏、叶厚群、唐育林、路燕	20210114	20210224	20221229
623	20220195	亚青	松属	中国林业科学研究院亚热带林业研究所、临海市林业技术推广和场圃旅游服务总站	刘青华、周志春、金国庆、陈献志、罗柠、徐新快	20201032	20201204	20220513
624	20220489	菲韵	蔷薇属	中国农业大学	高俊平、张常青、马男、李永红、周晓锋、孙小明	20210037	20210119	20221229
625	20220490	娉婷	蔷薇属	中国农业大学	高俊平、周晓锋、马男、马超、张常青、孙小明	20210043	20210120	20221229
626	20220491	落日熔金	蔷薇属	中国农业大学	高俊平、李永红、马男、马超、张常青、景维坤	20210044	20210120	20221229
627	20220342	秾苑玉堂	芍药属	中国农业科学院蔬菜花卉研究所	王顺利、张秀新、薛璟祺、石丰瑞、房桂霞	20200032	20191210	20221229
628	20220397	草莓布丁	蔷薇属	中国农业科学院蔬菜花卉研究所	葛红、杨树华、李秋香、贾瑞冬、赵鑫	20200526	20200716	20221229
629	20220398	喜洋洋	蔷薇属	中国农业科学院蔬菜花卉研究所	杨树华、葛红、李秋香、贾瑞冬、赵鑫	20200527	20200716	20221229
630	20220399	玉娇刺玫	蔷薇属	中国农业科学院蔬菜花卉研究所	葛红、杨树华、李秋香、贾瑞冬、赵鑫、闫菲	20200528	20200716	20221229
631	20220400	粉樱刺玫	蔷薇属	中国农业科学院蔬菜花卉研究所	葛红、杨树华、李秋香、贾瑞冬、赵鑫	20200529	20200716	20221229
632	20220401	红色马卡龙	蔷薇属	中国农业科学院蔬菜花卉研究所	杨树华、葛红、李秋香、贾瑞冬、赵鑫	20200530	20200716	20221229
633	20220412	秾点千红	芍药属	中国农业科学院蔬菜花卉研究所	张秀新、薛璟祺、范俊峰、薛玉前、王芳	20200636	20200807	20221229
634	20220414	秾苑粉簪	芍药属	中国农业科学院蔬菜花卉研究所	张秀新、薛璟祺、薛玉前、李丰见、柳志勇	20200648	20200807	20221229

（续）

序号	品种权号	品种名称	属（种）	品种权人	培育人	申请号	申请日	授权日
635	20220415	秾苑幻彩	芍药属	中国农业科学院蔬菜花卉研究所	张秀新、王顺利、任秀霞、房桂霞	20200649	20200807	20221229
636	20220417	秾苑玉冠	芍药属	中国农业科学院蔬菜花卉研究所	张秀新、王顺利、范俊峰、慈惠婷	20200656	20200807	20221229
637	20220418	秾苑玉楼	芍药属	中国农业科学院蔬菜花卉研究所	张秀新、薛璟祺、薛玉前、王芳	20200658	20200807	20221229
638	20220458	华光	石榴属	中国农业科学院郑州果树研究所	曹尚银、李好先、骆翔、陈利娜	20201045	20201210	20221229
639	20220479	出水芙蓉	木槿属	中国热带农业科学院热带作物品种资源研究所	牛俊海、冷青云、徐世松、黄少华	20210007	20210113	20221229
640	20220484	金盾	木槿属	中国热带农业科学院热带作物品种资源研究所	牛俊海、冷青云、徐世松、黄少华	20210019	20210114	20221229
641	20220487	红海星	木槿属	中国热带农业科学院热带作物品种资源研究所	牛俊海、冷青云、徐世松、黄少华	20210022	20210118	20221229
642	20220488	龙爪红	木槿属	中国热带农业科学院热带作物品种资源研究所	牛俊海、冷青云、徐世松、黄少华	20210023	20210118	20221229
643	20220512	竹蝶	木槿属	中国热带农业科学院热带作物品种资源研究所	牛俊海、冷青云、徐世松、黄少华	20210175	20210317	20221229
644	20220596	国芩 1 号	黄芩属	中国中药有限公司、国药种业有限公司	王继永、曾燕、刘美娟、郑司浩、王浩、尚兴朴、李进瞳	20210526	20210624	20221229
645	20220102	南紫 1 号	红豆杉属	中南林业科技大学	曹基武、何日成、刘木胜、吴毅、彭继庆、刘春林	20200406	20200612	20220513
646	20220319	霓裳	野牡丹属	中山大学、广州普邦园林股份有限公司	周仁超、刘莹、陈静芳、曾凤、李子华、张硕、易慧琳、谢腾芳、王刚、邢景景、李灿	20190625	20190830	20221229
647	20220502	南山春紫	杜鹃花属	重庆市南山植物园管理处	权俊萍、张绍林、陈静、李丽、刘家艳、陈欣媛	20210119	20210226	20221229
648	20220039	娃芭拉 80100CP（80100WABARA-CP）	蔷薇属	株式会社玫瑰世界（Rose Universe Co.，Ltd.）	国枝启司	20190182	20180130	20220513
649	20220040	娃芭拉 80103（80103WABARA）	蔷薇属	株式会社玫瑰世界（Rose Universe Co.，Ltd.）	国枝启司	20190183	20180126	20220513
650	20220041	娃芭拉 80101（80101WABARA）	蔷薇属	株式会社玫瑰世界（Rose Universe Co.，Ltd.）	国枝启司	20190184	20180126	20220513
651	20220282	娃芭拉 80102（80102WABARA）	蔷薇属	株式会社玫瑰世界（Rose Universe Co.，Ltd.）	国枝启司	20190181	20180126	20221229

数据来源：国家林业和草原局植物新品种保护办公室。

附表2　2022年林业和草原植物新品种申请

序号	申请号	品种名称	属（种）	申请人	培育人	申请日
1	20220736	艾绿雪	铁筷子属	艾绿工程建设（上海）有限公司、浙江省园林植物与花卉研究所	陆苗、李卉、史小华、刘晓庆、成新亚、陈金健、詹鹤、方盛	20220703
2	20220737	奇迹粉	铁筷子属	艾绿工程建设（上海）有限公司、浙江省园林植物与花卉研究所	陆苗、史小华、李卉、刘晓庆、成新亚、陈金健、詹鹤、方盛	20220703
3	20220377	春之斛1号	石斛属	安徽春之斛生物科技有限公司、黄山市皖乡农业科技有限公司、中华全国供销合作总社南京野生植物综合利用研究所	王向波、侯北伟、江彩萍	20220418
4	20211310	楰榧	榧树属	安徽徽宝农林科技有限公司	蒲哨峰、傅松玲、张凤萍、黄东晨、翟田俊、黄钺、方琴、王兆成、吴方华、马小民	20211110
5	20220155	润翠	杜鹃花属	安徽农业大学	洪先友	20220220
6	20220400	冬锦	栾树属	安徽省林业科学研究院、北京市首发天人生态景观有限公司、芜湖市雨田润农业科技股份有限公司	骆绪美、范程豪、韩文妍、任杰、殷勇、程明伟、蔡新玲、余国清、黄志军、周米生、张家诚、雷经洋	20220426
7	20221718	果桑6号	桑属	安徽省农业科学院蚕桑研究所、安徽省林业科技推广总站	邓永进、于洁、肖斌、冯伟、韩智宏、于得水	20221205
8	20221719	果桑7号	桑属	安徽省农业科学院蚕桑研究所、安徽省林业科技推广总站	邓永进、于洁、翁新光、郭香吟、韩智宏、于得水	20221205
9	20220649	皖榴红2号	石榴属	安徽省农业科学院园艺研究所	秦改花、徐义流、刘春燕、黎积誉、张晓玲、曹榛、贾波涛	20220616
10	20220798	匍地红	紫薇属	安徽新居城农业开发集团有限公司、安徽省林业科技推广总站、安徽植造材料科技有限公司	杨井标、张浩、许早时、马景才、杨雅晴	20220713
11	20220474	皖烨	朴属	安徽新居城农业开发集团有限公司、安徽省林业科技推广总站、安徽植造材料科技有限公司	杨井标、翁新光、陈峰、马玉龙、杨秀辉	20220513
12	20220562	宏福星	紫薇属	安徽新居城农业开发集团有限公司、安徽植造材料科技有限公司、安徽省林业科技推广总站	杨井标、翁新光、陈峰、王朝晖、罗红兰、杨雅晴	20220531
13	20211681	舒映3号	杜鹃花属	安徽野景农林科技有限公司	洪先友	20211228
14	20211682	舒映2号	杜鹃花属	安徽野景农林科技有限公司	洪先友	20211228
15	20220630	金钢星	紫薇属	安徽植造材料科技有限公司	杨井标	20220614
16	20221031	紫约3号	越橘属	安徽紫约种业有限公司	李亚东、蒋洪洲、朱明亮	20220814
17	20221032	紫约1号	越橘属	安徽紫约种业有限公司	李亚东、蒋洪洲、朱明亮	20220814
18	20221033	紫约2号	越橘属	安徽紫约种业有限公司	李亚东、蒋洪洲、朱明亮	20220814

（续）

序号	申请号	品种名称	属（种）	申请人	培育人	申请日
19	20221085	紫约 6 号	越橘属	安徽紫约种业有限公司	李亚东、蒋洪洲、朱明亮、闫黎明	20220822
20	20220802	格拉 16823（GRA16823）	蔷薇属	澳大利亚巨花苗圃有限公司（Grandiflora Nurseries Pty. Ltd.）	H · E · 舒德尔斯（H.E.Schreuders）	20220715
21	20220867	思 12122（C12122）	越橘属	澳大利亚科世达浆果国际有限公司（Costa Berry International Pty Ltd）、美国佛罗里达基金种业有限公司（Florida Foundation Seed Producers Inc）	G · 莱特（Gary Wright）、P · 林仑（Paul Lyrene）	20220731
22	20220868	思 13051（C13051）	越橘属	澳大利亚科世达浆果国际有限公司（Costa Berry International Pty Ltd）、美国佛罗里达基金种业有限公司（Florida Foundation Seed Producers Inc）	J · 斯卡佐（Jessica Scalzo）、P · 林仑（Paul Lyrene）	20220731
23	20220653	思 12069（C12069）	越橘属	澳大利亚科世达交流有限公司（CostaExchange Pty Ltd）、美国佛罗里达基金种业有限公司（Florida Foundation Seed Producers Inc）	G · 莱特（Gary Wright）、P · 林仑（Paul Lyrene）	20220616
24	20220778	汉椿红	香椿属	白河县春蕾农业开发有限责任公司、中国林业科学研究院亚热带林业研究所	刘军、雷豪、姜景民、雷德根、李彦杰、范艳如	20220707
25	20221274	百瑞源 1 号	枸杞属	百瑞源枸杞股份有限公司、中国科学院华南植物园	王瑛、李重、曾少华、郝向峰、杨天顺、张金宏、龚海光、杨丽丽、潘丽珠、郝向琴、郝万亮、马涛、陆文静	20220915
26	20220467	美丽卡 034（BeautiCal034）	舞春花属	坂田种苗株式会社（Sakata Seed Co., Ltd）	塚原润（Jun Tsukahara）	20220512
27	20220751	美丽卡 033（BeautiCal033）	舞春花属	坂田种苗株式会社（Sakata Seed Co., Ltd）	塚原润（Jun Tsukahara）	20220704
28	20211492	苏蓓卡 026（SuperCal026）	舞春花属	坂田种苗株式会社（Sakata Seed Co., Ltd）	宇井啓修（Akinobu Ui）、石川信（Shin Ishikawa）	20211209
29	20211493	苏蓓卡 018（SuperCal018）	舞春花属	坂田种苗株式会社（Sakata Seed Co., Ltd）	宇井啓修（Akinobu Ui）、石川信（Shin Ishikawa）	20211209
30	20211494	苏蓓卡 025（SuperCal025）	舞春花属	坂田种苗株式会社（Sakata Seed Co., Ltd）	宇井啓修（Akinobu Ui）、石川信（Shin Ishikawa）	20211209
31	20211523	美丽卡 020（BeautiCal020）	舞春花属	坂田种苗株式会社（Sakata Seed Co., Ltd）	塚原润（Jun Tsukahara）	20211213
32	20211524	美丽卡 021（BeautiCal021）	舞春花属	坂田种苗株式会社（Sakata Seed Co., Ltd）	宇井啓修（Akinobu Ui）	20211213
33	20211525	美丽卡 022（BeautiCal022）	舞春花属	坂田种苗株式会社（Sakata Seed Co., Ltd）	宇井啓修（Akinobu Ui）	20211213
34	20211526	美丽卡 023（BeautiCal023）	舞春花属	坂田种苗株式会社（Sakata Seed Co., Ltd）	宇井啓修（Akinobu Ui）	20211213
35	20211527	美丽卡 024（BeautiCal024）	舞春花属	坂田种苗株式会社（Sakata Seed Co., Ltd）	宇井啓修（Akinobu Ui）	20211213
36	20211622	苏蓓卡 027（SuperCal027）	舞春花属	坂田种苗株式会社（Sakata Seed Co., Ltd）	塚原润（Jun Tsukahara）	20211223
37	20211623	苏蓓卡 028（SuperCal028）	舞春花属	坂田种苗株式会社（Sakata Seed Co., Ltd）	塚原润（Jun Tsukahara）	20211223
38	20211624	苏蓓卡 031（SuperCal031）	舞春花属	坂田种苗株式会社（Sakata Seed Co., Ltd）	塚原润（Jun Tsukahara）	20211223
39	20211625	美丽卡 029（BeautiCal029）	舞春花属	坂田种苗株式会社（Sakata Seed Co., Ltd）	塚原润（Jun Tsukahara）	20211223
40	20211626	美丽卡 030（BeautiCal030）	舞春花属	坂田种苗株式会社（Sakata Seed Co., Ltd）	塚原润（Jun Tsukahara）	20211223
41	20211627	美丽卡 032（BeautiCal032）	舞春花属	坂田种苗株式会社（Sakata Seed Co., Ltd）	塚原润（Jun Tsukahara）	20211223

（续）

序号	申请号	品种名称	属（种）	申请人	培育人	申请日
42	20221148	鹿林 1 号	杨属	包头市林木种苗站、北京林业大学、包头市园林科技研究所	康春风、张平冬、张文英、杨文静、杜娟、辛淑清、李娟娟、王文唐、张利枝	20220826
43	20221158	白霜	木香薷	保定学院、北京林业大学	崔彬彬、张妍、李颖岳、高飞、管延英、滕忠才、贾晓梅、朱维红	20220828
44	20221233	露露	木香薷	保定学院、北京林业大学	滕忠才、崔彬彬、李颖岳、高飞、管延英、张妍、魏俊杰、曹柳青	20220911
45	20220803	筑京 1 号	牡荆属	保定筑邦园林景观工程有限公司	高龙肖、兰素金、岳彩伟、岳宗瑞、黄孝志、崔炫洁、李勇、崔伟京	20220716
46	20220806	金霞	丁香属	保定筑邦园林景观工程有限公司	高龙肖、岳彩伟、黄孝志、岳宗瑞、崔炫洁、兰素金、崔伟京、李勇	20220718
47	20221078	炫杨 2 号	杨属	保定筑邦园林景观工程有限公司	高龙肖、崔炫洁、黄孝志、岳宗瑞、崔伟京、岳彩伟	20220821
48	20221084	筑榆 1 号	榆属	保定筑邦园林景观工程有限公司	高龙肖、岳彩伟、崔炫洁、黄孝志、岳宗瑞、崔伟京	20220822
49	20221086	炫杨 3 号	杨属	保定筑邦园林景观工程有限公司	高龙肖、岳宗瑞、岳彩伟、崔伟京、崔炫洁、黄孝志	20220823
50	20221266	筑梓 2 号	梓树属	保定筑邦园林景观工程有限公司	高龙肖、黄孝志、岳彩伟、岳宗瑞、崔炫洁、崔伟京	20220914
51	20221426	保油 10 号	山茶属	保山市林业和草原技术推广站、龙陵县三江口国有林场、腾冲市林业和草原技术推广站	杨晏平、杨晓霞、黄佳聪、张凌云、余祖华、谢胤、周娟、蒋华、吴建花、李碧琳	20221027
52	20221424	保油 11 号	山茶属	保山市林业和草原技术推广站、腾冲市沙坝国有林场	杨晏平、蒋华、黄佳聪、吴建花、刘加理、张仁斌、黄艳芬、赵江萍、李归林、周娟	20221027
53	20220048	绿精灵	蝴蝶兰属	北京安海之弋园林古建工程有限公司	许栩	20220113
54	20221585	嫣红	槭属	北京京林园林集团有限公司、长白山森工鸿美苗木有限公司	孟宪忠、宗海明、谢黎黎、胡亚琼、刘孝高、唐伟、刘向丽	20221121
55	20211540	向天歌	芍药属	北京林业大学	刘燕、刘爱青	20211215
56	20211541	金带环娇	芍药属	北京林业大学	刘燕、刘爱青	20211215
57	20211542	凤凰涅槃	芍药属	北京林业大学	刘燕、刘爱青	20211215
58	20211543	凌波醉	芍药属	北京林业大学	刘燕、刘爱青、高健洲、李秉玲	20211215
59	20211560	笑春风	芍药属	北京林业大学	刘燕、刘爱青、高健洲、李秉玲	20211216
60	20211561	欢妍	芍药属	北京林业大学	刘燕、刘爱青、高健洲、李秉玲	20211216
61	20211562	笑靥	芍药属	北京林业大学	刘燕、刘爱青、高健洲、李秉玲	20211216
62	20211563	染芳腮	芍药属	北京林业大学	刘燕、刘爱青、高健洲、李秉玲	20211216

（续）

序号	申请号	品种名称	属（种）	申请人	培育人	申请日
63	20211564	仰望星空	芍药属	北京林业大学	刘燕、刘爱青、高健洲、李秉玲	20211216
64	20211565	豆蔻	芍药属	北京林业大学	高健洲、刘燕、刘爱青、李秉玲	20211216
65	20211566	粉蓝娇娃	芍药属	北京林业大学	李秉玲、刘燕、刘爱青、高健洲	20211216
66	20211585	粉蓝菊韵	芍药属	北京林业大学	刘燕、刘爱青、高健洲、李秉玲	20211218
67	20211605	森蝶	鸢尾属	北京林业大学	高亦珂、李丛丛、肖建花、王鑫姿、张启翔	20211221
68	20211606	花蝴蝶	鸢尾属	北京林业大学	高亦珂、肖建花、李丛丛、王鑫姿、张启翔	20211221
69	20211607	蝴蝶飞	鸢尾属	北京林业大学	高亦珂、李丛丛、肖建花、王鑫姿、张启翔	20211221
70	20211608	树蝴蝶	鸢尾属	北京林业大学	高亦珂、李丛丛、肖建花、张含笑、张启翔	20211221
71	20211609	梦蝶	鸢尾属	北京林业大学	高亦珂、李丛丛、肖建花、王鑫姿、张启翔	20211221
72	20211610	丛蝶	鸢尾属	北京林业大学	高亦珂、李丛丛、肖建花、张含笑、张启翔	20211221
73	20211611	彩蝶	鸢尾属	北京林业大学	高亦珂、李丛丛、肖建花、王鑫姿、张启翔	20211221
74	20211592	大漠铜墙	菊属	北京林业大学	赵惠恩、曹序平、周园园、王晓旭	20211219
75	20211593	大漠白堤	菊属	北京林业大学	赵惠恩、曹序平、李童、王晓旭	20211219
76	20220001	草原牧歌	菊属	北京林业大学	赵惠恩、马慧君、吴恬恬、王晓旭	20211231
77	20220002	大漠秋茗	菊属	北京林业大学	赵惠恩、吴恬恬、周园园、李童、王晓旭	20211231
78	20220003	大漠铁肩	菊属	北京林业大学	赵惠恩、吴恬恬、曹序平、马慧君、王晓旭	20211231
79	20220073	京槲 1	栎属	北京林业大学	李国雷、杨雄、王佳茜、杨宁、杨钦淞	20220117
80	20220074	京槲 2	栎属	北京林业大学	李国雷、杨雄、杨钦淞、杨宁、王佳茜、袁启华、姚飞、邵占海、白正甲、杨宝祥、薛敦孟、李世安、金莹杉	20220117
81	20220197	东篱勋章	菊属	北京林业大学	戴思兰、黄河、陆晨飞、蒲娅、叶雨晴	20220307
82	20220242	雄阔	杨属	北京林业大学	刘勇、张劲、李国雷、薛敦孟、彭玉信、李世安、张恒月	20220324
83	20220308	东篱粉荷	菊属	北京林业大学	黄河、刘芳野、戴思兰、徐俊、李毅	20220408
84	20220313	东篱霞光	菊属	北京林业大学	黄河、黄佳璐、戴思兰、范嘉玮、叶雨晴	20220408
85	20220314	东篱黄舞	菊属	北京林业大学	黄河、徐俊、戴思兰、刘芳野、李毅、张德佳	20220408
86	20220465	粉若笑	芨属	北京林业大学	刘超、于笑、纪若璇、夏新莉、尹伟伦	20220512
87	20220414	星火	蔷薇属	北京林业大学	潘会堂、杨艺、杨淑敏、易星湾、罗乐、于超、程堂仁、王佳、张启翔	20220503
88	20220415	胭脂醉云	蔷薇属	北京林业大学	潘会堂、杨艺、杨淑敏、易星湾、罗乐、于超、程堂仁、王佳、张启翔	20220503

（续）

序号	申请号	品种名称	属（种）	申请人	培育人	申请日
89	20220543	繁星	连翘属	北京林业大学	张曼、张晓璐、潘会堂、张启翔、程堂仁、王佳、郑唐春、袁存权	20220526
90	20220544	寒香	连翘属	北京林业大学	潘会堂、张晓璐、张曼、张启翔、程堂仁、王佳、郑唐春、袁存权	20220526
91	20220545	连馨	连翘属	北京林业大学	张曼、张晓璐、潘会堂、张启翔、程堂仁、王佳、郑唐春、袁存权	20220526
92	20220546	金羽扇	连翘属	北京林业大学	张曼、张晓璐、潘会堂、张启翔、程堂仁、王佳、郑唐春、袁存权	20220526
93	20220641	玉丝绦	连翘属	北京林业大学	潘会堂、张晓璐、张曼、张启翔、程堂仁、王佳、郑唐春、袁存权	20220614
94	20220681	京粉垂枝	梅	北京林业大学	郑唐春、张启翔、王佳、程堂仁、王振友	20220624
95	20220682	京舞朱砂	梅	北京林业大学	张启翔、郑唐春、王佳、程堂仁、王振友	20220624
96	20220683	红蕊伊人	梅	北京林业大学	郑唐春、张启翔、王佳、程堂仁、王振友	20220624
97	20220684	紫雨	榆叶梅	北京林业大学	郑唐春、张启翔、袁存权、程堂仁、王佳、何金儒	20220624
98	20220685	三轮粉垂	梅	北京林业大学	张启翔、郑唐春、王佳、程堂仁、王振友	20220624
99	20220723	富贵抱金	芍药属	北京林业大学	于晓南、朱炜、张葳、朱绍才、陈启航、宋焕芝、陈乐、高凯	20220629
100	20220729	千重粉黛	芍药属	北京林业大学	于晓南、朱炜、曹津津、王宇暄、郑严仪、张建军、范永明、郝丽红	20220701
101	20220735	粉色泡泡	芍药属	北京林业大学	于晓南、朱炜、孙榕泽、崔雅琦、杨勇、刘建鑫、许龙伟、高凯	20220702
102	20221019	三轮微粉	梅	北京林业大学	郑唐春、张启翔、王佳、程堂仁、王振友	20220812
103	20221048	京林 1 号	杨属	北京林业大学	安新民、郭斌、陈仲、马佳琳、郑智礼、李善文、高凯、薛胤轩、鲁海琳、郭新香	20220817
104	20221049	晋窄冠 1 号	杨属	北京林业大学	安新民、郭斌、郑智礼、马佳琳、姚建忠、陈仲、高凯、杨晓宇、杨雄、郭新香	20220817
105	20221050	京白 1 号	杨属	北京林业大学	安新民、郭斌、马佳琳、郑智礼、李善文、陈仲、高凯、李娟、薛胤轩、陈婷婷、郭新香	20220817
106	20221053	毛银 1 号	杨属	北京林业大学	安新民、郭斌、马佳琳、李善文、李影、郭婷、赵田芸、齐婉芯、高凯、郭新香	20220817
107	20221199	烟雨	蔷薇属	北京林业大学	于超、程璧瑄、周利君、罗乐、潘会堂、张启翔	20220907
108	20221200	大吉	蔷薇属	北京林业大学	于超、罗乐、周利君、程璧瑄、潘会堂、张启翔	20220907

（续）

序号	申请号	品种名称	属（种）	申请人	培育人	申请日
109	20221203	醉香	蔷薇属	北京林业大学	于超、周利君、程璧瑄、罗乐、潘会堂、张启翔	20220907
110	20221103	喵星人	报春苣苔属	北京林业大学	罗乐、何栋、张启翔、白梦、李悦雅	20220824
111	20221104	萌小林	报春苣苔属	北京林业大学	罗乐、陈简村、白梦、何栋、张启翔	20220824
112	20221106	爆米花	报春苣苔属	北京林业大学	罗乐、白梦、李博、何栋、张启翔	20220824
113	20221107	四季	报春苣苔属	北京林业大学	罗乐、何栋、张启翔、姚晓妍、李悦雅	20220824
114	20221108	启航	报春苣苔属	北京林业大学	罗乐、何栋、张启翔、姚晓妍、史莹莹	20220824
115	20221109	启明星	报春苣苔属	北京林业大学	罗乐、张启翔、程堂仁、潘会堂、温放、姚晓妍、张亦弛	20220824
116	20221129	白兰鸽	报春苣苔属	北京林业大学	罗乐、张启翔、何栋、白梦、李悦雅	20220826
117	20221130	花园节	报春苣苔属	北京林业大学	罗乐、李博、何栋、陈简村、张启翔	20220826
118	20221131	蓝精灵	报春苣苔属	北京林业大学	罗乐、张启翔、何栋、姚晓妍、史莹莹	20220826
119	20221151	楠梦	报春苣苔属	北京林业大学	张启翔、罗乐、程堂仁、潘会堂、温放、艾春晓、王颖楠	20220827
120	20221054	京白 2 号	杨属	北京林业大学	安新民、郭斌、李善文、马佳琳、郑智礼、陈仲、叶梅霞、黄赛、吴茹茜、郭新香	20220817
121	20221052	京林 2 号	杨属	北京林业大学	安新民、郭斌、陈仲、李善文、马佳琳、姚建忠、苗得雨、吴茹茜、陈婷婷、郭新香	20220817
122	20221056	初夏精灵	胡枝子属	北京林业大学、北京农学院	李伟、杨晓红	20220818
123	20211055	娇魅	木兰属	北京林业大学、三峡大学、五峰博翎红花玉兰科技发展有限公司	马履一、朱仲龙、陈发菊、贾忠奎、桑子阳	20210926
124	20221167	金焰	蜡梅	北京林业大学、鄢陵县林海绿色投资发展有限公司	李庆卫、李子航、张纪堂、郑红建、王秀军、罗春燕、曹应伟、张春萍、郭林繁	20220829
125	20221168	鄢红	蜡梅	北京林业大学、鄢陵县林海绿色投资发展有限公司	李庆卫、王秀军、张纪堂、曹应伟、郭林繁、张春萍、李子航、郑红建、罗春燕	20220829
126	20221166	舞袖	蜡梅	北京林业大学、鄢陵县林海绿色投资发展有限公司、鄢陵县冬景园林绿化工程有限公司	李庆卫、罗春燕、李高峰、张纪堂、韩镇山、牛会歌、胡传伟、郭林繁、李子航、王秀军	20220829
127	20221172	鄢玉	蜡梅	北京林业大学、鄢陵县林海绿色投资发展有限公司、鄢陵县冬景园林绿化工程有限公司	李庆卫、郭林繁、张纪堂、李高峰、张沛、刘燕南、武艳芳、王秀军、罗春燕、李子航	20220829
128	20221058	俏丽	胡枝子属	北京农学院	杨晓红	20220819
129	20220174	春云	流苏树属	北京市绿地养护管理事务中心	薛敦孟、司瑞新、李成、郑萍、李国雷、李世安、马岚	20220302
130	20220191	新瑞	流苏树属	北京市绿地养护管理事务中心	司瑞新、薛敦孟、姚飞、方志军、吴志勇、李香、张华伟	20220307

（续）

序号	申请号	品种名称	属（种）	申请人	培育人	申请日
131	20220192	恋春	流苏树属	北京市绿地养护管理事务中心	李香、薛敦孟、王瑛、贺国鑫、李成、王朔、邢军	20220307
132	20220193	凝春	流苏树属	北京市绿地养护管理事务中心	司瑞新、薛敦孟、刘春和、姚飞、沙海峰、张雪源、郑为军	20220307
133	20220194	晴波	流苏树属	北京市绿地养护管理事务中心	薛敦孟、司瑞新、李成、郑萍、李国雷、李世安、刘克林	20220307
134	20220196	晓月	流苏树属	北京市绿地养护管理事务中心	薛敦孟、司瑞新、李成、郑萍、李国雷、李世安、徐红江	20220307
135	20220200	英淑	流苏树属	北京市绿地养护管理事务中心	李成、薛敦孟、姜英淑、吴志勇、刘春和、司瑞新、岳涵	20220309
136	20220201	忆春	流苏树属	北京市绿地养护管理事务中心	李香、薛敦孟、方志军、王瑛、李成、张同、马岚	20220309
137	20220195	晴雪	流苏树属	北京市绿地养护管理事务中心	薛敦孟、司瑞新、李成、郑萍、李国雷、李世安、张林玉	20220307
138	20220187	叠翠	流苏树属	北京市绿地养护管理事务中心	薛敦孟、司瑞新、李成、郑萍、李国雷、李世安、李春兰	20220306
139	20220199	咏春	流苏树属	北京市绿地养护管理事务中心	司瑞新、薛敦孟、贺国鑫、沙海峰、姜青樟、邢立霞、张岳	20220309
140	20221171	京仁 6 号	杏	北京市农林科学院	孙浩元、杨丽、张俊环、姜凤超、张美玲、王玉柱	20220831
141	20221475	京桧 5 号	圆柏属	北京市农林科学院	刘国彬、廖婷、郭丽琴、王烨、曹均	20221102
142	20220554	云脆	枣属	北京市农林科学院、北京市密云区太师屯镇流河沟股份经济合作社合作社	潘青华、赵云峰、张玉平、武阳、戚元勇、姚砚武、胡广隆、路东晔	20220527
143	20220555	瑞云	枣属	北京市农林科学院、沧县国家枣树良种基地	潘青华、孔德仓、张玉平、曹明、代世成、张明军、张福霞、刘孟珍	20220527
144	20220624	玉脆	枣属	北京市农林科学院、河北民族师范学院、承德市月光果树种植农民专业合作社	张玉平、邵玲智、彭艳芳、武阳、王卿、潘青华、路东晔、李洁	20220613
145	20211603	断翼	蔷薇属	北京市园林绿化科学研究院、北京瑰谷园艺科技有限公司	张西西、樊德新、常艳娥、鄢志刚、张春和、赵世伟	20211221
146	20211604	红妆素裹	蔷薇属	北京市园林绿化科学研究院、北京瑰谷园艺科技有限公司	张西西、樊德新、常艳娥、鄢志刚、张春和、赵世伟	20211221
147	20220704	云间月	蔷薇属	北京市园林绿化科学研究院、北京瑰谷园艺科技有限公司	张西西、樊德新、常艳娥、鄢志刚、张春和、赵世伟	20220629

（续）

序号	申请号	品种名称	属（种）	申请人	培育人	申请日
148	20220705	白鹭	蔷薇属	北京市园林绿化科学研究院、北京瑰谷园艺科技有限公司	张西西、樊德新、常艳娥、鄢志刚、张春和、赵世伟	20220629
149	20220731	金魔力	鸢尾属	北京市植物园管理处	朱莹、赵世伟、宋华、樊金龙、张琮琦	20220701
150	20220738	金娃娃	鸢尾属	北京市植物园管理处	朱莹、赵世伟、宋华、王扬、西景营	20220703
151	20220739	金镶玉	鸢尾属	北京市植物园管理处	朱莹、赵世伟、宋华、曹颖、西景营	20220703
152	20220740	红丽	鸢尾属	北京市植物园管理处	朱莹、贺然、宋华、王雪芹、张蕾	20220703
153	20220741	紫蝶粉面	鸢尾属	北京市植物园管理处	朱莹、贺然、宋华、王雪芹、张蕾	20220703
154	20220742	紫蝶献玉	鸢尾属	北京市植物园管理处	朱莹、魏钰、宋华、西景营、安晖	20220703
155	20220743	紫蝶仙子	鸢尾属	北京市植物园管理处	朱莹、魏钰、宋华、西景营、安晖	20220703
156	20220744	紫蝶点醉	鸢尾属	北京市植物园管理处	朱莹、刘恒星、宋华、西景营、安晖	20220703
157	20220745	贵妃醉	鸢尾属	北京市植物园管理处	朱莹、刘恒星、宋华、李菁博、安晖	20220703
158	20220746	粉面含羞	鸢尾属	北京市植物园管理处	朱莹、宋华、邓莲、张蕾、王东军	20220703
159	20220747	粉公主	鸢尾属	北京市植物园管理处	朱莹、宋华、邓莲、张蕾、王东军	20220703
160	20220748	橘园春色	鸢尾属	北京市植物园管理处	朱莹、宋华、邓莲、张蕾、樊金龙	20220703
161	20220749	紫凤来兮	鸢尾属	北京市植物园管理处	朱莹、张琮琦、刘东焕、邓莲、王白冰	20220703
162	20220750	霞光初起	鸢尾属	北京市植物园管理处	朱莹、王雪芹、邓莲、张琮琦、王白冰	20220703
163	20220779	粉面千娇	鸢尾属	北京市植物园管理处	朱莹、邓莲、宋华、刘恒星、西景营	20220708
164	20220780	紫蝶双辉	鸢尾属	北京市植物园管理处	朱莹、宋华、邓莲、安晖、王扬	20220708
165	20220781	玉面公子	鸢尾属	北京市植物园管理处	朱莹、邓莲、宋华、刘恒星、曹颖	20220708
166	20220782	昭君出塞	鸢尾属	北京市植物园管理处	朱莹、宋华、刘恒星、刘东焕、李菁博	20220708
167	20220783	紫蝶泛金	鸢尾属	北京市植物园管理处	朱莹、宋华、邓莲、安晖、王扬	20220708
168	20220784	醉鹅黄	鸢尾属	北京市植物园管理处	朱莹、宋华、刘恒星、王东军、西景营	20220708
169	20220785	紫蝶献金	鸢尾属	北京市植物园管理处	朱莹、宋华、刘恒星、邓莲、李菁博	20220708
170	20220786	贵妃出浴	鸢尾属	北京市植物园管理处	朱莹、宋华、刘恒星、安晖、张琮琦	20220708
171	20220788	紫蝶追梦	鸢尾属	北京市植物园管理处	朱莹、宋华、刘恒星、邓莲、西景营	20220709
172	20220789	粉面紫韵	鸢尾属	北京市植物园管理处	朱莹、宋华、张琮琦、张蕾、樊金龙	20220709
173	20220790	琼台夜宴	鸢尾属	北京市植物园管理处	朱莹、宋华、刘恒星、安晖、张琮琦	20220709
174	20220797	金鼎	鸢尾属	北京市植物园管理处	朱莹、贺然、宋华、曹颖、张琮琦	20220713
175	20220960	春日暖阳	蔷薇属	北京市植物园管理处	邓莲、朱莹、宋华、安晖、西景营	20220809
176	20221394	金翘 3 号	连翘属	北京中医药大学	李卫东	20221012
177	20221395	银翘 3 号	连翘属	北京中医药大学	李卫东	20221012

（续）

序号	申请号	品种名称	属（种）	申请人	培育人	申请日
178	20220449	恩斯海 5（NCHA5）	绣球属	北卡罗来纳州立大学（North Carolina State Univeristy）	托马斯· 兰尼（Thomas Ranney）	20220510
179	20220463	恩斯海 8（NCHA8）	绣球属	北卡罗来纳州立大学（North Carolina State Univeristy）	托马斯· 兰尼（Thomas Ranney）	20220512
180	20220776	恩斯海普 1（NCHP1）	绣球属	北卡罗来纳州立大学（North Carolina State Univeristy）	托马斯· 兰尼（Thomas Ranney）	20220706
181	20220450	恩斯海 7（NCHA7）	绣球属	北卡罗来纳州立大学（North Carolina State Univeristy）	托马斯· 兰尼（Thomas Ranney）	20220510
182	20220409	卢米欧（LUMIE）	杜鹃花属	比利时茱莉斯布鲁克花卉公司（N.V. JULES BLOCK）	卢克 . 布鲁克（Luc Block）	20220502
183	20220410	格丽菲欧（GRIFIE）	杜鹃花属	比利时茱莉斯布鲁克花卉公司（N.V. JULES BLOCK）	卢克 . 布鲁克（Luc Block）	20220502
184	20220351	逸贝 817（EB817）	越橘属	比萨贸易股份有限公司（Bisa Trading Pty Ltd）、李桃股份有限公司（Prunus Persica Pty Ltd）	文森· 大卫· 安德鲁· 马扎迪斯（Vincent David Andrew Mazzardis）	20220413
185	20220352	逸贝 842（EB842）	越橘属	比萨贸易股份有限公司（Bisa Trading Pty Ltd）、李桃股份有限公司（Prunus Persica Pty Ltd）	文森· 大卫· 安德鲁· 马扎迪斯（Vincent David Andrew Mazzardis）	20220413
186	20220353	逸贝 846（EB846）	越橘属	比萨贸易股份有限公司（Bisa Trading Pty Ltd）、李桃股份有限公司（Prunus Persica Pty Ltd）	文森· 大卫· 安德鲁· 马扎迪斯（Vincent David Andrew Mazzardis）	20220413
187	20220354	逸贝 850（EB850）	越橘属	比萨贸易股份有限公司（Bisa Trading Pty Ltd）、李桃股份有限公司（Prunus Persica Pty Ltd）	文森· 大卫· 安德鲁· 马扎迪斯（Vincent David Andrew Mazzardis）	20220413
188	20220356	逸贝 101（EB101）	越橘属	比萨贸易股份有限公司（Bisa Trading Pty Ltd）、李桃股份有限公司（Prunus Persica Pty Ltd）	文森· 大卫· 安德鲁· 马扎迪斯（Vincent David Andrew Mazzardis）	20220413
189	20211573	伊比 123（EB123）	越橘属	比萨贸易股份有限公司（Bisa Trading Pty Ltd）、普卢努斯皮尔斯卡有限公司（Prunus Persica Pty Ltd.）	文森特· 安德鲁· 大卫· 马萨迪斯（Vincent Andrew David Mazzardis）	20211217
190	20211676	红霜	蔷薇属	滨州学院	董林水、宋爱云	20211227
191	20211537	粉贵人	大戟属	缤纷园艺（中国）有限公司	张卫华	20211215
192	20211342	雪玉	大戟属	缤纷园艺（中国）有限公司	张卫华	20211115
193	20211343	粉黛	大戟属	缤纷园艺（中国）有限公司	张卫华	20211115
194	20211498	烈焰	大戟属	缤纷园艺（中国）有限公司	张卫华	20211211
195	20211536	帝妮	大戟属	缤纷园艺（中国）有限公司	张卫华	20211215
196	20221507	金竹草	芦竹属	岑秀芬、韦鹏霄、广西桂康元农业科技有限公司	岑秀芬、韦鹏霄	20221104

（续）

序号	申请号	品种名称	属（种）	申请人	培育人	申请日
197	20220070	红润	苹果属	昌邑海棠苗木专业合作社、山东省林业科学研究院、昌邑市林业发展中心	姚兴海、王立辉、囤兴建、胡丁猛、陈俊强、许景伟、王清华、朱升祥、明建芹、刘浦孝、刘湘、庞友俊	20220117
198	20221326	中加 1 号	五加属	车成国、吕杨	车成国、吕杨	20220927
199	20221409	福地华灿	檵木属	郴州市林业科学研究所	何才生、刘海石、李茂娟、刘超、王曦、曾玉祥、杨雄斌、谷阳、曹凤鸣、徐毓泽、张海霞	20221024
200	20220026	降凰妃	黄檀属	陈时金	陈时金、史御	20220106
201	20221080	悦淇公主	蔷薇属	成都市绿沃农业有限公司	朱本胜	20220822
202	20220396	花语金红	榉属	成都四季花语生态农业有限公司	徐辉军	20220420
203	20211529	乌香 2 号	核桃属	成县大路沟核桃科技示范园	胡永辉、杨永平、李红霞、杜文涛、李海燕、武涛涛、张克生、张守珍、陈剑雄	20211214
204	20220028	硕香 1 号	核桃属	成县大路光核桃科技示范园	杨永平、胡永辉、李海燕、李红霞、杜文涛、武涛涛、王卫东、高正仁	20220106
205	20220209	陇核 4 号	核桃属	成县兴丰农林科技有限责任公司	郭兴贵、朱福民、王明霞、季元祖、吴利军、王让军、胡永辉、强辉、张艳霞、赵潇、陈建雄、王淑芳、陈皓、苏碧峰、张克生、车明轩、胡继周、李唯、安会艳、曹婧	20220313
206	20220210	陇核 3 号	核桃属	成县兴丰农林科技有限责任公司	朱福民、郭兴贵、李建红、唐永东、张永辉、杨永平、胡永辉、李海燕、马健鹏、朱义选、贺涣文、张艳霞、王保平、张克生、苏碧峰、车明轩、张守珍、牛军红、达霖霞、徐晓燕	20220313
207	20220211	陇核 5 号	核桃属	成县兴丰农林科技有限责任公司	胡继周、唐永东、王明霞、胡永辉、王一峰、王亚茜、唐晓娟、李海燕、朱福民、王保平、张克生、车明轩、李唯、张守珍、郭兴贵、郭社旗、牛军辉、刚文辉、张艳霞、王淑芳	20220313
208	20221305	蒙樱 4 号	李属	赤峰市林业科学研究所	李显玉、程瑞春、张岱松、赵明智、韩立华、王艳刚、伊梅、冯昭辉	20220922
209	20221354	玉虎坠	李属	赤峰市林业科学研究所	程瑞春、李显玉、张岱松、韩其木格、于海蛟、赵明智、魏玉艳、庄春慧	20221008
210	20221355	绿丝绦	李属	赤峰市林业科学研究所	程瑞春、李显玉、张岱松、韩其木格、于海蛟、赵明智、魏玉艳、庄春慧	20221008
211	20221416	玉坠儿	槭属	赤峰市林业科学研究所	李显玉、徐国力、魏玉艳、伊梅、程瑞春、郭淑文、王一龙、刘莹泽	20221026

（续）

序号	申请号	品种名称	属（种）	申请人	培育人	申请日
212	20221417	艳玉1号	槭属	赤峰市林业科学研究所	李显玉、魏玉艳、徐国力、伊梅、程瑞春、翟佳伦、王守航	20221026
213	20221287	赣晚1号	南酸枣	崇义县绿之蓝林业有限公司、江西农业大学	何利人、孙荣喜、曾凡玉、卢清华、郭赋英、古和群、黄锦程、吴南生、郑勇奇、丁菲、罗相韦、韦春花、欧兰兰、廖龙、郭军、陈智彬、张家彪	20220919
214	20220766	思慕普赫（SMNHPH）	绣球属	春天草地苗圃公司（Spring Meadow Nursery, Inc.）	梅根·M·马西（Megan M. Mathey）	20220706
215	20220767	思慕普暮（SMNHPM）	绣球属	春天草地苗圃公司（Spring Meadow Nursery, Inc.）	梅根·M·马西（Megan M. Mathey）	20220706
216	20220769	思慕思科（SMNHSC）	绣球属	春天草地苗圃公司（Spring Meadow Nursery, Inc.）	梅根·M·马西（Megan M. Mathey）	20220706
217	20220770	思慕思密（SMNHSME）	绣球属	春天草地苗圃公司（Spring Meadow Nursery, Inc.）	梅根·M·马西（Megan M. Mathey）	20220706
218	20220772	思慕莫乐（SMNHML）	绣球属	春天草地苗圃公司（Spring Meadow Nursery, Inc.）	蒂莫西·D·伍德（Timothy D. Wood）	20220706
219	20220773	思慕普波（SMNHPSB）	绣球属	春天草地苗圃公司（Spring Meadow Nursery, Inc.）	梅根·M·马西（Megan M. Mathey）	20220706
220	20220775	思慕普克（SMNHPK）	绣球属	春天草地苗圃公司（Spring Meadow Nursery, Inc.）	蒂莫西·D·伍德（Timothy D. Wood）	20220706
221	20220791	思慕莫普（SMNHMP）	绣球属	春天草地苗圃公司（Spring Meadow Nursery, Inc.）	蒂莫西·D·伍德（Timothy D. Wood）	20220709
222	20220768	思慕思爱（SMNHSI）	绣球属	春天草地苗圃公司（Spring Meadow Nursery, Inc.）	蒂莫西·D·伍德（Timothy D. Wood）	20220706
223	20220771	思慕普飞（SMNHPPH）	绣球属	春天草地苗圃公司（Spring Meadow Nursery, Inc.）	蒂莫西·D·伍德（Timothy D. Wood）	20220706
224	20220774	思慕然乐（SMNHRL）	绣球属	春天草地苗圃公司（Spring Meadow Nursery, Inc.）	蒂莫西·D·伍德（Timothy D. Wood）	20220706
225	20220548	丹斯普勒吉恩（DASFPSLSGN）	向日葵属	丹姿格“丹”花卉农场（Danziger "Dan" Flower Farm）	加利尔·丹姿格（Gabriel Danziger）	20220527
226	20220549	丹斯普勒伯耶（DASFPSLSBY）	向日葵属	丹姿格“丹”花卉农场（Danziger "Dan" Flower Farm）	加利尔·丹姿格（Gabriel Danziger）	20220527
227	20220550	丹斯普勒韩恩（DASFPSLSHN）	向日葵属	丹姿格“丹”花卉农场（Danziger "Dan" Flower Farm）	加利尔·丹姿格（Gabriel Danziger）	20220527
228	20221088	丹萨丽德克特（DSALDRKMTR）	鼠尾草属	丹姿格“丹”花卉农场（Danziger "Dan" Flower Farm）	加利尔·丹姿格（Gabriel Danziger）	20220823
229	20221089	丹萨丽夫普特（DSALFPWT）	鼠尾草属	丹姿格“丹”花卉农场（Danziger "Dan" Flower Farm）	加利尔·丹姿格（Gabriel Danziger）	20220823
230	20221090	丹萨丽克尔布（DSALYXLB）	鼠尾草属	丹姿格“丹”花卉农场（Danziger "Dan" Flower Farm）	加利尔·丹姿格（Gabriel Danziger）	20220823
231	20220536	丹卡欧布苹克（DCALOMBPNK）	舞春花属	丹姿格“丹”花卉农场（Danziger "Dan" Flower Farm）	加利尔·丹姿格（Gabriel Danziger）	20220524
232	20220547	科梅尔皮（KORmelpea）	蔷薇属	德国科德斯月季育种公司（W. Kordes' Söhne Rosenschulen GmbH & Co KG）	威廉-亚历山大·科德斯（Wilhelm-Alexander Kordes）	20220527

（续）

序号	申请号	品种名称	属（种）	申请人	培育人	申请日
233	20220516	科尼奥比特（KORneobit）	蔷薇属	德国科德斯月季育种公司（W. Kordes' Söhne Rosenschulen GmbH & Co KG）	威廉 - 亚历山大 · 科德斯（Wilhelm-Alexander Kordes）	20220521
234	20220517	科诺恩诺特（KORknownot）	蔷薇属	德国科德斯月季育种公司（W. Kordes' Söhne Rosenschulen GmbH & Co KG）	威廉 - 亚历山大 · 科德斯（Wilhelm-Alexander Kordes）	20220521
235	20220518	科普洛班（KORploban）	蔷薇属	德国科德斯月季育种公司（W. Kordes' Söhne Rosenschulen GmbH & Co KG）	威廉 - 亚历山大 · 科德斯（Wilhelm-Alexander Kordes）	20220521
236	20220519	科克瑙福克（KORknaufoc）	蔷薇属	德国科德斯月季育种公司（W. Kordes' Söhne Rosenschulen GmbH & Co KG）	威廉 - 亚历山大 · 科德斯（Wilhelm-Alexander Kordes）	20220521
237	20220520	科拉普利卡姆（KORaplicam）	蔷薇属	德国科德斯月季育种公司（W. Kordes' Söhne Rosenschulen GmbH & Co KG）	威廉 - 亚历山大 · 科德斯（Wilhelm-Alexander Kordes）	20220521
238	20220521	科洛格努尔（KORaugneru）	蔷薇属	德国科德斯月季育种公司（W. Kordes' Söhne Rosenschulen GmbH & Co KG）	威廉 - 亚历山大 · 科德斯（Wilhelm-Alexander Kordes）	20220521
239	20220522	科弗洛西 109（KORfloci109）	蔷薇属	德国科德斯月季育种公司（W. Kordes' Söhne Rosenschulen GmbH & Co KG ）	威廉 - 亚历山大 · 科德斯（Wilhelm-Alexander Kordes）	20220521
240	20220523	科胡马莱克斯（KORhumalex）	蔷薇属	德国科德斯月季育种公司（W. Kordes' Söhne Rosenschulen GmbH & Co KG）	威廉 - 亚历山大 · 科德斯（Wilhelm-Alexander Kordes）	20220521
241	20220524	科佳普维奥（KORjupvio）	蔷薇属	德国科德斯月季育种公司（W. Kordes' Söhne Rosenschulen GmbH & Co KG）	威廉 - 亚历山大 · 科德斯（Wilhelm-Alexander Kordes）	20220521
242	20220366	坦 17058（TAN17058）	蔷薇属	德国坦涛月季育种公司（Rosen Tantau KG，Germany）	克里斯汀安 · 埃维尔斯（Christian Evers）	20220417
243	20220368	坦 12342（TAN12342）	蔷薇属	德国坦涛月季育种公司（Rosen Tantau KG，Germany）	克里斯汀安 · 埃维尔斯（Christian Evers）	20220417
244	20220369	坦 06119edV（TAN06119edV）	蔷薇属	德国坦涛月季育种公司（Rosen Tantau KG，Germany）	克里斯汀安 · 埃维尔斯（Christian Evers）	20220417
245	20220381	坦 16056（TAN16056）	蔷薇属	德国坦涛月季育种公司（Rosen Tantau KG，Germany）	克里斯汀安 · 埃维尔斯（Christian Evers）	20220418
246	20220175	德瑞斯黑二十八（DrisBlackTwentyEight）	悬钩子属	德瑞斯克公司（Driscoll's，Inc.）	加文 · R · 西尔斯（Gavin R. SILLS）、云文 · 王（Yunwen WANG）、马克 · F · 克苏哈（Mark F. CRUSHA）、约翰 · 范加里（John FANGARY）	20220302
247	20220176	德瑞斯黑二十九（DrisBlackTwentyNine）	悬钩子属	德瑞斯克公司（Driscoll's，Inc.）	加文 · R · 西尔斯（Gavin R. SILLS）、云文 · 王（Yunwen WANG）、马克 · F · 克苏哈（Mark F. CRUSHA）、约翰 · 范加里（John FANGARY）	20220302

（续）

序号	申请号	品种名称	属（种）	申请人	培育人	申请日
248	20220178	德瑞斯红十八（DrisRaspEighteen）	悬钩子属	德瑞斯克公司（Driscoll's，Inc.）	马提亚斯·D·维腾（Matthias D. VITTEN）、卢维亚·V·古铁雷斯（Lluvia V. GUTIERREZ）、凯尔·拉克（Kyle RAK）、路易斯·米格尔·罗德里格兹（Luis Miguel RODRIGUEZ）、詹姆斯·海里格（James HEILIG）	20220303
249	20221667	德瑞斯黑二十七（DrisBlackTwentySeven）	悬钩子属	德瑞斯克公司（Driscoll's，Inc.）	加文·R·西尔斯（Gavin R. SILLS）、云文·王（Yunwen WANG）、马克·F·克苏哈（Mark F. CRUSHA）、约翰·范加里（John FANGARY）	20221129
250	20221668	德瑞斯黑三十（DrisBlackThirty）	悬钩子属	德瑞斯克公司（Driscoll's，Inc.）	加文·R·西尔斯（Gavin R. SILLS）、云文·王（Yunwen WANG）、马克·F·克苏哈（Mark F. CRUSHA）、约翰·范加里（John FANGARY）	20221129
251	20221669	德瑞斯红二十（DrisRaspTwenty）	悬钩子属	德瑞斯克公司（Driscoll's，Inc.）	马提亚斯·D·维腾（Matthias D. VITTEN）、凯尔·拉克（Kyle RAK）、路易斯·米格尔·罗德里格兹（Luis Miguel RODRIGUEZ）、詹姆斯·海里格（James HEILIG）	20221129
252	20221670	德瑞斯红二十一（DrisRaspTwentyOne）	悬钩子属	德瑞斯克公司（Driscoll's，Inc.）	马提亚斯·D·维腾（Matthias D. VITTEN）、凯尔·拉克（Kyle RAK）、路易斯·米格尔·罗德里格兹（Luis Miguel RODRIGUEZ）、詹姆斯·海里格（James HEILIG）	20221129
253	20221671	德瑞斯红二十二（DrisRaspTwentyTwo）	悬钩子属	德瑞斯克公司（Driscoll's，Inc.）	马提亚斯·D·维腾（Matthias D. VITTEN）、凯尔·拉克（Kyle RAK）、路易斯·米格尔·罗德里格兹（Luis Miguel RODRIGUEZ）、詹姆斯·海里格（James HEILIG）	20221129
254	20221672	德瑞斯蓝二十八（DrisBlueTwentyEight）	越橘属	德瑞斯克公司（Driscoll's，Inc.）	布鲁斯·D·莫里（Bruce D. MOWREY）、珍妮弗·K·伊佐（Jennifer K. IZZO）、海梅·帕泽（Jaime PATZER）、克里斯蒂安·克里斯滕森（Christian CHRISTENSEN）、斯蒂芬妮·方（Stephanie FONG）、詹姆斯·奥姆斯特德（James OLMSTEAD）	20221129
255	20221683	德瑞斯黑二十六（DrisBlackTwentySix）	悬钩子属	德瑞斯克公司（Driscoll's，Inc.）	米萨埃尔·博尼法西奥·罗梅罗·埃斯科韦多（Missael Bonifacio Romero ESCOBEDO）、加文·R·西尔斯（Gavin R. SILLS）、马克·F·克苏哈（Mark F. CRUSHA）	20221130

（续）

序号	申请号	品种名称	属（种）	申请人	培育人	申请日
256	20220440	瑞克恩 502（RUICNH502）	蔷薇属	迪瑞特知识产权公司（De Ruiter Intellectual Property B.V.）	汉克·德·格罗特（H.C.A. de Groot）	20220509
257	20221311	瑞普斯 0489B（RUIPS0489B）	蔷薇属	迪瑞特知识产权公司（De Ruiter Intellectual Property B.V.）	汉克·德·格罗特（H.C.A. de Groot）	20220923
258	20211621	瑞可 2032B（RUICO2032B）	蔷薇属	迪瑞特知识产权公司（De Ruiter Intellectual Property B.V.）	汉克·德·格罗特（H.C.A. de Groot）	20211223
259	20220112	瑞克格 3046B（RUICG3046B）	蔷薇属	迪瑞特知识产权公司（De Ruiter Intellectual Property B.V.）	汉克·德·格罗特（H.C.A. de Groot）	20220128
260	20220401	瑞可 0094B（RUICO0094B）	蔷薇属	迪瑞特知识产权公司（De Ruiter Intellectual Property B.V.）	汉克·德·格罗特（H.C.A. de Groot）	20220427
261	20220402	瑞克恩然（RUICNARAN）	蔷薇属	迪瑞特知识产权公司（De Ruiter Intellectual Property B.V.）	汉克·德·格罗特（H.C.A. de Groot）	20220427
262	20220438	瑞普 0251A（RUIPP0251A）	蔷薇属	迪瑞特知识产权公司（De Ruiter Intellectual Property B.V.）	汉克·德·格罗特（H.C.A. de Groot）	20220509
263	20220439	瑞克优 1220A（RUICQ1220A）	蔷薇属	迪瑞特知识产权公司（De Ruiter Intellectual Property B.V.）	汉克·德·格罗特（H.C.A. de Groot）	20220509
264	20221310	瑞普斯 0489A（RUIPS0489A）	蔷薇属	迪瑞特知识产权公司（De Ruiter Intellectual Property B.V.）	汉克·德·格罗特（H.C.A. de Groot）	20220923
265	20221317	瑞普然 0225A（RUIPR0225A）	蔷薇属	迪瑞特知识产权公司（De Ruiter Intellectual Property B.V.）	汉克·德·格罗特（H.C.A. de Groot）	20220926
266	20221323	瑞普克 0133A（RUIPQ0133A）	蔷薇属	迪瑞特知识产权公司（De Ruiter Intellectual Property B.V.）	汉克·德·格罗特（H.C.A. de Groot）	20220926
267	20221324	瑞普斯 0397A（RUIPS0397A）	蔷薇属	迪瑞特知识产权公司（De Ruiter Intellectual Property B.V.）	汉克·德·格罗特（H.C.A. de Groot）	20220926
268	20221332	瑞普斯 0999A（RUIPS0999A）	蔷薇属	迪瑞特知识产权公司（De Ruiter Intellectual Property B.V.）	汉克·德·格罗特（H.C.A. de Groot）	20220928
269	20221333	瑞普斯 0126A（RUIPS0126A）	蔷薇属	迪瑞特知识产权公司（De Ruiter Intellectual Property B.V.）	汉克·德·格罗特（H.C.A. de Groot）	20220928
270	20221334	瑞慕普克 0021（RUIMPQ0021）	蔷薇属	迪瑞特知识产权公司（De Ruiter Intellectual Property B.V.）	汉克·德·格罗特（H.C.A. de Groot）	20220928
271	20221335	瑞普斯 0402A（RUIPS0402A）	蔷薇属	迪瑞特知识产权公司（De Ruiter Intellectual Property B.V.）	汉克·德·格罗特（H.C.A. de Groot）	20220928
272	20221336	瑞普斯 0017A（RUIPS0017A）	蔷薇属	迪瑞特知识产权公司（De Ruiter Intellectual Property B.V.）	汉克·德·格罗特（H.C.A. de Groot）	20220928

（续）

序号	申请号	品种名称	属（种）	申请人	培育人	申请日
273	20221337	瑞慕普微 0001（RUIMPW0001）	蔷薇属	迪瑞特知识产权公司（De Ruiter Intellectual Property B.V.）	汉克·德·格罗特（H.C.A. de Groot）	20220928
274	20221365	瑞恩尼 999（RUICNNY999）	蔷薇属	迪瑞特知识产权公司（De Ruiter Intellectual Property B.V.）	汉克·德·格罗特（H.C.A. de Groot）	20221009
275	20221520	瑞克然 1836A（RUICR1836A）	蔷薇属	迪瑞特知识产权公司（De Ruiter Intellectual Property B.V.）	汉克·德·格罗特（H.C.A. de Groot）	20221107
276	20221366	瑞恩慕克 15（RUICNMCK15）	蔷薇属	迪瑞特知识产权公司（De Ruiter Intellectual Property B.V.）	汉克·德·格罗特（H.C.A. de Groot）	20221009
277	20221373	上彩 3 号	石斛属	东方上彩生物科技有限公司	梁启全、申亮、曾石良、刘钰挥、孙蕊、郑成功、陈华虹、陈燕兰、黎开欢	20221009
278	20221372	上彩 1 号	石斛属	东方上彩现代农业有限公司	刘坤、闫谡、申亮、孙蕊、张强、廖光锐、莫海霞、曾祥漫、高芳银、杜立红	20221009
279	20221374	上彩红	石斛属	东方上彩现代农业有限公司	闫谡、曾石良、刘坤、陈华虹、刘钰挥、郑成功、杜立红、高芳银	20221009
280	20221375	上彩 4 号	石斛属	东方上彩现代农业有限公司	闫谡、刘坤、梁启全、吴立兴、边海鹏、莫海霞、杜立红、曾祥漫	20221009
281	20221376	彩蝶	石斛属	东方上彩现代农业有限公司	申亮、闫谡、吴立兴、张强、廖光锐、陈燕兰、边海鹏、黎开欢	20221009
282	20221295	宏南	枣属	杜宪臣	杜宪臣	20220922
283	20221306	宏雅	枣属	杜宪臣	杜宪臣	20220923
284	20221300	宏儒	枣属	杜宪臣、马荣申	杜宪臣、马荣申	20220922
285	20221303	宏毅	枣属	杜宪臣、马荣申	杜宪臣、马荣申	20220922
286	20220818	翻卷丙	文冠果	杜宪臣、马荣申、杜君如	杜宪臣、马荣申、杜君如	20220719
287	20220045	多盟格拉默（Doroglamo）	蔷薇属	多盟集团公司（Dümmen Group B.V.）	西尔万·卡穆斯塔（Silvan Kamstra）	20220112
288	20220046	多盟荷丽耶（Dorohelyel）	蔷薇属	多盟集团公司（Dümmen Group B.V.）	西尔万·卡穆斯塔（Silvan Kamstra）	20220112
289	20220047	多盟茉塔莫（Doromomtum）	蔷薇属	多盟集团公司（Dümmen Group B.V.）	西尔万·卡穆斯塔（Silvan Kamstra）	20220112
290	20220064	多盟拉特瓦（Dorolatvia）	蔷薇属	多盟集团公司（Dümmen Group B.V.）	菲利普·威斯（Philippe Veys）	20220117
291	20220065	多盟斯尔苹（Dorosilpi）	蔷薇属	多盟集团公司（Dümmen Group B.V.）	菲利普·威斯（Philippe Veys）	20220117
292	20220066	多盟斯尔桑（Dorosilsun）	蔷薇属	多盟集团公司（Dümmen Group B.V.）	西尔万·卡穆斯塔（Silvan Kamstra）	20220117
293	20220707	多盟英迈（Doroimane）	蔷薇属	多盟集团公司（Dümmen Group B.V.）	菲利普·威斯（Philippe Veys）	20220629
294	20220706	多盟迈（Doromigh）	蔷薇属	多盟集团公司（Dümmen Group B.V.）	西尔万·卡穆斯塔（Silvan Kamstra）	20220629

（续）

序号	申请号	品种名称	属（种）	申请人	培育人	申请日
295	20221322	玫斯蒂亚姆（Meistiljam）	蔷薇属	法国玫兰国际有限公司（MEILLAND INTERNATIONAL S.A）	阿兰·安东尼·玫兰（Alain Antoine MEILLAND）	20220926
296	20211403	香丰	核桃属	费县绿缘核桃专业合作社、山东省果树研究所	许海峰、陈新、张美勇、相昆、王贵芳、徐颖	20211119
297	20221187	玉帘	槭属	丰震	丰震、郝雪英、张振英、李增强	20220905
298	20220801	四方琴	榕属	佛山市三水阳特园艺有限公司	蒋雄辉、詹启成、李安华、肖淑惠、黎东均、周博	20220715
299	20220203	雪花飘	李属	福建丹樱生态农业发展有限公司	王琳、林荣光、阙平、胡坚平	20220311
300	20220204	拂袖翠香	李属	福建丹樱生态农业发展有限公司	王珉、林荣光、阙平、胡坚平、王琳	20220311
301	20220205	丝绦玉蝶	李属	福建丹樱生态农业发展有限公司	王珉、林荣光、王琳、阙平、胡坚平	20220311
302	20220206	丝绦晚粉蝶	李属	福建丹樱生态农业发展有限公司	王珉、林荣光、王琳、阙平、胡坚平	20220311
303	20220207	春风拂面	李属	福建丹樱生态农业发展有限公司	王珉、王琳、林荣光、阙平、胡坚平	20220311
304	20220208	云间春晓	李属	福建丹樱生态农业发展有限公司	王珉、王琳、林荣光、阙平、胡坚平	20220313
305	20220212	丝绦粉蝶	李属	福建丹樱生态农业发展有限公司	王珉、林荣光、王琳、阙平、胡坚平	20220314
306	20220215	早韵粉	李属	福建丹樱生态农业发展有限公司	林荣光、阙平、林毅雁、王琳、胡坚平、王星榕	20220315
307	20220216	春如意	李属	福建丹樱生态农业发展有限公司	王珉、阙平、林毅雁、王琳、林荣光、林玮捷	20220315
308	20220228	如梦	李属	福建丹樱生态农业发展有限公司	王珉、王琳、胡坚平、阙平、林荣光	20220318
309	20220231	灿若云霞	李属	福建丹樱生态农业发展有限公司	魏一、王琳、林玮捷、林荣光、胡坚平	20220319
310	20220235	一抹嫣红	李属	福建丹樱生态农业发展有限公司	王琳、林毅雁、林荣光、魏一、王星榕、林玮捷	20220322
311	20220253	旺春	李属	福建丹樱生态农业发展有限公司	王珉、阙平、吕彤、林毅雁、胡坚平、林荣光、王琳	20220325
312	20220262	满堂红	李属	福建丹樱生态农业发展有限公司	王珉、魏一、吕彤、王星榕、王琳、阙平	20220328
313	20220263	俏颜	李属	福建丹樱生态农业发展有限公司	王珉、吕彤、林玮捷、王琳、魏一、阙平	20220328
314	20220264	莹雪	李属	福建丹樱生态农业发展有限公司	阙平、魏一、吕彤、林毅雁、林荣光、胡坚平、王珉	20220328
315	20220321	落霞映日	李属	福建丹樱生态农业发展有限公司	林玮捷、王珉、阙平、胡坚平、林荣光、王雪梅	20220411
316	20220328	浙闽清韵	李属	福建丹樱生态农业发展有限公司	王琳、吕彤、魏一、阙平、林玮捷	20220412
317	20220355	丹樱春晓	李属	福建丹樱生态农业发展有限公司	王珉、林荣光、阙平、胡坚平、王琳	20220413
318	20220357	丹樱春红	李属	福建丹樱生态农业发展有限公司	王珉、林荣光、阙平、胡坚平、王琳	20220414
319	20220372	黛妃	李属	福建丹樱生态农业发展有限公司	王琳、魏一、王星榕、阙平、林荣光	20220417
320	20220378	浙闽妃韵	李属	福建丹樱生态农业发展有限公司	王珉、林荣光、胡坚平、王琳、阙平	20220418
321	20220379	禾秀	李属	福建丹樱生态农业发展有限公司	林荣光、魏一、王琳、林玮捷、王星榕	20220418
322	20220380	禾莹	李属	福建丹樱生态农业发展有限公司	魏一、王琳、王星榕、胡坚平、阙平	20220418

（续）

序号	申请号	品种名称	属（种）	申请人	培育人	申请日
323	20220382	浙闽寒韵	李属	福建丹樱生态农业发展有限公司	王珉、阙平、魏一、吕彤、林荣光	20220419
324	20220383	禾春	李属	福建丹樱生态农业发展有限公司	阙平、胡坚平、王琳、林荣光、林玮捷	20220419
325	20220384	雪妃	李属	福建丹樱生态农业发展有限公司	魏一、王琳、林毅雁、林荣光、胡坚平	20220419
326	20220385	香雪	李属	福建丹樱生态农业发展有限公司	胡坚平、阙平、林荣光、王琳、王星榕	20220419
327	20220387	欣妃	李属	福建丹樱生态农业发展有限公司	王珉、林荣光、胡坚平、王琳、阙平	20220419
328	20220395	浙闽粉韵	李属	福建丹樱生态农业发展有限公司	魏一、王琳、吕彤、胡坚平、林荣光	20220420
329	20220398	紫彤	李属	福建丹樱生态农业发展有限公司	林毅雁、廖鹏辉、林玮捷、阙平、魏一	20220425
330	20220031	彩云	兰属	福建连城兰花股份有限公司、福建农林大学	饶小琼、彭东辉、饶春荣、周育真、艾叶、谢福旺、傅春梅、李甜甜	20220107
331	20220032	花蝴蝶	兰属	福建连城兰花股份有限公司、福建农林大学	饶春荣、彭东辉、饶小琼、翟俊文、蔡黄河、余洁、艾叶、周育真	20220107
332	20220033	冠豸麒麟	兰属	福建连城兰花股份有限公司、福建农林大学	饶小琼、彭东辉、周育真、饶芳琼、赵凯、黄艳、饶春荣、孙佳婷	20220107
333	20220034	冠豸仙子	兰属	福建连城兰花股份有限公司、福建农林大学	饶春荣、彭东辉、赵凯、蔡黄河、吴沙沙、黄艳、饶小琼、饶芳琼	20220107
334	20220037	白玉素蝶	兰属	福建连城兰花股份有限公司、福建农林大学	饶芳琼、彭东辉、周育真、饶小琼、吴沙沙、饶春荣、傅春梅、赵凯	20220110
335	20220041	四季仙子	兰属	福建连城兰花股份有限公司、福建农林大学	饶小琼、彭东辉、黄艳、饶芳琼、傅春梅、饶春荣、翟俊文、石晓玲	20220112
336	20211539	黄金岁月	石斛属	福建连天福生物科技有限公司	张志勇、周美玲、谢福旺、黄小玲、何碧珠、郑新妹、林东升、戴艺民、林江波、林蔚、梁金平、张川、王红梅、陈水妹	20211215
337	20221296	金色童年	山茶属	福建省龙岩市秀峰茶花有限公司	张陈环、周兴文、谢一青、黄勇、段明霞、张寿丰	20220922
338	20211598	黑钻秋炫	悬钩子属	福建省御皇农业科技发展有限公司	郭云伟	20211221
339	20211615	黑钻秋韵	悬钩子属	福建省御皇农业科技发展有限公司	郭云伟	20211222
340	20220986	丰彩	李属	福建芝樱公园农业科技有限公司	于可丰、于孙济	20220810
341	20220934	国济春红	李属	福建芝樱公园农业科技有限公司、福建丹樱生态农业发展有限公司	于孙济、薛秋华、林毅雁、王琳、于可丰、魏一	20220808
342	20220935	国济春秀	李属	福建芝樱公园农业科技有限公司、福建丹樱生态农业发展有限公司	于孙济、于可丰、薛秋华、王琳、林毅雁、魏一	20220808
343	20220936	国济春阳	李属	福建芝樱公园农业科技有限公司、福建丹樱生态农业发展有限公司	于孙济、王琳、于可丰、薛秋华、林毅雁、魏一	20220808

（续）

序号	申请号	品种名称	属（种）	申请人	培育人	申请日
344	20220937	国济粉韵	李属	福建芝樱公园农业科技有限公司、福建丹樱生态农业发展有限公司	于孙济、王琳、薛秋华、于可丰、林毅雁、魏一	20220808
345	20220964	国济千黛	李属	福建芝樱公园农业科技有限公司、福建丹樱生态农业发展有限公司	于孙济、薛秋华、王琳、魏一、于可丰、林毅雁	20220809
346	20220965	国济浅韵	李属	福建芝樱公园农业科技有限公司、福建丹樱生态农业发展有限公司	于孙济、于可丰、王琳、薛秋华、魏一、林毅雁	20220809
347	20220968	国济娓韵	李属	福建芝樱公园农业科技有限公司、福建丹樱生态农业发展有限公司	于孙济、薛秋华、王琳、于可丰、魏一、林毅雁	20220809
348	20220983	国济粉黛	李属	福建芝樱公园农业科技有限公司、福建丹樱生态农业发展有限公司	于孙济、王琳、魏一、薛秋华、林毅雁、于可丰	20220810
349	20220984	金玉满堂	李属	福建芝樱公园农业科技有限公司、福建丹樱生态农业发展有限公司	于孙济、于可丰、王琳、薛秋华、林毅雁、魏一	20220810
350	20220985	国济绯韵	李属	福建芝樱公园农业科技有限公司、福建丹樱生态农业发展有限公司	于孙济、于可丰、薛秋华、林毅雁、王琳、魏一	20220810
351	20221009	国济飞霞	李属	福建芝樱公园农业科技有限公司、福建丹樱生态农业发展有限公司	于孙济、王琳、魏一、林毅雁、薛秋华、于可丰	20220811
352	20211496	中云 3 号	云杉属	甘肃省小陇山林业实验局林业科学研究所、中国林业科学研究院林业研究所、北京市植物园管理处	安三平、王军辉、吕寻、王丽芳、许娜、欧阳芳群、马丽娜、鲜小军、杜彦昌、贺然	20211210
353	20221700	艾克 1235 思格（Aqua1235SG）	绣球属	高桥康弘（Yasuhiro Takahashi）	高桥康弘（Yasuhiro Takahashi）	20221201
354	20221701	卡 3431（Kar3431）	绣球属	高桥康弘（Yasuhiro Takahashi）	高桥康弘（Yasuhiro Takahashi）	20221201
355	20221702	2430 利奥（2430leo）	绣球属	高桥康弘（Yasuhiro Takahashi）	高桥康弘（Yasuhiro Takahashi）	20221201
356	20221703	海卓 20 艾尚（Hydr20ASHG）	绣球属	高桥康弘（Yasuhiro Takahashi）	高桥康弘（Yasuhiro Takahashi）	20221201
357	20221704	海卓 2892A（Hydr2892A）	绣球属	高桥康弘（Yasuhiro Takahashi）	高桥康弘（Yasuhiro Takahashi）	20221201
358	20221705	伊科 1867 克普（Iko1867cp）	绣球属	高桥康弘（Yasuhiro Takahashi）	高桥康弘（Yasuhiro Takahashi）	20221201
359	20221706	莎 2840A（SH2840A）	绣球属	高桥康弘（Yasuhiro Takahashi）	高桥康弘（Yasuhiro Takahashi）	20221201
360	20220585	绿玉	卫矛属	高悦鹏、姚飞、王浩	姚飞、王浩、高悦鹏	20220606
361	20221217	朱雀鸣夏	山茶属	高州市品然人家农业发展有限公司、肇庆棕榈谷花园有限公司	黄万坚、蒋祖文、钟乃盛、刘信凯、黎艳玲、叶琦君、高继银	20220908

（续）

序号	申请号	品种名称	属（种）	申请人	培育人	申请日
362	20221218	后起之秀	山茶属	高州市品然人家农业发展有限公司、肇庆棕榈谷花园有限公司	黄万坚、蒋祖文、钟乃盛、刘信凯、叶琦君、黎艳玲、高继银	20220908
363	20220269	四季魔幻	山茶属	广东阿婆六生态农业发展有限公司、佛山市林业科学研究所（佛山植物园）、肇庆棕榈谷花园有限公司	殷爱华、黎艳玲、万利鑫、玄祖迎、柯欢、侯文卿、刘信凯、黄万坚、钟乃盛、叶琦君	20220330
364	20220280	跨界红女	山茶属	广东阿婆六生态农业发展有限公司、佛山市林业科学研究所（佛山植物园）、肇庆棕榈谷花园有限公司	赵鸿杰、陈杰、冯骧、侯文卿、李鑫、刘信凯、万利鑫、黄万坚、钟乃盛、叶琦君、黎艳玲	20220401
365	20220281	年年有余	山茶属	广东阿婆六生态农业发展有限公司、上海星源农业实验场、肇庆棕榈谷花园有限公司	刘信凯、张斌、周和达、钟乃盛、侯文卿、高继银、叶琦君、黎艳玲	20220401
366	20220282	四季财宝	山茶属	广东阿婆六生态农业发展有限公司、上海星源农业实验场、肇庆棕榈谷花园有限公司	刘信凯、张斌、周和达、钟乃盛、侯文卿、高继银、黎艳玲、叶琦君	20220401
367	20220425	多季玲珑	山茶属	广东阿婆六生态农业发展有限公司、上海星源农业实验场、肇庆棕榈谷花园有限公司	钟乃盛、张斌、周和达、刘信凯、冯骧、高继银、周敏中、叶琦君、黎艳玲	20220507
368	20220270	玲珑黑妹	山茶属	广东阿婆六生态农业发展有限公司、肇庆棕榈谷花园有限公司	侯文卿、钟乃盛、黎艳玲、刘信凯、周明顺、周敏中、叶琦君	20220330
369	20220279	红龙舞天	山茶属	广东阿婆六生态农业发展有限公司、肇庆棕榈谷花园有限公司	黎艳玲、周明顺、邓小琴、吴文诗、叶琦君、冯骧、李维全、钟乃盛、刘信凯	20220401
370	20220283	四季出彩	山茶属	广东阿婆六生态农业发展有限公司、肇庆棕榈谷花园有限公司	黄万坚、周敏中、冯骧、刘信凯、邓小琴、李维全、高继银、钟乃盛、叶琦君、黎艳玲	20220401
371	20220422	红盘托金	山茶属	广东阿婆六生态农业发展有限公司、肇庆棕榈谷花园有限公司	黄万坚、叶冰、章丹峰、彭逢惠、殷广湖、吴文诗、周敏中、钟乃盛、叶琦君、黎艳玲、刘信凯	20220507
372	20220423	杜抱奇迹	山茶属	广东阿婆六生态农业发展有限公司、肇庆棕榈谷花园有限公司	钟乃盛、吴文诗、彭逢惠、章丹峰、殷广湖、周敏中、黎艳玲、叶琦君、刘信凯	20220507
373	20220424	混血女郎	山茶属	广东阿婆六生态农业发展有限公司、肇庆棕榈谷花园有限公司	钟乃盛、吴文诗、彭逢惠、殷广湖、黄万坚、周敏中、叶琦君、黎艳玲、刘信凯	20220507
374	20220426	镶边彩扣	山茶属	广东阿婆六生态农业发展有限公司、肇庆棕榈谷花园有限公司	刘信凯、殷广湖、邓小琴、胡羡聪、钟乃盛、黎艳玲、叶琦君、侯文卿	20220507
375	20220428	四季富贵	山茶属	广东阿婆六生态农业发展有限公司、肇庆棕榈谷花园有限公司	黎艳玲、刘信凯、李维全、冯骧、侯文卿、高继银、钟乃盛、叶琦君、周士琳	20220507
376	20220429	黎明破晓	山茶属	广东阿婆六生态农业发展有限公司、肇庆棕榈谷花园有限公司	黎艳玲、黄万坚、侯文卿、钟乃盛、刘信凯、高继银、冯骧、叶琦君、刘裕琛	20220507
377	20220431	巨型宝石	山茶属	广东阿婆六生态农业发展有限公司、肇庆棕榈谷花园有限公司	黄万坚、周士琳、彭逢惠、刘信凯、冯骧、侯文卿、钟乃盛、黎艳玲、叶琦君	20220507

（续）

序号	申请号	品种名称	属（种）	申请人	培育人	申请日
378	20220432	红粉舞会	山茶属	广东阿婆六生态农业发展有限公司、肇庆棕榈谷花园有限公司	叶琦君、周明顺、彭逢惠、高继银、黄万坚、刘信凯、侯文卿、冯骥、钟乃盛、黎艳玲	20220507
379	20220433	红衣仙女	山茶属	广东阿婆六生态农业发展有限公司、肇庆棕榈谷花园有限公司	冯骥、侯文卿、刘信凯、邓绮雯、钟乃盛、黎艳玲、李维全、叶琦君	20220507
380	20220434	流光溢彩	山茶属	广东阿婆六生态农业发展有限公司、肇庆棕榈谷花园有限公司	黄万坚、叶琦君、周明顺、胡羡聪、钟乃盛、黎艳玲、周敏中、侯文卿、高继银、刘信凯	20220507
381	20220435	暑期红艳	山茶属	广东阿婆六生态农业发展有限公司、肇庆棕榈谷花园有限公司	冯骥、叶琦君、李维全、周明顺、刘信凯、黎艳玲、高继银、钟乃盛	20220507
382	20220436	梦幻新娘	山茶属	广东阿婆六生态农业发展有限公司、肇庆棕榈谷花园有限公司	刘信凯、钟乃盛、聂均铭、黎艳玲、高继银、叶琦君、彭逢惠、侯文卿	20220507
383	20220442	四季风情	山茶属	广东阿婆六生态农业发展有限公司、肇庆棕榈谷花园有限公司	钟乃盛、刘裕深、吴文诗、彭逢惠、冯骥、刘信凯、章丹峰、黎艳玲、叶琦君、刘信凯	20220509
384	20220443	喜迎曙光	山茶属	广东阿婆六生态农业发展有限公司、肇庆棕榈谷花园有限公司	侯文卿、刘信凯、聂均铭、黄万坚、冯骥、叶琦君、李维全、钟乃盛、黎艳玲	20220509
385	20220273	祖庙雕刻	山茶属	广东阿婆六生态农业发展有限公司、肇庆棕榈谷花园有限公司、佛山市林业科学研究所（佛山植物园）	张学平、李鑫、刘信凯、侯文卿、胡羡聪、高继银、赵鸿杰、殷爱华、钟乃盛、黎艳玲、叶琦君	20220330
386	20220430	月月幸福	山茶属	广东阿婆六生态农业发展有限公司、肇庆棕榈谷花园有限公司、浙江彩园居生态农业发展有限公司	符秀玉、黄万坚、侯文卿、叶琦君、彭逢惠、吴文诗、冯骥、钟乃盛、刘信凯、黎艳玲	20220507
387	20220718	霍铁 1 号	石斛属	广东省农业科学院作物研究所、深圳市农科集团有限公司、深圳市农科蔬菜科技有限公司	邱道寿、赵贵林、张达、沈甲诚、黎广雄、谢博帆、余湖森	20220630
388	20221411	壮桐 3 号	泡桐属	广西海桐林业有限公司	隋柳莉、庚韦花、蔡玲、黄湘婷	20221025
389	20220244	粉霞	木槿属	广西槿汇岭南园林科技有限公司、南宁市园林科研所	黄旭光、杨思霞、陆炎松、阮俊、秦玲、黄爱玲	20220324
390	20220245	珠玑	木槿属	广西槿汇岭南园林科技有限公司、南宁市园林科研所	黄旭光、杨思霞、秦玲、王卫南、阮俊、霍行	20220325
391	20220246	红丝绒	木槿属	广西槿汇岭南园林科技有限公司、南宁市园林科研所	杨思霞、黄旭光、阮俊、姜立甫、黄丽丹、陆炎松	20220325
392	20220247	缀明珠	木槿属	广西槿汇岭南园林科技有限公司、南宁市园林科研所	杨思霞、王卫南、廖志兵、黄旭富	20220325
393	20220248	烟雨	木槿属	广西槿汇岭南园林科技有限公司、南宁市园林科研所	黄旭光、杨思霞、黄宇寒、黄旭富、阮俊、罗恩波	20220325
394	20220249	白雾红尘	木槿属	广西槿汇岭南园林科技有限公司、南宁市园林科研所	黄旭光、陆炎松、杨思霞、赵建文、阮俊	20220325

（续）

序号	申请号	品种名称	属（种）	申请人	培育人	申请日
395	20220250	夜阑珊	木槿属	广西槿汇岭南园林科技有限公司、南宁市园林科研所	黄旭光、杨思霞、陆炎松、黄爱玲、黄旭富、黄英群	20220325
396	20220251	芸然	木槿属	广西槿汇岭南园林科技有限公司、南宁市园林科研所	陆炎松、杨思霞、霍行、黄旭光、阮俊、孙利娜	20220325
397	20220252	绯衣	木槿属	广西槿汇岭南园林科技有限公司、南宁市园林科研所	黄旭光、杨思霞、陆炎松、阮俊	20220325
398	20220268	沁雪	木槿属	广西槿汇岭南园林科技有限公司、南宁市园林科研所	黄旭光、陆炎松、杨思霞、黄旭富、赵建文、黄宇寒	20220329
399	20220132	翠羽	澳洲坚果	广西南亚热带农业科学研究所	王文林、谭秋锦、黄锡云、韦媛荣、许鹏、韦哲君、汤秀华、郑树芳、覃振师、何铣扬、潘贞珍、潘浩男、环秀菊、钟剑章、周春衡、覃潇敏、贺鹏、张涛、宋海云、莫庆道	20220210
400	20220142	紫金	鳄梨	广西南亚热带农业科学研究所	王文林、汤秀华、郑树芳、韦哲君、许鹏、韦媛荣、陈海生、贺鹏、宋海云、张涛、潘浩男、环秀菊	20220213
401	20220149	腾龙	鳄梨	广西南亚热带农业科学研究所	汤秀华、王文林、何铣扬、郑树芳、谭秋锦、覃振师、黄锡云、莫庆道、赵大宣、钟剑章、潘贞珍、周春衡	20220214
402	20220367	玉玲珑	黄皮属	广西南亚热带农业科学研究所	郑树芳、何铣扬、覃振师、王文林、张涛、谭秋锦、汤秀华、宋海云、许鹏、陈海生、黄锡云、韦媛荣、贺鹏、韦哲君、周春衡、钟剑章、潘贞珍、潘浩男、环秀菊、莫庆道	20220417
403	20220150	容山香 1 号	八角属	广西容县新种种子有限公司	李进源、林林、黄贤教、卢文倍、李嘉林、植业民、陈信林、陈品梅、林积全、梁妮、黎远、黎均洪、李钊容、刘启志	20220215
404	20220230	东桉 1 号	桉属	广西壮族自治区国有东门林场	邱炳发、王建忠、白卫国、刘正兴、马忠才、唐再生、覃林波、张磊、蒋兴成、赵英伟	20220318
405	20220232	东桉 2 号	桉属	广西壮族自治区国有东门林场	陆珍先、熊涛、魏国余、王建忠、李霞、刘金炽、赵英伟、李丽芳、费晓云、俸荣娣	20220320
406	20220233	东桉 3 号	桉属	广西壮族自治区国有东门林场	兰俊、张磊、李大华、蒋兴成、马忠才、王建忠、刘金炽、熊涛、李丽芳、彭智邦	20220320
407	20220408	松乾	松属	广西壮族自治区林业科学研究院	杨章旗、黄永利、谭健晖	20220501
408	20220411	松诗	松属	广西壮族自治区林业科学研究院	杨章旗、吴东山、黄永利	20220502

（续）

序号	申请号	品种名称	属（种）	申请人	培育人	申请日
409	20220412	松礼	松属	广西壮族自治区林业科学研究院	杨章旗、吴东山、黄永利	20220502
410	20220413	松易	松属	广西壮族自治区林业科学研究院	杨章旗、吴东山、黄永利	20220502
411	20220420	松颐	松属	广西壮族自治区林业科学研究院	杨章旗、陈虎、吴东山	20220505
412	20220421	松乐	松属	广西壮族自治区林业科学研究院	杨章旗、吴东山、黄永利	20220505
413	20220437	松坤	松属	广西壮族自治区林业科学研究院	杨章旗、吴东山、黄永利	20220508
414	20220605	义娟	山茶属	广西壮族自治区林业科学研究院	马锦林、韦晓娟、李月娟、叶航、张幸、廖健明	20220609
415	20220606	义雄	山茶属	广西壮族自治区林业科学研究院	陈国臣、蒋桂雄、马锦林、叶航	20220609
416	20220607	义校	山茶属	广西壮族自治区林业科学研究院	叶航、梁国校、马锦林、陈国臣、夏莹莹	20220609
417	20220608	洛丽	山茶属	广西壮族自治区林业科学研究院	王东雪、江泽鹏、刘凯、梁斌、郝丙青、陈林强、陈国臣、吴方圆、梁国校、李月娟	20220609
418	20220609	义莹	山茶属	广西壮族自治区林业科学研究院	夏莹莹、叶航、陈国臣、王东雪、江泽鹏	20220609
419	20220610	义燕	山茶属	广西壮族自治区林业科学研究院	马锦林、何小燕、陈国臣、蔡娅	20220609
420	20220611	义润	山茶属	广西壮族自治区林业科学研究院	马锦林、叶航、陈国臣、梁斌、郝丙青	20220609
421	20220612	岑曦	山茶属	广西壮族自治区林业科学研究院	王东雪、江泽鹏、夏莹莹、曾雯珺、李伟强、叶维军、谢少义、叶航、梁斌、蔡娅	20220609
422	20220619	灿烂	山茶属	广西壮族自治区林业科学研究院	夏莹莹、陈国臣、王东雪、梁斌、蔡娅、江泽鹏、郝丙青	20220611
423	20220622	绿悠	山茶属	广西壮族自治区林业科学研究院	夏莹莹、陈国臣、郝丙青、江泽鹏、梁斌、蔡娅、王东雪、魏育	20220611
424	20220623	义娅	山茶属	广西壮族自治区林业科学研究院	蔡娅、叶航、马锦林、陈国臣、魏育、张照远	20220611
425	20220601	安林	山茶属	广西壮族自治区林业科学研究院、广西益元油茶产业发展有限公司	马锦林、陈国臣、叶航、黄国容、王东雪	20220609
426	20220603	安赢	山茶属	广西壮族自治区林业科学研究院、广西益元油茶产业发展有限公司	夏莹莹、陈国臣、郝丙青、蔡娅、黄国容	20220609
427	20220604	安发	山茶属	广西壮族自治区林业科学研究院、广西益元油茶产业发展有限公司	蔡娅、叶航、江泽鹏、夏莹莹、王东雪	20220609
428	20220620	安元	山茶属	广西壮族自治区林业科学研究院、广西益元油茶产业发展有限公司	蔡娅、叶航、马锦林、陈国臣、魏育、黄国容	20220611
429	20220621	安高	山茶属	广西壮族自治区林业科学研究院、广西益元油茶产业发展有限公司	叶航、黄伯高、陈国臣、马锦林、黄国容、梁斌	20220611
430	20220602	安沚	山茶属	广西壮族自治区林业科学研究院、广西益元油茶产业发展有限公司	叶航、马锦林、陈国臣、黄国容、曾雯珺	20220609

（续）

序号	申请号	品种名称	属（种）	申请人	培育人	申请日
431	20220327	浓情巧克力	万代兰属	广西壮族自治区农业科学院	张自斌、邓杰玲、黄昌艳、崔学强	20220412
432	20221425	梅兰芳华	万代兰属	广西壮族自治区农业科学院	张自斌、黄昌艳、崔学强、邓杰玲	20221027
433	20220171	桂指 3 号	榕属	广西壮族自治区农业科学院	庾韦花、蒙平、石前、周琼	20220225
434	20220172	桂指 4 号	榕属	广西壮族自治区农业科学院	庾韦花、石前、蒙平	20220225
435	20211631	紫月	报春苣苔属	广西壮族自治区中国科学院广西植物研究所	温放、韦毅刚、符龙飞、辛子兵	20211224
436	20220686	披星汉子	报春苣苔属	广西壮族自治区中国科学院广西植物研究所	温放、辛子兵、李瑞锋、韦毅刚	20220625
437	20220697	点绛唇	报春苣苔属	广西壮族自治区中国科学院广西植物研究所	温放、辛子兵、李瑞锋、韦毅刚	20220628
438	20220698	明月楼	报春苣苔属	广西壮族自治区中国科学院广西植物研究所	韦毅刚、杨自猛、符龙飞、温放	20220628
439	20220699	灿紫星河	报春苣苔属	广西壮族自治区中国科学院广西植物研究所	温放、辛子兵、李瑞锋、韦毅刚	20220628
440	20220700	紫芸庭	报春苣苔属	广西壮族自治区中国科学院广西植物研究所	韦毅刚、符龙飞、杨自猛、温放	20220628
441	20220701	紫烟阁	报春苣苔属	广西壮族自治区中国科学院广西植物研究所	韦毅刚、符龙飞、杨自猛、温放	20220628
442	20220446	广花清扬	白鹤芋属	广州花卉研究中心	宿庆连、易懋升、夏晴、周晓云、伍树桐、曾伟达、牛文霞、陶涛、骆嘉文、陈惠仙、蔡凯宇、梁颖	20220509
443	20220447	广花清雅	白鹤芋属	广州花卉研究中心	易懋升、夏晴、周晓云、宿庆连、陈一新、伍树桐、牛文霞、吴贤彬、徐双明、彭雪芳、刘琴、陈学理	20220509
444	20220448	广花清丽	白鹤芋属	广州花卉研究中心	周晓云、夏晴、易懋升、宿庆连、黄明翅、陈一新、顾梦云、范正红、谢伟平、陈剑华、罗发强、林素青	20220509
445	20220254	华彩	吊钟花属	广州华苑园林股份有限公司	董运常、罗伟聪、刘贵才、高欢欢、江良为、陈振涛、吴道辉	20220325
446	20220255	华耀	吊钟花属	广州华苑园林股份有限公司	高欢欢、董运常、罗伟聪、刘贵才、江良为、陈振涛、陈兰	20220325
447	20220256	华韵	吊钟花属	广州华苑园林股份有限公司	陈振涛、董运常、罗伟聪、刘贵才、高欢欢、江良为、王唯一	20220325
448	20220257	华茜	吊钟花属	广州华苑园林股份有限公司	江良为、董运常、罗伟聪、刘贵才、谢宗明、蔡林和	20220325
449	20220258	华莹	吊钟花属	广州华苑园林股份有限公司	刘贵才、董运常、罗伟聪、余兵努、罗樊、李洁雯	20220325
450	20220260	华珍	吊钟花属	广州华苑园林股份有限公司	罗伟聪、刘贵才、董运常、江良为、高欢欢、陈振涛、许少青	20220326

（续）

序号	申请号	品种名称	属（种）	申请人	培育人	申请日
451	20220261	华妍	吊钟花属	广州华苑园林股份有限公司	董运常、刘贵才、罗伟聪、高欢欢、江良为、陈振涛、蔡林和	20220326
452	20220645	华玉	吊钟花属	广州华苑园林股份有限公司	董运常、罗伟聪、江良为、高欢欢、陈振涛、刘贵才	20220616
453	20220646	华樱	吊钟花属	广州华苑园林股份有限公司	罗伟聪、江良为、高欢欢、陈振涛、董运常、刘贵才	20220616
454	20220647	华翠	吊钟花属	广州华苑园林股份有限公司	董运常、刘贵才、高欢欢、江良为、陈振涛、罗伟聪	20220616
455	20220648	华绛	吊钟花属	广州华苑园林股份有限公司	刘贵才、董运常、罗伟聪、江良为、高欢欢、陈振涛	20220616
456	20220259	华苑	吊钟花属	广州华苑园林股份有限公司	刘贵才、董运常、罗伟聪、江良为、高欢欢、陈振涛、甄宏宇、董明康	20220326
457	20221473	含绿	野牡丹属	广州普邦园林股份有限公司	谭广文、曾凤、刘晓洲、邓演文、李银、谢腾芳、易慧琳、李子华、关开朗、李冰敏、朱炫熹、董晨露、陈园、周懿、陈笙	20221102
458	20221474	红颜	野牡丹属	广州普邦园林股份有限公司	谭广文、曾凤、刘晓洲、邓演文、李银、谢腾芳、易慧琳、李子华、关开朗、李冰敏、朱炫熹、董晨露、陈园、周懿、陈笙	20221102
459	20221353	月亮	白鹤芋属	广州市卉通农业科技有限公司、中国科学院华南植物园、广东省农业科学院环境园艺研究所	江旭、熊秉红、刘金梅、叶远俊、冼志恒、周熠玮、李昌璐、黎紫妍	20221008
460	20220809	岭南粉蝶	羊蹄甲属	广州市林业和园林科学研究院	陈勇、郑丹菁、代色平、孟诗原、张继方、陈婉颖、熊咏梅、宋玉林	20220719
461	20220810	紫蝶	羊蹄甲属	广州市林业和园林科学研究院	陈勇、郑丹菁、贾朋、阮琳、唐昌亮、罗树凯、李浩、钱磊、夏征	20220719
462	20220787	碧玉年华	野牡丹属	广州市绿化有限公司、广州市建筑股份有限公司、广州市建筑集团有限公司	袁美华、黄琦、邓建忠、方永红、雷杰、梁湖清、邵泉、陈琼	20220708
463	20220793	锦瑟年华	野牡丹属	广州市绿化有限公司、中山大学	黎宝宁、周仁超、金海湘、刘莹、陈惠玲、何林洪、邢业苗、贾益兴	20220711
464	20220856	旺地 4 号	李属	广州天适集团有限公司、韶关市旺地樱花种植有限公司、广州旺地园林工程有限公司	何宗儒、胡晓敏、叶小玲、朱军、熊育明、胡小锋、杨梓滨	20220726
465	20220563	粤美人	李属	广州天适集团有限公司、韶关市旺地樱花种植有限公司、英德市旺地樱花种植有限公司	叶小玲、冯钦钊、陈端妮、朱军、胡晓敏、高珊、杨梓滨	20220531
466	20220842	隽秀	李属	广州天适集团有限公司、韶关市旺地樱花种植有限公司、英德市旺地樱花种植有限公司	胡晓敏、叶小玲、朱军、熊育明、杨梓滨、熊婷婷、冯钦钊	20220725

（续）

序号	申请号	品种名称	属（种）	申请人	培育人	申请日
467	20220553	青春	李属	广州天适集团有限公司、英德市旺地樱花种植有限公司、广州旺地园林工程有限公司	叶小玲、胡晓敏、朱军、杨梓滨、高珊、熊海坚、冯钦钊	20220527
468	20220627	旺地2号	李属	广州天适集团有限公司、英德市旺地樱花种植有限公司、广州旺地园林工程有限公司	胡晓敏、朱军、叶小玲、陈端妮、杨梓滨、何宗儒、冯钦钊	20220613
469	20220599	飞花	李属	广州旺地园林工程有限公司、广州天适集团有限公司、韶关市旺地樱花种植有限公司	朱军、胡晓敏、林杰好、叶小玲、陈端妮、冯钦钊、高珊	20220609
470	20220592	美梦	李属	广州旺地园林工程有限公司、韶关市旺地樱花种植有限公司、广州天适集团有限公司	胡晓敏、朱军、叶小玲、杨梓滨、阮文俊、高珊、熊育明	20220607
471	20220561	芳心	李属	广州旺地园林工程有限公司、韶关市旺地樱花种植有限公司、英德市旺地樱花种植有限公司	叶小玲、胡晓敏、朱军、陈端妮、高珊、杨梓滨、林杰好	20220531
472	20220857	旺地5号	李属	广州旺地园林工程有限公司、英德市旺地樱花种植有限公司、广州天适集团有限公司	胡晓敏、叶小玲、朱军、熊育明、杨梓滨、胡雨寒、何宗儒	20220726
473	20220626	旺地1号	李属	广州旺地园林工程有限公司、英德市旺地樱花种植有限公司、韶关市旺地樱花种植有限公司	叶小玲、胡晓敏、李园凤、朱军、高珊、何宗儒、陈端妮	20220613
474	20221584	红斛1号	石斛属	贵州省亚热带作物研究所	周玉飞、罗晓青、王晓敏、李廷洋、刘剑东	20221121
475	20221589	青斛1号	石斛属	贵州省亚热带作物研究所	王晓敏、罗晓青、周玉飞、李廷洋、刘剑东	20221121
476	20220010	紫方	方竹属	国际竹藤中心、西南林业大学、彝良县林业和草原局	高健、孙茂盛、黎芸榜	20220105
477	20220011	小草坝2号	方竹属	国际竹藤中心、西南林业大学、彝良县林业和草原局	高健、孙茂盛、黎芸榜	20220105
478	20220004	钟鸣毛方	方竹属	国际竹藤中心、彝良县林业和草原局、西南林业大学	高健、黎芸榜、孙茂盛	20220102
479	20220012	小草坝3号	方竹属	国际竹藤中心、彝良县林业和草原局、西南林业大学	高健、黎芸榜、孙茂盛	20220105
480	20220466	丹若一号	石榴属	海南省丹若农业有限责任公司	崔仁鸿	20220512
481	20211448	海岛佳人	叶子花属	海南省农业科学院热带园艺研究所	符瑞侃、杨珺	20211130
482	20211612	海岛红心	叶子花属	海南省农业科学院热带园艺研究所	杨珺、符瑞侃	20211222
483	20211613	海岛红韵	叶子花属	海南省农业科学院热带园艺研究所	符瑞侃、杨珺	20211222
484	20220068	粉扇	叶子花属	海南省农业科学院热带园艺研究所	杨珺、符瑞侃	20220117
485	20220084	海岛春晓	叶子花属	海南省农业科学院热带园艺研究所	杨珺、符瑞侃	20220118
486	20221331	七彩粉	蔷薇属	邯郸市七彩园林绿化工程有限公司	王建明、史丽婷	20220928
487	20221367	七彩粉蝶	蔷薇属	邯郸市七彩园林绿化工程有限公司	王建明、史丽婷	20221009
488	20221368	七彩飞舞	蔷薇属	邯郸市七彩园林绿化工程有限公司	王建明、史丽婷	20221009

（续）

序号	申请号	品种名称	属（种）	申请人	培育人	申请日
489	20221397	七彩攀越	蔷薇属	邯郸市七彩园林绿化工程有限公司	王建明、史丽婷	20221012
490	20221321	北国之春	蔷薇属	邯郸市七彩园林绿化工程有限公司、新疆瑞绎昕生态园林技术有限公司	王建明、史丽婷	20220926
491	20220542	星林银河	蔷薇属	韩倩	韩倩	20220526
492	20220556	星林仙女湖	蔷薇属	韩倩	韩倩	20220528
493	20220586	月林小公主	蔷薇属	韩倩	韩倩	20220606
494	20220388	碧青	冬青属	杭州市园林绿化股份有限公司	丁旭升、邱帅、孙丽娜、沈柏春、江晓钰、魏建芬	20220419
495	20220389	灿辉	冬青属	杭州市园林绿化股份有限公司	李寿仁、陈超、张楠、陈徐平、陈浩、朱淑霞	20220419
496	20220390	灿叠	冬青属	杭州市园林绿化股份有限公司	朱淑霞、魏建芬、余磊、吴光洪、沈柏春、陈林敬	20220419
497	20220391	朝鸾	冬青属	杭州市园林绿化股份有限公司	陈伯翔、张俊林、樊靖、彭志声、任飞、邱帅	20220419
498	20220393	鸾暮	冬青属	杭州市园林绿化股份有限公司	陈宇、田伟莉、彭悠悠、吴光洪、魏建芬、楼啸林	20220419
499	20220392	鸾宇	冬青属	杭州市园林绿化股份有限公司	卢山、高凯、杨浩、吴光洪、邱帅、王霁	20220419
500	20220525	复罇	杜鹃花属	杭州职业技术学院	牛旭帅、朱雅彬、龚仲幸、郑慧俊	20220521
501	20220404	合植晕心	蜡梅	合肥植物园	程红梅、周耘峰、詹双侯、吴翠珍、姚晓春	20220428
502	20220405	庐州浅晕	蜡梅	合肥植物园	程红梅	20220428
503	20211512	锦碧	榆属	河北林业和草原科学研究院	黄印冉、闫淑芳、冯树香、刘易超、王玉忠、杨敏生、张军、张国君、代嵩华、樊彦聪、陈丽英、董谦	20211213
504	20211510	碧玉	榆属	河北润丰林业科技有限公司	刘易超、黄印朋、张永芝、代嵩华、陈丽英、樊彦聪、杨敏生、王进茂、张国君、冯树香、闫淑芳	20211213
505	20211511	秋翠	榆属	河北润丰林业科技有限公司	刘易超、黄印朋、张永芝、杨敏生、陈丽英、樊彦聪、代嵩华、王进茂、张国君、冯树香、闫淑芳	20211213
506	20220184	红绢	木槿属	河北润丰林业科技有限公司	刘易超、刘香芬、李红、刘冬云、孟庆瑞、陈丽英、代嵩华、樊彦聪	20220304
507	20211394	冀洪槐 3 号	槐属	河北省洪崖山国有林场、河北农业大学	聂书海、董研、周苗苗、原阳晨、庞久帅、武素然、杨敏生、董军生、陈会敏	20211119
508	20211672	彩虹	桦木属	河北省林业和草原科学研究院	黄印冉、樊彦聪、陈丽英、冯树香、刘易超、闫淑芳、董谦	20211227

（续）

序号	申请号	品种名称	属（种）	申请人	培育人	申请日
509	20220220	冀椒2号	花椒属	河北省林业和草原科学研究院	赵京献、郭伟珍、秦素洁、曹军合、赵俊喜、邱政芳	20220317
510	20220226	冀椒3号	花椒属	河北省林业和草原科学研究院	赵京献、郭伟珍、曹军合、秦素洁、李明远	20220318
511	20220227	冀椒1号	花椒属	河北省林业和草原科学研究院	赵京献、郭伟珍、秦素洁、李明远、曹军合	20220318
512	20220441	冀毛1号	杨属	河北省林业和草原科学研究院	徐振华、刘春鹏、李向军、郑聪慧、杜克久	20220509
513	20220472	白钰	桦木属	河北省林业和草原科学研究院	黄印冉、冯树香、樊彦聪、陈丽英、刘易超、闫淑芳、代嵩华、董谦	20220512
514	20220860	燕香	核桃属	河北省林业和草原科学研究院	张建英、张莹莹、陈先林、王萍、刘和顺、毛向红、徐平	20220727
515	20220861	硕香	核桃属	河北省林业和草原科学研究院	张建英、张莹莹、王萍、陈先林、刘和顺、毛向红、徐平	20220727
516	20220975	滨柽2号	柽柳属	河北省农林科学院滨海农业研究所	郭艳超、郑伶杰、丁丁、郑丽锦	20220809
517	20211596	冀C47	李属	河北省农林科学院昌黎果树研究所	李玉生、陈龙、吴永杰、程和禾、李友刚、郭勇、吴雅琴、赵艳华	20211220
518	20211597	冀C63	李属	河北省农林科学院昌黎果树研究所	陈龙、李玉生、程和禾、吴永杰、吴雅琴、赵艳华、李友刚、郭勇	20211220
519	20220794	金翘1号	连翘属	河北省农林科学院经济作物研究所	刘灵娣、姜涛、田伟、刘铭、温春秀、贾东升	20220712
520	20220795	冀翘5号	连翘属	河北省农林科学院经济作物研究所	刘灵娣、姜涛、温春秀、田伟、刘铭、贾东升、谢晓亮	20220712
521	20220796	冀翘4号	连翘属	河北省农林科学院经济作物研究所	刘铭、刘灵娣、田伟、姜涛、贾东升、温春秀、谢晓亮	20220713
522	20220804	丰翘2号	连翘属	河北省农林科学院经济作物研究所	刘灵娣、田伟、贾东升、温春秀、姜涛、刘铭、谢晓亮	20220716
523	20220805	丰翘1号	连翘属	河北省农林科学院经济作物研究所	姜涛、刘灵娣、温春秀、田伟、刘铭、贾东升、谢晓亮	20220716
524	20221198	冀胭红	杏	河北省农林科学院石家庄果树研究所	武晓红、景晨娟、王端、陈雪峰、刘志琨	20220907
525	20220477	普天红嫣	木瓜属	河北宇红苗木种植有限公司	杨恩普、邸葆、陈段芬、杨世理	20220515
526	20220478	普天大叶	木瓜属	河北宇红苗木种植有限公司	杨恩普、邸葆、陈段芬、杨世理	20220515
527	20220479	红粉佳人	木瓜属	河北宇红苗木种植有限公司	杨恩普、邸葆、陈段芬、杨世理	20220515
528	20220480	普天小曲	木瓜属	河北宇红苗木种植有限公司	杨恩普、邸葆、陈段芬、杨世理	20220515
529	20211404	豫济	山桐子属	河南农业大学	刘震、王艳梅、耿晓东、李志、蔡齐飞、任军战、李中福	20211119

（续）

序号	申请号	品种名称	属（种）	申请人	培育人	申请日
530	20220296	金晕波皱	蜡梅	河南省林业科学研究院	沈植国、丁鑫、王志刚、程建明、孙萌、汤正辉、王冉、沈希辉、李会宽	20220406
531	20220374	玉碗晕边	蜡梅	河南省林业科学研究院	沈植国、孙萌、卫发兴、程建明、汤正辉、沈希辉、韩健	20220418
532	20221133	乔红	紫薇属	河南省林业科学研究院	沈植国、丁鑫、李红伟、李留振、孙萌、汤正辉、武方方、岳长平、李琳	20220826
533	20221162	香绯	紫薇属	河南省林业科学研究院	李留振、沈植国、王安亭、李静、程建明、韩健、沈希辉、武方方、李琳	20220829
534	20220303	卷帘红心	蜡梅	河南省林业科学研究院、河南御梅苑实业有限公司	沈植国、丁鑫、卫发兴、王安亭、王冉、沈希辉、石楠、石发良、汪世忠	20220407
535	20220304	玉晕波皱	蜡梅	河南省林业科学研究院、河南御梅苑实业有限公司	丁鑫、沈植国、卫发兴、孙萌、程建明、石楠、石发良、汤正辉、李会宽	20220407
536	20220375	金晕磬口	蜡梅	河南省林业科学研究院、河南御梅苑实业有限公司	沈植国、丁鑫、石楠、王安亭、石发良、沈希辉、汤正辉	20220418
537	20220376	金虎蹄	蜡梅	河南省林业科学研究院、河南御梅苑实业有限公司	沈植国、石发良、孙萌、石楠、丁鑫、程建明、李留振	20220418
538	20221132	紫光	紫薇属	河南省林业科学研究院、许昌市林业和花木园艺发展中心	沈植国、丁鑫、王安亭、李红伟、程建明、沈希辉、岳长平、汪世忠、李静	20220826
539	20211112	贝肯大马格（BKDAMAGRB）	大丽花属	荷兰贝肯坎普植物有限公司（Beekenkamp Plants B.V.）	S.H. 瑞格卢克（Sanne Helena Ruigrok）	20211013
540	20211114	贝肯大马普（BKDAMAGPU）	大丽花属	荷兰贝肯坎普植物有限公司（Beekenkamp Plants B.V.）	S.H. 瑞格卢克（Sanne Helena Ruigrok）	20211013
541	20220757	多达品乐（Dodahpinle）	大丽花属	荷兰多盟集团公司（Dummen Group B.V.）	F. 林森（Freek Linssen）	20220704
542	20211521	西露丝 02213（SCH02213）	蔷薇属	荷兰西露丝花卉控股有限公司（Piet Schreurs Holding B.V.）	P·N·J·西露丝（Petrus Nicolaas Johannes Schreurs）	20211213
543	20211522	西露丝 83213（SCH83213）	蔷薇属	荷兰西露丝花卉控股有限公司（Piet Schreurs Holding B.V.）	P·N·J·西露丝（Petrus Nicolaas Johannes Schreurs）	20211213
544	20211535	西露丝 84986（SCH84986）	蔷薇属	荷兰西露丝花卉控股有限公司（Piet Schreurs Holding B.V.）	P·N·J·西露丝（Petrus Nicolaas Johannes Schreurs）	20211214
545	20211552	西露丝 80239（SCH80239）	蔷薇属	荷兰西露丝花卉控股有限公司（Piet Schreurs Holding B.V.）	P·N·J·西露丝（Petrus Nicolaas Johannes Schreurs）	20211215
546	20211553	西露丝 88111（SCH88111）	蔷薇属	荷兰西露丝花卉控股有限公司（Piet Schreurs Holding B.V.）	P·N·J·西露丝（Petrus Nicolaas Johannes Schreurs）	20211215

（续）

序号	申请号	品种名称	属（种）	申请人	培育人	申请日
547	20211554	西露丝 88428 （SCH88428）	蔷薇属	荷兰西露丝花卉控股有限公司 （Piet Schreurs Holding B.V.）	P·N·J·西露丝（Petrus Nicolaas Johannes Schreurs）	20211215
548	20211555	西露丝 88433 （SCH88433）	蔷薇属	荷兰西露丝花卉控股有限公司 （Piet Schreurs Holding B.V.）	P·N·J·西露丝（Petrus Nicolaas Johannes Schreurs）	20211215
549	20220309	西露丝 74397 （SCH74397）	蔷薇属	荷兰西露丝花卉控股有限公司 （Piet Schreurs Holding B.V.）	P·N·J·西露丝（Petrus Nicolaas Johannes Schreurs）	20220403
550	20220310	西露丝 86081 （SCH86081）	蔷薇属	荷兰西露丝花卉控股有限公司 （Piet Schreurs Holding B.V.）	P·N·J·西露丝（Petrus Nicolaas Johannes Schreurs）	20220403
551	20220311	西露丝 86293 （SCH86293）	蔷薇属	荷兰西露丝花卉控股有限公司 （Piet Schreurs Holding B.V.）	P·N·J·西露丝（Petrus Nicolaas Johannes Schreurs）	20220403
552	20220318	西露丝 87752 （SCH87752）	蔷薇属	荷兰西露丝花卉控股有限公司 （Piet Schreurs Holding B.V.）	P·N·J·西露丝（Petrus Nicolaas Johannes Schreurs）	20220410
553	20220319	西露丝 88421 （SCH88421）	蔷薇属	荷兰西露丝花卉控股有限公司 （Piet Schreurs Holding B.V.）	P·N·J·西露丝（Petrus Nicolaas Johannes Schreurs）	20220410
554	20220317	西露丝 87432 （SCH87432）	蔷薇属	荷兰西露丝花卉控股有限公司 （Piet Schreurs Holding B.V.）	P·N·J·西露丝（Petrus Nicolaas Johannes Schreurs）	20220410
555	20220229	爱普特 064615 （IPT064615）	蔷薇属	荷兰英特普兰特月季育种公司 （Interplant Roses B.V.）	范·多伊萨姆（ir. A.J.H. van Doesum）	20220318
556	20220322	爱普特 144516 （IPT144516）	蔷薇属	荷兰英特普兰特月季育种公司 （Interplant Roses B.V.）	范·多伊萨姆（ir. A.J.H. van Doesum）	20220411
557	20220324	爱普特 169218 （IPT169218）	蔷薇属	荷兰英特普兰特月季育种公司 （Interplant Roses B.V.）	范·多伊萨姆（ir. A.J.H. van Doesum）	20220411
558	20220325	爱普特 187115 （IPT187115）	蔷薇属	荷兰英特普兰特月季育种公司 （Interplant Roses B.V.）	范·多伊萨姆（ir. A.J.H. van Doesum）	20220411
559	20220326	爱普特 188917 （IPT188917）	蔷薇属	荷兰英特普兰特月季育种公司 （Interplant Roses B.V.）	范·多伊萨姆（ir. A.J.H. van Doesum）	20220411
560	20220370	爱普特 212017 （IPT212017）	蔷薇属	荷兰英特普兰特月季育种公司 （Interplant Roses B.V.）	范·多伊萨姆（ir. A.J.H. van Doesum）	20220417
561	20220371	爱普特 334816 （IPT334816）	蔷薇属	荷兰英特普兰特月季育种公司 （Interplant Roses B.V.）	范·多伊萨姆（ir. A.J.H. van Doesum）	20220417
562	20220557	爱普特 173716 （IPT173716）	蔷薇属	荷兰英特普兰特月季育种公司 （Interplant Roses B.V.）	范·多伊萨姆（ir. A.J.H. van Doesum）	20220528

（续）

序号	申请号	品种名称	属（种）	申请人	培育人	申请日
563	20220558	爱普特 214217（IPT214217）	蔷薇属	荷兰英特普兰特月季育种公司（Interplant Roses B.V.）	范·多伊萨姆（ir. A.J.H. van Doesum）	20220529
564	20220568	爱普特 211015（IPT211015）	蔷薇属	荷兰英特普兰特月季育种公司（Interplant Roses B.V.）	范·多伊萨姆（ir. A.J.H. van Doesum）	20220601
565	20220569	爱普特 042617（IPT042617）	蔷薇属	荷兰英特普兰特月季育种公司（Interplant Roses B.V.）	范·多伊萨姆（ir. A.J.H. van Doesum）	20220601
566	20220579	爱普特 035817（IPT035817）	蔷薇属	荷兰英特普兰特月季育种公司（Interplant Roses B.V.）	范·多伊萨姆（ir. A.J.H. van Doesum）	20220605
567	20220580	爱普特 200317（IPT200317）	蔷薇属	荷兰英特普兰特月季育种公司（Interplant Roses B.V.）	范·多伊萨姆（ir. A.J.H. van Doesum）	20220605
568	20220581	爱普特 164415（IPT164415）	蔷薇属	荷兰英特普兰特月季育种公司（Interplant Roses B.V.）	范·多伊萨姆（ir. A.J.H. van Doesum）	20220605
569	20220582	爱普特 017018（IPT017018）	蔷薇属	荷兰英特普兰特月季育种公司（Interplant Roses B.V.）	范·多伊萨姆（ir. A.J.H. van Doesum）	20220605
570	20220615	爱普特 193017（IPT193017）	蔷薇属	荷兰英特普兰特月季育种公司（Interplant Roses B.V.）	范·多伊萨姆（ir. A.J.H. van Doesum）	20220609
571	20220616	英特哈斯坎（INTERHASCAN）	蔷薇属	荷兰英特普兰特月季育种公司（Interplant Roses B.V.）	范·多伊萨姆（ir. A.J.H. van Doesum）	20220609
572	20220752	因特木斯潘（INTERMUXPAN）	蔷薇属	荷兰英特普兰特月季育种公司（Interplant Roses B.V.）	范·多伊萨姆（ir. A.J.H. van Doesum）	20220704
573	20220756	爱普特 167615（IPT167615）	蔷薇属	荷兰英特普兰特月季育种公司（Interplant Roses B.V.）	范·多伊萨姆（ir. A.J.H. van Doesum）	20220704
574	20221384	翠娇容	芍药属	菏泽鲁菏牡丹种植专业合作社	张贵敏、李晓奇、赵弟行、李霞	20221010
575	20221385	佳人	芍药属	菏泽鲁菏牡丹种植专业合作社	李晓奇、张贵敏、赵弟行、李霞	20221010
576	20221386	盛世红	芍药属	菏泽鲁菏牡丹种植专业合作社	李晓奇、张贵敏、李霞、赵弟行	20221010
577	20211620	大放异彩	芍药属	菏泽市城市管理事业发展中心	刘爱青、洪爱英、王振江、张贵敏	20211223
578	20220286	菏芍 1 号	芍药属	菏泽市农业科学院	王连祥、郑守如、张永珊、杨涌、谷传彦、李思同、任庆国、程亮、韩金龙	20220402
579	20220287	菏芍 2 号	芍药属	菏泽市农业科学院	王连祥、郑守如、张永珊、杨涌、任庆国、李思同、谷传彦、程亮、吕令华	20220402
580	20220288	菏芍 3 号	芍药属	菏泽市农业科学院	王连祥、郑守如、张永珊、杨涌、任庆国、谷传彦、李思同、程亮、吕令华、赵鹏	20220402

（续）

序号	申请号	品种名称	属（种）	申请人	培育人	申请日
581	20220571	篮菏 5 号	芍药属	菏泽市农业科学院	杨涌、王连祥、郑守如、张继雨、王朝、张鑫、张永珊、赵振玉	20220601
582	20220637	枚菏 6 号	芍药属	菏泽市农业科学院	王连祥、杨涌、任庆国、郑守如、张继雨、张鑫、张永珊、赵振玉	20220614
583	20220492	峰然 5 号	忍冬属	黑龙江峰然生物科技有限公司	魏殿文、王锋、谭卓然、林超、王俊芳、张静、王福德、邢昭然、骆丹、张兴悦、李娜、李贺	20220513
584	20211364	傲雪	杜鹃花属	黑龙江省林业科学研究所	王丹、马盈、王福德、赵学丽、齐国涛、舒钰、张志强、祁永会、程洪峰	20211116
585	20221263	蓝秋	越橘属	黑龙江省林业科学院伊春分院	程向东、刘运伟、郭兴、张巍、李相全	20220913
586	20221270	蓝晶	越橘属	黑龙江省林业科学院伊春分院	程向东、刘运伟、郭兴、张巍、李巍巍	20220913
587	20221271	蓝紫	越橘属	黑龙江省林业科学院伊春分院	程向东、刘运伟、郭兴、李相全、李巍巍	20220913
588	20220688	蓝翡丽	忍冬属	黑龙江伊蓝生物科技有限公司	邢振楠、王丹丽、刘艳杰、史福忠、安晓莉	20220627
589	20220760	伊斯梅尔	忍冬属	黑龙江伊蓝生物科技有限公司	邢振楠、王丹丽、刘艳杰、史福忠、安晓莉	20220705
590	20220764	圣安娜	忍冬属	黑龙江伊蓝生物科技有限公司	邢振楠、王丹丽、刘艳杰、史福忠、安晓莉	20220705
591	20221082	绿煤 106	芦竹属	湖北天爱生态科技有限公司	何庆梦、韩晓红、尹金、万炜、余细俊、许磊	20220822
592	20221268	翠绿 103	芦竹属	湖北天爱生态科技有限公司	席奔、李泊玉、刘福鹏、李永博、申晓彤、文延丽	20220914
593	20221269	翠绿 104	芦竹属	湖北天爱生态科技有限公司	韩晓红、何庆梦、尹金、万炜、余细俊、许磊	20220914
594	20220942	湘玫 2	山茶属	湖南省林业科学院	王湘南、陈永忠、王瑞、陈隆升、张震、许彦明、何之龙、唐炜	20220808
595	20220946	湘玫 1	山茶属	湖南省林业科学院	王湘南、陈永忠、王瑞、陈隆升、张震、许彦明、唐炜	20220808
596	20220950	湘姿	山茶属	湖南省林业科学院	王湘南、陈永忠、陈隆升、王瑞、张震、许彦明	20220808
597	20221066	粉悦潇湘	山茶属	湖南省林业科学院	王湘南、陈永忠、陈隆升、许彦明、王瑞、张震	20220819
598	20221114	粉魅潇湘	山茶属	湖南省林业科学院	王湘南、陈永忠、王瑞、许彦明、张震、陈隆升、唐炜、何之龙	20220824
599	20221280	湘水情缘	山茶属	湖南省林业科学院	王湘南、陈永忠、王瑞、陈隆升、许彦明、唐炜	20220916
600	20221281	湘水人家	山茶属	湖南省林业科学院	王湘南、陈永忠、王瑞、陈隆升、刘彩霞、张震、许彦明	20220916
601	20221282	湘念	山茶属	湖南省林业科学院	王湘南、陈永忠、许彦明、张震、何之龙	20220918
602	20221283	湘遇	山茶属	湖南省林业科学院	王湘南、陈永忠、张震、许彦明、刘彩霞、唐炜	20220918
603	20221284	湘忆	山茶属	湖南省林业科学院	王湘南、陈永忠、何之龙、刘彩霞、唐炜	20220918

（续）

序号	申请号	品种名称	属（种）	申请人	培育人	申请日
604	20221285	湘颜	山茶属	湖南省林业科学院	王湘南、陈永忠、陈隆升、王瑞、何之龙、刘彩霞	20220918
605	20221405	潇湘精灵	檵木属	湖南省林业科学院、湖南省林业种苗繁育示范中心、长沙湘莹园林科技有限公司	王晓明、熊利、曾慧杰、李永欣、王湘莹、陈艺、蔡能、蔡兵、廖科、乔中全、邓斐、王惠	20221013
606	20221406	潇湘红运	檵木属	湖南省林业科学院、湖南省林业种苗繁育示范中心、长沙湘莹园林科技有限公司	王湘莹、廖科、王晓明、陈艺、蔡能、曾慧杰、李永欣、蔡兵、熊利、乔中全、邓斐、王惠	20221013
607	20221407	潇湘贵人	檵木属	湖南省林业科学院、湖南省林业种苗繁育示范中心、长沙湘莹园林科技有限公司	陈艺、王湘莹、曾慧杰、蔡 能、李永欣、熊利、蔡兵、廖科、乔中全、邓斐、王晓明、王惠	20221013
608	20221410	潇湘红舞	檵木属	湖南省林业科学院、湖南省林业种苗繁育示范中心、长沙湘莹园林科技有限公司	王湘莹、蔡兵、曾慧杰、李永欣、蔡能、陈艺、王晓明、熊利、廖科、乔中全、邓斐、王惠	20221013
609	20221404	潇湘神曲	檵木属	湖南省林业科学院、长沙湘莹园林科技有限公司	蔡能、陈艺、王湘莹、李永欣、曾慧杰、乔中全、王晓明、王惠	20221013
610	20221415	潇湘红颜	檵木属	湖南省林业科学院、长沙湘莹园林科技有限公司	蔡能、陈艺、王湘莹、李永欣、曾慧杰、乔中全、王晓明、王惠	20221026
611	20221441	潇湘霞辉	紫薇属	湖南省林业科学院、长沙湘莹园林科技有限公司	李永欣、王晓明、蔡能、曾慧杰、乔中全、陈艺、王湘莹、王惠	20221031
612	20221442	潇湘华霞	紫薇属	湖南省林业科学院、长沙湘莹园林科技有限公司	王湘莹、王晓明、曾慧杰、陈艺、蔡能、李永欣、乔中全、王昊、王惠	20221031
613	20221443	潇湘御红	紫薇属	湖南省林业科学院、长沙湘莹园林科技有限公司	李永欣、王湘莹、蔡能、曾慧杰、乔中全、陈艺、王晓明、王惠	20221031
614	20221444	潇湘粉莲	紫薇属	湖南省林业科学院、长沙湘莹园林科技有限公司	曾慧杰、王湘莹、陈艺、蔡能、李永欣、王晓明、乔中全、王惠	20221031
615	20221445	潇湘粉嫣	紫薇属	湖南省林业科学院、长沙湘莹园林科技有限公司	曾慧杰、陈明皋、王晓明、蔡能、李永欣、陈艺、乔中全、王湘莹、王惠	20221031
616	20221446	潇湘钟艳	紫薇属	湖南省林业科学院、长沙湘莹园林科技有限公司	陈艺、蔡能、王湘莹、曾慧杰、李永欣、乔中全、徐少东、王晓明、王惠	20221031
617	20221447	潇湘粉黛	紫薇属	湖南省林业科学院、长沙湘莹园林科技有限公司	蔡能、李永欣、王湘莹、曾慧杰、乔中全、陈艺、王晓明、王惠、徐少东	20221031
618	20221448	潇湘娇红	紫薇属	湖南省林业科学院、长沙湘莹园林科技有限公司	蔡能、陈艺、李永欣、乔中全、曾慧杰、王湘莹、王晓明、王惠、徐少东	20221031
619	20221449	潇湘华鑫	紫薇属	湖南省林业科学院、长沙湘莹园林科技有限公司	王湘莹、李永欣、曾慧杰、陈艺、蔡能、肖亚琴、王昊、王晓明、乔中全、王惠	20221031
620	20221450	潇湘华英	紫薇属	湖南省林业科学院、长沙湘莹园林科技有限公司	王湘莹、陈艺、蔡能、曾慧杰、肖亚琴、王晓明、李永欣、乔中全、王惠	20221031

（续）

序号	申请号	品种名称	属（种）	申请人	培育人	申请日
621	20221451	潇湘幻彩	紫薇属	湖南省林业科学院、长沙湘莹园林科技有限公司	王晓明、陈明皋、李永欣、曾慧杰、王湘莹、蔡能、陈艺、乔中全、肖亚琴、王惠	20221031
622	20221452	潇湘红尘	紫薇属	湖南省林业科学院、长沙湘莹园林科技有限公司	陈艺、蔡能、王湘莹、曾慧杰、李永欣、乔中全、徐少东、王晓明、王惠	20221031
623	20221453	潇湘华秀	紫薇属	湖南省林业科学院、长沙湘莹园林科技有限公司	王湘莹、蔡能、王晓明、陈艺、李永欣、曾慧杰、乔中全、王昊、王惠	20221031
624	20221454	潇湘英姿	紫薇属	湖南省林业科学院、长沙湘莹园林科技有限公司	陈明皋、王晓明、陈艺、蔡能、李永欣、曾慧杰、乔中全、王湘莹、王昊、王惠	20221031
625	20221408	潇湘华彩	檵木属	湖南省林业科学院、长沙湘莹园林科技有限公司	陈艺、王晓明、蔡能、曾慧杰、乔中全、李永欣、王湘莹、王惠	20221013
626	20221438	湘妃	李属	湖南省植物园、湖南樱皇农业开发有限公司	吴思政、潘奕成、禹霖、何才生、柏文富、聂东伶	20221031
627	20211628	999 华香 01	九里香属	华润三九医药股份有限公司	袁媛、马庆、姜波、谢文波、谢旭桃、张洪胜、华中一、曾烨、黄煜权、叶姿、韩正洲、刘晖晖、李晓琳、赵玉洋、周骏辉	20211223
628	20211629	999 华香 02	九里香属	华润三九医药股份有限公司	袁媛、谢文波、姜波、马庆、谢旭桃、张洪胜、华中一、曾烨、黄煜权、叶姿、韩正洲、刘晖晖、李晓琳、赵玉洋、周骏辉	20211223
629	20220407	绯罗裙	蔷薇属	华中农业大学	傅小鹏、潘辉、吴全淑、王惠芹、包满珠	20220430
630	20220526	清照	蔷薇属	华中农业大学	傅小鹏、吴全淑、潘辉、杨绍宗、李谋亮	20220521
631	20220527	万花筒	蔷薇属	华中农业大学	傅小鹏、吴全淑、潘辉、杨绍宗、杨月兰、包满珠	20220521
632	20221597	皇莓 A063（RBA063）	越橘属	皇莓个人责任有限公司（Royal Berries S.L.U.）	菲利普·舒尔茨（Philipp Schulze）、何塞·乌尔夫·海勒·洛佩兹（José Ulf Hayler López）	20221122
633	20221598	皇莓 A097（RBA097）	越橘属	皇莓个人责任有限公司（Royal Berries S.L.U.）	菲利普·舒尔茨（Philipp Schulze）、何塞·乌尔夫·海勒·洛佩兹（José Ulf Hayler López）	20221122
634	20221569	春旺	李属	黄岛区彩虹谷家庭农场、孟庆强、丁凤武	孟庆强、逄锦超、李贵学、丁凤武、孙兴华、刘静、侯灵燕	20221115
635	20220107	月牙榧	榧树属	黄庆烈、黄煜寰、衢州市兴柯农林开发有限公司	黄庆烈、黄煜寰	20220124
636	20221631	绿蝶恋花	七叶树属	济南怡然苗木种植有限公司、山东省林业科学研究院、费县国有大青山林场	闫少波、毛秀红、李玉岭、毛欣、董元夫、张元帅、伊九杰、孙音、韩庆军、姚兴海、张谦、栗宁宁	20221127

（续）

序号	申请号	品种名称	属（种）	申请人	培育人	申请日
637	20220236	阿阿加 576（AAC576）	蔷薇属	加拿大农业和农业食品部（Agriculture and Agri-Food Canada）	拉里·戴克（Larry Dyck）	20220323
638	20211439	朱砂西子腮	杜鹃花属	嘉善联合农业科技有限公司、浙江农林大学	沈勇、赵宏波、方遒、王艺光、董彬、钟诗蔚、杨丽媛、肖政	20211125
639	20211412	红月贵妃妆	杜鹃花属	嘉善联合农业科技有限公司、浙江农林大学	赵宏波、沈勇、方遒、王艺光、董彬、钟诗蔚、杨丽媛	20211121
640	20211440	阳春红焰	杜鹃花属	嘉善联合农业科技有限公司、浙江农林大学	沈勇、赵宏波、方遒、王艺光、钟诗蔚、杨丽媛	20211125
641	20220099	水狮子	鸢尾属	江苏里下河地区农业科学研究所、孙叶、刘春贵	孙叶、刘春贵、刘红、袁媛、魏晓羽、张甜、马辉	20220119
642	20220098	花火	鸢尾属	江苏里下河地区农业科学研究所、孙叶、魏晓羽	孙叶、魏晓羽、张甜、刘春贵、袁媛、刘红、马辉	20220119
643	20220082	云霞	鸢尾属	江苏里下河地区农业科学研究所、孙叶、袁媛	孙叶、袁媛、马辉、刘春贵、刘红、魏晓羽、张甜	20220118
644	20221083	归朴 2 号	朴属	江苏林创林业科技有限公司	杨佳余、吴明娇、张泽灿、张新亚、董筱昀、黄利斌	20220822
645	20221100	守朴 1 号	朴属	江苏林创林业科技有限公司	张泽灿、杨佳余、吴明娇、张新亚、董筱昀、黄利斌	20220824
646	20220573	绯花 1 号	银缕梅属	江苏省林业科学研究院	唐凌凌、教忠意、何旭东、郑纪伟、周洁	20220601
647	20220574	银斑翠	银缕梅属	江苏省林业科学研究院	唐凌凌、教忠意、何旭东、郑纪伟、严瑞昌、窦全琴、杨勇、杨建军	20220601
648	20220661	海滨照水	朴属	江苏省林业科学研究院	教忠意、姜开朋、唐凌凌、隋德宗、郑纪伟、邹景文、李茹	20220622
649	20221101	抱扑 2 号	朴属	江苏省林业科学研究院	董筱昀、吕运舟、孙海楠、黄利斌	20220824
650	20221160	归朴 1 号	朴属	江苏省林业科学研究院	董筱昀、孙海楠、吕运舟、刘必扬、王东成、黄利斌	20220829
651	20221297	苏榆 1 号	榆属	江苏省林业科学研究院	吕运舟、董筱昀、杨勇、罗国庠、蒋泽平	20220922
652	20221298	苏榆 3 号	榆属	江苏省林业科学研究院	吕运舟、董筱昀、孙海楠、黄利斌、蒋泽平	20220922
653	20221299	苏榆 2 号	榆属	江苏省林业科学研究院	蒋泽平、孙海楠、杨建军、吕运舟、黄利斌	20220922
654	20221722	苏柳 2124	柳属	江苏省林业科学研究院	陈庆生、王保松、王伟伟、郑纪伟、姜开朋	20221207
655	20221723	苏柳 2121	柳属	江苏省林业科学研究院	王保松、何旭东、隋德宗、王伟伟、黄瑞芳	20221207
656	20221724	苏柳 2123	柳属	江苏省林业科学研究院	何旭东、王保松、陈庆生、郑纪伟、姜开朋	20221207
657	20221725	苏柳 2181	柳属	江苏省林业科学研究院	王保松、何旭东、隋德宗、王伟伟、黄瑞芳	20221207
658	20221726	苏柳 2122	柳属	江苏省林业科学研究院	何旭东、王保松、隋德宗、王伟伟、黄瑞芳	20221207

（续）

序号	申请号	品种名称	属（种）	申请人	培育人	申请日
659	20220848	乔枫 1 号	槭属	江苏省农业科学院	李淑顺、颜坤元、李倩中、闻婧、朱璐、马秋月、杜一鸣、黎瑞	20220725
660	20220849	烟花	槭属	江苏省农业科学院	闻婧、朱璐、杜一鸣、李倩中、李淑顺、马秋月、颜坤元、黎瑞	20220725
661	20220850	宁红	槭属	江苏省农业科学院	李倩中、马秋月、杜一鸣、李淑顺、闻婧、朱璐、颜坤元、黎瑞	20220725
662	20221079	蝶中蝶 7	杜鹃花属	江苏省农业科学院、嘉善联合农业科技有限公司	何丽斯、沈勇、刘晓青、李畅、苏家乐、周惠民、孙晓波、郭臻昊	20220822
663	20221159	蝶中蝶 6	杜鹃花属	江苏省农业科学院、嘉善联合农业科技有限公司	李畅、沈勇、刘晓青、周惠民、孙晓波、郭臻昊	20220829
664	20221161	晓山青	杜鹃花属	江苏省农业科学院、嘉善联合农业科技有限公司	刘晓青、沈勇、李畅、苏家乐、何丽斯、周惠民、孙晓波、郭臻昊	20220829
665	20211465	红舞蝶	叶子花属	江苏省农业科学院宿迁农科所	刘威、罗桂杰、刘旭、周如义、蔡卫佳、陈芬、王昊、刘博、马丽、谭军、姜若勇、吕春华、马柏林、孙秀红	20211206
666	20220708	晨曦	萱草属	江苏省农业科学院宿迁农科所	陈芬、马丽、刘博	20220630
667	20220863	复古珊瑚	萱草属	江苏省农业科学院宿迁农科所	陈芬、马丽、刘博、任静	20220728
668	20221165	紫梦	木槿属	江苏省农业科学院宿迁农科所	蔡卫佳、王昊、刘威、罗桂杰、刘旭、吴斯	20220829
669	20221173	好运来	萱草属	江苏省农业科学院宿迁农科所	陈芬、刘博、马丽、任静	20220831
670	20221174	霞光	萱草属	江苏省农业科学院宿迁农科所	陈芬、刘博、马丽、任静	20220901
671	20221182	磨砂宝石	萱草属	江苏省农业科学院宿迁农科所	陈芬、马丽、刘博、任静	20220903
672	20211684	粉红知己	鸢尾属	江苏省中国科学院植物研究所	原海燕、刘清泉、张永侠、王银杰	20211229
673	20211685	流火	鸢尾属	江苏省中国科学院植物研究所	张永侠、王银杰、原海燕、刘清泉	20211229
674	20220005	鸣莺	鸢尾属	江苏省中国科学院植物研究所	原海燕、刘清泉、张永侠、王银杰	20220103
675	20220006	窈窕淑女	鸢尾属	江苏省中国科学院植物研究所	原海燕、刘清泉、张永侠、王银杰	20220103
676	20220020	金福秋画	紫薇属	江苏省中国科学院植物研究所	汪庆、王淑安、王鹏、杨如同、李亚、吕芬妮、李素梅、高露璐、李林芳	20220105
677	20220021	金福乔	紫薇属	江苏省中国科学院植物研究所	李素梅、王淑安、李亚、王鹏、杨如同、高露璐、吕芬妮、李林芳、汪庆	20220105
678	20220022	金福金灿	紫薇属	江苏省中国科学院植物研究所	王淑安、王鹏、李亚、李素梅、李林芳、吕芬妮、汪庆、高露璐、杨如同	20220105
679	20220023	金姫	紫薇属	江苏省中国科学院植物研究所	王鹏、王淑安、吕芬妮、李亚、李林芳、李素梅、高露璐、杨如同、汪庆	20220105

（续）

序号	申请号	品种名称	属（种）	申请人	培育人	申请日
680	20220024	秋炫	紫薇属	江苏省中国科学院植物研究所	杨如同、王淑安、王鹏、李亚、高露璐、李林芳、吕芬妮、李素梅、汪庆	20220105
681	20220025	矮冠粉	紫薇属	江苏省中国科学院植物研究所	吕芬妮、王淑安、王鹏、李亚、杨如同、李林芳、李素梅、高露璐、汪庆	20220105
682	20220162	金丝蝶	金丝桃属	江苏省中国科学院植物研究所	李冬玲、汪琼、顾永华、杨军、杨虹、廖盼华、刘科伟	20220222
683	20220364	芳华	槭属	江苏省中国科学院植物研究所	刘科伟、顾永华、刘兴剑、杨虹、李冬玲、杨军	20220415
684	20220365	风华	槭属	江苏省中国科学院植物研究所	刘科伟、顾永华、郑生智、李乃伟、孙起梦、严冬琴	20220415
685	20221116	紫魅	紫薇属	江苏省中国科学院植物研究所	陈红、周婷、王传永、种昕冉、李云龙、蔡小龙	20220825
686	20221117	紫伊	紫薇属	江苏省中国科学院植物研究所	周婷、陈红、周艳威、李乃伟、陆小清、蔡小龙	20220825
687	20221118	粉娇	紫薇属	江苏省中国科学院植物研究所	陈红、周婷、种昕冉、王传永、蔡小龙、李乃伟	20220825
688	20221119	紫辰	紫薇属	江苏省中国科学院植物研究所	陈红、周婷、周艳威、蔡小龙、李云龙、陆小清	20220825
689	20221120	红裳	紫薇属	江苏省中国科学院植物研究所	陈红、周婷、周艳威、陆小清、王传永、李云龙	20220825
690	20221121	粉韵	紫薇属	江苏省中国科学院植物研究所	周婷、陈红、种昕冉、李云龙、王传永、陆小清	20220825
691	20221122	紫沁	紫薇属	江苏省中国科学院植物研究所	陈红、周婷、周艳威、陆小清、蔡小龙、王传永	20220825
692	20221123	幻紫	紫薇属	江苏省中国科学院植物研究所	陈红、周婷、周艳威、蔡小龙、李乃伟、陆小清	20220825
693	20221124	媚粉	紫薇属	江苏省中国科学院植物研究所	周婷、陈红、种昕冉、李乃伟、陆小清、王传永	20220825
694	20221125	渲紫	紫薇属	江苏省中国科学院植物研究所	陈红、周婷、种昕冉、李云龙、陆小清、王传永	20220825
695	20221308	惊喜	铁线莲属	江苏省中国科学院植物研究所	王淑安、李林芳、李亚、王鹏、杨如同、高露璐	20220923
696	20221327	期许	铁线莲属	江苏省中国科学院植物研究所	李林芳、李亚、王淑安、李素梅、高露璐、王鹏	20220927
697	20221328	武媚	铁线莲属	江苏省中国科学院植物研究所	李林芳、李亚、王淑安、王鹏、高露璐、杨如同	20220927
698	20221329	以斯帖	铁线莲属	江苏省中国科学院植物研究所	李林芳、王淑安、李亚、吕芬妮、高露璐、王鹏	20220927
699	20221330	湘妃蕊	铁线莲属	江苏省中国科学院植物研究所	高露璐、王淑安、李林芳、李亚、王鹏、吕芬妮	20220927
700	20221393	花袭人	铁线莲属	江苏省中国科学院植物研究所	王淑安、李亚、李林芳、吕芬妮、王鹏、杨如同	20221012
701	20221590	苏植 9 号	结缕草属	江苏省中国科学院植物研究所	刘建秀、郭海林、李建建、孔维一、李晓慧、陈静波、宗俊勤、李丹丹、王晶晶、郝东利、张苓、李玲、郭爱桂	20221121
702	20221591	苏植 10 号	结缕草属	江苏省中国科学院植物研究所	郭海林、刘建秀、孔维一、李建建、李晓慧、陈静波、宗俊勤、陈荣荣、郝东利、王晶晶、李丹丹、郭爱桂	20221121

（续）

序号	申请号	品种名称	属（种）	申请人	培育人	申请日
703	20221592	苏植 11 号	结缕草属	江苏省中国科学院植物研究所	李建建、刘建秀、郭海林、李晓慧、孔维一、陈静波、宗俊勤、王浩然、张苓、李玲、姚祥、王晶晶、郭爱桂	20221121
704	20221593	苏植 13 号	结缕草属	江苏省中国科学院植物研究所	李晓慧、郭海林、刘建秀、陈静波、孔维一、李建建、宗俊勤、姚祥、李丹丹、王浩然、陈荣荣、郝东利、郭爱桂	20221121
705	20221594	苏植 12 号	结缕草属	江苏省中国科学院植物研究所	孔维一、郭海林、李晓慧、刘建秀、李建建、陈静波、宗俊勤、李玲、姚祥、陈荣荣、王浩然、张苓、郭爱桂	20221121
706	20221681	粉绒球	紫薇属	江苏省中国科学院植物研究所	王鹏、王淑安、李亚、李素梅、杨如同	20221130
707	20221682	艳羽霓裳	紫薇属	江苏省中国科学院植物研究所	李素梅、王淑安、王鹏、吕芬妮、李亚、杨如同	20221130
708	20221693	金福玉蝶	紫薇属	江苏省中国科学院植物研究所	王淑安、王鹏、李亚、杨如同	20221201
709	20221696	金福金锦	紫薇属	江苏省中国科学院植物研究所	王淑安、王鹏、杨如同、李亚	20221201
710	20221699	金福锦绣	紫薇属	江苏省中国科学院植物研究所	王淑安、王鹏、李亚、杨如同、吕芬妮	20221201
711	20211632	超越 2 号	越橘属	江苏省中国科学院植物研究所、安利（中国）植物研发中心有限公司	姜燕琴、董刚强、田亮亮、蒋佳峰、曾其龙、韦继光、刘梦溪、於虹	20211224
712	20211633	超越 3 号	越橘属	江苏省中国科学院植物研究所、安利（中国）植物研发中心有限公司	於虹、韦继光、姜燕琴、蒋佳峰、刘凉琴、曾其龙、杨奕如、董刚强	20211224
713	20211634	超越 4 号	越橘属	江苏省中国科学院植物研究所、安利（中国）植物研发中心有限公司	曾其龙、姜燕琴、刘凉琴、田亮亮、韦继光、葛春峰、董刚强、於虹	20211224
714	20221498	宁丰	悬钩子属	江苏省中国科学院植物研究所、南京林业大学	张春红、吴文龙、闾连飞、王小敏、赵慧芳、李维林	20221104
715	20221499	硕丰 3 号	悬钩子属	江苏省中国科学院植物研究所、南京林业大学	吴文龙、张春红、闾连飞、李维林、赵慧芳、王小敏、杨海燕、黄正金	20221104
716	20221503	蜜早 1 号	悬钩子属	江苏省中国科学院植物研究所、南京林业大学	吴文龙、闾连飞、张春红、王小敏、李维林、赵慧芳、黄正金	20221104
717	20221501	惠田 1 号	悬钩子属	江苏省中国科学院植物研究所、南京林业大学、江苏惠田科技开发有限公司	闾连飞、张春红、黄正金、吴文龙、李维林、程先玲	20221104
718	20220859	裕骄阳	杜鹃花属	江苏裕华杜鹃种植有限公司	周金良、周嵩、谈卉、孙静、徐智峰	20220727
719	20220869	裕飞燕	杜鹃花属	江苏裕华杜鹃种植有限公司	周金良、周嵩、孙静、谈卉、徐智峰	20220801
720	20221286	赣晚 2 号	南酸枣	江西农业大学、崇义县绿之蓝林业有限公司	孙荣喜、何利人、曾凡玉、卢清华、郭赋英、古和群、吴南生、郑勇奇、丁菲、陈伏生、韦春花、陈后荣、欧兰兰、廖光、陈智彬、郭军、黄居坊、吴为通、唐瑞芬	20220919

（续）

序号	申请号	品种名称	属（种）	申请人	培育人	申请日
721	20221484	齐云 19 号	南酸枣	江西齐云山食品有限公司	古和群、凌华山、刘继延、陈后荣	20221103
722	20220108	叠翠流金	山茶属	江西省林业科学院	温强、刘丽婷、高伟、黄文印、王波、汪雁楠、李田、黄彬、朱恒、龚春	20220124
723	20211246	名贵美人	李属	胶南明桂园艺场、南京林业大学、潍坊工程职业学院	丁明贵、伊贤贵、傅善江、窦京海、丁柏文、赵瑞英、李蒙、王贤荣	20211103
724	20211499	黄绒球	木犀属	金华市奔月桂花专业合作社、浙江农林大学	鲍健、鲍志贤、朱光夏、鲍维、赵宏波、肖政、董彬、杨丽媛、方遒、钟诗蔚、王艺光	20211212
725	20211500	金蟾	木犀属	金华市奔月桂花专业合作社、浙江农林大学	鲍健、鲍志贤、赵宏波、鲍维、肖政、董彬、杨丽媛、方遒、钟诗蔚、王艺光	20211212
726	20211501	香魁	木犀属	金华市奔月桂花专业合作社、浙江农林大学	鲍志贤、张程刚、鲍健、鲍维、赵宏波、肖政、董彬、杨丽媛、方遒、钟诗蔚、王艺光	20211212
727	20211528	华龙桂	木犀属	金华市奔月桂花专业合作社、浙江农林大学	鲍维、鲍志贤、鲍健、赵宏波、肖政、董彬、杨丽媛、方遒、钟诗蔚、王艺光	20211214
728	20211538	胜雪	木犀属	金华市奔月桂花专业合作社、浙江农林大学	鲍志贤、方建设、朱光夏、赵宏波、肖政、董彬、杨丽媛、方遒、钟诗蔚、王艺光	20211215
729	20220884	奥维特 101	杜鹃花属	金华市永根杜鹃花培育有限公司	方永根、方苏杭、张敬丽	20220801
730	20220921	明镜	杜鹃花属	金华市永根杜鹃花培育有限公司	方永根	20220805
731	20220979	富强	杜鹃花属	金华市永根杜鹃花培育有限公司	方永根	20220810
732	20220980	富丽	杜鹃花属	金华市永根杜鹃花培育有限公司	方永根、余建功、沈剑、汪献青	20220810
733	20220981	富美	杜鹃花属	金华市永根杜鹃花培育有限公司	方永根、沈剑、余建功、汪献青	20220810
734	20220982	盛春 10 号	杜鹃花属	金华市永根杜鹃花培育有限公司	方永根、方建设、朱光夏、汪献青	20220810
735	20220987	富天	杜鹃花属	金华市永根杜鹃花培育有限公司	方永根、沈剑、余建功、汪献青	20220810
736	20220988	小宝	杜鹃花属	金华市永根杜鹃花培育有限公司	方永根	20220810
737	20220989	香瑞	杜鹃花属	金华市永根杜鹃花培育有限公司	方永根	20220810
738	20220990	红顶	杜鹃花属	金华市永根杜鹃花培育有限公司	方永根	20220810
739	20220992	红道	杜鹃花属	金华市永根杜鹃花培育有限公司	方永根	20220810
740	20220993	红福	杜鹃花属	金华市永根杜鹃花培育有限公司	方永根	20220810
741	20220994	香雾	杜鹃花属	金华市永根杜鹃花培育有限公司	方永根	20220810
742	20220995	艳双	杜鹃花属	金华市永根杜鹃花培育有限公司	方永根	20220810
743	20220996	福宁	杜鹃花属	金华市永根杜鹃花培育有限公司	方永根、魏文涛、朱光夏、方苏杭	20220810
744	20220997	锦绣	杜鹃花属	金华市永根杜鹃花培育有限公司	方永根	20220810
745	20220998	霓虹灯	杜鹃花属	金华市永根杜鹃花培育有限公司	方永根	20220810

（续）

序号	申请号	品种名称	属（种）	申请人	培育人	申请日
746	20220999	暮春	杜鹃花属	金华市永根杜鹃花培育有限公司	方永根	20220810
747	20221000	仲夏	杜鹃花属	金华市永根杜鹃花培育有限公司	方永根	20220810
748	20221001	无尽	杜鹃花属	金华市永根杜鹃花培育有限公司	方永根	20220810
749	20221002	无常	杜鹃花属	金华市永根杜鹃花培育有限公司	方永根	20220810
750	20221003	福贵	杜鹃花属	金华市永根杜鹃花培育有限公司	方永根、朱光夏、魏文涛、方苏杭	20220811
751	20221004	福乐	杜鹃花属	金华市永根杜鹃花培育有限公司	方永根、魏文涛、朱光夏、方苏杭	20220811
752	20221005	绿英	杜鹃花属	金华市永根杜鹃花培育有限公司	方永根、朱光夏、魏文涛、方苏杭	20220811
753	20221007	岭上红	杜鹃花属	金华市永根杜鹃花培育有限公司	方永根	20220811
754	20221008	缤纷	杜鹃花属	金华市永根杜鹃花培育有限公司	方永根、方建设、朱光夏、汪献青	20220811
755	20220908	雪山之光	杜鹃花属	金华市永根杜鹃花培育有限公司弋阳分公司	方永根	20220804
756	20220909	革命旗	杜鹃花属	金华市永根杜鹃花培育有限公司弋阳分公司	方永根	20220804
757	20220910	红盖头	杜鹃花属	金华市永根杜鹃花培育有限公司弋阳分公司	方永根、方苏杭、应泓海、应永生	20220804
758	20220911	红星	杜鹃花属	金华市永根杜鹃花培育有限公司弋阳分公司	方永根、方苏杭、应泓海、应永生	20220804
759	20220912	红歌	杜鹃花属	金华市永根杜鹃花培育有限公司弋阳分公司	方永根、方苏杭、应泓海、应永生	20220804
760	20220913	圭峰 1 号	杜鹃花属	金华市永根杜鹃花培育有限公司弋阳分公司	方永根	20220804
761	20220914	圭峰 2 号	杜鹃花属	金华市永根杜鹃花培育有限公司弋阳分公司	方永根	20220804
762	20220915	圭峰 3 号	杜鹃花属	金华市永根杜鹃花培育有限公司弋阳分公司	方永根	20220804
763	20220916	景岗红	杜鹃花属	金华市永根杜鹃花培育有限公司弋阳分公司	方永根	20220804
764	20220917	圭峰 4 号	杜鹃花属	金华市永根杜鹃花培育有限公司弋阳分公司	方永根	20220804
765	20220918	圭峰 5 号	杜鹃花属	金华市永根杜鹃花培育有限公司弋阳分公司	方永根	20220804
766	20220938	红色光环	杜鹃花属	金华市永根杜鹃花培育有限公司弋阳分公司	方永根	20220808
767	20220939	小心愿	杜鹃花属	金华市永根杜鹃花培育有限公司弋阳分公司	方永根	20220808
768	20220941	春之声	杜鹃花属	金华市永根杜鹃花培育有限公司弋阳分公司	方永根	20220808
769	20220943	红波	杜鹃花属	金华市永根杜鹃花培育有限公司弋阳分公司	方永根	20220808
770	20220944	红土地	杜鹃花属	金华市永根杜鹃花培育有限公司弋阳分公司	方永根、方苏杭、应泓海、应永生	20220808
771	20220945	圭峰 8 号	杜鹃花属	金华市永根杜鹃花培育有限公司弋阳分公司	方永根	20220808
772	20220947	盛华 6 号	杜鹃花属	金华市永根杜鹃花培育有限公司弋阳分公司	方永根	20220808
773	20220948	盛华 7 号	杜鹃花属	金华市永根杜鹃花培育有限公司弋阳分公司	方永根	20220808
774	20220978	兴高采烈	杜鹃花属	金华市永根杜鹃花培育有限公司弋阳分公司	方永根	20220810
775	20220940	暗恋	杜鹃花属	金华市永根杜鹃花培育有限公司弋阳分公司	方永根	20220808
776	20220991	粉黛	杜鹃花属	金华市永根杜鹃花有限公司	方永根	20220810

（续）

序号	申请号	品种名称	属（种）	申请人	培育人	申请日
777	20221006	红羽	杜鹃花属	金华市永根杜鹃花有限公司	方永根	20220811
778	20220552	江桉二号	桉属	靖江市考拉生物技术有限公司	何卫星	20220527
779	20211274	天堂凤蝶	鼠尾草属	酒泉蓝翔园艺种苗有限责任公司	陈凤翔、郭海辉、杨瑞霞、蒋晓龙、马慧琴	20211108
780	20211456	萌葵贝儿	向日葵属	酒泉市蓝翔园艺种苗有限责任公司	陈凤翔、蒋晓龙、陈凤娥	20211203
781	20220035	鱼子酱	蓍属	酒泉市蓝翔园艺种苗有限责任公司	周凤霞、马慧琴、郭海辉	20220110
782	20220039	怡悠	鼠尾草属	酒泉市蓝翔园艺种苗有限责任公司	蒋晓龙、王蔚学、于永川	20220111
783	20220055	红翔	红豆属	酒泉市蓝翔园艺种苗有限责任公司	张思成、郭海辉、陈凤娥、蒋晓龙	20220115
784	20211003	磨盘金光	冬青属	句容市磨盘山林场	范文杰、马文明、朱树林、韩小飞、葛明华、郭江艳、白雪峰、卞晶晶、徐献刚、阴启星	20210908
785	20220160	珍珠	李属	喀什地区林业工作站	祖力甫努尔·阿布都克力木、麦麦提敏·乌热依木、阿吉古丽·阿斯甫、古丽坚乃提·麦合木提	20220222
786	20220161	皇后	李属	喀什地区林业工作站	祖力甫努尔·阿布都克力木、麦麦提依明·吾拉音、阿吉古丽·阿斯甫、古丽坚乃提·麦合木提	20220222
787	20220271	彩虹布丁	蔷薇属	昆明缤纷园艺有限公司	胡明飞、卢燕、刘天平	20220331
788	20220272	秋日灵感	蔷薇属	昆明缤纷园艺有限公司	胡明飞、卢燕、刘天平	20220331
789	20220274	红运	蔷薇属	昆明缤纷园艺有限公司	胡明飞、卢燕、刘天平	20220331
790	20220275	维密花园	蔷薇属	昆明缤纷园艺有限公司	胡明飞、卢燕、刘天平	20220331
791	20220276	皇后美人	蔷薇属	昆明缤纷园艺有限公司	胡明飞、卢燕、刘天平	20220331
792	20220277	星橙美人	蔷薇属	昆明缤纷园艺有限公司	胡明飞、卢燕、刘天平	20220331
793	20220300	天之娇女	蔷薇属	昆明缤纷园艺有限公司	胡明飞、刘天平、卢燕	20220406
794	20220315	小桃红	蔷薇属	昆明缤纷园艺有限公司	胡明飞、刘天平、卢燕	20220408
795	20221147	紫陌	蔷薇属	昆明瀚翔农业技术服务有限公司	胡发东	20220826
796	20220951	柔粉安娜	绣球属	昆明南国山花园艺科技有限责任公司	杨玉勇	20220809
797	20220952	幻彩安娜	绣球属	昆明南国山花园艺科技有限责任公司	杨玉勇	20220809
798	20220953	淡妆安娜	绣球属	昆明南国山花园艺科技有限责任公司	杨玉勇	20220809
799	20220955	乳黄安娜	绣球属	昆明南国山花园艺科技有限责任公司	杨玉勇	20220809
800	20220956	艳粉安娜	绣球属	昆明南国山花园艺科技有限责任公司	杨玉勇	20220809
801	20220957	麝香安娜	绣球属	昆明南国山花园艺科技有限责任公司	杨玉勇	20220809
802	20220958	紫雾安娜	绣球属	昆明南国山花园艺科技有限责任公司	杨玉勇	20220809
803	20220959	健壮安娜	绣球属	昆明南国山花园艺科技有限责任公司	杨玉勇	20220809
804	20220961	古典安娜	绣球属	昆明南国山花园艺科技有限责任公司	杨玉勇	20220809
805	20220962	象牙色安娜	绣球属	昆明南国山花园艺科技有限责任公司	杨玉勇	20220809

（续）

序号	申请号	品种名称	属（种）	申请人	培育人	申请日
806	20220963	小瓣安娜	绣球属	昆明南国山花园艺科技有限责任公司	杨玉勇	20220809
807	20220966	彩虹安娜	绣球属	昆明南国山花园艺科技有限责任公司	杨玉勇	20220809
808	20220967	紫晕安娜	绣球属	昆明南国山花园艺科技有限责任公司	杨玉勇	20220809
809	20220969	娇艳安娜	绣球属	昆明南国山花园艺科技有限责任公司	杨玉勇	20220809
810	20220970	珍珠安娜	绣球属	昆明南国山花园艺科技有限责任公司	杨玉勇	20220809
811	20220971	大瓣安娜	绣球属	昆明南国山花园艺科技有限责任公司	杨玉勇	20220809
812	20220972	嫩颊安娜	绣球属	昆明南国山花园艺科技有限责任公司	杨玉勇	20220809
813	20220973	风轮安娜	绣球属	昆明南国山花园艺科技有限责任公司	杨玉勇	20220809
814	20220974	紫粉安娜	绣球属	昆明南国山花园艺科技有限责任公司	杨玉勇	20220809
815	20220976	紫佳安娜	绣球属	昆明南国山花园艺科技有限责任公司	杨玉勇	20220810
816	20220977	紫娟安娜	绣球属	昆明南国山花园艺科技有限责任公司	杨玉勇	20220810
817	20221068	高塔	绣球属	昆明南国山花园艺科技有限责任公司	杨玉勇	20220820
818	20221069	红宝石敦塔	绣球属	昆明南国山花园艺科技有限责任公司	杨玉勇	20220820
819	20221070	银塔	绣球属	昆明南国山花园艺科技有限责任公司	杨玉勇	20220820
820	20221071	彩石塔	绣球属	昆明南国山花园艺科技有限责任公司	杨玉勇	20220820
821	20221072	彩虹敦塔	绣球属	昆明南国山花园艺科技有限责任公司	杨玉勇	20220820
822	20221073	仕女塔	绣球属	昆明南国山花园艺科技有限责任公司	杨玉勇	20220820
823	20221074	瞭望塔	绣球属	昆明南国山花园艺科技有限责任公司	杨玉勇	20220820
824	20221075	佛塔	绣球属	昆明南国山花园艺科技有限责任公司	杨玉勇	20220820
825	20221076	玲珑彩塔	绣球属	昆明南国山花园艺科技有限责任公司	杨玉勇	20220820
826	20221077	宝光塔	绣球属	昆明南国山花园艺科技有限责任公司	杨玉勇	20220820
827	20221136	柠翠敦塔	绣球属	昆明南国山花园艺科技有限责任公司	杨玉勇	20220826
828	20221138	青石敦塔	绣球属	昆明南国山花园艺科技有限责任公司	杨玉勇	20220826
829	20221139	绯红敦塔	绣球属	昆明南国山花园艺科技有限责任公司	杨玉勇	20220826
830	20221140	胭脂塔	绣球属	昆明南国山花园艺科技有限责任公司	杨玉勇	20220826
831	20221141	细瓦红敦塔	绣球属	昆明南国山花园艺科技有限责任公司	杨玉勇	20220826
832	20221142	翡翠塔	绣球属	昆明南国山花园艺科技有限责任公司	杨玉勇	20220826
833	20221143	梵净塔	绣球属	昆明南国山花园艺科技有限责任公司	杨玉勇	20220826
834	20221144	冰塔	绣球属	昆明南国山花园艺科技有限责任公司	杨玉勇	20220826
835	20221145	粉黛塔	绣球属	昆明南国山花园艺科技有限责任公司	杨玉勇	20220826
836	20221146	玉塔	绣球属	昆明南国山花园艺科技有限责任公司	杨玉勇	20220826

（续）

序号	申请号	品种名称	属（种）	申请人	培育人	申请日
837	20221188	红石塔	绣球属	昆明南国山花园艺科技有限责任公司	杨玉勇	20220905
838	20221189	琉璃塔	绣球属	昆明南国山花园艺科技有限责任公司	杨玉勇	20220905
839	20221190	萤石塔	绣球属	昆明南国山花园艺科技有限责任公司	杨玉勇	20220905
840	20221191	水晶塔	绣球属	昆明南国山花园艺科技有限责任公司	杨玉勇	20220905
841	20221201	紫雾山	绣球属	昆明南国山花园艺科技有限责任公司	杨玉勇	20220907
842	20221202	碧山	绣球属	昆明南国山花园艺科技有限责任公司	杨玉勇	20220907
843	20221204	银山	绣球属	昆明南国山花园艺科技有限责任公司	杨玉勇	20220907
844	20221205	禄山	绣球属	昆明南国山花园艺科技有限责任公司	杨玉勇	20220907
845	20220628	巨美人	木通属	昆明学院	张永福、李小琴、陈姣、刘朝、杨东、任禛	20220613
846	20220632	紫珊瑚	木通属	昆明学院	张永福、李小琴、陈姣、任禛、李立炳	20220614
847	20220633	香精灵	木通属	昆明学院	张永福、李小琴、王凯、朱绍荣	20220614
848	20220634	蓝色妖姬	木通属	昆明学院	张永福、李小琴、陈姣、莫荣嘉	20220614
849	20220635	紫绍	木通属	昆明学院	张永福、李小琴、任禛、陈姣、李晓林	20220614
850	20220636	红粉佳人	木通属	昆明学院	张永福、李小琴、刘朝、杨歌	20220614
851	20220642	贝塔	木通属	昆明学院	张永福、李小琴、陈姣、刘朝	20220615
852	20220650	俏佳人	木通属	昆明学院	张永福、李小琴、刘朝、陶兴梅	20220616
853	20220651	红星	木通属	昆明学院	张永福、李小琴、陈姣、陆芝蓉	20220616
854	20220652	白馨	木通属	昆明学院	张永福、李小琴、王凯、陶兴梅	20220616
855	20220654	堂宝	木通属	昆明学院	张永福、李小琴、陈姣、陆芝蓉	20220617
856	20220655	巨宝	木通属	昆明学院	张永福、李小琴、刘朝、张月仙	20220617
857	20220689	西施红	木通属	昆明学院	张永福、李小琴、王凯、陆芝蓉	20220628
858	20220690	光满	木通属	昆明学院	张永福、李小琴、王凯、陶兴梅	20220628
859	20220691	紫元	木通属	昆明学院	张永福、李小琴、陈姣、陆芝蓉	20220628
860	20220692	紫嫣	木通属	昆明学院	张永福、李小琴、刘朝、陶兴梅	20220628
861	20220693	紫韵	木通属	昆明学院	张永福、李小琴、陈姣、陶兴梅	20220628
862	20220694	蔓堂	木通属	昆明学院	张永福、李小琴、陈姣、张月仙	20220628
863	20220695	紫宝石	木通属	昆明学院	张永福、李小琴、王凯、张月仙	20220628
864	20220696	思月	木通属	昆明学院	张永福、李小琴、陈姣、刘佳妮	20220628
865	20220702	福元	木通属	昆明学院	张永福、李小琴、刘朝、刘佳妮	20220629
866	20220722	瑞雪	木通属	昆明学院	张永福、李小琴、刘朝、张月仙	20220629
867	20221278	蓝恩山	绣球属	昆明学院	柯艳果、杨玉勇、杨增华	20220916

（续）

序号	申请号	品种名称	属（种）	申请人	培育人	申请日
868	20221234	娇容三变	绣球属	昆明杨月季园艺有限责任公司	杨玉勇、杨曾华、柯艳果	20220911
869	20221235	碧空	绣球属	昆明杨月季园艺有限责任公司	杨玉勇、杨曾华	20220911
870	20221236	雪花	绣球属	昆明杨月季园艺有限责任公司	杨玉勇、柯艳果	20220911
871	20221237	清泉	绣球属	昆明杨月季园艺有限责任公司	杨玉勇、杨振翼、杨曾华	20220911
872	20221238	蓝色天穹	绣球属	昆明杨月季园艺有限责任公司	杨玉勇、杨振翼	20220911
873	20221239	琥珀	绣球属	昆明杨月季园艺有限责任公司	杨玉勇、杨振翼、杨曾华	20220911
874	20221240	倩影	绣球属	昆明杨月季园艺有限责任公司	杨玉勇、杨振翼	20220911
875	20221241	星空	绣球属	昆明杨月季园艺有限责任公司	杨曾华、杨玉勇、杨振翼	20220911
876	20221242	璞玉	绣球属	昆明杨月季园艺有限责任公司	杨玉勇、杨振翼、杨曾华	20220911
877	20221243	紫鹃	绣球属	昆明杨月季园艺有限责任公司	杨振翼、杨玉勇、杨曾华	20220911
878	20221244	蔚蓝天空	绣球属	昆明杨月季园艺有限责任公司	杨振翼、杨玉勇、杨曾华	20220911
879	20221245	盛世之花	绣球属	昆明杨月季园艺有限责任公司	杨玉勇、柯艳果、杨曾华	20220911
880	20221246	金色诗韵	绣球属	昆明杨月季园艺有限责任公司	杨玉勇、杨曾华、柯艳果	20220911
881	20221247	五彩缤纷	绣球属	昆明杨月季园艺有限责任公司	杨曾华、杨玉勇、柯艳果	20220911
882	20221248	梦境	绣球属	昆明杨月季园艺有限责任公司	杨玉勇、杨曾华、柯艳果	20220911
883	20221249	金匮	绣球属	昆明杨月季园艺有限责任公司	杨玉勇、柯艳果、杨曾华	20220911
884	20221250	珠圆玉润	绣球属	昆明杨月季园艺有限责任公司	杨玉勇、柯艳果、杨曾华	20220911
885	20221251	碧玉	绣球属	昆明杨月季园艺有限责任公司	杨玉勇、杨曾华、柯艳果	20220911
886	20221345	晴霞	蔷薇属	昆明杨月季园艺有限责任公司	童译	20220930
887	20221346	云端	蔷薇属	昆明杨月季园艺有限责任公司	蒯志伟	20220930
888	20221347	红云	蔷薇属	昆明杨月季园艺有限责任公司	童译	20220930
889	20221348	彩云	蔷薇属	昆明杨月季园艺有限责任公司	杨曾华	20220930
890	20221349	繁花	绣球属	昆明杨月季园艺有限责任公司	杨玉勇	20220930
891	20221350	如嫣	绣球属	昆明杨月季园艺有限责任公司	杨玉勇	20220930
892	20221351	粉云	蔷薇属	昆明杨月季园艺有限责任公司	蒯志伟	20220930
893	20221369	霓虹	蔷薇属	昆明杨月季园艺有限责任公司	杨振翼	20221009
894	20221370	云霞	蔷薇属	昆明杨月季园艺有限责任公司	徐宇昕	20221009
895	20221371	霓裳	蔷薇属	昆明杨月季园艺有限责任公司	徐宇昕	20221009
896	20220840	天皂一号	皂荚属	李闯孝、郭旺	徐金光、李闯孝、郭旺	20220724
897	20211312	金篱笆	火棘属	李培霞	李培霞	20211111
898	20221554	雪绒	枣属	李庆军	李庆军、刘荣昌、宋永贵、尹魁林	20221111

（续）

序号	申请号	品种名称	属（种）	申请人	培育人	申请日
899	20220588	墨香	菊属	丽水市农林科学研究院、遂昌县农作物技术推广中心	华金渭、尹设飞、雷文勋	20220607
900	20220589	晚玉	菊属	丽水市农林科学研究院、遂昌县农作物技术推广中心	华金渭、尹设飞、雷文勋	20220607
901	20220590	紫玉	菊属	丽水市农林科学研究院、遂昌县农作物技术推广中心	华金渭、尹设飞、雷文勋	20220607
902	20221377	芳华锦心	山茶属	连云港市农业科学院	王江英、汤雪燕、葛金涛、邵小斌、朱朋波、孙明伟、赵统利	20221009
903	20220177	金色日马达	榕属	辽宁省经济林研究所	阮树安、卢立媛、刘振盼、孙阳、白云松、宋建宇	20220303
904	20220219	绿巨人	猕猴桃属	辽宁省经济林研究所	孙阳、陈喜忠、李仁浩、尤文忠、刘广平、刘振盼、白云松、李冬生、卢立媛	20220316
905	20220730	辽保丰	核桃属	辽宁省经济林研究所	赵宝军、刘枫、宫永红、贺有超	20220701
906	20220732	辽鲁丰	核桃属	辽宁省经济林研究所	赵宝军、王钧毅、刘枫、宫永红、崔淑英、贺有超	20220701
907	20211336	辽青 3 号	杨属	辽宁省杨树研究所	彭儒胜、梁德军、尹杰、蔄胜军、刘巍、宋立志、冯连荣、赵鑫闻、林晓峰、张超	20211114
908	20211337	辽青 4 号	杨属	辽宁省杨树研究所	彭儒胜、梁德军、刘巍、蔄胜军、尹杰、彭建东、赵鑫闻、冯连荣、林晓峰、庞忠义	20211114
909	20220403	宁灵 1 号	杏	灵武市成园苗木花卉有限公司	喻菊芳、朱宜蓁	20220428
910	20211591	高原凝香	菊属	刘文超	刘文超	20211219
911	20211614	承苍一号	苍术	刘向楠	刘向楠	20211222
912	20221439	晨红	紫薇属	浏阳市森达园林景观工程有限公司	周晨烨、周清平、章安娜、周莹	20221031
913	20221178	皋城晴雪	杜鹃花属	六安市郁花园园艺有限公司	方琴、郁书俊	20220902
914	20220511	凤凰殿	兰属	龙岩育斯阁生态农业有限公司	陈日明、彭东辉、康阳、姜潇、刘舒雅、王睿昕、屈正辉、江姗姗	20220519
915	20220512	天禅	兰属	龙岩育斯阁生态农业有限公司	陈日明、彭东辉、康阳、姜潇、王钦、杨松敏、唐若楠	20220519
916	20220510	凤凰冠	兰属	龙岩育斯阁生态农业有限公司	陈日明、彭东辉、姜潇、周小琴、周育真、朱云君	20220519
917	20220029	五福临门	兰属	龙岩育斯阁生态农业有限公司、福建农林大学	陈日明、彭东辉、周小琴、刘舒雅、康阳、周育真、刘钰颖、孙佳婷	20220107

（续）

序号	申请号	品种名称	属（种）	申请人	培育人	申请日
918	20220030	含玉	兰属	龙岩育斯阁生态农业有限公司、福建农林大学	陈日明、彭东辉、刘舒雅、周小琴、康阳、赵凯、涂松、石晓玲	20220107
919	20211630	陇研 2 号	花椒属	陇南市经济林研究院花椒研究所、陇南市武都区金权花椒种植农民专业合作社	曹永红、杨建雷、郭立新、林云、武衡、吕瑞娥、张春回、张聚会	20211223
920	20211656	金权串串红	花椒属	陇南祥和金权农业有限公司、陇南市经济林研究院花椒研究所	曹永红、张小惠、任苗、王勃、杨小江、杨建雷、张春回、刘岁芳	20211225
921	20211215	秋望春归	芍药属	洛阳农林科学院	王二强、韩鲲、庞静静、梁长安、王晓晖、卢林、郭亚珍、王茜赟、冀含乐、张和臣、刘红凡、王政、何松林	20211101
922	20211252	墨蝶漫舞	芍药属	洛阳农林科学院	王占营、冀含乐、王晓晖、王二强、郭亚珍、梁长安、卢林、韩鲲、庞静静、王茜赟、张艳红、刘红凡	20211104
923	20211269	燕飞红楼	芍药属	洛阳农林科学院	刘改秀、王茜赟、梁长安、张和臣、符真珠、韩鲲、卢林、王晓晖、刘红凡、郭亚珍、庞静静、冀含乐、王二强	20211108
924	20220899	晖映九州	牡丹	洛阳农林科学院	王二强、王晓晖、卢林、冀含乐、梁长安、韩鲲、庞静静、郭亚珍、刘红凡、王茜赟、樊治国、张琳、潘永	20220804
925	20220900	玉蝶群舞	芍药属	洛阳农林科学院	王二强、刘红凡、王晓晖、郭亚珍、卢林、韩鲲、王艳丽、庞静静、冀含乐、梁长安、范崇霞	20220804
926	20220901	静若繁花	芍药属	洛阳农林科学院	王二强、庞静静、郭亚珍、刘红凡、卢林、王晓晖、梁长安、韩鲲、冀含乐、樊治国、闫进晓、潘永	20220804
927	20220902	含乐	芍药属	洛阳农林科学院	王二强、冀含乐、刘红凡、韩鲲、郭亚珍、王晓晖、卢林、庞静静、梁长安、王茜赟、王艳丽、邵安领	20220804
928	20220903	烟云紫	牡丹	洛阳农林科学院	王占营、梁长安、韩鲲、庞静静、冀含乐、刘红凡、卢林、郭亚珍、王晓晖、闫进晓、范崇霞	20220804
929	20220904	鲲鹏展翅	芍药属	洛阳农林科学院	王二强、韩鲲、冀含乐、王晓晖、梁长安、郭亚珍、庞静静、刘红凡、王茜赟、张琳、樊治国	20220804
930	20221504	紫云朵朵	芍药属	洛阳农林科学院	张焕玲、王若晗、丁建兰、姚俊巧、马卓华、马会萍、魏春梅	20221104
931	20221505	九都艳	芍药属	洛阳农林科学院	王若晗、马卓华、张焕玲、丁建兰、姚俊巧、马会萍、魏春梅	20221104

（续）

序号	申请号	品种名称	属（种）	申请人	培育人	申请日
932	20221512	焕玲	芍药属	洛阳农林科学院	张焕玲、姚俊巧、马卓华、王若晗、丁建兰、马会萍、魏春梅	20221107
933	20221521	粉面多姿	芍药属	洛阳农林科学院	姚俊巧、张焕玲、马卓华、王若晗、丁建兰、马会萍、魏春梅	20221108
934	20211156	红霞烂漫	芍药属	洛阳农林科学院、河南科技大学	王二强、王晓晖、卢林、刘红凡、庞静静、郭亚珍、韩鲲、梁长安、冀含乐、王茜赟、侯小改、张和臣、郭丽丽、符真珠	20211025
935	20211189	碧楼春色	芍药属	洛阳农林科学院、河南科技大学	王占营、王晓晖、王二强、侯小改、刘红凡、冀含乐、王茜赟、庞静静、郭亚珍、梁长安、卢林、韩鲲、何松林、王政、张艳红	20211029
936	20211190	河洛春雪	芍药属	洛阳农林科学院、河南科技大学	王二强、刘红凡、郭亚珍、王晓晖、梁长安、庞静静、冀含乐、王茜赟、韩鲲、卢林、张艳红、侯小改、郭丽丽	20211029
937	20211447	红艳凝霜	芍药属	洛阳农林科学院、河南科技学院	张焕玲、何松林、姚俊巧、王若晗、丁建兰、马卓华、马会萍、魏春梅、王政、闫进晓、贾文庆、高凯	20211130
938	20211450	红粉佳人	芍药属	洛阳农林科学院、河南科技学院	马卓华、张焕玲、何松林、姚俊巧、王若晗、丁建兰、马会萍、魏春梅、高凯、闫进晓、王政、贾文庆	20211201
939	20211451	花帝	芍药属	洛阳农林科学院、洛阳师范学院	张焕玲、王若晗、姚俊巧、张延召、丁建兰、马卓华、马会萍、魏春梅、刘大兵、韩莉娟、韩鲲、彭正峰	20211201
940	20211455	嫦娥奔月	芍药属	洛阳农林科学院、洛阳师范学院	张焕玲、姚俊巧、王若晗、张延召、丁建兰、马会萍、魏春梅、韩鲲、马卓华、刘大兵、韩莉娟、彭正峰	20211202
941	20211460	天翼绣春	桃花	漯河天翼生物工程有限公司、中国农业科学院郑州果树研究所	王玲玲、王力荣、罗大奇、朱更瑞、杨桂梅、方伟超	20211206
942	20221301	宏祥	枣属	马荣申	马荣申	20220922
943	20221302	宏硕	枣属	马荣申	马荣申	20220922
944	20220816	黄金甲	文冠果	马荣申、杜宪臣	马荣申、杜宪臣	20220719
945	20221292	宏远	枣属	马荣申、杜宪臣	马荣申、杜宪臣	20220922
946	20221293	宏拓	枣属	马荣申、杜宪臣	马荣申、杜宪臣	20220922
947	20221294	宏生	枣属	马荣申、杜宪臣	马荣申、杜宪臣	20220922

（续）

序号	申请号	品种名称	属（种）	申请人	培育人	申请日
948	20221304	宏成	枣属	马荣申、杜宪臣	马荣申、杜宪臣	20220922
949	20220817	冠玉乙	文冠果	马荣申、杜宪臣、马宝轩	马荣申、杜宪臣、马宝轩	20220719
950	20220182	迪威（DIVINE）	越橘属	美国贝利蓝莓有限公司（Berry Blue LLC. USA）	埃德蒙·J·惠勒（Edmund J. Wheeler）、詹姆斯·F·汉考克（James F. Hancock）、玛丽亚·P·巴纳多斯（Maria Pilar Banados）	20220303
951	20220613	迷你蓝（MiniBlues）	越橘属	美国农业部（The United States of America as represented by the Secretary of Agriculture）	查德·E·芬恩（Chad E. Finn）	20220609
952	20220042	金方 8 号	方竹属	南京林业大学	林树燕、吕卓、杨露、姚文静、丁雨龙、刘国华	20220112
953	20220043	金方 7 号	方竹属	南京林业大学	林树燕、赵婉琪、秦敏、姚文静、丁雨龙、王福升、刘国华	20220112
954	20220044	金方 6 号	方竹属	南京林业大学	林树燕、卞丽丽、姚文静、伍虹雨、丁雨龙、王福升、刘国华	20220112
955	20220291	金方 10 号	方竹属	南京林业大学	刘国华、王福升、林树燕、丁雨龙、刘昌来	20220403
956	20220292	金方 9 号	方竹属	南京林业大学	刘国华、丁雨龙、王福升、林树燕、刘昌来	20220403
957	20221500	早丰	悬钩子属	南京林业大学、江苏省中国科学院植物研究所	李维林、张春红、吴文龙、闾连飞、黄正金、王小敏、赵慧芳	20221104
958	20211338	名贵垂丝	李属	南京林业大学、胶南明桂园艺场、潍坊职业学院	伊贤贵、丁明贵、窦京海、赵瑞英、李蒙、王贤荣	20211115
959	20220454	金雕	苹果属	南京林业大学、扬州小苹果园艺有限公司	张往祥、范俊俊、陆晓吉、彭冶、曹福亮、谢寅峰	20220511
960	20220455	山里红	苹果属	南京林业大学、扬州小苹果园艺有限公司	张往祥、彭冶、冯岚、刘星辰、曹福亮、谢寅峰	20220511
961	20220456	虹图	苹果属	南京林业大学、扬州小苹果园艺有限公司	张往祥、刘星辰、范俊俊、李舒情、谢寅峰、曹福亮	20220511
962	20220457	红色城堡	苹果属	南京林业大学、扬州小苹果园艺有限公司	张往祥、范俊俊、刘星辰、陈永霞、徐天炜	20220511
963	20220458	盛夏	苹果属	南京林业大学、扬州小苹果园艺有限公司	张往祥、徐天炜、彭冶、范俊俊、曹福亮、徐立安	20220511
964	20211372	南农细软	梅	南京农业大学	高志红、乔玉山、倪照君、周鹏羽	20211117
965	20211373	南农青娇	梅	南京农业大学	高志红、倪照君、章镇、侍婷、周鹏羽	20211117
966	20211374	南农舞梅	梅	南京农业大学	倪照君、高志红、侍婷、章镇	20211117
967	20211375	南农幸韵	梅	南京农业大学	高志红、侍婷、倪照君、章镇	20211117
968	20220812	南农叠金	蔷薇属	南京农业大学	王长泉、曹淑、刘金义、陆俊、孙晶晶	20220719
969	20220814	南农苍眉	蔷薇属	南京农业大学	陆俊、曹淑、王长泉、刘金义、孙晶晶	20220719

（续）

序号	申请号	品种名称	属（种）	申请人	培育人	申请日
970	20220815	南农玉络	蔷薇属	南京农业大学	刘金义、曹淑、王长泉、陆俊、孙晶晶、欧阳彤	20220719
971	20220828	南农赤金	蔷薇属	南京农业大学	孙晶晶、曹淑、王长泉、刘金义、陆俊	20220721
972	20221502	悠维 1 号	悬钩子属	南京森迪有机农业科技有限公司、江苏省中国科学院植物研究所、南京悠维有机食品有限公司	吴文龙、李维林、闾连飞、张春红、钟良、黄正金、王小敏、赵倖艺	20221104
973	20220102	郁岗	苍术	南京蛙鸣农业科技有限公司	郭兰萍、张燕、冯黎、武明哲、薛明宇、刘规平、汪国安、张成才	20220121
974	20220103	郁岗 1 号	苍术	南京蛙鸣农业科技有限公司	郭兰萍、张燕、向增旭、冯黎、武明哲、薛明宇、马良才、王波、王照福、肖龙	20220121
975	20211683	浅霜	安息香属	南京扬子茉莉谷文化科技有限公司、南京林业大学	王继华、喻方圆、陈晨、黄博帆、刘泽茂	20211229
976	20220656	材构 2 号	构属	南宁融沣林业科技有限公司	张子刚、邓华平	20220618
977	20220221	雅芙粉饰	蔷薇属	南阳市林业科学研究院	沈元勤、马雪范、骞绍娟、魏亚平、谷满、邓红、张春雷、张景普、韩云艳、王二燕、景春华、杨梦缘、赵滢、杜森	20220317
978	20220222	宛韵	蔷薇属	南阳市林业科学研究院	魏亚平、骞绍娟、马雪范、沈元勤、谷满、邓红、张春雷、张景普、韩云艳、王二燕、何西豪、杨梦缘、赵滢、杜森	20220317
979	20220223	爱宛行	蔷薇属	南阳市林业科学研究院	马雪范、骞绍娟、沈元勤、魏亚平、谷满、邓红、张春雷、张景普、韩云艳、王二燕、何西豪、景春华、杨梦缘、赵滢	20220317
980	20220224	红粉世家	蔷薇属	南阳市林业科学研究院	骞绍娟、马雪范、沈元勤、魏亚平、谷满、邓红、张春雷、张景普、韩云艳、王二燕、何西豪、景春华、杨梦缘、赵滢	20220317
981	20220361	蒙树赤彤	卫矛属	内蒙古和盛生态科技研究院有限公司、蒙树生态建设集团有限公司、北京蒙树生态环境工程有限公司	赵泉胜、马黎明、铁英、李瑞静、郃海欧、王娟、白婷玉	20220415
982	20220362	蒙树赤盈	卫矛属	内蒙古和盛生态科技研究院有限公司、蒙树生态建设集团有限公司、北京蒙树生态环境工程有限公司	赵泉胜、马黎明、铁英、李瑞静、王娟、刘慧	20220415
983	20220083	林杞 1 号	枸杞属	内蒙古农业大学	白玉娥、杨荣、包文慧、王宁、伊特格乐、格根珠拉	20220118
984	20220085	润合源 1 号	李属	内蒙古润合源林业发展有限公司	曹占生、张鹏举、秦力强、王宏伟、于浩男、高永亮、秦华宇、刘洪宇、王淑华、訾秋月、张萌	20220119

（续）

序号	申请号	品种名称	属（种）	申请人	培育人	申请日
985	20220086	润合源2号	李属	内蒙古润合源林业发展有限公司	曹占生、魏文民、吴俊飞、王利钦、姜雪、时晓燕、纪娜、常伟东、吴艳楠	20220119
986	20220087	润合源3号	李属	内蒙古润合源林业发展有限公司	曹占生、纪玉存、张瑞麟、腾学敏、薛中华、李晓宇、白俊玲、许书娟、姜艳娟、吴梓诚	20220119
987	20211479	荣杞1号	枸杞属	内蒙古自治区林业科学研究院	杨荣、黄海广、吴秀花、伊特格勒	20211208
988	20211513	林杞5号	枸杞属	内蒙古自治区林业科学研究院	杨荣、郭永盛、白玉娥、张惠良、王美珍、莎仁图雅、闫婷、乌日恒	20211213
989	20221212	尼尔普福尔森（NIRPFOURSEN）	蔷薇属	尼尔普国际有限公司（NIRP INTERNATIONAL SA）	亚历山德罗·吉奥恩（Alessandro Ghione）	20220907
990	20221213	尼尔普克夫（NIRPKEFU）	蔷薇属	尼尔普国际有限公司（NIRP INTERNATIONAL SA）	亚历山德罗·吉奥恩（Alessandro Ghione）	20220907
991	20221214	尼尔普文（NIRPWINE）	蔷薇属	尼尔普国际有限公司（NIRP INTERNATIONAL SA）	亚历山德罗·吉奥恩（Alessandro Ghione）	20220907
992	20221549	甬彩5号	杜鹃花属	宁波北仑亿润花卉有限公司	沃科军、沃绵康	20221111
993	20221551	甬绵之珠	杜鹃花属	宁波北仑亿润花卉有限公司	沃科军、沃绵康	20221111
994	20221552	甬绵之宝	杜鹃花属	宁波北仑亿润花卉有限公司	沃绵康、沃科军	20221111
995	20221553	甬绵之玉	杜鹃花属	宁波北仑亿润花卉有限公司	沃绵康、沃科军	20221111
996	20220243	玉兔	铁线莲属	宁波二淘铁线莲农业有限公司	孙同冰、王豪、陆云峰、王建军、严春风、沈波、倪建刚、刘志高、邵伟丽	20220324
997	20220306	秦妞	铁线莲属	宁波二淘铁线莲农业有限公司	孙同冰、倪建刚、王豪、陆云峰、王建军、严春风、沈波	20220407
998	20220305	水彩碗	铁线莲属	宁波二淘铁线莲农业有限公司、浙江农林大学	孙同冰、刘志高、邵伟丽、王豪、陆云峰、王建军、严春风、沈波、倪建刚	20220407
999	20220118	采金玉	山茶属	宁波黄金韵茶业科技有限公司	张龙杰、王荣芬、王静芬、胡涨吉、张完林、戴建建	20220129
1000	20220133	御金芽	山茶属	宁波黄金韵茶业科技有限公司	张龙杰、王荣芬、王静芬、胡涨吉、张完林、戴建建	20220212
1001	20220113	曙雪	山茶属	宁波黄金韵茶业科技有限公司、宁波市农业技术推广总站、浙江大学	王开荣、王荣芬、张完林、王静芬、梁月荣、郑新强、张龙杰	20220129
1002	20220114	红韵1号	山茶属	宁波黄金韵茶业科技有限公司、浙江大学、宁波市农业技术推广总站	郑新强、张龙杰、李明、王开荣、梁月荣、吴颖、韩震、黄杨	20220129
1003	20220116	红韵2号	山茶属	宁波黄金韵茶业科技有限公司、浙江大学、余姚市农业技术推广服务总站	郑新强、张龙杰、李明、王开荣、梁月荣、吴颖、韩震、黄杨	20220129

（续）

序号	申请号	品种名称	属（种）	申请人	培育人	申请日
1004	20220117	采金雪	山茶属	宁波黄金韵茶业科技有限公司、浙江大学、余姚市农业技术推广服务总站	张龙杰、郑新强、王开荣、李明、梁月荣、王荣芬、王静芬、胡涨吉	20220129
1005	20220316	朝露	油桐属	宁波市百盛花木工程有限公司	张卓然、王一麾、袁力遥、赵吉伟、丁熊秀	20220409
1006	20220864	赤彤艳阳	鸢尾属	宁波市北仑区小港悠暖花开园艺场	鲁冯国、戚幼囡、陆云峰、王豪、王建军、沈波	20220729
1007	20220865	赤彤微笑	鸢尾属	宁波市北仑区小港悠暖花开园艺场	鲁冯国、戚幼囡、陆云峰、王豪、沈波、王建军	20220729
1008	20220906	赤彤韶华	鸢尾属	宁波市北仑区小港悠暖花开园艺场	鲁冯国、戚幼囡、王建军、陆云峰、王豪、沈波	20220804
1009	20220710	金碧	蚊母树属	宁波市奉化天竺园艺有限公司、杭州沃尔德园植科技开发有限公司	竺君、邹雪风、王柳、王梦瑶	20220630
1010	20220711	丹绿	蚊母树属	宁波市奉化天竺园艺有限公司、杭州沃尔德园植科技开发有限公司	竺君、邹雪风、邹志阳、李亚、武媚婷	20220630
1011	20220712	青笠	蚊母树属	宁波市奉化天竺园艺有限公司、杭州沃尔德园植科技开发有限公司	邹雪风、竺君、徐小花、许鲁伟、王杰	20220630
1012	20220713	绯红翠玉	蚊母树属	宁波市奉化天竺园艺有限公司、杭州沃尔德园植科技开发有限公司	竺君、郭佳、陈献志、邹雪风	20220630
1013	20220714	绿波	蚊母树属	宁波市奉化天竺园艺有限公司、杭州沃尔德园植科技开发有限公司	竺君、来樱峰、王楠红、邹雪风、邹志阳	20220630
1014	20220715	玉圆	蚊母树属	宁波市奉化天竺园艺有限公司、杭州沃尔德园植科技开发有限公司	竺君、沈伟东、邹雪风、邹志阳	20220630
1015	20220754	浮翠	蚊母树属	宁波市奉化天竺园艺有限公司、杭州沃尔德园植科技开发有限公司	竺君、邹雪风、李婵颖、陈献志	20220704
1016	20220755	斑斓	木犀属	宁波市奉化天竺园艺有限公司、杭州沃尔德园植科技开发有限公司	竺君、沈伟东、陈献志、邹雪风、邹志阳	20220704
1017	20220758	缤纷	木犀属	宁波市奉化天竺园艺有限公司、杭州沃尔德园植科技开发有限公司	竺君、邹雪风、邹志阳、郭佳、吴一楠、陈杰	20220705
1018	20220759	绚丽	木犀属	宁波市奉化天竺园艺有限公司、杭州沃尔德园植科技开发有限公司	竺君、邹雪风、吴晓曙	20220705
1019	20220036	蓝梦	越橘属	宁波市农业科学研究院	朱宏芬	20220110
1020	20220104	甬早梅 2 号	杨梅	宁波市农业科学研究院	焦云、房聪玲、柴春燕	20220122
1021	20220111	甬早梅 1 号	杨梅	宁波市农业科学研究院	焦云、陈国锋	20220127
1022	20220625	迭金	青冈属	宁波市鄞州邱隘柏盛家庭农场、宁波市农业技术推广总站	王豪、王建军、陆云峰、沈波、黄华宏、何月秋、贾明光、赵绮、严春风	20220613
1023	20221176	白雀	栀子属	宁波市鄞州邱隘柏盛家庭农场、宁波市农业技术推广总站	陆云峰、王建军、王豪、贾明光、吴降星、沈波、严春风、赵绮、袁冬明、沙存龙	20220902

（续）

序号	申请号	品种名称	属（种）	申请人	培育人	申请日
1024	20220907	赤彤酒窝	鸢尾属	宁波优沃花卉有限公司	王豪、鲁冯国、戚幼囡、陆云峰、沈波、王建军	20220804
1025	20220933	赤彤之手	鸢尾属	宁波优沃花卉有限公司	鲁冯国、戚幼囡、王豪、陆云峰、吴降星、王建军、沈波	20220808
1026	20221047	赤彤之眼	鸢尾属	宁波优沃花卉有限公司	鲁冯国、戚幼囡、沈波、王豪、陆云峰、王建军	20220816
1027	20221051	赤彤之心	鸢尾属	宁波优沃花卉有限公司	鲁冯国、戚幼囡、沈波、王豪、王建军、陆云峰	20220817
1028	20220418	宁农黑杞 2 号	枸杞属	宁夏农林科学院枸杞科学研究所	戴国礼、张波、秦垦、焦恩宁、何昕孺、段淋渊、周旋、黄婷、高燕、何军、曹有龙、石志刚、安巍	20220505
1029	20220419	宁农黑杞 3 号	枸杞属	宁夏农林科学院枸杞科学研究所	戴国礼、张波、秦垦、焦恩宁、何昕孺、段淋渊、周旋、黄婷、高燕、何军、曹有龙、石志刚、安巍	20220505
1030	20220464	宁农黑杞 1 号	枸杞属	宁夏农林科学院枸杞科学研究所	戴国礼、张波、秦垦、焦恩宁、何昕孺、段淋渊、周旋、黄婷、高燕、何军、曹有龙、石志刚、安巍	20220512
1031	20220399	宁芦 1 号	芦竹属	宁夏农林科学院农业生物技术研究中心	甘晓燕、宋玉霞、陈虞超、郭生虎、石磊、聂峰杰、巩檑、刘璇、张丽、杨文静、田莉	20220425
1032	20221087	参天槐	槐属	牛三义	牛三义、李莹、王鑫、董谦	20220823
1033	20220131	磐旋榧	榧树属	磐安县自然资源和规划局、磐安县农家缘香榧专业合作社、浙江省林业科学研究院	陈红星、李海波、叶碧欢、宋其岩、陈友吾、唐昌贻、钟子龙、傅志华、马昔巨	20220210
1034	20220018	磐卷榧	榧树属	磐安县自然资源和规划局、浙江省林业科学研究院、磐安县农家缘香榧专业合作社	陈红星、李海波、宋其岩、叶碧欢、黄少平、徐晓锋、傅志华、李秋龙	20220105
1035	20220214	满堂彩	越橘属	萍乡市林业科学研究所	刘江华、李江、唐忠炳、刘剑锋、陈娟、谢宜飞、华小菊、李炳忠	20220315
1036	20220373	珠圆	越橘属	萍乡市林业科学研究所	刘江华、刘剑锋、彭辉武、胡明娇、黄永浩、华小菊	20220418
1037	20220897	一线牵	芍药属	青岛农业大学	郝青、舒庆艳	20220803
1038	20220898	紫梦秋华	芍药属	青岛农业大学	郝青、舒庆艳	20220803
1039	20220920	蓝粉佳丽	芍药属	青岛农业大学	郝青、舒庆艳	20220805
1040	20221273	青园槭 1 号	槭属	青岛市果树园艺总场	侯鲁文、姜燕妮、孟钰、孙杰、刘显栋、姜雪莲、李晓、孙瑞红	20220915
1041	20220539	大棠崂丰	苹果属	青岛市农业科学研究院	孙吉禄、张蕊芬、沙广利、黄粤、葛红娟、马荣群、孙红涛	20220525

（续）

序号	申请号	品种名称	属（种）	申请人	培育人	申请日
1042	20220540	紫御	苹果属	青岛市农业科学研究院	张蕊芬、孙吉禄、马荣群、沙广利、葛红娟、黄粤、孙红涛、赵强	20220525
1043	20221193	翠峰	椴树属	青岛抬头生态建设工程有限公司	张振英、郝雪英、郭赛谦、李增强、朱海亮、郭百川	20220905
1044	20221194	碧涛	椴树属	青岛抬头生态建设工程有限公司	郝雪英、郭赛谦、朱海亮、张振英、刘胜猛、朱晓兵	20220905
1045	20221195	雾灵 1 号	椴树属	青岛抬头生态建设工程有限公司	张振英、郝雪英、郭赛谦、朱晓兵、李增强、邓惠伦	20220906
1046	20221196	云峰	椴树属	青岛抬头生态建设工程有限公司	郭百川、郝雪英、郭赛谦、李增强、朱晓兵、张振英	20220906
1047	20221225	抬头 1 号	椴树属	青岛抬头生态建设工程有限公司	郭赛谦、刘胜猛、朱海亮、朱晓兵、张振英、郝雪英	20220909
1048	20221226	抬头 2 号	椴树属	青岛抬头生态建设工程有限公司	张振英、郝雪英、郭赛谦、朱晓兵、邓惠伦、郭百川	20220909
1049	20221227	雾灵 2 号	椴树属	青岛抬头生态建设工程有限公司	李增强、郭赛谦、张振英、朱晓兵、郝雪英、郭百川	20220909
1050	20221228	追风	椴树属	青岛抬头生态建设工程有限公司	郭赛谦、武利宁、邓惠伦、张振英、朱海亮、郭百川	20220909
1051	20221229	雾灵 3 号	椴树属	青岛抬头生态建设工程有限公司	朱晓兵、刘胜猛、郭赛谦、郝雪英、张振英、朱海亮	20220909
1052	20221230	石海氧吧	椴树属	青岛抬头生态建设工程有限公司	郝雪英、郭赛谦、张振英、邓惠伦、武利宁、朱海亮	20220909
1053	20221252	紫霞仙子	槭属	青岛抬头生态建设工程有限公司	郭赛谦、郭百川、张振英、朱晓兵、朱海亮、刘胜猛	20220912
1054	20221253	清秋	槭属	青岛抬头生态建设工程有限公司	朱海亮、武利宁、郭赛谦、郝雪英、张振英、朱晓兵	20220912
1055	20221254	亭亭玉立	槭属	青岛抬头生态建设工程有限公司	郭百川、朱晓兵、郭赛谦、张振英、李增强、郝雪英	20220912
1056	20221255	碧波	槭属	青岛抬头生态建设工程有限公司	郭百川、朱晓兵、张振英、郭赛谦、李增强、郝雪英	20220912
1057	20221256	红心	槭属	青岛抬头生态建设工程有限公司	郭赛谦、刘胜猛、朱晓兵、张振英、郝雪英、郭百川	20220912
1058	20221259	碧玉	槭属	青岛抬头生态建设工程有限公司	邓惠伦、张振英、朱晓兵、郭赛谦、李增强、郝雪英	20220913

（续）

序号	申请号	品种名称	属（种）	申请人	培育人	申请日
1059	20221260	玲珑	槭属	青岛抬头生态建设工程有限公司	李增强、郭赛谦、张振英、朱晓兵、郝雪英、郭百川	20220913
1060	20221261	红缨	槭属	青岛抬头生态建设工程有限公司	郭赛谦、刘胜猛、朱晓兵、张振英、郝雪英、李增强	20220913
1061	20221262	夏彩	槭属	青岛抬头生态建设工程有限公司	郭百川、郭赛谦、邓惠伦、朱海亮、武利宁、张振英	20220913
1062	20221277	绿箭	椴树属	青岛抬头生态建设工程有限公司	李增强、刘胜猛、郭赛谦、张振英、朱晓兵、邓惠伦	20220916
1063	20221279	初夏	椴树属	青岛抬头生态建设工程有限公司	郭百川、朱海亮、郭赛谦、郝雪英、张振英、朱晓兵	20220916
1064	20221289	绿柱	椴树属	青岛抬头生态建设工程有限公司	朱晓兵、武利宁、郭赛谦、邓惠伦、张振英、郭百川	20220920
1065	20221338	金枝映雪	椴树属	青岛抬头生态建设工程有限公司	郝雪英、张振英、郭赛谦、李增强、朱晓兵、武利宁	20220928
1066	20221379	卓越	椴树属	青岛抬头生态建设工程有限公司	郭赛谦、张振英、邓惠伦、李增强、朱晓兵、刘胜猛	20221009
1067	20221380	团扇	椴树属	青岛抬头生态建设工程有限公司	郭赛谦、郭百川、武利宁、张振英、郝雪英、朱晓兵	20221009
1068	20221219	沃蓝一号	越橘属	青岛沃林蓝莓果业有限公司	廖甜甜、高玉坤、高勇、胡博	20220908
1069	20221220	沃蓝二号	越橘属	青岛沃林蓝莓果业有限公司	廖甜甜、高勇、胡博、高玉坤	20220908
1070	20221222	沃蓝三号	越橘属	青岛沃林蓝莓果业有限公司	廖甜甜、高勇、高玉坤、胡博	20220909
1071	20221223	沃蓝四号	越橘属	青岛沃林蓝莓果业有限公司	廖甜甜、高玉坤、胡博、高勇	20220909
1072	20220949	珍宝	杜鹃花属	青岛永根园艺有限公司	方永根、贾宁、孙兴华、赵宝梅、方苏杭	20220808
1073	20221011	爱丽 8 号	杜鹃花属	青岛永根园艺有限公司、金华市永根杜鹃花培育有限公司	方永根、方苏杭	20220812
1074	20221012	爱丽 9 号	杜鹃花属	青岛永根园艺有限公司、金华市永根杜鹃花培育有限公司	方永根、方苏杭	20220812
1075	20221013	爱丽 7 号	杜鹃花属	青岛永根园艺有限公司、金华市永根杜鹃花培育有限公司	方永根、方苏杭	20220812
1076	20221015	爱丽 5 号	杜鹃花属	青岛永根园艺有限公司、金华市永根杜鹃花培育有限公司	方永根、方苏杭	20220812
1077	20221016	爱丽 4 号	杜鹃花属	青岛永根园艺有限公司、金华市永根杜鹃花培育有限公司	方永根、方苏杭	20220812

（续）

序号	申请号	品种名称	属（种）	申请人	培育人	申请日
1078	20221017	火炬	杜鹃花属	青岛永根园艺有限公司、金华市永根杜鹃花培育有限公司	方永根、方苏杭	20220812
1079	20221018	欢雀	杜鹃花属	青岛永根园艺有限公司、金华市永根杜鹃花培育有限公司	方永根、姜燕妮、孟钰、孙杰、方苏杭	20220812
1080	20221034	雪静	杜鹃花属	青岛永根园艺有限公司、金华市永根杜鹃花培育有限公司	方永根、孙杰、姜燕妮、孟钰、方苏杭	20220815
1081	20221035	山里红 1 号	杜鹃花属	青岛永根园艺有限公司、金华市永根杜鹃花培育有限公司	方永根、方苏杭	20220815
1082	20221036	山里红 2 号	杜鹃花属	青岛永根园艺有限公司、金华市永根杜鹃花培育有限公司	方永根、方苏杭	20220815
1083	20221037	山里红 3 号	杜鹃花属	青岛永根园艺有限公司、金华市永根杜鹃花培育有限公司	方永根、方苏杭	20220815
1084	20221039	山里红 5 号	杜鹃花属	青岛永根园艺有限公司、金华市永根杜鹃花培育有限公司	方永根、贾宁、孙兴华、赵宝梅、方苏杭	20220815
1085	20221040	爱丽 10 号	杜鹃花属	青岛永根园艺有限公司、金华市永根杜鹃花培育有限公司	方永根、方苏杭	20220815
1086	20221041	期望	杜鹃花属	青岛永根园艺有限公司、金华市永根杜鹃花培育有限公司	方永根、方苏杭	20220815
1087	20221042	香妃	杜鹃花属	青岛永根园艺有限公司、金华市永根杜鹃花培育有限公司	方永根、方苏杭	20220816
1088	20221055	桑巴舞	杜鹃花属	青岛永根园艺有限公司、金华市永根杜鹃花培育有限公司	方永根、赵宝梅、贾宁、孙兴华、方苏杭	20220818
1089	20221057	粉贝	杜鹃花属	青岛永根园艺有限公司、金华市永根杜鹃花培育有限公司	方永根	20220818
1090	20220919	大圆宝	冬青属	青岛永根园艺有限公司、金华市永根杜鹃花培育有限公司	方永根	20220804
1091	20221014	爱丽 6 号	杜鹃花属	青岛永根园艺有限公司、金华市永根杜鹃花培育有限公司	方永根、方苏杭	20220812
1092	20221038	山里红 4 号	杜鹃花属	青岛永根园艺有限公司、金华市永根杜鹃花培育有限公司	方永根、方苏杭	20220815
1093	20221319	阳光女孩	白鹤芋属	泉州市泉美生物科技有限公司	简丽观、李雪、庄伟婷、康清炳、陈培团、王文平、马梦宇、陈发兴、彭金彬、李志华、吴子平、朱志勇	20220926

（续）

序号	申请号	品种名称	属（种）	申请人	培育人	申请日
1094	20221267	雅丰	花椒属	任川东、余江洪	任川东、余江洪、赵国兵	20220914
1095	20220687	明重楼 1 号	重楼属	三明市农业科学研究院	周建金、罗晓锋、乔锋、郭位贤、叶炜、江金兰、颜沛沛、王培育	20220627
1096	20220733	锦绣	黄精属	三明市农业科学研究院	周建金、乔锋、郭位贤、罗晓锋、叶炜	20220702
1097	20220821	明重楼 3 号	重楼属	三明市农业科学研究院	周建金、罗晓锋、乔锋、郭位贤、颜沛沛、王培育	20220720
1098	20220830	明重楼 2 号	重楼属	三明市农业科学研究院	周建金、乔锋、郭位贤、罗晓锋、叶炜	20220721
1099	20220854	明黄 1 号	黄精属	三明市农业科学研究院	周建金、罗晓锋、郭位贤、乔锋、叶炜、江金兰、颜沛沛、王培育	20220726
1100	20221621	维美	白鹤芋属	三明市农业科学研究院	林辉锋、周辉明、曹奕鸯、林发壮、陈昌铭、甘玮欣	20221126
1101	20220734	玲珑	黄精属	三明市农业科学研究院	周建金、罗晓锋、郭位贤、乔锋、叶炜、江金兰、颜沛沛、王培育	20220702
1102	20220225	千日红 1 号	叶子花属	厦门千日红园艺有限公司	王和法、王锦池	20220317
1103	20220265	千日红 2 号	叶子花属	厦门千日红园艺有限公司	王和法、王锦池	20220328
1104	20220266	千日红 3 号	叶子花属	厦门千日红园艺有限公司	王锦池、王和法	20220328
1105	20220575	鲁枫 10 号	槭属	山东高速鸿林工程技术有限公司	彭广伟、谭好国、郑岩、刘传林、王志坡	20220603
1106	20220576	鲁枫 6 号	槭属	山东高速鸿林工程技术有限公司	彭广伟、谭好国、郑岩、刘传林、王志坡	20220603
1107	20220476	婵秀	文冠果	山东林昱宏文冠果股份有限公司、山东省林草种质资源中心	吴丹、王磊、赵永军、解孝满、张鑫洋、陆璐、林俊梅、王震	20220514
1108	20220486	小秀	文冠果	山东林昱宏文冠果股份有限公司、山东省林草种质资源中心	赵永军、解孝满、吴丹、王震、王磊、张鑫洋、林俊梅、陆璐	20220516
1109	20220487	娟秀	文冠果	山东林昱宏文冠果股份有限公司、山东省林草种质资源中心	王震、陆璐、王磊、吴丹、解孝满、赵永军、张鑫洋、葛磊	20220516
1110	20220488	娇秀	文冠果	山东林昱宏文冠果股份有限公司、山东省林草种质资源中心	王震、赵永军、解孝满、林俊梅、葛磊、王磊、陆璐、吴丹、张鑫洋	20220516
1111	20220493	悟秀	文冠果	山东林昱宏文冠果股份有限公司、山东省林草种质资源中心	张鑫洋、王震、王磊、赵永军、陆璐、吴丹、解孝满	20220517
1112	20220495	谦秀	文冠果	山东林昱宏文冠果股份有限公司、山东省林草种质资源中心	解孝满、王震、张鑫洋、王磊、赵永军、吴丹、陆璐、林俊梅、于伟	20220517
1113	20220496	甜秀	文冠果	山东林昱宏文冠果股份有限公司、山东省林草种质资源中心	陆璐、赵永军、王震、解孝满、葛磊、王磊、吴丹、张鑫洋	20220517

（续）

序号	申请号	品种名称	属（种）	申请人	培育人	申请日
1114	20220498	玲秀	文冠果	山东林昱宏文冠果股份有限公司、山东省林草种质资源中心	王磊、解孝满、赵永军、陆璐、林俊梅、王震、张鑫洋、吴丹	20220517
1115	20220811	瑞红	核桃属	山东农业大学	房鸿成、杨克强、梁强、王长喜、董玉惠、刘建宁	20220719
1116	20220866	亭泉	侧柏属	山东农业大学	杨克强、房鸿成、王耀锋、梁强、孙立民、董玉惠、王长喜、刘建宁	20220730
1117	20220189	莱子	榉属	山东齐圃生物科技有限公司	李国杰、胡永梅、李泽宇、董雅霖	20220307
1118	20220179	齐举	榉属	山东齐圃生物科技有限公司、董雅霖	董雅霖、李国杰、胡永梅、李泽宇	20220303
1119	20220188	状元	榉属	山东齐圃生物科技有限公司、胡永梅	胡永梅、李国杰、李泽宇、董雅霖	20220307
1120	20220190	晏子	榉属	山东齐圃生物科技有限公司、李国杰	李国杰、胡永梅、李泽宇、董雅霖	20220307
1121	20220186	凤尾	榉属	山东齐圃生物科技有限公司、李泽宇	李泽宇、李国杰、胡永梅、董雅霖	20220305
1122	20211397	鲁康 8 号	核桃属	山东省果树研究所	相昆、陈新、王贵芳、许海峰、张美勇、徐颖	20211119
1123	20211398	奇抗 1 号	核桃属	山东省果树研究所	张美勇、徐颖、相昆、陈新、王贵芳、许海峰	20211119
1124	20211399	鲁康 10 号	核桃属	山东省果树研究所	王贵芳、陈新、许海峰、相昆、张美勇、徐颖	20211119
1125	20211401	心文 1 号	核桃属	山东省果树研究所	王贵芳、张美勇、陈新、相昆、许海峰、徐颖	20211119
1126	20211488	西华	杏	山东省果树研究所	苑克俊、牛庆霖、王培久	20211209
1127	20211489	国华	杏	山东省果树研究所	苑克俊、牛庆霖、王培久	20211209
1128	20211490	金业巴丹	杏	山东省果树研究所	苑克俊、牛庆霖、王培久	20211209
1129	20211674	黛丹 1 号	石榴属	山东省果树研究所	尹燕雷、冯立娟、张汉修、张锦超、杨雪梅、唐海霞、王增辉、王菲、安萌萌	20211227
1130	20211680	黛丹 8 号	石榴属	山东省果树研究所	冯立娟、尹燕雷、张汉修、张锦超、杨雪梅、唐海霞、王增辉、王菲、安萌萌	20211228
1131	20220110	凯丰 1 号	枣属	山东省果树研究所	李晓军、周广芳、沈广宁、翟浩、余贤美	20220126
1132	20220145	凯丰 2 号	枣属	山东省果树研究所	李晓军、曲健禄、张琼、王涛、翟浩	20220214
1133	20220146	凯丰 4 号	枣属	山东省果树研究所	李晓军、阴启忠、高瑞、张勇、王涛	20220214
1134	20220151	凯丰 3 号	枣属	山东省果树研究所	李晓军、张勇、王中堂、曲健禄、马亚男	20220216
1135	20211400	鲁康 1 号	核桃属	山东省果树研究所、费县绿缘核桃专业合作社	陈新、王贵芳、相昆、张美勇、许海峰、徐颖	20211119
1136	20211402	鲁康 9 号	核桃属	山东省果树研究所、费县绿缘核桃专业合作社	陈新、相昆、王贵芳、张美勇、徐颖、许海峰	20211119
1137	20220489	迷你珍珠	文冠果	山东省林草种质资源中心、山东林昱宏文冠果股份有限公司	陆璐、赵永军、吴丹、王磊、解孝满、于伟、王震、张鑫洋、张阳	20220516
1138	20220497	小蒨	文冠果	山东省林草种质资源中心、山东林昱宏文冠果股份有限公司	王磊、解孝满、陆璐、吴丹、赵永军、林俊梅、王震、张鑫洋	20220517

（续）

序号	申请号	品种名称	属（种）	申请人	培育人	申请日
1139	20220499	才露	文冠果	山东省林草种质资源中心、山东林昱宏文冠果股份有限公司	吴丹、陆璐、赵永军、解孝满、王震、王磊、张鑫洋、张阳	20220517
1140	20220475	盛锦	文冠果	山东省林草种质资源中心、山东林昱宏文冠果股份有限公司	赵永军、吴丹、陆璐、王磊、解孝满、王震、于伟、张阳、张鑫洋	20220514
1141	20220494	绯秀	文冠果	山东省林草种质资源中心、山东林昱宏文冠果股份有限公司	解孝满、陆璐、吴丹、王磊、赵永军、王震、林俊梅、张鑫洋、于伟	20220517
1142	20220509	荣锦	文冠果	山东省林草种质资源中心、山东林昱宏文冠果股份有限公司	张鑫洋、吴丹、解孝满、陆璐、王磊、赵永军、王震、葛磊、张阳	20220519
1143	20221627	旭日东升	七叶树属	山东省林业科学研究院	陈俊强、毛秀红、李玉岭、刘翠兰、张谦、孙音、付茵茵、王静、马安宝、张淑静、马丙尧、乔艳辉	20221127
1144	20220071	红悄	苹果属	山东省林业科学研究院、昌邑海棠苗木专业合作社、昌邑市林业发展中心	王立辉、许景伟、程鸿雁、囤兴建、胡丁猛、李宗泰、王清华、姚兴海、朱升祥、明建芹、王孟筱、王忠英	20220117
1145	20220072	娇红	苹果属	山东省林业科学研究院、昌邑海棠苗木专业合作社、昌邑市林业发展中心	胡丁猛、陈俊强、刘海燕、王立辉、囤兴建、许景伟、王清华、李宗泰、朱升祥、王霞、明建芹、刘浦孝、耿宗琴	20220117
1146	20220069	云润	苹果属	山东省林业科学研究院、昌邑海棠苗木专业合作社、昌邑市林业发展中心	囤兴建、许景伟、胡丁猛、王立辉、姚兴海、王清华、李宗泰、朱升祥、刘浦孝、王孟筱、张乐民、刘海燕、张乐吉	20220117
1147	20210930	寒楸	梓树属	山东省林业科学研究院、德州天盛园林工程有限公司	韩友吉、辛卫国、陈俊强、董玉峰、李善文、张振南、鲁仪增、庄若楠、仲伟国、孔玲、苑正赛	20210823
1148	20210941	黄金楸	梓树属	山东省林业科学研究院、德州天盛园林工程有限公司	陈俊强、辛烁、董玉峰、李善文、韩友吉、庄若楠、仲伟国、鲁仪增、张振南、孔玲、苑正赛	20210823
1149	20221629	红蝶恋花	七叶树属	山东省林业科学研究院、济南怡然苗木种植有限公司	毛秀红、毛欣、闫少波、陈俊强、刘琦、李玉岭、刘翠兰、仲伟国、马安宝、王静、伊九杰、王小芳	20221127
1150	20221630	彩蝶恋花	七叶树属	山东省林业科学研究院、济南怡然苗木种植有限公司、费县国有大青山林场	毛秀红、闫少波、张元帅、李玉岭、毛欣、董元夫、伊九杰、刘翠兰、王开芳、姚兴海、韩庆军、栗宁宁	20221127
1151	20221540	紫玉	山茱萸属	山东万路达毛楝文化产业发展有限公司、山东万路达园林科技有限公司	张帆、陈陆琴、颜鲁、张伟、赵祥宝、张庆通、王芳	20221110
1152	20221541	红玉	山茱萸属	山东万路达毛楝文化产业发展有限公司、山东万路达园林科技有限公司	王开芳、张帆、颜鲁、张伟、赵祥宝、张庆通、王芳	20221110

（续）

序号	申请号	品种名称	属（种）	申请人	培育人	申请日
1153	20220089	鲁芋 1 号	向日葵属	山东益得来生物科技有限公司	左兆河、左金朋、张涛、田宝兰	20220119
1154	20220090	鲁芋 2 号	向日葵属	山东益得来生物科技有限公司	左兆河、左金朋、张涛、田宝兰	20220119
1155	20220091	鲁芋 3 号	向日葵属	山东益得来生物科技有限公司	左兆河、左金朋、张涛、田宝兰	20220119
1156	20220092	鲁芋 4 号	向日葵属	山东益得来生物科技有限公司	左兆河、左金朋、张涛、田宝兰	20220119
1157	20220093	鲁芋 5 号	向日葵属	山东益得来生物科技有限公司	左兆河、左金朋、张涛、田宝兰	20220119
1158	20220094	鲁芋 6 号	向日葵属	山东益得来生物科技有限公司	左兆河、左金朋、张涛、田宝兰	20220119
1159	20220095	鲁芋 7 号	向日葵属	山东益得来生物科技有限公司	左兆河、左金朋、张涛、田宝兰	20220119
1160	20220096	鲁芋 8 号	向日葵属	山东益得来生物科技有限公司	左兆河、左金朋、张涛、田宝兰	20220119
1161	20220097	鲁芋 9 号	向日葵属	山东益得来生物科技有限公司	左兆河、左金朋、张涛、田宝兰	20220119
1162	20221515	华金 7 号	忍冬属	山东中医药大学	蒲高斌、张永清、李佳、刘振华	20221108
1163	20211457	蓝丽 1702（Ridley1702）	越橘属	山蓝果园私人有限公司（Mountain Blue Orchards Pty Ltd.）	雷德利·贝尔（Ridley Bell）	20211202
1164	20220009	龙冬 1 号	枣属	山西农业大学园艺学院	杨俊强、申仲妹、陈红玉、马光跃、梁燕平、隋建社	20220104
1165	20211671	晋园晚红	枣属	山西农业大学园艺学院	杨俊强、陈红玉、马光跃、申仲妹	20211227
1166	20211673	猗冬 1 号	枣属	山西农业大学园艺学院	杨俊强、陈红玉、申仲妹、杨凯、王达菲、梁燕平、隋建设	20211227
1167	20220198	立阳	杨属	山西省林业和草原科学研究院、山西芦芽山国家级自然保护区管理局、山西省桑干河杨树丰产林实验局	武秀娟、郭建荣、姚建忠、奥小平、郑智礼、郭斌、李丕全、吴丽荣、赵育鹏、雍鹏、李宝龙、张彩红	20220308
1168	20221635	华美 1 号	石榴属	陕西青美生物科技有限公司	梁永琪、刘玲玲、李志萍、云权政	20221127
1169	20221636	华美 2 号	石榴属	陕西青美生物科技有限公司	梁永琪、刘玲玲、李志萍、云权政	20221127
1170	20220100	大唐兰馨	木兰属	陕西省西安植物园	王亚玲、冯胜利、冯瑞生、叶卫、樊璐	20220120
1171	20220101	大唐绿地	木兰属	陕西省西安植物园	冯胜利、王亚玲、冯瑞生、叶卫、樊璐	20220120
1172	20220490	火炬	忍冬属	陕西省西安植物园	刘安成、王庆、毕毅、刘国宇、李艳、王宏	20220516
1173	20220491	秀雅	忍冬属	陕西省西安植物园	刘安成、李艳、刘国宇、王宏、王庆、毕毅	20220516
1174	20220577	大唐含雪	含笑属	陕西省西安植物园	谢斌、王亚玲、冯胜利、丁芳兵、叶卫、樊璐	20220605
1175	20220638	景华	木兰属	陕西省西安植物园	李仁娜、王亚玲、闫会玲、樊璐、叶卫、冯瑞声、冯胜利	20220614
1176	20220639	景雅	木兰属	陕西省西安植物园	李仁娜、王亚玲、樊璐、丁芳兵、令狐昱慰、闫会玲、叶卫、冯瑞生、冯胜利	20220614

（续）

序号	申请号	品种名称	属（种）	申请人	培育人	申请日
1177	20220662	长袖善舞	忍冬属	陕西省西安植物园	刘安成、李艳、王宏、赵雪艳、刘国宇、王庆、毕毅	20220622
1178	20220663	秀丽	忍冬属	陕西省西安植物园	刘安成、赵雪艳、王庆、李艳、刘国宇、毕毅、王宏	20220622
1179	20220761	老寿星	木兰属	陕西省西安植物园	闫会玲、王亚玲、叶卫、李仁娜、樊璐、冯瑞生、冯胜利	20220705
1180	20220847	绿香	木兰属	陕西省西安植物园	王亚玲、冯胜利、冯瑞生、樊璐、叶卫、李仁娜、闫慧玲	20220725
1181	20220238	申辰彩玉	木兰属	上海辰山植物园	叶康、胡永红、秦俊、王洪富	20220324
1182	20220239	申辰丹玉	木兰属	上海辰山植物园	叶康、王罗荣、秦俊、胡永红	20220324
1183	20220240	申辰早玉	木兰属	上海辰山植物园	叶康、胡永红、秦俊	20220324
1184	20221486	辰山红柱	木槿属	上海辰山植物园	王连军、王正伟、屠莉	20221103
1185	20221487	辰山粉黛	木槿属	上海辰山植物园	王连军、王正伟、屠莉	20221103
1186	20221488	辰山银霞	木槿属	上海辰山植物园	王连军、王正伟、屠莉	20221103
1187	20221489	辰山红心	木槿属	上海辰山植物园	王连军、王正伟、屠莉	20221103
1188	20221564	蓝梦	百子莲属	上海上房园林植物研究所有限公司、上海市园林科学规划研究院	申瑞雪、陈香波、尹丽娟、陆牡丹、闵睫、黄建荣、罗玉兰	20221115
1189	20211556	迅兰	蝴蝶兰属	上海师范大学	明凤、李威、宋子涵	20211216
1190	20211557	飞兰	蝴蝶兰属	上海师范大学	明凤、李威、宋子涵	20211216
1191	20220217	早月	蔷薇属	上海师范大学	明凤、杨振宇、杨碧楠	20220316
1192	20211558	繁兰	蝴蝶兰属	上海师范大学	明凤、李威、宋子涵	20211216
1193	20211217	鲁丰 1 号	鼠尾草属	上海市药材有限公司、中国中医科学院中药研究所、上药华宇（临沂）中药资源有限公司	李西文、陈士林、崔宁、陈为序、侯梦梦、于大德、朱光明、俞磊明	20211101
1194	20221557	艳莎	百子莲属	上海市园林科学规划研究院、上海上房园林植物研究所有限公司	陈香波、申瑞雪、陆牡丹、尹丽娟、吕秀立、李秋静、张冬梅	20221114
1195	20220676	玉盘	李属	韶关市旺地樱花种植有限公司、广州天适集团有限公司、英德市旺地樱花种植有限公司	胡晓敏、叶小玲、李园凤、熊育明、陈端妮、冯钦钊、朱军	20220624
1196	20220716	灵秀	李属	韶关市旺地樱花种植有限公司、广州天适集团有限公司、英德市旺地樱花种植有限公司	朱军、叶小玲、杨梓滨、胡晓敏、熊海坚、高珊、冯钦钊	20220630
1197	20220853	清芬	李属	韶关市旺地樱花种植有限公司、广州天适集团有限公司、英德市旺地樱花种植有限公司	叶小玲、胡晓敏、朱军、陈端妮、高珊、叶小娟、杨梓滨	20220725

（续）

序号	申请号	品种名称	属（种）	申请人	培育人	申请日
1198	20220851	独秀	李属	韶关市旺地樱花种植有限公司、广州旺地园林工程有限公司、英德市旺地樱花种植有限公司	叶小玲、朱军、胡晓敏、冯钦钊、陈端妮、叶小兰、高珊	20220725
1199	20220600	银河落	李属	韶关市旺地樱花种植有限公司、英德市旺地樱花种植有限公司、广州天适集团有限公司	胡晓敏、叶小玲、熊育明、朱军、冯钦钊、陈端妮、杨梓滨	20220609
1200	20220614	倩影	李属	韶关市旺地樱花种植有限公司、英德市旺地樱花种植有限公司、广州天适集团有限公司	胡晓敏、叶小玲、高珊、朱军、杨梓滨、冯钦钊、阮文俊	20220609
1201	20220799	灿烂	李属	韶关市旺地樱花种植有限公司、英德市旺地樱花种植有限公司、广州天适集团有限公司	朱军、叶小玲、高珊、胡晓敏、邱晓平、杨梓滨	20220713
1202	20220862	素兮	李属	韶关市旺地樱花种植有限公司、英德市旺地樱花种植有限公司、广州天适集团有限公司	叶小玲、朱军、胡晓敏、陈端妮、杨梓滨、熊海坚、冯钦钊	20220728
1203	20220559	圆梦	李属	韶关市旺地樱花种植有限公司、英德市旺地樱花种植有限公司、广州旺地园林工程有限公司	胡晓敏、朱军、叶小玲、陈端妮、冯钦钊、邱晓平、高珊	20220530
1204	20220593	笑春风	李属	韶关市旺地樱花种植有限公司、英德市旺地樱花种植有限公司、广州旺地园林工程有限公司	朱军、林杰妤、叶小玲、胡晓敏、冯钦钊、杨梓滨、高珊	20220607
1205	20220617	轻梦	李属	韶关市旺地樱花种植有限公司、英德市旺地樱花种植有限公司、广州旺地园林工程有限公司	朱军、叶小玲、陈端妮、胡晓敏、熊海坚、冯钦钊、杨梓滨	20220610
1206	20220451	孤品红	蔷薇属	深圳市方森园林花卉有限公司	邓年军、庄泽坤、徐勇端、叶子驹、曹建欢、郑晓庆	20220511
1207	20220452	绛宝石	蔷薇属	深圳市方森园林花卉有限公司	赵军、蒋文野、杨云、杨莎、李育生、刘文康	20220511
1208	20220453	璞玉红	蔷薇属	深圳市方森园林花卉有限公司	周镇平、李湛、胡盼、曾辉艳、蔡金华、周云仙	20220511
1209	20220468	南森红铃	蔷薇属	深圳市方森园林花卉有限公司	周镇平、揭丽佩、郑晓庆、周云仙、陈璟瑞、杨莎	20220512
1210	20220473	玲珑	蔷薇属	深圳市方森园林花卉有限公司	周云仙、曹建欢、张倍珊、姚耿斌、邓年军、李育生	20220512
1211	20220500	锦缎	蔷薇属	深圳市方森园林花卉有限公司	周云仙、张倍珊、朱海亮	20220517
1212	20220501	方森赤诚	蔷薇属	深圳市方森园林花卉有限公司	邓年军、陈璟瑞、贾婷	20220517
1213	20220502	方森韵玫	蔷薇属	深圳市方森园林花卉有限公司	李育生、揭丽佩、郑晓庆	20220517
1214	20220503	方森信念	蔷薇属	深圳市方森园林花卉有限公司	莫波、赵军、李坚明	20220517
1215	20220504	方森红	蔷薇属	深圳市方森园林花卉有限公司	李育生、庄泽坤、元树政	20220517
1216	20220505	方森粉蝶	蔷薇属	深圳市方森园林花卉有限公司	莫波、徐勇端、曹益民	20220517
1217	20220506	方森精彩	蔷薇属	深圳市方森园林花卉有限公司	周镇平、蒋文野、胡盼	20220517
1218	20220513	方森粉绣	蔷薇属	深圳市方森园林花卉有限公司	李育生、曹益民、杨莎、贾婷、周云仙、邓年军	20220519

（续）

序号	申请号	品种名称	属（种）	申请人	培育人	申请日
1219	20211200	浪漫珊瑚	蔷薇属	深圳市时代园林花卉有限公司、中国农业大学	郭康、周世慧、陈林、高俊平、马超、马男	20211101
1220	20211201	玻璃淬	蔷薇属	深圳市时代园林花卉有限公司、中国农业大学	林永明、彭仕帆、周世慧、高俊平、马男、张常青	20211101
1221	20211203	翡翠茸	蔷薇属	深圳市时代园林花卉有限公司、中国农业大学	林永明、卢结兰、苏钦、高俊平、马男、孙小明	20211101
1222	20211204	粉妆颜	蔷薇属	深圳市时代园林花卉有限公司、中国农业大学	郭康、陈林、王永钿、高俊平、周晓锋、马男	20211101
1223	20211507	紫霞芳华	蔷薇属	深圳职业技术学院、深圳市国艺园林建设有限公司	李永红、刘洋、袁丽丽、曹洋、赵峰、徐洁华	20211213
1224	20211508	鹏韵	蔷薇属	深圳职业技术学院、深圳市国艺园林建设有限公司	李永红、刘俊武、刘洋、程泳、陈妙莉、景维坤	20211213
1225	20211505	胭脂朱霞	蔷薇属	深圳职业技术学院、深圳市升源园林生态有限公司	李永红、刘洋、景维坤、陈妙莉、刘俊武、程泳	20211213
1226	20211509	红粉佳人	蔷薇属	深圳职业技术学院、深圳市升源园林生态有限公司	李永红、景维坤、赵峰、曹洋、刘洋、刘俊武	20211213
1227	20211506	酒红宝石	蔷薇属	深圳职业技术学院、深圳市铁汉生态景观有限公司	李永红、徐洁华、刘洋、魏国锋、刘俊武、景维坤	20211213
1228	20221221	航草 B101	芦竹属	神舟绿鹏农业科技有限公司	赵辉、刘纪原、李珊珊、李晶炤、李静、刘宝平、刘次次	20220909
1229	20220827	瑟琳娜	悬钩子属	沈阳农业大学	代汉萍、李斌、刘镇东、周倩、邓金玲、赵珺、李淑梅	2022072[illegible]
1230	20220008	香雪 3 号	栀子属	嵊州市栀香花木有限公司	张冬芬、张军、黄少平、施玲玲、张朗锋、求鹏英、毕文玉、郑峰、王英英、吴丽萍、温莉娜、张大伟	20220104
1231	20220007	香雪 5 号	栀子属	嵊州市栀香花木有限公司、张军、张冬芬	张冬芬、张军、黄少平、施玲玲、张朗锋、求鹏英、毕文玉、郑峰、王英英、吴丽萍、张大伟、温莉娜	20220104
1232	20220870	梦幻	杜鹃花属	石家庄市农林科学研究院、石家庄市神州花卉研究所有限公司	白霄霞、蒋淑磊、李志斌、李萍、张骁骁、郭永召、张丽玲、刘雅、郑书海、周广英、刘娜	20220801
1233	20220871	韶华	杜鹃花属	石家庄市神州花卉研究所有限公司	李志斌、白霄霞、蒋淑磊、李萍、李坤、李昕、张骁骁、白晓	20220801
1234	20220885	曙光	杜鹃花属	石家庄市神州花卉研究所有限公司、石家庄市农林科学研究院	白霄霞、李志斌、蒋淑磊、李萍、化金津	20220802
1235	20220295	断翼天使	叶子花属	沭阳县贝迪园艺有限公司	景世君	20220405
1236	20220302	海月	叶子花属	沭阳县贝迪园艺有限公司	景世君	20220406

（续）

序号	申请号	品种名称	属（种）	申请人	培育人	申请日
1237	20220578	明富 1 号	漆树属	四川明富大漆科技有限公司、四川省林业科学研究院	王明富、肖兴翠、唐乐华、刘云生、辜云杰、刘闵豪、何芝然	20220604
1238	20220629	明富 2 号	漆树属	四川明富大漆科技有限公司、四川省林业科学研究院	王明富、肖兴翠、锁必柱、唐乐华、刘闵豪、刘云生、辜云杰、何芝然	20220613
1239	20220394	天府抗核 64 号	核桃属	四川农业大学	万雪琴、杨汉波、钟宇、张帆、陈良华、何方、王芳、时羽杰	20220420
1240	20221288	优康	花椒属	四川农业大学	叶萌、韩珊、罗小梅、张志清、何周建、李洪运、刘佳惠	20220919
1241	20211677	飞羽	报春花属	四川农业大学、成都市花木技术服务中心	贾茵、张彤、潘远智、姜贝贝、张潇、侯利钦、陆思羽	20211227
1242	20221493	蜀椒 7 号	花椒属	四川省植物工程研究院	曾攀、唐亚、龚霞、王海峰、吴银明、李佩洪、陈政、温铿、张艳、何飞、尹敏	20221103
1243	20220067	蜀椒 3 号	花椒属	四川省植物工程研究院、汉源县农业农村局、四川省林业科学研究院	龚霞、曾攀、罗成荣、王海峰、唐亚、吴银明、胡文、王雪强、陈政、温铿、李佩洪、张艳	20220117
1244	20220088	蜀椒 4 号	花椒属	四川省植物工程研究院、四川省林业科学研究院、四川农业大学	吴银明、龚霞、曾攀、罗成荣、龚伟、王海峰、李佩洪、陈政、杜洪俊、张艳、唐亚、温铿、朱艳	20220119
1245	20221134	天紫霞	金合欢属	四川驯物者农业开发有限公司	刘颜辉、贺垠雪、白霜	20220826
1246	20221135	天彩羽衣	金合欢属	四川驯物者农业开发有限公司	刘颜辉、贺垠雪、白霜	20220826
1247	20211409	涟漪	蔷薇属	苏州华绚园艺有限公司	于明华、孙权、续文华、田静	20211121
1248	20211423	苏子缃	蔷薇属	苏州农业职业技术学院	朱旭东、黄长兵、梁琪、李庆魁、尹原森、张彤钰	20211123
1249	20211424	秾玫层溢	蔷薇属	苏州农业职业技术学院	黄长兵、程培蕾、苏士利、李林芝、严陶韬、朱晓国	20211123
1250	20220929	星硕	百子莲属	苏州农业职业技术学院	汪成忠、顾国海、李寿田、尹原森	20220806
1251	20220930	星星之火	百子莲属	苏州农业职业技术学院	汪成忠、李庆魁、朱玮、李成慧	20220806
1252	20220931	晴雯	百子莲属	苏州农业职业技术学院	汪成忠、耿晓东、李成慧、尹原森	20220806
1253	20220932	紫娟	百子莲属	苏州农业职业技术学院	汪成忠、陈军、曹春燕、梁琪	20220806
1254	20221656	苏农待君	蔷薇属	苏州农业职业技术学院	程培蕾、黄长兵、侯哲、程雯慧、包宇玟	20221128
1255	20221659	苏农蝶羞薇	蔷薇属	苏州农业职业技术学院	黄长兵、严陶韬、陈浩源、程雯慧、王涵曦	20221128
1256	20221662	苏农绛蓝	蔷薇属	苏州农业职业技术学院	苏士利、黄长兵、程培蕾、程雯慧、王徐聪	20221128
1257	20221663	苏农浅颦	蔷薇属	苏州农业职业技术学院	黄长兵、苏士利、张彤钰、程雯慧、武玲艳	20221128

（续）

序号	申请号	品种名称	属（种）	申请人	培育人	申请日
1258	20211426	秾耕星语	蔷薇属	苏州农业职业技术学院	黄长兵、李林芝、耿晓东、王荷、杨杰	20211123
1259	20211425	苏肖雅	蔷薇属	苏州农业职业技术学院	黄长兵、严陶韬、苏士利、程培蕾、李林芝、娄晓鸣	20211123
1260	20221657	苏农粉�	蔷薇属	苏州农业职业技术学院、苏州园科生态建设集团有限公司	黄长兵、苏士利、侯哲、毛安元、钱园	20221128
1261	20221658	苏农阿房	蔷薇属	苏州农业职业技术学院、苏州园科生态建设集团有限公司	黄长兵、严陶韬、张彤钰、刘迎哲、王诗铭	20221128
1262	20221661	苏农柳香	蔷薇属	苏州农业职业技术学院、苏州园科生态建设集团有限公司	黄长兵、程培蕾、梁琪、徐红、陈慧	20221128
1263	20211238	春朝	蔷薇属	苏州市华冠园创园艺科技有限公司	姜正之、杨绍宗	20211103
1264	20211239	醉芙蓉	蔷薇属	苏州市华冠园创园艺科技有限公司	姜正之、杨绍宗	20211103
1265	20211240	莲舟	蔷薇属	苏州市华冠园创园艺科技有限公司	姜正之、杨绍宗	20211103
1266	20211242	珠玑	蔷薇属	苏州市华冠园创园艺科技有限公司	姜正之、杨绍宗	20211103
1267	20211243	微醺	蔷薇属	苏州市华冠园创园艺科技有限公司	姜正之、杨绍宗	20211103
1268	20211244	香腮雪	蔷薇属	苏州市华冠园创园艺科技有限公司	姜正之、杨绍宗	20211103
1269	20211245	有晴	蔷薇属	苏州市华冠园创园艺科技有限公司	姜正之、杨绍宗	20211103
1270	20211405	蓝丝球	蔷薇属	苏州市华冠园创园艺科技有限公司	姜正之、杨绍宗	20211120
1271	20211419	露凝香	蔷薇属	苏州市华冠园创园艺科技有限公司	姜正之、杨绍宗	20211123
1272	20211420	心玉	蔷薇属	苏州市华冠园创园艺科技有限公司	姜正之、杨绍宗	20211123
1273	20211421	盈盈粉	蔷薇属	苏州市华冠园创园艺科技有限公司	姜正之、杨绍宗	20211123
1274	20211459	玉壶春	蔷薇属	苏州市华冠园创园艺科技有限公司	姜正之、杨绍宗	20211204
1275	20211468	红运来	蔷薇属	苏州市华冠园创园艺科技有限公司	姜正之、杨绍宗、屈佳翼、武佳佳	20211207
1276	20211469	红繁星	蔷薇属	苏州市华冠园创园艺科技有限公司	姜正之、杨绍宗、金赟、南北	20211207
1277	20211470	鸣黄	蔷薇属	苏州市华冠园创园艺科技有限公司	姜正之、杨绍宗、屈佳翼、武佳佳	20211207
1278	20211471	清泠	蔷薇属	苏州市华冠园创园艺科技有限公司	姜正之、杨绍宗、金赟、李玲	20211207
1279	20211474	锁清秋	蔷薇属	苏州市华冠园创园艺科技有限公司	姜正之、杨绍宗、屈佳翼、武佳佳	20211207
1280	20211475	轻烟	蔷薇属	苏州市华冠园创园艺科技有限公司	姜正之、杨绍宗、武佳佳、南北	20211207
1281	20211476	靛月	蔷薇属	苏州市华冠园创园艺科技有限公司	姜正之、杨绍宗、屈佳翼、南北	20211207
1282	20211477	环珮	蔷薇属	苏州市华冠园创园艺科技有限公司	姜正之、杨绍宗、金赟、李玲	20211207
1283	20211478	琼姿	蔷薇属	苏州市华冠园创园艺科技有限公司	姜正之、杨绍宗、李玲、武佳佳	20211207
1284	20211480	蜜语	蔷薇属	苏州市华冠园创园艺科技有限公司	姜正之、杨绍宗	20211208
1285	20211514	飞火	蔷薇属	苏州市华冠园创园艺科技有限公司	姜正之、杨绍宗、武佳佳、屈佳翼	20211213

（续）

序号	申请号	品种名称	属（种）	申请人	培育人	申请日
1286	20211515	万山红霜	蔷薇属	苏州市华冠园创园艺科技有限公司	姜正之、杨绍宗、武佳佳、屈佳翼	20211213
1287	20211516	万山桃粉	蔷薇属	苏州市华冠园创园艺科技有限公司	姜正之、杨绍宗、武佳佳、屈佳翼	20211213
1288	20211517	莺歌	蔷薇属	苏州市华冠园创园艺科技有限公司	姜正之、杨绍宗、武佳佳、屈佳翼	20211213
1289	20211518	知秋	蔷薇属	苏州市华冠园创园艺科技有限公司	姜正之、杨绍宗、武佳佳、屈佳翼	20211213
1290	20211519	风荷锦	蔷薇属	苏州市华冠园创园艺科技有限公司	姜正之、杨绍宗、武佳佳、屈佳翼	20211213
1291	20211520	云霓	蔷薇属	苏州市华冠园创园艺科技有限公司	姜正之、杨绍宗、武佳佳、屈佳翼	20211213
1292	20211530	红罗女	蔷薇属	苏州市华冠园创园艺科技有限公司	姜正之、杨绍宗、金赟、李玲	20211214
1293	20211531	玉环鸣	蔷薇属	苏州市华冠园创园艺科技有限公司	姜正之、杨绍宗、金赟、李玲	20211214
1294	20211532	芳姿	蔷薇属	苏州市华冠园创园艺科技有限公司	姜正之、杨绍宗、金赟、李玲	20211214
1295	20211533	橘园	蔷薇属	苏州市华冠园创园艺科技有限公司	姜正之、杨绍宗、金赟、李玲	20211214
1296	20211534	月笼纱	蔷薇属	苏州市华冠园创园艺科技有限公司	姜正之、杨绍宗、金赟、李玲	20211214
1297	20211567	平湖秋月	蔷薇属	苏州市华冠园创园艺科技有限公司	姜正之、杨绍宗、屈佳翼、金赟	20211217
1298	20211568	云梦	蔷薇属	苏州市华冠园创园艺科技有限公司	姜正之、杨绍宗、金赟、屈佳翼	20211217
1299	20211569	艳妆	蔷薇属	苏州市华冠园创园艺科技有限公司	姜正之、杨绍宗、屈佳翼、金赟	20211217
1300	20211571	珊瑚台	蔷薇属	苏州市华冠园创园艺科技有限公司	姜正之、杨绍宗、屈佳翼、金赟	20211217
1301	20211572	蓉舟	蔷薇属	苏州市华冠园创园艺科技有限公司	姜正之、杨绍宗、屈佳翼、金赟	20211217
1302	20211574	渔歌	蔷薇属	苏州市华冠园创园艺科技有限公司	姜正之、杨绍宗、屈佳翼、金赟	20211217
1303	20211575	掬水月	蔷薇属	苏州市华冠园创园艺科技有限公司	姜正之、杨绍宗、屈佳翼、金赟	20211217
1304	20211576	阑珊	蔷薇属	苏州市华冠园创园艺科技有限公司	姜正之、杨绍宗、屈佳翼、金赟	20211217
1305	20211577	粉妍	蔷薇属	苏州市华冠园创园艺科技有限公司	姜正之、杨绍宗、屈佳翼、金赟	20211217
1306	20211578	粉繁星	蔷薇属	苏州市华冠园创园艺科技有限公司	姜正之、杨绍宗、屈佳翼、金赟	20211217
1307	20211579	婉然	蔷薇属	苏州市华冠园创园艺科技有限公司	姜正之、杨绍宗、屈佳翼、金赟	20211217
1308	20211580	杏花雨	蔷薇属	苏州市华冠园创园艺科技有限公司	姜正之、杨绍宗、屈佳翼、金赟	20211217
1309	20211582	绯颜	蔷薇属	苏州市华冠园创园艺科技有限公司	姜正之、杨绍宗、李玲、南北	20211218
1310	20211583	霞晖	蔷薇属	苏州市华冠园创园艺科技有限公司	姜正之、杨绍宗、武佳佳、李玲	20211218
1311	20211584	采莲女	蔷薇属	苏州市华冠园创园艺科技有限公司	姜正之、杨绍宗、武佳佳、李玲	20211218
1312	20211586	朱砂碗	蔷薇属	苏州市华冠园创园艺科技有限公司	姜正之、杨绍宗、李玲、武佳佳	20211218
1313	20211587	云开	蔷薇属	苏州市华冠园创园艺科技有限公司	姜正之、杨绍宗、武佳佳、李玲	20211218
1314	20211588	千岛风情	蔷薇属	苏州市华冠园创园艺科技有限公司	姜正之、杨绍宗、李玲、武佳佳	20211218
1315	20211589	万山红遍	蔷薇属	苏州市华冠园创园艺科技有限公司	姜正之、杨绍宗、李玲、武佳佳	20211218
1316	20211590	涵仙	蔷薇属	苏州市华冠园创园艺科技有限公司	姜正之、杨绍宗、武佳佳、屈佳翼	20211218

（续）

序号	申请号	品种名称	属（种）	申请人	培育人	申请日
1317	20211616	月影	蔷薇属	苏州市华冠园创园艺科技有限公司	姜正之、杨绍宗、金赟、南北	20211223
1318	20211635	金铃	蔷薇属	苏州市华冠园创园艺科技有限公司	姜正之、杨绍宗、武佳佳、李玲	20211224
1319	20211636	栀柔	蔷薇属	苏州市华冠园创园艺科技有限公司	姜正之、杨绍宗、李玲、金赟	20211224
1320	20211637	银背胭脂	蔷薇属	苏州市华冠园创园艺科技有限公司	姜正之、杨绍宗、武佳佳、南北	20211224
1321	20211638	羞涩	蔷薇属	苏州市华冠园创园艺科技有限公司	姜正之、杨绍宗、李玲、南北	20211225
1322	20211639	双黛	蔷薇属	苏州市华冠园创园艺科技有限公司	姜正之、杨绍宗、南北、金赟	20211225
1323	20211640	流霞	蔷薇属	苏州市华冠园创园艺科技有限公司	姜正之、杨绍宗、武佳佳、南北	20211225
1324	20211641	旌旗红	蔷薇属	苏州市华冠园创园艺科技有限公司	姜正之、杨绍宗、武佳佳、南北	20211225
1325	20211642	火玲珑	蔷薇属	苏州市华冠园创园艺科技有限公司	姜正之、杨绍宗、武佳佳、南北	20211225
1326	20211643	虹影	蔷薇属	苏州市华冠园创园艺科技有限公司	姜正之、杨绍宗、武佳佳、南北	20211225
1327	20211644	橙繁星	蔷薇属	苏州市华冠园创园艺科技有限公司	姜正之、杨绍宗、武佳佳、南北	20211225
1328	20211645	朝阳红	蔷薇属	苏州市华冠园创园艺科技有限公司	姜正之、杨绍宗、武佳佳、屈佳翼	20211225
1329	20211646	似锦	蔷薇属	苏州市华冠园创园艺科技有限公司	姜正之、杨绍宗、武佳佳、屈佳翼	20211225
1330	20211647	锦瑟	蔷薇属	苏州市华冠园创园艺科技有限公司	姜正之、杨绍宗、武佳佳、屈佳翼	20211225
1331	20211648	霜红	蔷薇属	苏州市华冠园创园艺科技有限公司	姜正之、杨绍宗、武佳佳、屈佳翼	20211225
1332	20211649	缥缈	蔷薇属	苏州市华冠园创园艺科技有限公司	姜正之、杨绍宗、武佳佳、屈佳翼	20211225
1333	20211650	南湖薪火	蔷薇属	苏州市华冠园创园艺科技有限公司	姜正之、杨绍宗、李玲、南北	20211225
1334	20211651	彤霞	蔷薇属	苏州市华冠园创园艺科技有限公司	姜正之、杨绍宗、李玲、南北	20211225
1335	20211652	妍姿	蔷薇属	苏州市华冠园创园艺科技有限公司	姜正之、杨绍宗、金赟、南北	20211225
1336	20211653	华池	蔷薇属	苏州市华冠园创园艺科技有限公司	姜正之、杨绍宗、金赟、南北	20211225
1337	20211654	青霜	蔷薇属	苏州市华冠园创园艺科技有限公司	姜正之、杨绍宗、金赟、南北	20211225
1338	20211655	和娇	蔷薇属	苏州市华冠园创园艺科技有限公司	姜正之、杨绍宗、金赟、南北	20211225
1339	20211657	旭日高升	蔷薇属	苏州市华冠园创园艺科技有限公司	姜正之、杨绍宗、金赟、南北	20211225
1340	20211658	花想容	蔷薇属	苏州市华冠园创园艺科技有限公司	姜正之、杨绍宗、武佳佳、屈佳翼	20211225
1341	20211659	惊鸿	蔷薇属	苏州市华冠园创园艺科技有限公司	姜正之、杨绍宗、屈佳翼、武佳佳	20211225
1342	20211660	云锦	蔷薇属	苏州市华冠园创园艺科技有限公司	姜正之、杨绍宗、武佳佳、屈佳翼	20211225
1343	20211661	疏影	蔷薇属	苏州市华冠园创园艺科技有限公司	姜正之、杨绍宗、武佳佳、屈佳翼	20211225
1344	20211662	凝脂	蔷薇属	苏州市华冠园创园艺科技有限公司	姜正之、杨绍宗、武佳佳、屈佳翼	20211225
1345	20211663	一点凝烟	蔷薇属	苏州市华冠园创园艺科技有限公司	姜正之、杨绍宗、金赟、李玲	20211225
1346	20211664	红焰	蔷薇属	苏州市华冠园创园艺科技有限公司	姜正之、杨绍宗、金赟、李玲	20211225
1347	20211665	红缀银盘	蔷薇属	苏州市华冠园创园艺科技有限公司	姜正之、杨绍宗、金赟、李玲	20211225

（续）

序号	申请号	品种名称	属（种）	申请人	培育人	申请日
1348	20211666	流萤	蔷薇属	苏州市华冠园创园艺科技有限公司	姜正之、杨绍宗、武佳佳、屈佳翼	20211225
1349	20211667	飞萤	蔷薇属	苏州市华冠园创园艺科技有限公司	姜正之、杨绍宗、李玲、南北	20211225
1350	20211668	夜光杯	蔷薇属	苏州市华冠园创园艺科技有限公司	姜正之、杨绍宗、李玲、南北	20211225
1351	20211669	清寒	蔷薇属	苏州市华冠园创园艺科技有限公司	姜正之、杨绍宗、李玲、南北	20211225
1352	20211670	粉宝珠	蔷薇属	苏州市华冠园创园艺科技有限公司	姜正之、杨绍宗、武佳佳、屈佳翼	20211225
1353	20220822	天狼 TLR10003	蔷薇属	苏州市华冠园创园艺科技有限公司	姜正之、杨绍宗、屈佳翼、李玲	20220721
1354	20220823	天狼 TLR10002	蔷薇属	苏州市华冠园创园艺科技有限公司	姜正之、杨绍宗、金赟、李玲	20220721
1355	20220824	天狼 TLR10004	蔷薇属	苏州市华冠园创园艺科技有限公司	姜正之、杨绍宗、武佳佳、屈佳翼	20220721
1356	20220825	天狼 TLR10005	蔷薇属	苏州市华冠园创园艺科技有限公司	姜正之、杨绍宗、武佳佳、金赟	20220721
1357	20220843	天狼 TLR10006	蔷薇属	苏州市华冠园创园艺科技有限公司	姜正之、杨绍宗、武佳佳、金赟	20220725
1358	20220844	天狼 TLR10001	蔷薇属	苏州市华冠园创园艺科技有限公司	姜正之、杨绍宗、屈佳翼、李玲	20220725
1359	20220886	天狼 TLR10009	蔷薇属	苏州市华冠园创园艺科技有限公司	姜正之、杨绍宗、屈佳翼、李玲	20220802
1360	20220887	天狼 TLR10018	蔷薇属	苏州市华冠园创园艺科技有限公司	姜正之、杨绍宗、武佳佳、金赟	20220802
1361	20220888	天狼 TLR10014	蔷薇属	苏州市华冠园创园艺科技有限公司	姜正之、杨绍宗、金赟、李玲	20220802
1362	20220889	天狼 TLR10021	蔷薇属	苏州市华冠园创园艺科技有限公司	姜正之、杨绍宗、屈佳翼、李玲	20220802
1363	20220890	天狼 TLR10020	蔷薇属	苏州市华冠园创园艺科技有限公司	姜正之、杨绍宗、金赟、李玲	20220802
1364	20220891	天狼 TLR10027	蔷薇属	苏州市华冠园创园艺科技有限公司	姜正之、杨绍宗、屈佳翼、李玲	20220803
1365	20220892	天狼 TLR10025	蔷薇属	苏州市华冠园创园艺科技有限公司	姜正之、杨绍宗、屈佳翼、李玲	20220803
1366	20220893	天狼 TLR10010	蔷薇属	苏州市华冠园创园艺科技有限公司	姜正之、杨绍宗、武佳佳、屈佳翼	20220803
1367	20220894	天狼 TLR10023	蔷薇属	苏州市华冠园创园艺科技有限公司	姜正之、杨绍宗、武佳佳、金赟	20220803
1368	20220895	天狼 TLR10024	蔷薇属	苏州市华冠园创园艺科技有限公司	姜正之、杨绍宗、武佳佳、金赟	20220803
1369	20220896	天狼 TLR10026	蔷薇属	苏州市华冠园创园艺科技有限公司	姜正之、杨绍宗、金赟、李玲	20220803
1370	20220922	天狼 TLR10015	蔷薇属	苏州市华冠园创园艺科技有限公司	姜正之、杨绍宗、屈佳翼、李玲	20220805
1371	20220923	天狼 TLR10033	蔷薇属	苏州市华冠园创园艺科技有限公司	姜正之、杨绍宗、屈佳翼、李玲	20220805
1372	20220924	天狼 TLR10035	蔷薇属	苏州市华冠园创园艺科技有限公司	姜正之、杨绍宗、武佳佳、金赟	20220805
1373	20220925	天狼 TLR10036	蔷薇属	苏州市华冠园创园艺科技有限公司	姜正之、杨绍宗、武佳佳、金赟	20220805
1374	20220926	天狼 TLR10037	蔷薇属	苏州市华冠园创园艺科技有限公司	姜正之、杨绍宗、屈佳翼、李玲	20220805
1375	20220927	天狼 TLR10029	蔷薇属	苏州市华冠园创园艺科技有限公司	姜正之、杨绍宗、武佳佳、金赟	20220805
1376	20220928	天狼 TLR10032	蔷薇属	苏州市华冠园创园艺科技有限公司	姜正之、杨绍宗、金赟、李玲	20220805
1377	20221010	天狼 TLR10034	蔷薇属	苏州市华冠园创园艺科技有限公司	姜正之、杨绍宗、武佳佳、屈佳翼	20220812
1378	20221030	天狼初妆	蔷薇属	苏州市华冠园创园艺科技有限公司	姜正之、杨绍宗、武佳佳、屈佳翼	20220813

（续）

序号	申请号	品种名称	属（种）	申请人	培育人	申请日
1379	20221644	天狼 TLR10019	蔷薇属	苏州市华冠园创园艺科技有限公司	姜正之、杨绍宗、李玲、屈佳翼	20221128
1380	20221645	天狼 TLR10008	蔷薇属	苏州市华冠园创园艺科技有限公司	姜正之、杨绍宗、金赟、屈佳翼	20221128
1381	20221646	天狼 TLR10040	蔷薇属	苏州市华冠园创园艺科技有限公司	姜正之、杨绍宗、武佳佳、屈佳翼	20221128
1382	20221647	天狼 TLR10012	蔷薇属	苏州市华冠园创园艺科技有限公司	姜正之、杨绍宗、武佳佳、金赟	20221128
1383	20221648	天狼 TLR10016	蔷薇属	苏州市华冠园创园艺科技有限公司	姜正之、杨绍宗、武佳佳、屈佳翼	20221128
1384	20221649	天狼 TLR10013	蔷薇属	苏州市华冠园创园艺科技有限公司	姜正之、杨绍宗、李玲、屈佳翼	20221128
1385	20221650	天狼 TLR10030	蔷薇属	苏州市华冠园创园艺科技有限公司	姜正之、杨绍宗、武佳佳、金赟	20221128
1386	20221651	天狼 TLR10007	蔷薇属	苏州市华冠园创园艺科技有限公司	姜正之、杨绍宗、李玲、屈佳翼	20221128
1387	20221652	天狼 TLR10038	蔷薇属	苏州市华冠园创园艺科技有限公司	姜正之、杨绍宗、金赟、李玲	20221128
1388	20221653	天狼 TLR10022	蔷薇属	苏州市华冠园创园艺科技有限公司	姜正之、杨绍宗、武佳佳、屈佳翼	20221128
1389	20221654	天狼 TLR10041	蔷薇属	苏州市华冠园创园艺科技有限公司	姜正之、杨绍宗、武佳佳、金赟	20221128
1390	20221655	天狼 TLR10087	蔷薇属	苏州市华冠园创园艺科技有限公司	姜正之、杨绍宗、李玲、屈佳翼	20221128
1391	20220406	金灿	黄杨属	苏州市绿和苗木专业合作社	柳建国、陈建芳、钱红艳	20220429
1392	20211414	绚烂	蔷薇属	苏州艺昆花卉有限公司	于明华、孙权、田静、续文华	20211122
1393	20221660	苏农绛裙	蔷薇属	苏州园科生态建设集团有限公司、苏州农业职业技术学院	毛安元、黄长兵、董春兰、程雯慧、杨鸿淇	20221128
1394	20221352	迎冬	女贞属	孙明聪、寿光市林业发展中心、山东林业科学研究院	王勇、王振猛、孙明聪、张殿福、李永涛、信晓萌、马玉龙、刘玉喜、杨庆山	20220930
1395	20221115	十年	蔷薇属	孙英时、袁蕾	孙英时、袁蕾	20220825
1396	20211547	美红	核桃属	泰安市泰山林业科学研究院	孙阳阳、张继亮、张文越、王晓英	20211215
1397	20211549	林红	核桃属	泰安市泰山林业科学研究院	张继亮、孙阳阳、张文越、王晓英	20211215
1398	20220019	林沂早	栗属	泰安市泰山林业科学研究院、谢立峰	张继亮、谢立峰、董延国、孙阳阳、张加才、高辉彬	20220105
1399	20221427	保油 12 号	山茶属	腾冲市沙坝国有林场、保山市林业和草原技术推广站	刘加理、杨晓霞、黄佳聪、李碧琳、罗存贞、赵江萍、杨晏平、张仁斌、周娟、黄艳芬	20221027
1400	20220587	红宝石	山茶属	涂美霞、双昀	涂美霞、双昀	20220606
1401	20211140	德源 1 号	杏	吐鲁番德源酒庄有限责任公司	林静、林森源、林现丰、李风英、赵晓梅	20211021
1402	20211377	紫焰	榉属	王倩文	王倩文	20211117
1403	20211380	红袍	女贞属	王倩文	王倩文	20211118
1404	20220584	阜桃 1 号	桃花	王胜金	王胜金	20220605
1405	20211359	金色梦幻	乌桕属	王文彬	王文彬	20211116

（续）

序号	申请号	品种名称	属（种）	申请人	培育人	申请日
1406	20211378	火焰	乌桕属	王文彬	王文彬	20211117
1407	20211379	紫云	紫薇属	王文彬	王文彬	20211117
1408	20211381	金福	素馨属	王新留	王新留	20211118
1409	20220567	琳琳	女贞属	王新留	王新留	20220531
1410	20220570	金小样	马齿苋属	王新留	王新留	20220601
1411	20220572	银霜	柳属	王新留	王新留	20220601
1412	20220583	玲玲	柳属	王新留	王新留	20220605
1413	20220596	金之灿	槭属	王新留	王新留	20220608
1414	20220597	霞光	乌桕属	王新留	王新留	20220608
1415	20220598	贵妃	楝属	王新留	王新留	20220608
1416	20220618	金坪	结缕草属	王新留	王新留	20220610
1417	20220831	鑫泉	六道木属	王新留	王新留、周强	20220722
1418	20220836	金辉	马齿苋属	王新留	王新留、周强	20220722
1419	20220838	美彩	臭椿属	王新留	王新留、周强	20220722
1420	20220839	修心	素馨属	王新留	王新留	20220723
1421	20220841	锦泉	女贞属	王新留	王新留、周强	20220724
1422	20221126	赤子之心	黄杨属	王新留	王新留	20220825
1423	20221127	福临	连翘属	王新留	王新留	20220825
1424	20221137	金钻	樟属	王新留	王新留	20220826
1425	20221149	金裳国色	石榴属	王新留	王新留	20220826
1426	20221150	多情	石榴属	王新留	王新留	20220826
1427	20221163	皇袍	女贞属	王新留	王新留	20220829
1428	20221164	阜菊	菊属	王新留	王新留	20220829
1429	20221183	金福泉	枣属	王新留	王新留	20220904
1430	20220872	紫霞 2 号	丁香属	潍坊职业学院、潍坊市农业科学院	孙曰波、赵从凯、杨志莹、吴祥春、张海良、杨兴芳、赵庆柱、李寿冰、陈大雷	20220801
1431	20220873	紫霞 1 号	丁香属	潍坊职业学院、潍坊市农业科学院	赵从凯、丁世民、杨志莹、吴祥春、张海良、杨兴芳、赵庆柱、李寿冰、陈大雷	20220801
1432	20220874	紫霞 3 号	丁香属	潍坊职业学院、潍坊市农业科学院	杨兴芳、丁世民、杨志莹、吴祥春、张海良、赵从凯、赵庆柱、李寿冰、陈大雷	20220801
1433	20220514	赤蝶	木蓝属	魏玉龙	魏玉龙、赵文亮、张森森、卢轩、刘悦梅、刘鼎、王婷婷、陈恒新	20220520

（续）

序号	申请号	品种名称	属（种）	申请人	培育人	申请日
1434	20220515	青蝶	木蓝属	魏玉龙	魏玉龙、赵文亮、宋乐营、邹毅、陈雷、张凌云、魏诗仪、侯雨辰	20220520
1435	20211056	娇菡	木兰属	五峰博翎红花玉兰科技发展有限公司、北京林业大学、三峡大学	马履一、桑子阳、陈发菊、贾忠奎、朱仲龙	20210926
1436	20211481	绿煤 105	芦竹属	武汉兰多生物科技有限公司	黄邦连、席奔、李家伟、申晓彤、孙亮	20211208
1437	20211482	翠绿 101	芦竹属	武汉兰多生物科技有限公司	李永博、余细俊、许磊、席奔、王杰	20211208
1438	20211483	绿煤 104	芦竹属	武汉兰多生物科技有限公司	李江苏、刘福鹏、张方静、陈理非、崔忠银、尹金	20211208
1439	20211484	绿煤 103	芦竹属	武汉兰多生物科技有限公司	何庆梦、易浪、游永宁、祁飞翔、刘福鹏、朱思奇	20211208
1440	20211485	绿煤 101	芦竹属	武汉兰多生物科技有限公司	韩晓红、郑清雷、李泊玉、詹永康、王路为	20211208
1441	20211486	斑斓 101	芦竹属	武汉兰多生物科技有限公司	崔忠银、夏爽、尚瑀琪、苏海宵、易浪	20211209
1442	20211491	绿煤 102	芦竹属	武汉兰多生物科技有限公司	李泊玉、黄金涛、万炜、巢成生、何庆梦、张秀民	20211209
1443	20221181	荆楚粉灿	杜鹃花属	武汉市农业科学院	徐冬云、姚中华	20220903
1444	20221184	荆楚红妆	杜鹃花属	武汉市农业科学院	徐冬云、姚中华	20220904
1445	20221185	荆楚丰美	杜鹃花属	武汉市农业科学院	徐冬云、姚中华	20220904
1446	20221186	荆楚红韵	杜鹃花属	武汉市农业科学院	徐冬云、姚中华	20220904
1447	20220469	楚天玲珑	李属	武汉市园林科学研究院	章晓琴、聂超仁、夏文胜、祝怛均、赵乐康、孙红兵、丁昭全、徐慧	20220512
1448	20220470	楚天红日	李属	武汉市园林科学研究院	聂超仁、孙红兵、夏文胜、章晓琴、王建强、李娜、张思思、丁昭全、周俐	20220512
1449	20220471	楚天霞光	李属	武汉市园林科学研究院	聂超仁、章晓琴、李娜、张思思、夏文胜、孙宏兵、王建强、祝怛均、赵乐康、段庆明	20220512
1450	20220826	园科 22	悬铃木属	武汉市园林科学研究院	张思思、王建强、江杰、杨星宇、聂超仁、李娜、章晓琴、丁昭全、尹秋	20220721
1451	20221061	西科浆优 3 号	牡竹属	西南科技大学	胡尚连、罗学刚、曹颖、龙治坚、李尚孟、陈红春、黄艳	20220819
1452	20221063	西科浆优 5 号	牡竹属	西南科技大学	胡尚连、龙治坚、张宇、曹颖、赵博、陈珂、杨凡钦	20220819
1453	20221065	西科浆优 7 号	牡竹属	西南科技大学	胡尚连、曹颖、罗学刚、龙治坚、卢学琴、陈红春、杨凡钦	20220819

（续）

序号	申请号	品种名称	属（种）	申请人	培育人	申请日
1454	20221059	西科浆优 1 号	牡竹属	西南科技大学、国际竹藤中心	胡尚连、高健、罗学刚、龙治坚、曹颖、卢学琴、李尚孟	20220819
1455	20221060	西科浆优 2 号	牡竹属	西南科技大学、国际竹藤中心	龙治坚、胡尚连、郝苏威、罗学刚、曹颖、高健、陈珂	20220819
1456	20221062	西科浆优 4 号	牡竹属	西南科技大学、日照市农业科学研究院	曹颖、胡尚连、孙霞、罗学刚、龙治坚、徐刚、郝苏威	20220819
1457	20221064	西科浆优 6 号	牡竹属	西南科技大学、日照市农业科学研究院	胡尚连、罗学刚、龙治坚、曹颖、孙霞、郝苏威、陈红春	20220819
1458	20220013	三合大方	方竹属	西南林业大学、国际竹藤中心、彝良县林业和草原局	孙茂盛、高健、黎芸榜	20220105
1459	20220014	三合黑方	方竹属	西南林业大学、国际竹藤中心、彝良县林业和草原局	孙茂盛、高健、黎芸榜	20220105
1460	20220015	小草坝 4 号	方竹属	西南林业大学、彝良县林业和草原局、国际竹藤中心	孙茂盛、黎芸榜、高健	20220105
1461	20220332	奈斯 131（NS131）	越橘属	下一代股份有限公司（Next Progeny Pty Ltd）	文森·大卫·安德鲁·马扎迪斯（Vincent David Andrew Mazzardis）	20220413
1462	20220333	奈斯 134（NS134）	越橘属	下一代股份有限公司（Next Progeny Pty Ltd）	文森·大卫·安德鲁·马扎迪斯（Vincent David Andrew Mazzardis）	20220413
1463	20220334	奈斯 135（NS135）	越橘属	下一代股份有限公司（Next Progeny Pty Ltd）	文森·大卫·安德鲁·马扎迪斯（Vincent David Andrew Mazzardis）	20220413
1464	20220335	奈斯 136（NS136）	越橘属	下一代股份有限公司（Next Progeny Pty Ltd）	文森·大卫·安德鲁·马扎迪斯（Vincent David Andrew Mazzardis）	20220413
1465	20220336	奈斯 141（NS141）	越橘属	下一代股份有限公司（Next Progeny Pty Ltd）	文森·大卫·安德鲁·马扎迪斯（Vincent David Andrew Mazzardis）	20220413
1466	20220337	奈斯 143（NS143）	越橘属	下一代股份有限公司（Next Progeny Pty Ltd）	文森·大卫·安德鲁·马扎迪斯（Vincent David Andrew Mazzardis）	20220413
1467	20220338	奈斯 144（NS144）	越橘属	下一代股份有限公司（Next Progeny Pty Ltd）	文森·大卫·安德鲁·马扎迪斯（Vincent David Andrew Mazzardis）	20220413
1468	20220339	奈斯 145（NS145）	越橘属	下一代股份有限公司（Next Progeny Pty Ltd）	文森·大卫·安德鲁·马扎迪斯（Vincent David Andrew Mazzardis）	20220413
1469	20220340	奈斯 147（NS147）	越橘属	下一代股份有限公司（Next Progeny Pty Ltd）	文森·大卫·安德鲁·马扎迪斯（Vincent David Andrew Mazzardis）	20220413

（续）

序号	申请号	品种名称	属（种）	申请人	培育人	申请日
1470	20220341	奈斯 155（NS155）	越橘属	下一代股份有限公司（Next Progeny Pty Ltd）	文森·大卫·安德鲁·马扎迪斯（Vincent David Andrew Mazzardis）	20220413
1471	20220342	奈斯 1513（NS1513）	越橘属	下一代股份有限公司（Next Progeny Pty Ltd）	文森·大卫·安德鲁·马扎迪斯（Vincent David Andrew Mazzardis）	20220413
1472	20220343	奈斯 1514（NS1514）	越橘属	下一代股份有限公司（Next Progeny Pty Ltd）	文森·大卫·安德鲁·马扎迪斯（Vincent David Andrew Mazzardis）	20220413
1473	20220344	奈斯 1522（NS1522）	越橘属	下一代股份有限公司（Next Progeny Pty Ltd）	文森·大卫·安德鲁·马扎迪斯（Vincent David Andrew Mazzardis）	20220413
1474	20220345	奈斯 162（NS162）	越橘属	下一代股份有限公司（Next Progeny Pty Ltd）	文森·大卫·安德鲁·马扎迪斯（Vincent David Andrew Mazzardis）	20220413
1475	20220346	奈斯 166（NS166）	越橘属	下一代股份有限公司（Next Progeny Pty Ltd）	文森·大卫·安德鲁·马扎迪斯（Vincent David Andrew Mazzardis）	20220413
1476	20220347	奈斯 167（NS167）	越橘属	下一代股份有限公司（Next Progeny Pty Ltd）	文森·大卫·安德鲁·马扎迪斯（Vincent David Andrew Mazzardis）	20220413
1477	20220348	奈斯 168（NS168）	越橘属	下一代股份有限公司（Next Progeny Pty Ltd）	文森·大卫·安德鲁·马扎迪斯（Vincent David Andrew Mazzardis）	20220413
1478	20220349	奈斯 1615（NS1615）	越橘属	下一代股份有限公司（Next Progeny Pty Ltd）	文森·大卫·安德鲁·马扎迪斯（Vincent David Andrew Mazzardis）	20220413
1479	20220350	奈斯 1618（NS1618）	越橘属	下一代股份有限公司（Next Progeny Pty Ltd）	文森·大卫·安德鲁·马扎迪斯（Vincent David Andrew Mazzardis）	20220413
1480	20220631	峨宝 1 号	九里香属	肖玮双	肖玮双、肖月平	20220614
1481	20220358	新露	李属	新疆林科院经济林研究所	韩宏伟、刘凤兰、王琴、李勇、毛金梅、阿依米热·毛拉木、王建友	20220414
1482	20220360	黄馨	李属	新疆林科院经济林研究所	韩宏伟、李勇、毛金梅、刘凤兰、王琴、阿依米热·毛拉木、王建友	20220414
1483	20220359	圣美	李属	新疆林科院经济林研究所	韩宏伟、毛金梅、李勇、刘凤兰、王琴、阿依米热·毛拉木、王建友	20220414
1484	20211472	红灯笼	蔷薇属	新疆林科院园林绿化研究所、新疆五彩明轩园林科技有限公司	张东亚、张富玮、张旭、安鹭、郭湘娅、齐成、杜妍、陈同森、杨靖、刘珩	20211207
1485	20220445	新核 1 号	核桃属	新疆农业科学院园艺作物研究所	马凯、韩立群、赵国庆、赵钰	20220509
1486	20220808	新蟠粹	枣属	新疆维吾尔自治区红枣协会、师俊贤	李根才、师俊贤	20220718
1487	20211473	五彩	苹果属	新疆五彩明轩园林科技有限公司、新疆维吾尔自治区重点林业工程质量管理总站	张旭、郭湘娅、王煜、张东科、全小丽、杨靖、童怀英	20211207

（续）

序号	申请号	品种名称	属（种）	申请人	培育人	申请日
1488	20220170	寒血	李属	新疆五彩明轩园林科技有限公司、新疆维吾尔自治区重点林业工程质量管理总站	张旭、郭湘娅、张东科、杨靖、全小丽、王煜、童怀英	20220223
1489	20220905	南湘妍	山茶属	溆浦县峰源农林开发有限公司、湖南省林业科学院	王湘南、贺友德、陈永忠、王瑞、张震、何之龙、刘圣瑜、戴泽、乔建兵	20220804
1490	20220640	吉尔斯阿雷托（GEUSARETTO）	蔷薇属	选择育种公司（Select Breeding B.V.）	迈克尔·德·吉尔斯（Michael de Geus）	20220614
1491	20220644	吉尔斯帕戈（GEUSPAGOA）	蔷薇属	选择育种公司（Select Breeding B.V.）	迈克尔·德·吉尔斯（Michael de Geus）	20220616
1492	20220665	粉玉佳人	桃花	鄢陵县东华种植农民专业合作社	岳长平、焦雪辉、史喜兵、乔雨轩、刘杰、岳景芳、周国友、林博、岳慧芳、岳鹏聪、岳颖慧、岳鹏博、席笑龙、汪世忠、周小娟	20220623
1493	20220666	鄢粉 1 号	桃花	鄢陵县东华种植农民专业合作社	岳长平、王力荣、朱更瑞、岳鹏聪、焦雪辉、岳颖慧、赵寒梅、岳顺明、林文博、周志勇、岳慧芳、杨雪、李全红、刘燕南、乔雨轩	20220623
1494	20220667	鄢粉 4 号	桃花	鄢陵县东华种植农民专业合作社	岳长平、焦雪辉、岳颖慧、岳景芳、李登奎、康晓莹、岳顺明、晋志慧、岳鹏博、崔根旺、岳鹏聪、李全红、马庆霞、周小娟、申潇潇	20220623
1495	20220677	粉玉娇香	桃花	鄢陵县东华种植农民专业合作社	岳长平、史喜兵、孙毅宁、周小娟、岳慧芳、蔡庆霞、岳国民、林文博、岳迎春、李慧君、岳颖慧、周明、刘燕南、牛廷松、申潇潇	20220624
1496	20220678	鄢粉 2 号	桃花	鄢陵县东华种植农民专业合作社	岳长平、袁东华、岳鹏博、郑红建、牛廷松、岳鹏聪、赵秋菊、岳欢、岳颖慧、岳慧芳、岳顺明、梁丽娟、周明、李留振、孙毅宁	20220624
1497	20220679	鄢粉 3 号	桃花	鄢陵县东华种植农民专业合作社	岳长平、汪世忠、王安亭、崔根旺、李卫浩、岳鹏博、郑付军、岳顺峰、岳鹏聪、岳颖慧、岳国民、岳慧芳、席笑龙、王世尧、刘杰	20220624
1498	20220680	鄢红 1 号	桃花	鄢陵县东华种植农民专业合作社	岳长平、王力荣、朱更瑞、岳慧芳、康晓莹、周志勇、袁东华、史喜兵、张金良、岳景芳、李慧君、岳颖慧、焦雪辉、乔雨轩、王世尧	20220624
1499	20220800	春彩	槭属	延边大学	荣立苹、高玉福	20220715
1500	20221707	图伊 812 马奇（Tury812hmac）	绣球属	盐原拓也（Takuya Shiobara）	盐原拓也（Takuya Shiobara）	20221201
1501	20220459	红色旋律	苹果属	扬州小苹果园艺有限公司、南京林业大学	张往祥、陈永霞、陆晓吉、范俊俊、申轶乾	20220511

（续）

序号	申请号	品种名称	属（种）	申请人	培育人	申请日
1502	20220460	蓝调	苹果属	扬州小苹果园艺有限公司、南京林业大学	张往祥、范俊俊、陈永霞、申轶乾、冯岚、谢寅峰	20220511
1503	20220461	雨霁	苹果属	扬州小苹果园艺有限公司、南京林业大学	张往祥、李舒情、范俊俊、冯岚、曹福亮、徐立安	20220511
1504	20220462	绿亭	苹果属	扬州小苹果园艺有限公司、南京林业大学	张往祥、申轶乾、范俊俊、陈永霞、徐立安、曹福亮	20220511
1505	20220481	一品秋色	苹果属	扬州小苹果园艺有限公司、南京林业大学	张往祥、彭冶、李舒情、徐天炜、曹福亮	20220515
1506	20220482	寒烟翠	苹果属	扬州小苹果园艺有限公司、南京林业大学	张往祥、彭冶、徐天炜、陆晓吉、徐立安	20220515
1507	20220483	珊瑚颂	苹果属	扬州小苹果园艺有限公司、南京林业大学	张往祥、陆晓吉、刘星辰、冯岚、曹福亮	20220515
1508	20220484	清凉一夏	苹果属	扬州小苹果园艺有限公司、南京林业大学	张往祥、陈永霞、徐天炜、刘星辰、陆晓吉	20220515
1509	20220485	紫霞珠	苹果属	扬州小苹果园艺有限公司、南京林业大学	张往祥、冯岚、申轶乾、彭冶、曹福亮、徐立安	20220515
1510	20220061	金翘	连翘属	杨博、杨青、杨丕俊	杨青、杨丕俊、杨新社、谢子龙、杨博	20220117
1511	20220063	黄翘	连翘属	杨丕俊、杨青、杨博	杨青、谢子龙、马千金、杨丕俊、杨博	20220117
1512	20220049	翠翘	连翘属	杨青、杨丕俊、杨博	杨青、杨丕俊、杨博、张圣委、谢子龙、杨舜尧、马千金	20220113
1513	20220060	紫翘	连翘属	杨新社、杨青、杨丕俊	杨丕俊、杨青、杨博、谢子龙、马千金、杨新社	20220117
1514	20220762	玉珠	木犀属	沂源县国有织女洞林场	伏洪英、宫杜天宇、刘明海、杜海江、徐纪泉	20220705
1515	20221020	奶油蛋糕	蔷薇属	宜良多彩盆栽有限公司	胡明飞、卢燕、刘天平	20220813
1516	20221021	古典乐章	蔷薇属	宜良多彩盆栽有限公司	胡明飞、卢燕、刘天平	20220813
1517	20221022	甜蜜的微笑	蔷薇属	宜良多彩盆栽有限公司	胡明飞、卢燕、刘天平	20220813
1518	20221023	女神	蔷薇属	宜良多彩盆栽有限公司	胡明飞、卢燕、刘天平	20220813
1519	20221024	奶油绿洲	蔷薇属	宜良多彩盆栽有限公司	胡明飞、卢燕、刘天平	20220813
1520	20221025	胭脂公主	蔷薇属	宜良多彩盆栽有限公司	胡明飞、卢燕、刘天平	20220813
1521	20221026	朱颜	蔷薇属	宜良多彩盆栽有限公司	胡明飞、卢燕、刘天平	20220813
1522	20221027	黄玉美人	蔷薇属	宜良多彩盆栽有限公司	胡明飞、刘天平、卢燕	20220813
1523	20221028	国色	蔷薇属	宜良多彩盆栽有限公司	胡明飞、卢燕、刘天平	20220813
1524	20221029	时光	蔷薇属	宜良多彩盆栽有限公司	胡明飞、卢燕、刘天平	20220813
1525	20221664	鹅黄美人	蔷薇属	宜良多彩盆栽有限公司	胡明飞、卢燕、刘天平	20221128
1526	20221665	桃霞	蔷薇属	宜良多彩盆栽有限公司	胡明飞、卢燕、刘天平	20221128
1527	20220241	三合龙方	方竹属	彝良县林业和草原局、国际竹藤中心	黎芸榜、高健、黄启贵	20220324
1528	20220858	俏佳人	李属	英德市旺地樱花种植有限公司、广州天适集团有限公司、广州旺地园林工程有限公司	胡晓敏、叶小玲、冯钦钊、朱军、熊育明、陈端妮、梁荣	20220726

（续）

序号	申请号	品种名称	属（种）	申请人	培育人	申请日
1529	20220551	天适芳华	李属	英德市旺地樱花种植有限公司、广州天适集团有限公司、韶关市旺地樱花种植有限公司	胡晓敏、叶小玲、朱军、冯钦钊、陈端妮、何宗儒、杨梓滨	20220527
1530	20220566	广寒仙子	李属	英德市旺地樱花种植有限公司、广州天适集团有限公司、韶关市旺地樱花种植有限公司	叶小玲、胡晓敏、朱军、高珊、熊育明、杨梓滨、陈端妮	20220531
1531	20220560	流芳	李属	英德市旺地樱花种植有限公司、广州旺地园林工程有限公司、韶关市旺地樱花种植有限公司	胡晓敏、叶小玲、朱军、冯钦钊、熊海坚、高珊、陈端妮	20220531
1532	20220591	靓女	李属	英德市旺地樱花种植有限公司、广州旺地园林工程有限公司、韶关市旺地樱花种植有限公司	叶小玲、胡晓敏、杨梓滨、朱军、邱晓平、高珊、冯钦钊	20220607
1533	20220675	笑靥	李属	英德市旺地樱花种植有限公司、广州旺地园林工程有限公司、韶关市旺地樱花种植有限公司	朱军、叶小玲、林杰妤、胡晓敏、阮文俊、冯钦钊、陈端妮	20220624
1534	20220855	旺地 3 号	李属	英德市旺地樱花种植有限公司、韶关市旺地樱花种植有限公司、广州天适集团有限公司	胡晓敏、叶小玲、朱军、何宗儒、高珊、杨梓滨、陈端妮	20220726
1535	20220717	毓秀	李属	英德市旺地樱花种植有限公司、韶关市旺地樱花种植有限公司、广州旺地园林工程有限公司	叶小玲、朱军、高珊、熊海坚、杨梓滨、胡晓敏、陈端妮	20220630
1536	20220724	蝶舞	李属	英德市旺地樱花种植有限公司、韶关市旺地樱花种植有限公司、广州旺地园林工程有限公司	叶小玲、李园凤、胡晓敏、朱军、杨梓滨、冯钦钊、高珊	20220630
1537	20220829	清秀	李属	英德市旺地樱花种植有限公司、韶关市旺地樱花种植有限公司、广州旺地园林工程有限公司	朱军、胡晓敏、叶小玲、高珊、陈端妮、叶小霞、冯钦钊	20220721
1538	20220386	奥斯皮塔尔（AUSPITAL）	蔷薇属	英国大卫奥斯汀月季公司（David Austin Roses Limited）	大卫·奥斯汀（David J.C. Austin）	20220419
1539	20221720	星光天空绚（StarlitSkyAya）	绣球属	有限会社川舆园艺（Kawayo Engei Co.，Ltd）	川口隆德（Kawaguchi Takanori）	20221205
1540	20220397	柠檬汁阳台	蔷薇属	玉溪迪瑞特花卉有限公司	杜秀娟	20220422
1541	20221325	启航	蔷薇属	玉溪市农业科学院、玉溪紫玉花卉产业有限公司	张军云、段家彬、钱遵姚、杨光炤、王文智、张钟、张建康、刘庆荣、杨世先、段梦涵	20220927
1542	20211181	娇气	蔷薇属	玉溪紫玉花卉产业有限公司、玉溪市农业科学院	张军云、段家彬、钱遵姚、张钟、刘庆荣、张建康、杨光炤、郭丽、杨世先、牟子蛟	20211027
1543	20211182	红霞	蔷薇属	玉溪紫玉花卉产业有限公司、玉溪市农业科学院	张军云、段家彬、钱遵姚、张钟、张建康、刘庆荣、杨光炤、郭凤鸣、王文智、普连荣	20211027
1544	20220833	鸿运春晖	木兰属	豫兰（河南）生态科技有限公司	刘青发、冯胜利、乔转运、牛力文、王亚玲	20220722
1545	20220834	鸿运春红	木兰属	豫兰（河南）生态科技有限公司	刘青发、冯胜利、乔转运、冯瑞生、牛力文、王亚玲	20220722

（续）

序号	申请号	品种名称	属（种）	申请人	培育人	申请日
1546	20220835	鸿运飞燕	木兰属	豫兰（河南）生态科技有限公司	刘青发、冯胜利、王亚玲、乔转运、牛力文、赵新利	20220722
1547	20220837	鸿运娇嫣	木兰属	豫兰（河南）生态科技有限公司、陕西省西安植物园	刘青发、冯胜利、牛力文、乔转运、王亚玲、冯瑞生	20220722
1548	20220294	岳康 5 号	连翘属	岳康药业集团有限公司、北京中医药大学、安泽县国有林场	李卫东、张烨、任晓红	20220405
1549	20220298	岳康 6 号	连翘属	岳康药业集团有限公司、北京中医药大学、安泽县国有林场	李卫东、张烨、任晓红	20220407
1550	20220880	金色梦幻	蔷薇属	云南吉成园林科技股份有限公司、云南省农业科学院花卉研究所	李伟、宋杰、李慧敏、张颢、解玮佳、陈伟、李世峰、张露、彭绿春、段仕学	20220801
1551	20220882	红粉啼妆	蔷薇属	云南吉成园林科技股份有限公司、云南省农业科学院花卉研究所	李伟、王继华、宋杰、陈伟、张露、彭绿春、李世峰、解玮佳、段仕学、许凤	20220801
1552	20220158	醉春风	杜鹃花属	云南吉成园林科技股份有限公司、云南省农业科学院花卉研究所、弥勒市植保植检站	李伟、李世峰、陈伟、杨文武、宋杰、张露、王继华、解玮佳、彭绿春、段仕学、李云伟	20220222
1553	20220119	精灵宝贝	蔷薇属	云南锦科花卉工程研究中心有限公司	何琼、乔丽婷、曹荣根、倪功、王江兵、田连通	20220207
1554	20220320	心仪宝贝	蔷薇属	云南锦科花卉工程研究中心有限公司	乔丽婷、何琼、倪功、曹荣根、田连通、王江兵	20220411
1555	20220331	幸运宝贝	蔷薇属	云南锦科花卉工程研究中心有限公司	何琼、乔丽婷、曹荣根、倪功、王江兵、田连通	20220412
1556	20220105	爱心宝贝	蔷薇属	云南锦科花卉工程研究中心有限公司	乔丽婷、何琼、曹荣根、倪功、王江兵、田连通	20220123
1557	20220307	活力宝贝	蔷薇属	云南锦科花卉工程研究中心有限公司	乔丽婷、何琼、曹荣根、倪功、王江兵、田连通	20220407
1558	20220329	阳光宝贝	蔷薇属	云南锦科花卉工程研究中心有限公司	何琼、乔丽婷、曹荣根、倪功、王江兵、田连通	20220412
1559	20220059	神奇宝贝	蔷薇属	云南锦科花卉工程研究中心有限公司	乔丽婷、何琼、曹荣根、倪功、王江兵、田连通	20220117
1560	20220278	知心宝贝	蔷薇属	云南锦科花卉工程研究中心有限公司	乔丽婷、何琼、曹荣根、倪功、王江兵、田连通	20220331
1561	20220330	珍爱宝贝	蔷薇属	云南锦科花卉工程研究中心有限公司	乔丽婷、何琼、曹荣根、倪功、王江兵、田连通	20220412
1562	20220056	开心宝贝	蔷薇属	云南锦科花卉工程研究中心有限公司	何琼、乔丽婷、曹荣根、倪功、王江兵、田连通	20220117
1563	20220180	清月	鸢尾属	云南蓝煌农林科技有限公司	李琼芬	20220303
1564	20220181	清阳	鸢尾属	云南蓝煌农林科技有限公司	李琼芬、张清月	20220303
1565	20220234	粉色佳人	鸢尾属	云南蓝煌农林科技有限公司	李琼芬	20220321
1566	20220507	玫里一号	蔷薇属	云南玫里传说食品有限公司、西南林业大学	刘心忠、张汉尧、刘志敏、吴鹏	20220517
1567	20221559	德斛 3 号	石斛属	云南省德宏热带农业科学研究所	姚志军、李泽生、周侯光、姚春、罗凯、耿秀英、高燕	20221115
1568	20211186	金钟晚	核桃属	云南省林业和草原科学院	陆斌、张尚书、张雨、郝佳波、赵川、徐亮、赵敏、冯倩、孙绍文、胡万焜、朱金国、徐仁米	20211028

（续）

序号	申请号	品种名称	属（种）	申请人	培育人	申请日
1569	20211187	宣红	核桃属	云南省林业和草原科学院	陆斌、李启信、张雨、郝佳波、王毅、赵川、徐亮、赵敏、冯倩	20211028
1570	20220531	罗裳	杜鹃花属	云南省农业科学院花卉研究所	彭绿春、宋杰、李世峰、解玮佳、王继华、张露、李绅崇	20220524
1571	20211453	红尘	蔷薇属	云南省农业科学院花卉研究所	蹇洪英、王其刚、李树发、张婷、王慧纯、陈敏、周宁宁、晏慧君、邱显钦	20211202
1572	20211461	萤火	绣球属	云南省农业科学院花卉研究所	张婷、邱显钦、王其刚、赵培飞、黎霞、官仁杰	20211206
1573	20211462	凡凡	绣球属	云南省农业科学院花卉研究所	张婷、晏慧君、单芹丽、王其刚、杨维	20211206
1574	20211487	芳尘	蔷薇属	云南省农业科学院花卉研究所	蹇洪英、王其刚、晏慧君、邱显钦、周宁宁、陈敏、张婷、李树发、王慧纯	20211209
1575	20211570	暖暖	绣球属	云南省农业科学院花卉研究所	张颢、张婷、蹇洪英、王波、晏慧君	20211217
1576	20220016	红船	蔷薇属	云南省农业科学院花卉研究所	唐开学、王其刚、张颢、晏慧君、王丽花、邱显钦、蹇洪英、周宁宁、陈敏	20220105
1577	20220027	白色多梦	蔷薇属	云南省农业科学院花卉研究所	晏慧君、王其刚、张颢、邱显钦、唐开学、蹇洪英、周宁宁、陈敏	20220106
1578	20220038	蜜汁	蔷薇属	云南省农业科学院花卉研究所	王其刚、晏慧君、蹇洪英、邱显钦、周宁宁、陈敏	20220111
1579	20220152	银河系	秋海棠属	云南省农业科学院花卉研究所	王继华、杜文文、王祥宁、李想、崔光芬、黎霞	20220217
1580	20220153	小飞象	秋海棠属	云南省农业科学院花卉研究所	李绅崇、段青、马璐琳、王祥宁、李想、李慧敏	20220217
1581	20220537	童梦	蔷薇属	云南省农业科学院花卉研究所	邱显钦、陈敏、黎霞、孙建丽、张婷、王慧纯	20220524
1582	20220538	粉宝	蔷薇属	云南省农业科学院花卉研究所	邱显钦、张颢、陈敏、晏慧君、王其刚、蹇洪英、王慧纯	20220524
1583	20220643	十八春	蔷薇属	云南省农业科学院花卉研究所	周宁宁、唐开学、张颢、蹇洪英、陈敏、王其刚、邱显钦、晏慧君、李树发、张婷	20220615
1584	20220792	红臣	蔷薇属	云南省农业科学院花卉研究所	周宁宁、王其刚、唐开学、张颢、邱显钦、晏慧君、蹇洪英、陈敏	20220711
1585	20221170	圣诞礼物	秋海棠属	云南省农业科学院花卉研究所	杜文文、段青、贾文杰、马璐琳、王祥宁、崔光芬、杨维	20220831
1586	20221215	豆蔻	蔷薇属	云南省农业科学院花卉研究所	蔡艳飞、田敏、施自明、孙丹、赵培飞	20220908
1587	20221216	曦月	蔷薇属	云南省农业科学院花卉研究所	王继华、施自明、赵培飞、田敏、孙丹、蔡艳飞	20220908
1588	20221290	雕石	蔷薇属	云南省农业科学院花卉研究所	施自明、赵培飞、孙丹、田敏、蔡艳飞	20220921
1589	20221538	绿巨人	蔷薇属	云南省农业科学院花卉研究所	施自明、蔡艳飞、王继华、田敏、张颢、赵培飞、孙丹	20221109

（续）

序号	申请号	品种名称	属（种）	申请人	培育人	申请日
1590	20221550	玉蝴蝶	大丽花属	云南省农业科学院花卉研究所	李绅崇、杜文文、段青、李想、王祥宁、崔光芬、马璐琳、黄荣梅	20221111
1591	20221571	淡妆	蔷薇属	云南省农业科学院花卉研究所	赵培飞、王继华、张颢、蔡艳飞、施自明、田敏、孙丹	20221116
1592	20220533	怡红	杜鹃花属	云南省农业科学院花卉研究所	解玮佳、李世峰、张露、彭绿春、宋杰、王继华、李慧敏	20220524
1593	20220532	湘云	杜鹃花属	云南省农业科学院花卉研究所	李世峰、解玮佳、宋杰、王继华、彭绿春、李绅崇、张露	20220524
1594	20220528	翠湖紫鸥	杜鹃花属	云南省农业科学院花卉研究所	张颢、彭绿春、李世峰、解玮佳、宋杰、张露、许凤	20220524
1595	20220535	翠湖涟漪	杜鹃花属	云南省农业科学院花卉研究所	宋杰、彭绿春、解玮佳、李世峰、张露、王继华、许凤	20220524
1596	20220530	墨碟心	杜鹃花属	云南省农业科学院花卉研究所	王继华、解玮佳、李世峰、彭绿春、宋杰、张露、杨秀梅	20220524
1597	20220534	宝钗	杜鹃花属	云南省农业科学院花卉研究所	解玮佳、李世峰、张露、彭绿春、宋杰、王继华、李慧敏	
1598	20221607	梦想之光	蔷薇属	云南省农业科学院花卉研究所、昆明爱农农业科技有限公司	王继华、蔡艳飞、赵培飞、施自明、田敏、李慧敏	20221123
1599	20220529	昆上初红	杜鹃花属	云南省农业科学院花卉研究所、上海植物园	王继华、张春英、解玮佳、龚睿、彭绿春、严巍、张露	20220524
1600	20220137	笑春风	杜鹃花属	云南省农业科学院花卉研究所、云南春禾园林科技有限公司、云南吉成园林科技股份有限公司	李世峰、李伟、宋杰、陈伟、解玮佳、王继华、彭绿春、张露、李云伟	20220212
1601	20220883	梦幻流光	蔷薇属	云南省农业科学院花卉研究所、云南春禾园林科技有限公司、云南吉成园林科技股份有限公司	李世峰、宋杰、李伟、张颢、许凤、张露、彭绿春、解玮佳、陈伟、张丽	20220801
1602	20220159	咏春风	杜鹃花属	云南省农业科学院花卉研究所、云南吉成园林科技股份有限公司	李伟、宋杰、陈伟、李世峰、王继华、彭绿春、解玮佳、张露、李云伟、段仕学	20220222
1603	20220202	颂春风	杜鹃花属	云南省农业科学院花卉研究所、云南吉成园林科技股份有限公司	宋杰、李伟、李世峰、王继华、陈伟、彭绿春、解玮佳、张露、李云伟、段仕学	20220309
1604	20220879	红袖添香	蔷薇属	云南省农业科学院花卉研究所、云南吉成园林科技股份有限公司	宋杰、张颢、李伟、李世峰、彭绿春、解玮佳、陈伟、张露、许凤、张丽	20220801
1605	20220157	舞春风	杜鹃花属	云南省农业科学院花卉研究所、云南吉成园林科技股份有限公司、云南春禾园林科技有限公司	宋杰、李伟、李世峰、陈伟、彭绿春、王继华、张露、解玮佳、段仕学	20220222

（续）

序号	申请号	品种名称	属（种）	申请人	培育人	申请日
1606	20220878	金粉丽人	蔷薇属	云南省农业科学院花卉研究所、云南吉成园林科技股份有限公司、云南春禾园林科技有限公司	宋杰、李伟、许凤、王继华、李世峰、陈伟、彭绿春、解玮佳、张露、李慧敏	20220801
1607	20220881	玲珑仙子	蔷薇属	云南省农业科学院花卉研究所、云南吉成园林科技股份有限公司、云南春禾园林科技有限公司	宋杰、李伟、王继华、李慧敏、彭绿春、李世峰、陈伟、李云伟、解玮佳、张露	20220801
1608	20220237	西露丝 SRY02234	蔷薇属	云南西露斯园艺有限公司	杨佳、普贵飞、陶辉、毕凯	20220323
1609	20220299	西露丝 SRY86293	蔷薇属	云南西露斯园艺有限公司	杨佳、普贵飞、陶辉、毕凯	20220406
1610	20211434	金红颜	红豆杉属	张彦文、赫崇文、唐日波	张彦文、赫崇文、唐日波	20211125
1611	20211436	丹金	红豆杉属	张彦文、赫崇文、唐日波	张彦文、赫崇文、唐日波	20211125
1612	20221580	香雪	山茶属	漳州小盆友农林科技有限公司	张陈环	20221118
1613	20220284	满堂喝彩	山茶属	肇庆棕榈谷花园有限公司、广东阿婆六生态农业发展有限公司	黄万坚、叶冰、彭逢惠、吴文诗、刘信凯、李维全、黎艳玲、高继银、钟乃盛、叶琦君	20220401
1614	20220285	汉森之悦	山茶属	肇庆棕榈谷花园有限公司、广东阿婆六生态农业发展有限公司	黄万坚、钟乃盛、刘信凯、侯文卿、黎艳玲、高继银、叶琦君	20220401
1615	20220427	晨阳闪金	山茶属	肇庆棕榈谷花园有限公司、广东阿婆六生态农业发展有限公司	刘信凯、黄万坚、周明顺、李维全、侯文卿、高继银、钟乃盛、叶琦君、黎艳玲	20220507
1616	20220819	清风胧月	山茶属	肇庆棕榈谷花园有限公司、广东省农业科学院环境园艺研究所	钟乃盛、孙映波、于波、刘小飞、叶琦君、黎艳玲、黄丽丽、高继银、刘信凯、黄万坚	20220720
1617	20220820	午夜金光	山茶属	肇庆棕榈谷花园有限公司、广东省农业科学院环境园艺研究所	刘信凯、孙映波、黎艳玲、于波、刘小飞、叶琦君、黄丽丽、高继银、钟乃盛、黄万坚	20220720
1618	20220444	喜庆灯笼	山茶属	肇庆棕榈谷花园有限公司、浙江彩园居生态农业发展有限公司、广东阿婆六生态农业发展有限公司	黄万坚、符秀玉、邓绮雯、侯文卿、叶琦君、钟乃盛、黎艳玲、刘信凯、高继银	20220509
1619	20220594	丽丰 2 号	悬钩子属	浙江本润生物科技有限公司、丽水市农林科学研究院、丽水市本润农业有限公司	华金渭、胡理滨、杨先裕、张敬斐、赵应苟、张泽文	20220608
1620	20220595	丽丰 1 号	悬钩子属	浙江本润生物科技有限公司、丽水市农林科学研究院、丽水市本润农业有限公司	华金渭、胡理滨、张敬斐、姚宏、李艳、张泽文、赵应苟	20220608
1621	20220115	采金毫	山茶属	浙江大学、宁波黄金韵茶业科技有限公司、宁波市农业技术推广总站	郑新强、张龙杰、李明、王开荣、梁月荣、吴颖、韩震、黄杨	20220129
1622	20220120	沐秋	杜鹃花属	浙江虹安园艺有限公司	江胜德、陈溪、方旭初、杨怡钰、杜习武、龚仲幸	20220208
1623	20220121	秋色赋	杜鹃花属	浙江虹安园艺有限公司	江胜德、陈溪、方旭初、杨怡钰、杜习武、龚仲幸	20220208

（续）

序号	申请号	品种名称	属（种）	申请人	培育人	申请日
1624	20220122	清秋	杜鹃花属	浙江虹安园艺有限公司	江胜德、陈溪、方旭初、杜习武、龚仲幸、杨怡钰	20220208
1625	20220123	秋韵	杜鹃花属	浙江虹安园艺有限公司	龚仲幸、林玉、张鑫、江胜德、方卓尔、陈溪	20220208
1626	20220124	红日	杜鹃花属	浙江虹安园艺有限公司	龚仲幸、林玉、张鑫、江胜德、方卓尔、陈溪	20220208
1627	20220127	奕秋	杜鹃花属	浙江虹安园艺有限公司	陈溪、卓晶晶、江胜德、杜习武、方卓尔、龚仲幸	20220208
1628	20220129	秋影	杜鹃花属	浙江虹安园艺有限公司	陈溪、江胜德、张鑫、林玉、杨怡钰、龚仲幸	20220208
1629	20221091	烟绯	杜鹃花属	浙江虹安园艺有限公司	方旭初、方卓尔、林玉、龚仲幸、陈溪、杜习武	20220823
1630	20221092	可莉	杜鹃花属	浙江虹安园艺有限公司	江胜德、龚仲幸、陈溪、杜习武、张鑫、杨怡钰	20220824
1631	20221093	可晴	杜鹃花属	浙江虹安园艺有限公司	龚仲幸、陈溪、杜习武、张鑫、杨怡钰、方旭初	20220824
1632	20221094	宵宫	杜鹃花属	浙江虹安园艺有限公司	陈溪、杜习武、张鑫、杨怡钰、方旭初、方卓尔	20220824
1633	20221095	凝光	杜鹃花属	浙江虹安园艺有限公司	张鑫、杨怡钰、方旭初、方卓尔、江胜德、龚仲幸	20220824
1634	20221096	莫娜	杜鹃花属	浙江虹安园艺有限公司	杜习武、张鑫、杨怡钰、方旭初、方卓尔、江胜德	20220824
1635	20221097	辛焱	杜鹃花属	浙江虹安园艺有限公司	龚仲幸、陈溪、方旭初、张鑫、林玉、方卓尔	20220824
1636	20221098	云堇	杜鹃花属	浙江虹安园艺有限公司	方卓尔、江胜德、林玉、陈溪、杜习武、张鑫	20220824
1637	20221099	丽莎	杜鹃花属	浙江虹安园艺有限公司	杜习武、张鑫、江胜德、林玉、杨怡钰、方旭初	20220824
1638	20221102	粉嘟嘟	杜鹃花属	浙江虹安园艺有限公司	林玉、杨怡钰、陈溪、方旭初、方卓尔、江胜德	20220824
1639	20221105	芭芭拉	杜鹃花属	浙江虹安园艺有限公司	方卓尔、龚仲幸、方旭初、陈溪、杜习武、张鑫	20220824
1640	20221110	芽衣	杜鹃花属	浙江虹安园艺有限公司	江胜德、陈溪、方卓尔、龚仲幸、林玉、杨怡钰	20220824
1641	20221111	托马	杜鹃花属	浙江虹安园艺有限公司	龚仲幸、杜习武、江胜德、林玉、杨怡钰、方旭初	20220824
1642	20221112	迪奥娜	杜鹃花属	浙江虹安园艺有限公司	杜习武、江胜德、陈溪、龚仲幸、方旭初、林玉	20220824
1643	20221113	幻境	杜鹃花属	浙江虹安园艺有限公司	张鑫、龚仲幸、江胜德、陈溪、林玉、杨怡钰	20220824
1644	20221152	裟罗	杜鹃花属	浙江虹安园艺有限公司	陈溪、张鑫、龚仲幸、江胜德、林玉、方卓尔	20220827
1645	20221155	班尼特	杜鹃花属	浙江虹安园艺有限公司	方旭初、江胜德、杨怡钰、龚仲幸、陈溪、杜习武	20220827
1646	20221156	莫利亚	杜鹃花属	浙江虹安园艺有限公司	江胜德、龚仲幸、杨怡钰、杜习武、张鑫、林玉	20220827
1647	20221157	香菱	杜鹃花属	浙江虹安园艺有限公司	张鑫、林玉、龚仲幸、杨怡钰、方旭初、方卓尔	20220827
1648	20220125	红宝石	杜鹃花属	浙江虹安园艺有限公司、杭州职业技术学院	龚仲幸、江胜德、张鑫、卓晶晶、林玉、方卓尔	20220208

（续）

序号	申请号	品种名称	属（种）	申请人	培育人	申请日
1649	20220126	紫秋韵	杜鹃花属	浙江虹安园艺有限公司、杭州职业技术学院	杨怡钰、龚仲幸、江胜德、余昌明、卓晶晶、方旭初	20220208
1650	20220128	澄秋	杜鹃花属	浙江虹安园艺有限公司、杭州职业技术学院	杨怡钰、卓晶晶、江胜德、余昌明、龚仲幸、朱雅彬	20220208
1651	20220954	蓝美 3 号	越橘属	浙江蓝美技术股份有限公司	杨曙方、许钢梁、王琦、王舟平、杨姣	20220809
1652	20211544	罗彩 33	木犀属	浙江农林大学	赵宏波、罗方亮、方遒、王艺光、钟诗蔚、杨丽媛、肖政	20211215
1653	20211546	罗彩 37	木犀属	浙江农林大学	方遒、罗方亮、赵宏波、董彬、钟诗蔚、杨丽媛、王艺光、肖政	20211215
1654	20211550	罗彩 56	木犀属	浙江农林大学	王艺光、罗方亮、方遒、董彬、钟诗蔚、杨丽媛、赵宏波、肖政	20211215
1655	20211551	罗彩 57	木犀属	浙江农林大学	钟诗蔚、罗方亮、方遒、董彬、赵宏波、杨丽媛、王艺光、肖政	20211215
1656	20211595	罗彩 79	木犀属	浙江农林大学	肖政、罗方亮、方遒、董彬、钟诗蔚、杨丽媛、王艺光、赵宏波	20211220
1657	20210984	景丹	木兰属	浙江农林大学	申亚梅、叶喜阳、刘志高、赵立永、任明杰、章颖佳	20210902
1658	20210985	景绯	木兰属	浙江农林大学	申亚梅、叶喜阳、刘志高、赵立永、吴超、陆丹迎	20210902
1659	20210986	景璐	木兰属	浙江农林大学	申亚梅、顾翠花、刘志高、赵立永、章颖佳、任明杰	20210902
1660	20211085	吴越翡	木兰属	浙江农林大学	申亚梅、季梦成、郑钢、陆丹迎、余雪芹、郑卫华	20211008
1661	20211086	景杭	木兰属	浙江农林大学	申亚梅、吴伟健、谢君、毛仙龙、吴超、任明杰、章颖佳	20211008
1662	20211087	紫玉笔	木兰属	浙江农林大学	申亚梅、俞芹、宣玲娟、范李节、王型力、王宁杭	20211008
1663	20211088	玉少点绛	木兰属	浙江农林大学	申亚梅、王翔、顾翠花、程少禹、郑春颖、田立斌	20211008
1664	20211089	明玉	木兰属	浙江农林大学	刘志高、申亚梅、叶喜阳、陆丹迎、章颖佳	20211008
1665	20211090	吴越玉娟	木兰属	浙江农林大学	刘志高、马晶晶、申亚梅、吴超、任明杰	20211008
1666	20211133	吴越粉绣	木兰属	浙江农林大学	申亚梅、程少禹、戴梦怡、王卓为、常鹏杰、卞赛男	20211019

（续）

序号	申请号	品种名称	属（种）	申请人	培育人	申请日
1667	20211134	赛佳玉	木兰属	浙江农林大学	申亚梅、马晶晶、任明杰、吴超、田立斌、郑春颖	20211019
1668	20211135	金乘玉笔	木兰属	浙江农林大学	申亚梅、宁惠娟、刘志高、顾翠花、王翔	20211019
1669	20211136	景芹	木兰属	浙江农林大学	申亚梅、吴伟健、谢君、毛仙龙、章颖佳、陆丹迎	20211019
1670	20211137	玉璐	木兰属	浙江农林大学	申亚梅、刘志高、王翔、董海燕、邓卫华、余雪芹	20211019
1671	20220040	景怡	木兰属	浙江农林大学	申亚梅、宁慧娟、马晶晶、陆丹迎、吴超	20220111
1672	20220077	美夏 1 号	夏蜡梅属	浙江农林大学	赵宏波、肖政、杨丽媛、董彬、方道、钟诗蔚、王艺光	20220118
1673	20220078	美夏 2 号	夏蜡梅属	浙江农林大学	赵宏波、肖政、杨丽媛、董彬、方道、钟诗蔚、王艺光	20220118
1674	20220079	美夏 3 号	夏蜡梅属	浙江农林大学	赵宏波、肖政、杨丽媛、董彬、方道、钟诗蔚、王艺光	20220118
1675	20220080	美夏 4 号	夏蜡梅属	浙江农林大学	肖政、杨丽媛、赵宏波、董彬、方道、钟诗蔚、王艺光	20220118
1676	20220081	美夏 5 号	夏蜡梅属	浙江农林大学	杨丽媛、肖政、赵宏波、董彬、方道、钟诗蔚、王艺光	20220118
1677	20221224	雪丽	铁线莲属	浙江农林大学	刘志高、陶丽、陈彦帆、陈晓蕾、申亚梅、季梦成	20220909
1678	20211438	朱砂月辉	杜鹃花属	浙江农林大学、嘉善联合农业科技有限公司	方道、沈勇、赵宏波、钟诗蔚、王艺光、董彬、杨丽媛、肖政	20211125
1679	20211441	阳春粉蝶	杜鹃花属	浙江农林大学、嘉善联合农业科技有限公司	沈勇、赵宏波、方道、王艺光、董彬、钟诗蔚、杨丽媛	20211125
1680	20211437	红月朝霞	杜鹃花属	浙江农林大学、嘉善联合农业科技有限公司	赵宏波、沈勇、方道、王艺光、董彬、钟诗蔚、杨丽媛	20211125
1681	20211502	华灿	木犀属	浙江农林大学、金华市奔月桂花专业合作社	赵宏波、肖政、张程刚、董彬、杨丽媛、方道、钟诗蔚、王艺光、方建设	20211212
1682	20221043	慈柏紫尊	乌桕属	浙江钱塘湾农业发展有限公司、杭州富阳万山红园林科技有限公司	方建平、李纪元、房巍慧、张根朗、陆监、范正琪、葛万川、刘伟鑫、范林洁	20220816
1683	20221044	慈柏彩虹	乌桕属	浙江钱塘湾农业发展有限公司、杭州富阳万山红园林科技有限公司	李纪元、方建平、葛万川、张根朗、房巍慧、范正琪、陆监、刘伟鑫、范林洁	20220816
1684	20221045	慈柏秋潮	乌桕属	浙江钱塘湾农业发展有限公司、杭州富阳万山红园林科技有限公司	李纪元、方建平、葛万川、张根朗、房巍慧、刘伟鑫、陆监、范正琪、范林洁	20220816

（续）

序号	申请号	品种名称	属（种）	申请人	培育人	申请日
1685	20221046	慈桕火炬	乌桕属	浙江钱塘湾农业发展有限公司、杭州富阳万山红园林科技有限公司	张根朗、李纪元、范林洁、房巍慧、方建平、陆监、范正琪、葛万川、刘伟鑫	20220816
1686	20221291	东新 2 号	榧树属	浙江省东阳市兰婷农业发展有限公司	厉锋、胡文翠、杜祖平	20220922
1687	20221309	东新 1 号	榧树属	浙江省东阳市兰婷农业发展有限公司	胡文翠、厉锋、王东辉、程诗明、杜祖平、韩宁林	20220923
1688	20221572	晓紫	杜鹃花属	浙江省林业科学研究院	杨华、宋绪忠	20221116
1689	20221582	清淑	杜鹃花属	浙江省林业科学研究院	杨华、宋绪忠	20221118
1690	20220017	磐贡榧	榧树属	浙江省林业科学研究院、磐安县自然资源和规划局、磐安县农家缘香榧专业合作社	李海波、陈红星、陈友吾、叶碧欢、黄少平、傅志华、马苗岳	20220105
1691	20220657	华雪 489	铁筷子属	浙江省园林植物与花卉研究所	史小华、马广莹、邹清成、李明江、胡伟	20220621
1692	20220658	华魅 630	铁筷子属	浙江省园林植物与花卉研究所	金亮、史小华、李冬、高洪娣、周江华	20220621
1693	20220659	华魅 23	铁筷子属	浙江省园林植物与花卉研究所	史小华、杜灵娟、冯博杰、黄澄敏、张梁	20220621
1694	20220660	华魅 19	铁筷子属	浙江省园林植物与花卉研究所	史小华、张俊林、樊靖、冯博杰、王坚娅	20220621
1695	20220664	华艳 419	铁筷子属	浙江省园林植物与花卉研究所	史小华、马广莹、朱开元、张加强、刘慧春、许雯婷	20220623
1696	20220668	华艳 35	铁筷子属	浙江省园林植物与花卉研究所	史小华、朱开元、刘慧春、许雯婷、周江华	20220624
1697	20220669	华艳 342	铁筷子属	浙江省园林植物与花卉研究所	马广莹、史小华、张娟、胡亚芬、罗优波、韩依楠、楼凯杰	20220624
1698	20220670	华魅 32	铁筷子属	浙江省园林植物与花卉研究所	史小华、朱开元、胡伟、胡亚芬、罗优波	20220624
1699	20220671	华雪 37	铁筷子属	浙江省园林植物与花卉研究所	毛俐慧、史小华、胡亚芬、罗优波、高洪娣	20220624
1700	20220672	华魅 38	铁筷子属	浙江省园林植物与花卉研究所	史小华、朱开元、张加强、刘慧春、许雯婷	20220624
1701	20220673	华魅 12	铁筷子属	浙江省园林植物与花卉研究所	马广莹、史小华、李冬、张梁、黄澄敏	20220624
1702	20220674	华丽满堂	铁筷子属	浙江省园林植物与花卉研究所	史小华、马广莹、朱开元、张加强、刘慧春、韩依楠、楼凯杰	20220624
1703	20220725	华丽蔻芯	铁筷子属	浙江省园林植物与花卉研究所	史小华、周勤、徐丹彬、高洪娣、邱智敏、陈献志、章诗怡	20220630
1704	20220726	华魅 506	铁筷子属	浙江省园林植物与花卉研究所	史小华、张俊林、樊靖、李冬、胡亚芬、罗优波、朱静坚	20220630
1705	20220727	华丽嫣然	铁筷子属	浙江省园林植物与花卉研究所	史小华、周勤、徐丹彬、高洪娣、邱智敏、陈献志、朱静坚	20220630
1706	20220728	华丽慧芯	铁筷子属	浙江省园林植物与花卉研究所	史小华、徐丹彬、周勤、张娟、李明江、邹清成	20220701
1707	20221313	金瑞	越橘属	浙江师范大学	郭卫东、宗宇、李永强、陈文荣、杨莉、廖芳蕾、徐丽珊	20220926

（续）

序号	申请号	品种名称	属（种）	申请人	培育人	申请日
1708	20221314	金优	越橘属	浙江师范大学	李永强、郭卫东、宗宇、陈文荣、廖芳蕾、杨莉、徐丽珊	20220926
1709	20221315	金杰	越橘属	浙江师范大学、金华先实大农业科技有限公司	宗宇、郭卫东、李永强、范超洋、陈文荣、杨莉、廖芳蕾、徐丽珊	20220926
1710	20221316	金春	越橘属	浙江师范大学、金华先实大农业科技有限公司	陈文荣、郭卫东、宗宇、李永强、廖芳蕾、杨莉、范超洋、徐丽珊	20220926
1711	20221542	甬彩2号	杜鹃花属	浙江万里学院、宁波北仑亿润花卉有限公司	谢晓鸿、吴月燕、周若一、沃科军、沃绵康	20221111
1712	20221543	甬彩4号	杜鹃花属	浙江万里学院、宁波北仑亿润花卉有限公司	谢晓鸿、吴月燕、沃绵康、沃科军	20221111
1713	20221544	甬茜1号	杜鹃花属	浙江万里学院、宁波北仑亿润花卉有限公司	谢晓鸿、吴月燕、郑一威、沃科军、沃绵康	20221111
1714	20221545	甬茜2号	杜鹃花属	浙江万里学院、宁波北仑亿润花卉有限公司	吴月燕、谢晓鸿、沃科军、沃绵康	20221111
1715	20221546	甬彩3号	杜鹃花属	浙江万里学院、宁波北仑亿润花卉有限公司	吴月燕、谢晓鸿、沃科军、沃绵康	20221111
1716	20221547	甬彩1号	杜鹃花属	浙江万里学院、宁波北仑亿润花卉有限公司	吴月燕、谢晓鸿、沃绵康、沃科军	20221111
1717	20221548	甬白雪	杜鹃花属	浙江万里学院、宁波北仑亿润花卉有限公司	吴月燕、蒋宝鑫、谢晓鸿、沃科军、沃绵康	20221111
1718	20221257	锦簇	南天竹属	浙江萧建集团有限公司	郭佳、邱春英、贾燕娇、周建菲、席利锋、徐达、侯硕	20220913
1719	20220709	倾眉	南天竹属	浙江萧建集团有限公司、杭州沃尔德园植科技开发有限公司	沈伟东、来樱峰、吴晓曙、朱开元、郭佳、郭永献	20220630
1720	20221275	中科皇杞1号	枸杞属	中国科学院华南植物园	曾少华、王瑛、杨天顺、李重、胡伟明	20220915
1721	20221565	姹紫	木莲属	中国科学院华南植物园	陈新兰、杨科明、刘慧、张奕奇、叶育石、何飞龙、廖景平	20221115
1722	20221608	绛裳	木莲属	中国科学院华南植物园	陈新兰、刘慧、范玲玲、杨科明、何飞龙、夏念和	20221123
1723	20221609	红妆	木莲属	中国科学院华南植物园	陈新兰、张奕奇、陈玲、刘慧、杨科明、何飞龙、夏念和	20221123
1724	20221272	中科鼎杞1号	枸杞属	中国科学院华南植物园、百瑞源枸杞股份有限公司	王瑛、李重、曾少华、郝向峰、杨天顺、张金宏、龚海光、杨丽丽	20220915
1725	20220753	昆园初晖	山茶属	中国科学院昆明植物研究所	沈云光、王仲朗、冯宝钧、王新蕊	20220704
1726	20220763	昆园红焰	山茶属	中国科学院昆明植物研究所	沈云光、王仲朗、冯宝钧、王新蕊	20220705
1727	20220508	红日	玉叶金花属	中国科学院西双版纳热带植物园	吴福川	20220518
1728	20221320	海杞2号	枸杞属	中国科学院遗传与发育生物学研究所农业资源研究中心	封晓辉	20220926
1729	20220875	丝路花羽	芍药属	中国科学院植物研究所	舒庆艳、郝青	20220801
1730	20220876	紫色魅力	芍药属	中国科学院植物研究所	舒庆艳、郝青	20220801
1731	20220877	赤诚之心	芍药属	中国科学院植物研究所	舒庆艳、郝青	20220801

（续）

序号	申请号	品种名称	属（种）	申请人	培育人	申请日
1732	20221169	科园蓝翎	柏木属	中国科学院植物研究所	唐宇丹、李慧、李锐丽、邢全、姚涓、白红彤	20220829
1733	20220106	红丝绵	杜仲	中国林业科学研究院经济林研究所	刘攀峰、杜庆鑫、王璐、杜红岩、杜兰英、孙志强、朱景乐、庆军、何凤	20220124
1734	20220564	中仁 13 号	杏	中国林业科学研究院经济林研究所	乌云塔娜、王淋、刘慧敏、赵罕、朱高浦、李芳东、徐宛玉、李铁柱、白海坤、尹明宇	20220531
1735	20220565	中仁 12 号	杏	中国林业科学研究院经济林研究所	乌云塔娜、王淋、赵罕、刘慧敏、朱高浦、李芳东、徐宛玉、白海坤、尹明宇、张钰婧	20220531
1736	20220719	华仲 29 号	杜仲	中国林业科学研究院经济林研究所	王璐、杜兰英、刘攀峰、杜庆鑫、杜红岩、孙志强、朱景乐、庆军	20220629
1737	20220720	仲林 4 号	杜仲	中国林业科学研究院经济林研究所	杜红岩、杜庆鑫、王璐、杜兰英、刘攀峰、孙志强、朱景乐、庆军	20220629
1738	20220721	仲林 5 号	杜仲	中国林业科学研究院经济林研究所	杜庆鑫、王璐、杜兰英、刘攀峰、杜红岩、孙志强、朱景乐、庆军	20220629
1739	20220807	国粹栾	栾树属	中国林业科学研究院经济林研究所	岳华峰、郑智龙、王玉忠、赵广杰、班龙海、杨超伟、赵阳、张艺凡、孔新旗、王润军、刘万海、袁玮、高秀云、陈传帅、寿园园、宋丽娟、潘煜凤	20220718
1740	20220813	国运栾	栾树属	中国林业科学研究院经济林研究所	岳华峰、王玉忠、杨超伟、班龙海、郑智龙、高秀云、李春方、刘冰、陈尚凤、张艺凡、刘万海、杨海青、赵道云、王英英、王敬占、刘兰芝、吴创业	20220719
1741	20211559	礼宾侠凤	木通属	中国林业科学研究院林业研究所	李斌、郑勇奇、林富荣、郭文英、黄平、王津津、宋升平	20211216
1742	20211599	礼宾艳凤	木通属	中国林业科学研究院林业研究所	李斌、郑勇奇、林富荣、郭文英、黄平、王津津、宋升平	20211221
1743	20211600	礼宾煌凤	木通属	中国林业科学研究院林业研究所	李斌、郑勇奇、林富荣、郭文英、黄平、王津津、宋升平	20211221
1744	20211601	礼宾望凤	木通属	中国林业科学研究院林业研究所	李斌、郑勇奇、林富荣、郭文英、黄平、王津津、宋升平	20211221
1745	20211602	礼宾舞凤	木通属	中国林业科学研究院林业研究所	李斌、郑勇奇、林富荣、郭文英、黄平、王津津、宋升平	20211221
1746	20220267	早飞黄	石斛属	中国林业科学研究院林业研究所	李振坚、孙振元、单玉莹、王兆山、王伟、苏上、巨关升、张倩	20220328

（续）

序号	申请号	品种名称	属（种）	申请人	培育人	申请日
1747	20220289	芳林 1 号	杨属	中国林业科学研究院林业研究所	唐芳、卢孟柱、王丽娟、贺学娇	20220403
1748	20220290	芳林 2 号	杨属	中国林业科学研究院林业研究所	唐芳、卢孟柱、王丽娟、贺学娇	20220403
1749	20220293	橙霞	石斛属	中国林业科学研究院林业研究所	李振坚、孙振元、贺国鑫、刘占海、王瑞霞、张雷、王伟、单玉莹	20220403
1750	20220852	邓栅子 1 号	榆属	中国林业科学研究院林业研究所、丰宁国有林场管理处邓栅子林场、河北省林业和草原科学研究院	李斌、崔宏新、武立东、王玉忠、杨会敏、杜文龙、王久满、张雷、宋海波、钱向明	20220725
1751	20211495	中云 4 号	云杉属	中国林业科学研究院林业研究所、甘肃省小陇山林业实验局林业科学研究所、北京市植物园管理处	王军辉、张保全、马丽娜、安三平、欧阳芳群、王丽芳、许娜、鲜小军、杜彦昌、贺然	20211210
1752	20211497	凤尾杉	云杉属	中国林业科学研究院林业研究所、甘肃省小陇山林业实验局林业科学研究所、北京市植物园管理处	欧阳芳群、王军辉、贺然、安三平、胡勐鸿、王丽芳、许娜、邓军育、崔夏、李菁博	20211210
1753	20220777	寿椿红	香椿属	中国林业科学研究院亚热带林业研究所	刘军、韩小娇、李彦杰、范艳如、姜景民	20220707
1754	20221430	孝优 25 号	簕竹属	中国林业科学研究院亚热带林业研究所	袁金玲、岳晋军、郑仁红、张玲、刘玉平、张玮、王秋、黄宏亮、林敏水、王琴、黄仕平、刘菊容	20221028
1755	20221480	孝美 3 号	簕竹属	中国林业科学研究院亚热带林业研究所	岳晋军、袁金玲、林敏水、周翔宇、郭子武、卓秋萍、田立斌、马婧瑕、华克达、徐达	20221102
1756	20211617	亚鸿 1 号	油桐属	中国林业科学研究院亚热带林业研究所、贵州鸿发生态农业科技有限责任公司	汪阳东、陈益存、杨安仁、高暝、吴立文、赵耘霄、田晓堃、许杰、袁旭	20211223
1757	20211618	秀桐	油桐属	中国林业科学研究院亚热带林业研究所、贵州鸿发生态农业科技有限责任公司	汪阳东、陈益存、杨安仁、高暝、吴立文、赵耘霄、田晓堃、许杰、袁旭	20211223
1758	20211619	科砧 1 号	油桐属	中国林业科学研究院亚热带林业研究所、贵州鸿发生态农业科技有限责任公司	陈益存、汪阳东、杨安仁、高暝、赵耘霄、吴立文、田晓堃、许杰、袁旭	20211223
1759	20211545	火狐	蔷薇属	中国农业大学	周晓锋、张常青、马超、高俊平、马男、孙小明	20211215
1760	20211548	雨滴	蔷薇属	中国农业大学	周晓锋、马男、高俊平、张常青、孙小明、马超	20211215
1761	20211581	冬日	蔷薇属	中国农业大学	马男、孙小明、马超、张常青、高俊平、周晓锋	20211217
1762	20211594	蕾丝	蔷薇属	中国农业大学	周晓锋、高俊平、马男、马超、孙小明、张常青	20211220
1763	20220109	麦浪	蔷薇属	中国农业大学	马男、马超、周晓锋、高俊平、孙小明、张常青	20220125
1764	20220154	虹韵	蔷薇属	中国农业大学	马超、高俊平、高月荣、马男、张常青、周晓锋	20220217
1765	20220156	双韵	蔷薇属	中国农业大学	高俊平、马男、周晓锋、张常青、马超、孙小明	20220222
1766	20211206	靡颜	蔷薇属	中国农业大学、云南云秀花卉有限公司、深圳职业技术学院	马男、高俊平、段金辉、周晓锋、李永红、张常青、马超、孙小明、景维坤、杨培娟	20211101

（续）

序号	申请号	品种名称	属（种）	申请人	培育人	申请日
1767	20211464	中碧红铃重	桃花	中国农业科学院郑州果树研究所	陈昌文、王力荣、方伟超、朱更瑞、曹珂、王新卫、李勇、吴金龙、岳林国、凌国钧	20211206
1768	20211503	中碧春霞	桃花	中国农业科学院郑州果树研究所	王力荣、方伟超、朱更瑞、陈昌文、曹珂、李勇、王新卫、吴金龙、田鹏	20211213
1769	20211504	中碧朝霞	桃花	中国农业科学院郑州果树研究所	谢景梅、朱更瑞、王力荣、方伟超、陈昌文、曹珂、王新卫、李勇、吴金龙	20211213
1770	20220183	中碧春月	桃花	中国农业科学院郑州果树研究所	王新卫、曹珂、王力荣、陈昌文、方伟超、朱更瑞、李勇、吴金龙、张涛、牛棚	20220304
1771	20220135	紫英	叶子花属	中国热带农业科学院热带作物品种资源研究所	牛俊海、徐世松、冷青云、李亚	20220212
1772	20220136	海虹	叶子花属	中国热带农业科学院热带作物品种资源研究所	牛俊海、徐世松、冷青云、李亚	20220212
1773	20220138	秀英	叶子花属	中国热带农业科学院热带作物品种资源研究所	牛俊海、徐世松、冷青云、李亚	20220213
1774	20220139	飒露紫	叶子花属	中国热带农业科学院热带作物品种资源研究所	牛俊海、徐世松、冷青云、黄少华	20220213
1775	20220140	初心	叶子花属	中国热带农业科学院热带作物品种资源研究所	牛俊海、徐世松、冷青云、黄少华	20220213
1776	20220141	的卢	叶子花属	中国热带农业科学院热带作物品种资源研究所	牛俊海、徐世松、冷青云、黄少华	20220213
1777	20220143	小莺	叶子花属	中国热带农业科学院热带作物品种资源研究所	牛俊海、徐世松、冷青云、李亚	20220213
1778	20220144	月笼纱	叶子花属	中国热带农业科学院热带作物品种资源研究所	牛俊海、徐世松、冷青云、李亚	20220213
1779	20220147	绛妃	叶子花属	中国热带农业科学院热带作物品种资源研究所	牛俊海、徐世松、冷青云、李亚	20220214
1780	20220148	鸾歌	叶子花属	中国热带农业科学院热带作物品种资源研究所	牛俊海、冷青云、徐世松、李亚	20220214
1781	20220297	金鼎	叶子花属	中国热带农业科学院热带作物品种资源研究所	徐世松、牛俊海、冷青云、李亚、黄少华	20220406
1782	20221358	热科初妆	石斛属	中国热带农业科学院热带作物品种资源研究所	易双双、陆顺教、张志群、廖易、黄明忠、罗小燕、李崇晖、尹俊梅、于晓云	20221008
1783	20221359	热科红宝石	石斛属	中国热带农业科学院热带作物品种资源研究所	陆顺教、易双双、廖易、黄明忠、张志群、李崇晖、尹俊梅、罗小燕、于晓云	20221008
1784	20221360	舞姿	石斛属	中国热带农业科学院热带作物品种资源研究所	易双双、陆顺教、张志群、廖易、黄明忠、罗小燕、尹俊梅	20221008
1785	20221361	热科朝霞	石斛属	中国热带农业科学院热带作物品种资源研究所	陆顺教、易双双、廖易、黄明忠、张志群、尹俊梅、李崇晖、罗小燕、于晓云	20221008
1786	20221364	热科夏末	石斛属	中国热带农业科学院热带作物品种资源研究所	廖易、张志群、尹俊梅、黄明忠、易双双、陆顺教	20221008
1787	20221378	热科天使	石斛属	中国热带农业科学院热带作物品种资源研究所	陆顺教、廖易、张志群、李崇晖、尹俊梅、易双双、罗小燕、黄明忠	20221009
1788	20221403	热科骄阳	石斛属	中国热带农业科学院热带作物品种资源研究所	廖易、陆顺教、黄明忠、张志群、余焕林、尹俊梅	20221013
1789	20220134	春芳	叶子花属	中国热带农业科学院热带作物品种资源研究所	牛俊海、徐世松、冷青云、李亚	20220212

（续）

序号	申请号	品种名称	属（种）	申请人	培育人	申请日
1790	20221362	热科繁花	石斛属	中国热带农业科学院热带作物品种资源研究所、中国热带农业科学院广州实验站	廖易、陈石、陈丽娜、张志群、周浩、夏益、陆顺教	20221008
1791	20221363	热科迷你	石斛属	中国热带农业科学院热带作物品种资源研究所、中国热带农业科学院广州试验站	陆顺教、陈石、陈丽娜、廖易、黄明忠、夏益、周浩、张志群	20221008
1792	20220832	热油 40 号	油棕	中国热带农业科学院橡胶研究所	潘登浪、曾宪海、曹建华、林位夫、曾精、李炜芳、邹积鑫、谢贵水、李哲、李卫忠	20220722
1793	20220845	热油 5 号	油棕	中国热带农业科学院橡胶研究所	邹积鑫、李炜芳、曾宪海、林位夫、谢贵水、蒋菊生、曹建华、潘登浪、陈俊明、安锋、王军、周立军、曾精、李哲、李卫忠	20220725
1794	20220846	热油 227 号	油棕	中国热带农业科学院橡胶研究所	李哲、曾宪海、潘登浪、李炜芳、邹积鑫、曾精、林位夫、谢贵水、曹建华、李卫忠	20220725
1795	20220130	鲁丰 2 号	鼠尾草属	中国中医科学院中药研究所、上药华宇（临沂）中药资源有限公司、上海市药材有限公司	陈士林、李西文、崔宁、陈为序、侯梦梦、于大德、谈景福、朱伟、侯对虎、俞磊明	20220209
1796	20221128	科红 1 号	红豆杉属	中科西良功能农业研究有限公司	黄晓川、陈法贵	20220825
1797	20221399	德油 5 号	山茶属	中南林业科技大学	袁德义、肖诗鑫	20221012
1798	20221400	德油 6 号	山茶属	中南林业科技大学	肖诗鑫、袁德义	20221012
1799	20221401	德油 7 号	山茶属	中南林业科技大学	袁德义	20221012
1800	20221402	德油 8 号	山茶属	中南林业科技大学	袁德义	20221012
1801	20220363	湘林锦红	罗汉松属	中南林业科技大学、湖南省植物园	曹基武、吴林世、曹受金	20220415
1802	20220057	湘林紫霞	含笑属	中南林业科技大学、新宁县基伟红豆杉种植专业合作社	曹基武、曹基伟、刘木胜	20220117
1803	20220058	湘林紫韵	含笑属	中南林业科技大学、新宁县基伟红豆杉种植专业合作社	曹基武、曹基伟、刘木胜	20220117
1804	20220075	湘林紫怡	含笑属	中南林业科技大学、新宁县基伟红豆杉种植专业合作社	曹基武、曹基伟、刘木胜	20220117
1805	20220076	湘林紫丹	含笑属	中南林业科技大学、新宁县基伟红豆杉种植专业合作社	曹基武、曹基伟、刘木胜	20220117
1806	20221387	贵妃	含笑属	中南林业科技大学、浙江广厦建设职业技术大学、湖南省园艺研究所	金晓玲、陈燕、胡莹冰、张哲、李卫东、文亚峰、肖玉洁、郑超荣、黄国林	20221010
1807	20220050	缤纷 190	白鹤芋属	中山缤纷园艺有限公司	李培凤	20220114
1808	20220051	缤纷 019	白鹤芋属	中山缤纷园艺有限公司	李培凤	20220114
1809	20220052	缤纷 131	白鹤芋属	中山缤纷园艺有限公司	李培凤	20220114

（续）

序号	申请号	品种名称	属（种）	申请人	培育人	申请日
1810	20220053	缤纷 127	白鹤芋属	中山缤纷园艺有限公司	李培凤	20220114
1811	20220054	缤纷 087	白鹤芋属	中山缤纷园艺有限公司	李培凤	20220114
1812	20220062	缤纷 133	白鹤芋属	中山缤纷园艺有限公司	李培凤	20220117
1813	20221179	林婷富贵红	叶子花属	中山市林婷生态科技农业园有限公司	陈加成	20220902
1814	20221180	林婷大紫	叶子花属	中山市林婷生态科技农业园有限公司	陈加成	20220902
1815	20211160	攀奶桑 1 号	桑属	中丝天成（攀枝花）丝绸有限公司	黄朝举、黄成富、王谢、胡涛、胡启华、罗兴华、谢琳玲	20211025
1816	20221197	郢红	卫矛属	钟祥森焱种植家庭农场、冯天爽	马万东、冯天爽、华艳红	20220906
1817	20211376	梅见	梅	重庆江小白农庄有限公司	李恒光	20211117
1818	20220541	金滩	柽柳属	珠海市鑫洋柽柳生态科技有限公司、山东省林业科学研究院、珠海市汇聚林农业专业合作社	余兴光、刘怀、林光开、王振猛、刘百桥、鲍献文、郭智勇、刘闽、徐金光、杨庆山、刘德玺、罗朝辉、曹玲珑	20220525
1819	20211675	黛丹 4 号	石榴属	淄博锦川河富硒农业发展有限公司、山东省果树研究所	张锦超、尹燕雷、张汉修、冯立娟、杨雪梅、唐海霞、王增辉、安萌萌、王菲	20211227
1820	20211679	黛丹 2 号	石榴属	淄博锦川河富硒农业发展有限公司、山东省果树研究所	张汉修、尹燕雷、张锦超、冯立娟、杨雪梅、唐海霞、王增辉、王菲、安萌萌	20211228
1821	20220163	慕香	含笑属	棕榈生态城镇发展股份有限公司、陕西省西安植物园	岳琳、王晶、王亚玲、赵珊珊、武艳芳、胡传伟、陈娜娟、徐自恒	20220223
1822	20220164	小金玲	含笑属	棕榈生态城镇发展股份有限公司、陕西省西安植物园	武艳芳、王晶、王亚玲、胡传伟、邓健、岳琳、赵珊珊、陈娜娟、徐自恒	20220223
1823	20220165	玉珠儿	含笑属	棕榈生态城镇发展股份有限公司、陕西省西安植物园	王晶、王亚玲、高红升、岳琳、胡传伟、赵珊珊、陈娜娟、邓健、郭光光、徐自恒	20220223
1824	20220166	心爱	含笑属	棕榈生态城镇发展股份有限公司、陕西省西安植物园	王晶、王亚玲、胡传伟、岳琳、赵珊珊、陈娜娟、邓健、郭光光、徐自恒	20220223
1825	20220168	美人指	含笑属	棕榈生态城镇发展股份有限公司、陕西省西安植物园	武艳芳、王晶、王亚玲、赵珊珊、陈娜娟、胡传伟、岳琳、邓健、高红升	20220223
1826	20220169	蝶舞	木兰属	棕榈生态城镇发展股份有限公司、陕西省西安植物园	王晶、王亚玲、岳琳、武艳芳、胡传伟、邓健、赵珊珊、陈娜娟、郭光光	20220223
1827	20220173	流光	木兰属	棕榈生态城镇发展股份有限公司、陕西省西安植物园	王晶、赵珊珊、王亚玲、岳琳、高红升、陈娜娟、武艳芳、邓健、胡传伟	20220302
1828	20220167	青绯	含笑属	棕榈生态城镇发展股份有限公司、陕西省西安植物园	王亚玲、王晶、岳琳、武艳芳、郭光光、胡传伟、陈娜娟、赵珊珊	20220223

数据来源：国家林业和草原局植物新品种保护办公室。

附表3　2022年林产品地理标志

序号	注册号（公告编号）	地理标志名称	省（自治区、直辖市）	申请单位	公告日期	数据来源
1	42457755	安吉竹林鸡	浙江	安吉县禽业协会	20220113	国家知识产权局
2	46913047	白朗枸杞	西藏	西藏白朗县农牧综合服务中心	20220220	国家知识产权局
3	48460411	宝应慈姑	江苏	宝应县曹甸镇农副产品行业协会	20220113	国家知识产权局
4	国家知识产权局第 494 号	亳菊	安徽	安徽省亳州市人民政府	20220720	国家知识产权局
5	62828909	沧县金丝小枣	河北	沧县金丝小枣协会	20221213	国家知识产权局
6	52464551	察隅石榴	西藏	察隅县农技推广服务站	20220120	国家知识产权局
7	34858599	承德黑木耳	河北	承德县农产品行业协会	20220127	国家知识产权局
8	40122877	城步峒茶	湖南	城步苗族自治县峒茶协会	20220127	国家知识产权局
9	54386526	城口独活	重庆	城口县中药材产业协会	20220220	国家知识产权局
10	44122460	慈利杜仲	湖南	张家界市杜仲产业协会	20220513	国家知识产权局
11	52652379	达日藏红花	青海	达日县草原工作站	20220113	国家知识产权局
12	45366250	大埠岗高料烟	福建	邵武市大埠岗镇三农服务中心	20220220	国家知识产权局
13	59741513	大关筇竹笋	云南	大关县竹产业发展中心	20220906	国家知识产权局
14	38863288	大庙桑葚	重庆	重庆市铜梁区大庙镇农业服务中心	20220413	国家知识产权局
15	43466774	大坡番石榴	海南	海口市琼山区大坡镇农业服务中心	20220706	国家知识产权局
16	中华人民共和国农业农村部公告第 532 号	大悟茶	湖北	大悟县茶叶产业协会	20220225	农业农村部
17	53968733	大姚花椒（方便食品类）	云南	大姚县林草产业服务中心	20220313	国家知识产权局
18	53963340	大姚花椒（化学原料类）	云南	大姚县林草产业服务中心	20220313	国家知识产权局
19	51895110	道孚青杠椴木黑木耳	四川	道孚县农产品质量安全（质量检测）中心	20220113	国家知识产权局
20	中华人民共和国农业农村部公告第 532 号	都江堰猕猴桃	四川	都江堰市猕猴桃协会	20220225	农业农村部
21	58970045	敦化人参	吉林	敦化市人参产业协会	20220806	国家知识产权局
22	61965997	防城八角	广西	防城港市防城区林业技术推广中心	20221027	国家知识产权局
23	51754669A	防城肉桂	广西	防城港市防城区林业技术推广中心	20220306	国家知识产权局
24	51956893	奉节贝母	重庆	奉节县中药材产业协会	20220113	国家知识产权局
25	60029561	抚松人参 FUSONG GINSENG	吉林	抚松县人参协会	20221106	国家知识产权局
26	44260177	甘谷月季	甘肃	甘谷县月季花协会	20220113	国家知识产权局
27	50878114	高要巴戟天	广东	肇庆市高要区质量技术协会	20220113	国家知识产权局

（续）

序号	注册号（公告编号）	地理标志名称	省（自治区、直辖市）	申请单位	公告日期	数据来源
28	50983493	耿马滇黄精	云南	耿马傣族佤族自治县农业技术推广站	20220113	国家知识产权局
29	36398510	固安蜜李	河北	固安县瓜果产业协会	20220520	国家知识产权局
30	43717667	贵德包谷杏	青海	贵德县农牧业综合服务中心	20220113	国家知识产权局
31	49367809	汉源贡椒	四川	汉源县花椒协会	20220327	国家知识产权局
32	50760441	华州花椒	陕西	渭南市华州区林业产业协会	20220227	国家知识产权局
33	56812980	江油附子	四川	江油市中药材种植协会	20220713	国家知识产权局
34	59716540	绛县柴胡	山西	绛县果业发展中心	20221113	国家知识产权局
35	59716539	绛县黄芩	山西	绛县果业发展中心	20220913	国家知识产权局
36	59716538	绛县连翘	山西	绛县果业发展中心	20220920	国家知识产权局
37	48185535	金堂葛根	四川	金堂县中药材种植协会	20220327	国家知识产权局
38	51645519	晋宁康乃馨	云南	昆明市晋宁区农业特色产业服务中心	20220327	国家知识产权局
39	51645520	晋宁玫瑰	云南	昆明市晋宁区农业特色产业服务中心	20220420	国家知识产权局
40	51645521	晋宁绣球	云南	昆明市晋宁区农业特色产业服务中心	20220413	国家知识产权局
41	50989871	井陉连翘	河北	井陉县多彩陉山连翘产业发展协会	20220113	国家知识产权局
42	49561386	景泰肉苁蓉	甘肃	景泰县土特产品行业协会	20220220	国家知识产权局
43	中华人民共和国农业农村部公告第 532 号	靖安白茶	江西	靖安县白茶协会	20220225	农业农村部
44	47964749	蓝山黄花梨	湖南	蓝山县农业技术推广中心	20220220	国家知识产权局
45	46035823	澜沧八角	云南	澜沧拉祜族自治县农业技术推广中心	20220227	国家知识产权局
46	46058895	澜沧草果（方便食品类）	云南	澜沧拉祜族自治县农业技术推广中心	20220113	国家知识产权局
47	46105714	澜沧草果（医药类）	云南	澜沧拉祜族自治县农业技术推广中心	20220113	国家知识产权局
48	46719620	澜沧花椒	云南	澜沧拉祜族自治县农业技术推广中心	20220120	国家知识产权局
49	46731534	澜沧砂仁（方便食品类）	云南	澜沧拉祜族自治县农业技术推广中心	20220127	国家知识产权局
50	46741406	澜沧砂仁（医药类）	云南	澜沧拉祜族自治县农业技术推广中心	20220127	国家知识产权局
51	59283534	乐业板栗	广西	乐业县林业技术推广站	20220920	国家知识产权局
52	59266857	乐业薄壳核桃	广西	乐业县林业技术推广站	20221020	国家知识产权局
53	59313051	乐业刺梨	广西	乐业县水果生产技术指导站	20221120	国家知识产权局
54	46793716	理塘虫草	四川	理塘县农业技术推广和土壤肥料站	20220113	国家知识产权局
55	48886847	临潼石榴	陕西	西安市临潼区园艺工作站	20220127	国家知识产权局
56	52480056	临翔蜂蜜	云南	临沧市临翔区畜牧技术推广站	20220127	国家知识产权局
57	61929202	留隍橄榄	广东	丰顺县留隍镇橄榄协会	20221227	国家知识产权局

（续）

序号	注册号（公告编号）	地理标志名称	省（自治区、直辖市）	申请单位	公告日期	数据来源
58	45260416	龙眠山茶油	安徽	桐城市油茶协会	20221120	国家知识产权局
59	59747882	龙泉灵芝	浙江	龙泉市农民合作经济组织联合会	20221120	国家知识产权局
60	59747881	龙泉灵芝孢子粉	浙江	龙泉市农民合作经济组织联合会	20221206	国家知识产权局
61	51197476	隆化苍术	河北	隆化县特色农产品开发协会	20220427	国家知识产权局
62	51202341	隆化柴胡	河北	隆化县特色农产品开发协会	20220227	国家知识产权局
63	52066972	栾城拐枣	河北	石家庄市栾城区拐枣产业协会	20220427	国家知识产权局
64	54101384	栾川连翘	河南	栾川县农业产业化龙头企业协会	20220813	国家知识产权局
65	55155322	麻栗坡草果	云南	麻栗坡县农业产业发展服务中心	20220606	国家知识产权局
66	中华人民共和国农业农村部公告第 532 号	麦盖提灰枣	新疆	喀什农村合作经济组织协会	20220225	农业农村部
67	48160757	茂县脆红李	四川	茂县经济作物管理站	20220113	国家知识产权局
68	48173163	茂县猕猴桃	四川	茂县经济作物管理站	20220113	国家知识产权局
69	55490191	勐腊砂仁	云南	勐腊县砂仁协会	20220727	国家知识产权局
70	中华人民共和国农业农村部公告第 532 号	南丹六龙茶	广西	南丹县经济作物站	20220225	农业农村部
71	中华人民共和国农业农村部公告第 532 号	南阳辣根	江苏	盐城市大丰区南阳镇农业技术推广综合服务中心	20220225	农业农村部
72	62084995	南漳土蜂蜜	湖北	南漳县蜂业协会	20221227	国家知识产权局
73	61983394	内江天冬	四川	内江市中医药学会	20220727	国家知识产权局
74	56921401	内乡毛花菊	河南	内乡县菊花研究会	20220713	国家知识产权局
75	60198969	泥江口竹筷	湖南	益阳市赫山区泥江口竹产业协会	20220706	国家知识产权局
76	55332680	宁强天麻	陕西	宁强县中药材产业发展中心	20221106	国家知识产权局
77	59676128	宁夏枸杞	宁夏	宁夏枸杞产业发展中心	20220727	国家知识产权局
78	44941134	平顺核桃	山西	平顺县地方特产发展协会	20220120	国家知识产权局
79	58233353	屏南四季杜鹃	福建	屏南县花卉盆景协会	20221027	国家知识产权局
80	中华人民共和国农业农村部公告第 532 号	清河山楂	河北	清河县山楂生产技术服务协会	20220225	农业农村部
81	48159084	朐阳栀子花	江苏	连云港市海州区朐阳街道办事处农业技术服务中心	20220427	国家知识产权局
82	46978373	全椒碧根果	安徽	全椒县薄壳山核桃产业协会	20220127	国家知识产权局
83	36818823	任丘灵芝	河北	任丘市食用菌种植协会	20220613	国家知识产权局
84	48441086	三六沟板栗	河北	赞皇生态农业发展协会	20220113	国家知识产权局
85	47639489	桑植茶油	湖南	桑植县特色农产品研发中心	20220120	国家知识产权局

（续）

序号	注册号（公告编号）	地理标志名称	省（自治区、直辖市）	申请单位	公告日期	数据来源
86	中华人民共和国农业农村部公告第 532 号	莎车巴旦姆	新疆	喀什农村合作经济组织协会	20220225	农业农村部
87	53884250	山盆脆李	贵州	遵义市汇川区山盆镇农业服务中心	20220413	国家知识产权局
88	45942783	商城高山茶	河南	商城县茶产业办公室	20220113	国家知识产权局
89	55330409	上杭建兰	福建	上杭县种养协会	20220606	国家知识产权局
90	51651430	时楼芍药	山东	单县时楼镇农业农村服务中心	20220413	国家知识产权局
91	中华人民共和国农业农村部公告第 532 号	疏附开心果	新疆	喀什农村合作经济组织协会	20220225	农业农村部
92	54769957	松溪灵芝（饲料种籽类）	福建	松溪县特色产品发展研究学会	20220513	国家知识产权局
93	54699399	松溪灵芝（医药类）	福建	松溪县特色产品发展研究学会	20220513	国家知识产权局
94	48513903	随州油茶	湖北	随州市林木种苗管理站	20220420	国家知识产权局
95	62423674	泰宁新桥白笋干	福建	泰宁县旅游食品行业协会	20221127	国家知识产权局
96	50931575	藤县粉葛	广西	藤县农业技术推广中心	20220113	国家知识产权局
97	中华人民共和国农业农村部公告第 532 号	天长芡实	安徽	天长市农业科技推广中心	20220225	农业农村部
98	中华人民共和国农业农村部公告第 532 号	天柱山瓜蒌籽	安徽	潜山市瓜蒌产业协会	20220225	农业农村部
99	33718789	微山湖杞柳	山东	微山县高楼乡聂庄铺杞柳种植协会	20220206	国家知识产权局
100	47266209	维西秦艽	云南	维西县绿色种养殖产业行业协会	20220113	国家知识产权局
101	47426160	维西青刺果油	云南	维西县绿色种养殖产业行业协会	20220206	国家知识产权局
102	45143281	涡阳榆钱	安徽	涡阳县林业产业协会	20220420	国家知识产权局
103	45860368	巫山红叶	重庆	巫山县林业科技推广和林业产业合作中心	20220113	国家知识产权局
104	47493824	无棣白蜡	山东	无棣县棣丰街道苗木协会	20220713	国家知识产权局
105	48441313	武安花椒	河北	武安市优质农产品协会	20220713	国家知识产权局
106	中华人民共和国农业农村部公告第 532 号	武都油橄榄	甘肃	陇南市武都区绿色食品管理办公室	20220225	农业农村部
107	55787295	歙县山核桃	安徽	歙县山核桃产业协会	20220527	国家知识产权局
108	48817747	下野地枸杞	新疆	新疆生产建设兵团第八师一三四团农业发展服务中心	20220427	国家知识产权局
109	58536213	献县金丝小枣	河北	献县干果协会	20221020	国家知识产权局
110	国家知识产权局第 473 号	祥云红梨	云南	云南省大理白族自治州祥云县人民政府。	20220214	国家知识产权局
111	47805544	辛集香椿	河北	辛集市旧城镇农业综合服务中心	20220506	国家知识产权局
112	中华人民共和国农业农村部公告第 532 号	新官紫桃	江苏	如皋市种植业协会	20220225	农业农村部
113	中华人民共和国农业农村部公告第 532 号	兴业茶	广西	玉林市农业企业协会	20220225	农业农村部
114	57798305	旬阳拐枣	陕西	旬阳县拐枣协会	20221227	国家知识产权局

（续）

序号	注册号（公告编号）	地理标志名称	省（自治区、直辖市）	申请单位	公告日期	数据来源
115	46424643	沿滩花椒	四川	自贡市沿滩区农业技术推广中心	20220220	国家知识产权局
116	51956896	伊犁薰衣草	新疆	伊犁哈萨克自治州农村能源环境工作站	20220306	国家知识产权局
117	47074220	仪陇茧丝	四川	仪陇县蚕业站	20220127	国家知识产权局
118	64065827	宜川核桃	陕西	宜川县农业技术推广协会	20221106	国家知识产权局
119	中华人民共和国农业农村部公告第 532 号	翼城翅果	山西	翼城县翅果油树繁育推广技术协会	20220225	农业农村部
120	57864931	永安冬笋	福建	永安市农村合作经济组织联合会	20221020	国家知识产权局
121	58782854	永福茶花	福建	漳平市永福花卉协会	20221213	国家知识产权局
122	57317404	永福杜鹃花	福建	漳平市永福花卉协会	20220727	国家知识产权局
123	57322400	永福素心兰	福建	漳平市永福花卉协会	20220720	国家知识产权局
124	46717014	余姚铁皮石斛	浙江	余姚市石斛文化产业促进会	20220206	国家知识产权局
125	61924211	玉林八角	广西	玉林市香料行业协会	20221013	国家知识产权局
126	34455131	元氏石榴	河北	元氏县农产品协会	20220120	国家知识产权局
127	中华人民共和国农业农村部公告第 532 号	岳西翠兰	安徽	岳西县特色农业服务中心	20220225	农业农村部
128	59193336	岳西茯苓	安徽	岳西县中药材协会	20221020	国家知识产权局
129	48178167	云县大朝山茶	云南	云县茶叶技术推广站	20220113	国家知识产权局
130	61659648	郓城半夏	山东	郓城县地方特产发展服务中心	20221213	国家知识产权局
131	43509439	长宁长裙竹荪	四川	长宁县经济作物推广站（长宁县竹荪开发研究所）	20220220	国家知识产权局
132	55118251	长兴青梅	浙江	长兴县花卉苗木协会	20220906	国家知识产权局
133	31294385	志丹山杏仁	陕西	志丹县致农种养殖协会	20220113	国家知识产权局
134	56859369	卓尼柴胡	甘肃	卓尼县中药材产业协会	20220606	国家知识产权局
135	56881716	卓尼当归	甘肃	卓尼县中药材产业协会	20220720	国家知识产权局

附表4　2022年主要林业和草原图书

序号	ISBN	题名	责任者	出版者	出版年月
1	978-7-5116-5854-8	“适钙适树”理论初探：不同树种生长最适钙浓度	周永斌等著	中国农业科学技术出版社	202208
2	978-7-5742-0288-7	2021 年北京园林绿化建设与发展	北京园林学会，北京市园林绿化局主编	天津科学技术出版社	202208
3	978-7-5219-1953-0	2021 全国林草生态旅游发展报告	国家林业和草原局编	中国林业出版社	202212
4	978-7-5219-1619-5	2021 中国林草资源及生态状况	国家林业和草原局编	中国林业出版社	202209
5	978-7-5219-1629-4	2021 中国林业和草原知识产权年度报告	国家林业和草原局科技发展中心，国家林业和草原局知识产权研究中心编	中国林业出版社	202204
6	978-7-307-23177-1	Biome-BGC 模型参数优化及东北森林碳通量估算研究	梅晓丹著	武汉大学出版社	202208
7	978-7-03-064078-9	阿拉善植物图鉴	冯起等著	科学出版社	202206
8	978-7-5551-1613-4	桉树人工林生态环境效应研究	徐广平等著	广西科学技术出版社	202202
9	978-7-5693-2277-4	白桦类病斑及早衰突变体的鉴定与研究	李然红著	西安交通大学出版社	202208
10	978-7-03-071902-7	保护地生态资产评估和生态补偿理论与实践	桑卫国等著	科学出版社	202204
11	978-7-5656-7224-8	北京常见树木物候图谱	张明庆著	首都师范大学出版社	202210
12	978-7-5189-9448-9	北京松山森林生态系统结构与功能研究：第一辑	赵娜等主编	科学技术文献出版社	202209
13	978-7-112-27299-0	滨海湿地景观生态修复	李相逸著	中国建筑工业出版社	202204
14	978-7-03-072271-3	藏东南森林生态系统与植物资源	梁尔源等著	科学出版社	202205
15	978-7-5655-2667-1	草地保护学	刘长仲，姚拓主编	中国农业大学出版社	202202
16	978-7-5219-1991-2	草地灌溉与排水	苏德荣主编	中国林业出版社	202212
17	978-7-5219-1992-9	草类植物分子生物学实验技术	刘志鹏，郭振飞主编	中国林业出版社	202212
18	978-7-03-073407-5	草学名词：2022	草学名词审定委员会审定	科学出版社	202211
19	978-7-5227-1185-0	草原产权改革的经济影响研究：以内蒙古为例	侯建昀，李敬玉著	中国社会科学出版社	202212
20	978-7-5116-5676-6	草原非生物灾害监测评估研究：续集	都瓦拉，刘桂香主编	中国农业科学技术出版社	202201
21	978-7-5655-2883-5	常见草种子图鉴	杨春华，毛培胜编著	中国农业大学出版社	202211
22	978-7-03-070589-1	常见贸易濒危木材识别图鉴	殷亚方等著	科学出版社	202211
23	978-7-5651-5502-4	常州林木种质资源	佘广美，张光富主编	南京师范大学出版社	202211
24	978-7-5219-1848-9	陈俊愉院士学术思想研究	张启翔，李庆卫主编	中国林业出版社	202210
25	978-7-313-25731-4	城市绿道建设中植物多样性策略研究	张洋著	上海交通大学出版社	202212
26	978-7-5380-3434-9	赤峰市林木良种种质资源	翟秀丽，时晓燕主编	内蒙古科学技术出版社	202204
27	978-7-5116-5737-4	川西北高寒草地沙化对地表植被和土壤有机碳氮影响的研究	胡玉福主编	中国农业科学技术出版社	202205
28	978-7-109-29904-7	次生林碳汇与生物多样性提升技术	姜春前等著	中国农业出版社	202208

（续）

序号	ISBN	题名	责任者	出版者	出版年月
29	978-7-5116-5830-2	丛枝菌根真菌 - 植物共生体系耐盐性机制研究	吴娜著	中国农业科学技术出版社	202208
30	978-7-5723-1219-9	村镇森林景观	许景伟主编	山东科学技术出版社	202205
31	978-7-03-070885-4	大青杨抗逆基因工程育种	李成浩，杨静莉，张海珍著	科学出版社	202210
32	978-7-5219-1650-8	大兴安岭呼中野生植物图谱	姜兴明主编	中国林业出版社	202205
33	978-7-03-071783-2	大兴安岭林火与土壤氮循环	孙龙，胡同欣，李飞著	科学出版社	202203
34	978-7-5032-6923-3	大运河国家文化公园：保护、管理与利用	吴丽云主编	中国旅游出版社	202203
35	978-7-03-058236-2	滇中地区种子植物名录	王焕冲，杨凤，张荣桢主编	科学出版社	202212
36	978-7-5226-0982-9	典型牧区草地蒸散发监测与区域耗水机制研究	王军等著	中国水利水电出版社	202208
37	978-7-5221-1437-8	东北多年冻土区归一化植被指数和植被物候变化研究	郭金停著	中国原子能出版社	202204
38	978-7-5219-1764-2	东北林区主要树种建模和林分仿真研究与实践	高金萍等编著	中国林业出版社	202210
39	978-7-03-069175-0	东北天然次生林抚育更新研究	张会儒等著	科学出版社	202210
40	978-7-04-056657-4	东亚高等植物分类学文献概览	马金双著	高等教育出版社	202201
41	978-7-5111-4828-5	俄罗斯第三代沙棘良种引进试验示范	胡建忠等著	中国环境出版集团	202206
42	978-7-03-071753-5	峨眉山世界自然遗产地生物多样性：突出普遍价值与保护	蒋志刚等著	科学出版社	202203
43	978-7-5219-1957-8	枫香属种质资源描述规范和数据标准	林富荣，孙荣喜主编	中国林业出版社	202211
44	978-7-5116-5692-6	福建特色芳香植物资源及成分功效解析	李爱萍等著	中国农业科学技术出版社	202206
45	978-7-5335-6593-0	福建野生藤本植物	陈世品等主编	福建科学技术出版社	202203
46	978-7-116-13066-1	甘肃祁连山森林生态系统定位观测与研究数据集：1995—2010 年	王荣新，敬文茂，金铭主编	地质出版社	202205
47	978-7-311-06125-8	甘肃生物多样性	杨建武主编	兰州大学出版社	202204
48	978-7-5219-1593-8	甘肃兴隆山国家级自然保护区珍稀濒危植物图鉴	张学炎，刘晓娟主编	中国林业出版社	202204
49	978-7-5116-5675-9	干旱风沙区主要造林树种土壤水分动态监测与评价	左忠等著	中国农业科学技术出版社	202201
50	978-7-5219-1522-8	赣南林源药用植物图鉴	胡小康，宋墩福，李干荣主编	中国林业出版社	202201
51	978-7-109-30122-1	高等植物器官结构的建成：多级次生节轴学说	颜济著	中国农业出版社	202210
52	978-7-5219-1598-3	高含量 10-DAB 红豆杉新品种：云曼红豆杉选育及应用研究	王刚等编著	中国林业出版社	202203
53	978-7-5766-0000-1	高原果树栽培学	朗杰主编	东南大学出版社	202207
54	978-7-03-071808-2	工业用丛生竹新种质创制与选育研究：梁山慈竹新种质创制与选育	胡尚连等著	科学出版社	202203
55	978-7-5706-1962-7	贡嘎山维管植物本底调查报告	张树仁，蒋勇主编	湖北科学技术出版社	202205
56	978-7-5160-3521-4	古树名木复壮与救护	颜亚奇主编	中国建材工业出版社	202207
57	978-7-5219-1846-5	关君蔚院士学术思想研究	刘金霞，张志强主编	中国林业出版社	202210
58	978-7-03-064051-2	广东丹霞山植物图鉴	凡强等著	科学出版社	202203

（续）

序号	ISBN	题名	责任者	出版者	出版年月
59	978-7-5725-0747-2	广东高等植物红色名录	王瑞江主编	河南科学技术出版社	202202
60	978-7-5219-1655-3	广东森林经营体系构建：理论与实践	邓鉴锋等主编	中国林业出版社	202206
61	978-7-5219-1866-3	广东省森林航空消防高质量发展研究	郭天峰等主编	中国林业出版社	202212
62	978-7-5219-1631-7	广东翁源青云山省级自然保护区植物区系与植被	王发国等主编	中国林业出版社	202212
63	978-7-5680-8949-4	广东中山翠亨国家湿地公园动植物图鉴	汤景林，张蒙，凌仲铭主编	华中科技大学出版社	202212
64	978-7-5219-1434-4	广西防城港金花茶保护区季节性雨林：物种及其分布格局	向悟生等著	中国林业出版社	202206
65	978-7-5551-1819-0	广西姑婆山自治区级自然保护区常见植物图谱	林寿珣等主编	广西科学技术出版社	202207
66	978-7-5029-7681-1	广西喀斯特地区植被生态质量监测评估技术研究与应用	莫建飞主编	气象出版社	202204
67	978-7-5551-1733-9	广西喀斯特天坑植物资源及可持续研究	唐健民等主编	广西科学技术出版社	202211
68	978-7-5551-1763-6	广西森林资源与生态状况监测体系构建的关键技术研究	蔡会德等著	广西科学技术出版社	202211
69	978-7-121-43632-1	贵州省自然保护区遥感监测成果报告	贵州省自然资源厅编著	电子工业出版社	202206
70	978-7-03-071894-5	贵州省自然资源变化的生态影响遥感监测	贵州省自然资源厅主编	科学出版社	202207
71	978-7-5625-4726-6	桂林漓江流域山水林田湖草沙一体化保护和修复	叶宗达，广西壮族自治区自然资源生态修复中心主编	中国地质大学出版社	202204
72	978-7-5219-1540-2	国家公园设施绿色营建	吕雪蕾等著	中国林业出版社	202201
73	978-7-109-29318-2	国家公园生态体验项目：国内外经验及普达措国家公园实践研究	邱守明等著	中国农业出版社	202204
74	978-7-5219-1643-0	国家公园体系研究	唐芳林主编	中国林业出版社	202205
75	978-7-03-072294-2	国家公园综合管理的理论、方法与实践	闵庆文等著	科学出版社	202206
76	978-7-116-13004-3	国家级自然保护区资源环境遥感监测图集	杨金中等著	地质出版社	202201
77	978-7-5219-1870-0	国家林业和草原局华东调查规划院院史：1952—2022	国家林业和草原局华东调查规划院编	中国林业出版社	202209
78	978-7-5219-1666-9	国家森林城市创建与评价研究：咸阳创建国家森林城市的方法与实践	赵强社编著	中国林业出版社	202206
79	978-7-03-073353-5	国家湿地公园控制性规划研究与实践	陈其兵，李念著	科学出版社	202212
80	978-7-5219-1636-2	国家退耕还林工程生态监测区划和布局研究	牛香，王兵，郭珂等著	中国林业出版社	202204
81	978-7-5725-0304-7	国家植物标本馆种子图谱：上册	马欣堂等主编	河南科学技术出版社	202201
82	978-7-5219-1983-7	国家植物园植物名录	《国家植物园植物名录》编委会编	中国林业出版社	202212
83	978-7-5725-0951-3	哈佛大学植物标本馆馆藏中国维管束植物模式标本集：第 7 卷，双子叶植物纲	林祁，包伯坚，刘慧圆编著	河南科学技术出版社	202209
84	978-7-03-072313-0	害虫生物防治的原理和方法	张古忍，胡建，蒲蛰龙编	科学出版社	202210
85	978-7-5219-1776-5	河北省国家林业生态工程建设实践与探索	张海，冯长红，张进献主编	中国林业出版社	202210
86	978-7-5111-4981-7	河流岸带湿地栖息地完整性评估	刘静玲等著	中国环境出版集团	202210

（续）

序号	ISBN	题名	责任者	出版者	出版年月
87	978-7-116-13137-8	河南林业生态定位研究	李良厚等著	地质出版社	202206
88	978-7-5509-3321-7	河南平原地区主要林业有害生物防治技术	田群芳，郑海霞，王建娜主编	黄河水利出版社	202208
89	978-7-5218-3240-2	黑龙江省重点国有林区生物质能源产业发展机理与水平测度研究	冯雪著	经济科学出版社	202208
90	978-7-5219-1566-2	红花玉兰研究：第三卷，育苗栽培管理	马履一等著	中国林业出版社	202201
91	978-7-109-29726-5	呼伦贝尔草原生态监测方法与常见植物识别	闫瑞瑞，辛晓平，乌仁其其格著	中国农业出版社	202207
92	978-7-109-29314-4	呼伦贝尔智慧草原关键技术及应用	吴洵锁著	中国农业出版社	202203
93	978-7-03-071056-7	湖北木林子森林动态监测样地：树种及其分布格局	姚兰等编著	科学出版社	202202
94	978-7-03-071055-0	湖北七姊妹山森林动态监测样地：树种及其分布格局	朱江等编著	科学出版社	202202
95	978-7-5219-1965-3	湖北五峰后河国家级自然保护区兽类和两栖爬行类动物图册	刘芳，李迪强，毛业勇主编	中国林业出版社	202211
96	978-7-5706-1961-0	湖北五峰后河国家级自然保护区植被志	宿秀江等主编	湖北科学技术出版社	202210
97	978-7-5667-2536-3	湖南油茶高效栽培气象服务手册	廖玉芳主编	湖南大学出版社	202210
98	978-7-5219-1497-9	湖南油茶有害生物识别与防治图鉴	湖南省林业有害生物防治检疫站，湖南省林业科学院编著	中国林业出版社	202201
99	978-7-03-059741-0	互利关系影响生态系统服务的途径和机制探讨	陈又清，卢志兴著	科学出版社	202204
100	978-7-5116-5752-7	花花柴抗逆的生理与分子机制研究	王彦芹等著	中国农业科学技术出版社	202205
101	978-7-5509-3268-5	淮河中游生态修复综合防护林体系研究	吴中能，方建民，刘德胜主编	黄河水利出版社	202204
102	978-7-03-070929-5	环境变化下荒漠草原碳氮磷生态化学计量学特征	黄菊莹等著	科学出版社	202203
103	978-7-03-071950-8	环境分子微生物学	汪善全主编	科学出版社	202204
104	978-7-300-30763-3	环境经济政策	尹海涛著	中国人民大学出版社	202207
105	978-7-122-40308-7	环境生态学	谷金锋，孙建腾主编	化学工业出版社	202201
106	978-7-03-064028-4	环境生物学	杨柳燕主编	科学出版社	202206
107	978-7-03-072645-2	荒漠草原沙漠化过程中植被和土壤退化机制	安慧，唐庄生，安钰著	科学出版社	202206
108	978-7-03-072361-1	荒漠草原生态系统碳水循环特征与规律	杜灵通等著	科学出版社	202206
109	978-7-5103-4374-2	荒漠灌丛景观资源演化及其环境互馈机制	丁延龙，高永，刘丽梅著	中国商务出版社	202209
110	978-7-119-13287-7	荒漠化防治：中国经验与实践案例	生态环境部对外合作与交流中心编著	外文出版社	202212
111	978-7-5032-6914-1	黄河国家文化公园：保护、管理与利用	李艳主编	中国旅游出版社	202204
112	978-7-03-073580-5	黄河河口湿地特色资源利用	孔维静，夏会娟等著	科学出版社	202210
113	978-7-03-071076-5	黄河三角洲湿地碳循环与碳收支	韩广轩等著	科学出版社	202203
114	978-7-03-070467-2	黄河三角洲盐碱地生态防护林体系营建理论及技术	夏江宝等著	科学出版社	202203
115	978-7-03-072237-9	黄土高原生态学	张峰，刘勇，柴宝峰编著	科学出版社	202206
116	978-7-03-071180-9	基于国产陆地卫星数据的西天山森林资源环境监测研究	李虎，陈冬花等著	科学出版社	202206

（续）

序号	ISBN	题名	责任者	出版者	出版年月
117	978-7-5219-1663-8	基于生物与文化多样性的保护地建设研究：以梅里雪山为例	马建忠编著	中国林业出版社	202206
118	978-7-5691-0518-6	集体林地经营权流转的门限机理与政策优化研究	张自强著	贵州大学出版社	202206
119	978-7-5646-5224-1	集体林区资源异质性农户林业生产行为及差异研究	曹兰芳著	中国矿业大学出版社	202208
120	978-7-5219-1609-6	集体林权改革中的正式与非正式制度	黄智君著	中国林业出版社	202203
121	978-7-5096-8380-4	集体林权制度改革深化研究：基于社会生态系统的分析框架	蔡志坚著	经济管理出版社	202204
122	978-7-109-29567-4	集体林主要经营形式的差异性及绩效研究：以福建省三明市为例	申津羽著	中国农业出版社	202206
123	978-7-5184-3922-5	家具结构设计	唐彩云主编	中国轻工业出版社	202207
124	978-7-5219-1715-4	家具智能制造技术	何正斌，赵小矛，伊松林编著	中国林业出版社	202207
125	978-7-308-22885-5	江山仙霞岭自然保护区生物多样性研究	王荣华，余著成，金伟主编	浙江大学出版社	202211
126	978-7-5219-1565-5	江苏泗洪洪泽湖湿地国家级自然保护区鸟类	鲁长虎，王磊，王克波主编	中国林业出版社有限公司	202201
127	978-7-210-13834-1	江西林长制改革理论与实践	江西省林长办公室编	江西人民出版社	202204
128	978-7-5219-1425-2	进口木材贸易、检验、监管和维权：36 年实录	黄卫国著	中国林业出版社	202204
129	978-7-03-073888-2	京津风沙源治理工程固碳速率和潜力研究	张万军等著	科学出版社	202211
130	978-7-5706-2279-5	京津新城昆虫与蜘蛛生态图册	张润志，骆有庆著	湖北科学技术出版社	202212
131	978-7-5219-1621-8	经济林理论与实践	苏淑钗主编	中国林业出版社	202205
132	978-7-5219-1919-6	经济林栽培学各论	刘杜玲主编	中国林业出版社	202211
133	978-7-5219-1568-6	经济林栽培学总论	刘杜玲主编	中国林业出版社	202202
134	978-7-5219-1025-4	经济 - 生物系统耦合条件下野生动物冲突管理研究	陈文汇等著	中国林业出版社	202203
135	978-7-5359-7868-4	昆虫行为：观察与研究	周光益，顾茂彬，王旭编著	广东科技出版社	202205
136	978-7-5219-1569-3	昆虫生态及灾害预警	马玲，宗世祥主编	中国林业出版社	202204
137	978-7-5647-9673-0	拉萨河流域立地分类与造林模式	丁玉珂，普布顿珠主编	电子科技大学出版社	202207
138	978-7-5219-1501-3	李坚文集：再续	李坚著	中国林业出版社	202206
139	978-7-5219-1524-2	栎属种质资源描述规范和数据标准	李斌，庞新博主编	中国林业出版社	202201
140	978-7-03-062730-8	辽宁草地植物图谱	王艳等著	科学出版社	202208
141	978-7-5591-2452-4	辽宁草原监测	陈曦主编	辽宁科学技术出版社	202208
142	978-7-5210-1017-6	辽宁盘锦河口滨海湿地高等植物监测图志	邢庆会，刘长安主编	海洋出版社	202212
143	978-7-5219-1546-4	林草机械装备科技成果汇编	国家林业和草原局科技司主编	中国林业出版社	202203
144	978-7-5219-1789-5	林地保护利用规划理论与实践	邱尧荣等编著	中国林业出版社	202209
145	978-7-5219-1682-9	林木遗传育种中试验统计法新进展：续集	齐明，何贵平著	中国林业出版社	202205
146	978-7-5219-1684-3	林木营养与养分管理	胡冬南主编	中国林业出版社	202207
147	978-7-5219-1720-8	林木种苗追溯体系研究	段劼等编著	中国林业出版社	202206

（续）

序号	ISBN	题名	责任者	出版者	出版年月
148	978-7-03-064033-8	林下经济的理论与模式	王慷林，李莲芳，彭超等编著	科学出版社	202203
149	978-7-5020-9040-1	林学概论	殷继艳主编	应急管理出版社	202202
150	978-7-5219-1681-2	林业标准化评估与管理研究	李忠魁，王忠明，王雨等编著	中国林业出版社	202207
151	978-7-5739-0394-5	林业技术推广实用手册：2022 版	浙江省林业技术推广总站组织编写	浙江科学技术出版社	202212
152	978-7-5219-1882-3	林业科学发展态势分析报告	付贺龙，王忠明，王璐，宋丹著	中国林业出版社	202210
153	978-7-5116-5708-4	林业特色资源培育及高效利用新技术	中国农村技术开发中心编著	中国农业科学技术出版社	202204
154	978-7-5219-1626-3	林业有害生物监测预报：2021	国家林业和草原局生物灾害防控中心编著	中国林业出版社	202204
155	978-7-109-29504-9	林业政策学	李兰英主编	中国农业出版社	202206
156	978-7-5219-1483-2	林业植物检疫与外来有害生物防制	赵文霞等著	中国林业出版社	202202
157	978-7-5219-1617-1	林业专家建议汇编：三	陈幸良主编	中国林业出版社	202204
158	978-7-03-067176-9	林源植物药学：理论、方法与应用	付玉杰等主编	科学出版社	202211
159	978-7-04-057354-1	陆地生态系统碳 - 氮水耦合循环	于贵瑞等著	高等教育出版社	202206
160	978-7-03-073700-7	陆地生态系统碳过程室内研究方法与技术	胡水金，刘玲莉主编	科学出版社	202212
161	978-7-5219-1582-2	陆均松资源监测与枯竭机制研究	陈巧等著	中国林业出版社	202203
162	978-7-03-067493-7	落叶果树种质资源：理论与实践	陈学森等著	科学出版社	202210
163	978-7-5643-8518-7	麦地卡湿地植物识别图集	拉多，古桑群宗，李石胜著	西南交通大学出版社	202203
164	978-7-5509-3360-6	毛白杨栽培学	李宁，宋彦峰，赵天榜主编	黄河水利出版社	202209
165	978-7-308-22900-5	毛竹林多尺度遥感监测方法	李龙伟等著	浙江大学出版社	202209
166	978-7-312-05346-7	毛竹笋培育技术	刘迪钦，吴刁安著	中国科学技术大学出版社	202206
167	978-7-5219-1849-6	孟兆祯院士学术思想研究	《孟兆祯院士学术思想研究》编委会编	中国林业出版社	202210
168	978-7-5219-1521-1	面向可持续发展的林业研究与合作：国际林联第 25 届世界大会成果集萃	刘世荣主编	中国林业出版社	202201
169	978-7-03-072727-5	木材保护学	李坚主编	科学出版社	202210
170	978-7-5551-1749-0	木材材积速查手册：最新版	符韵林，徐峰主编	广西科学技术出版社	202205
171	978-7-5160-3422-4	木材工业转型升级标准指南	段新芳主编	中国建材工业出版社	202203
172	978-7-5219-1523-5	木材花纹图鉴	赵广杰等编著	中国林业出版社	202201
173	978-7-03-072740-4	木材挥发性有机化合物及气味特性研究	沈隽，王启繁，沈熙为著	科学出版社	202208
174	978-7-122-40096-3	木材压缩技术	涂登云，周桥芳主编	化学工业出版社	202201
175	978-7-5219-1618-8	木兰林场育林精要	侯元兆等主编	中国林业出版社	202203
176	978-7-5219-1557-0	木通种质资源描述规范和数据标准	李斌，郑勇奇主编	中国林业出版社	202203
177	978-7-5551-1825-1	南方高价值用材树种栽培与木材利用	沈云等主编	广西科学技术出版社	202211

（续）

序号	ISBN	题名	责任者	出版者	出版年月
178	978-7-5219-1716-1	南京竹类种质资源	孙立峰主编	中国林业出版社	202207
179	978-7-03-070878-6	内蒙古植物花粉形态	宛涛等著	科学出版社	202203
180	978-7-5219-1599-0	鸟巢蕨切叶栽培技术	杨光穗，张东雪主编	中国林业出版社	202205
181	978-7-03-070767-3	宁波植物图鉴：第五卷	叶喜阳等编著	科学出版社	202201
182	978-7-5219-1507-5	宁夏草地资源图集	谢高地，蒋齐主编	中国林业出版社	202208
183	978-7-5219-1675-1	宁夏回族自治区林业和草原发展“十四五”规划战略研究	国家林业和草原局发展研究中心编	中国林业出版社	202207
184	978-7-5525-6425-9	宁夏林业草原志：1996—2020 年	宁夏回族自治区林业和草原局编著	阳光出版社	202207
185	978-7-5219-1938-7	宁夏生态修复案例分析	宋乃平，陈林主编	中国林业出版社	202211
186	978-7-122-41560-8	农林产品加工技术	郑俏然，高晓旭，汪建华主编	化学工业出版社	202210
187	978-7-5096-8374-3	农田林网生态效能与持续经营研究：基于新疆的考察	张红丽，马卫刚著	经济管理出版社	202204
188	978-7-122-40202-8	欧亚温带典型草原土壤碳氮矿化作用研究	高丽，王珍，侯向阳著	化学工业出版社	202201
189	978-7-5111-4452-2	欧洲投资银行贷款山东沿海防护林工程项目实施总结	刘正臣，王强主编	中国环境出版集团	202201
190	978-7-03-071885-3	铺地锦竹草屋顶绿化新技术	刘金祥等著	科学出版社	202203
191	978-7-122-41565-3	普通昆虫学及实验	樊东主编	化学工业出版社	202211
192	978-7-5423-5486-0	祁连山国家公园	《祁连山国家公园》摄制组编	甘肃教育出版社	202210
193	978-7-03-071881-5	祁连山国家公园（青海片区）主要种子植物图谱	苏旭，刘玉萍主编	科学出版社	202204
194	978-7-03-071984-3	祁连山生态系统变化科学考察报告	勾晓华等著	科学出版社	202204
195	978-7-109-28998-7	气候和土地利用变化对东北黑土区典型流域干旱影响的定量评价研究	杨志远著	中国农业出版社	202201
196	978-7-5029-7726-9	羌塘国家级自然保护区气候变化及其对生态环境的影响研究	杜军等著	气象出版社	202207
197	978-7-5674-2604-7	青藏高寒牧区草场草原毛虫生物防控研究	王海贞著	东北林业大学出版社	202204
198	978-7-5029-7685-9	青藏高原高寒草地植被覆盖度变化及其环境影响因子研究	陈建军等著	气象出版社	202204
199	978-7-5219-1662-1	青藏高原森林和灌丛调查规范	郭柯，宋创业，刘长成编著	中国林业出版社	202210
200	978-7-5670-2862-3	青岛市湿地生态补偿对策研究	张丽君，解直凤，黄晓林著	中国海洋大学出版社	202202
201	978-7-5219-1665-2	青海省林业和草原发展“十四五”规划战略研究	国家林业和草原局发展研究中心编	中国林业出版社	202205
202	978-7-5111-5307-4	青海省祁连山区生态系统服务价值核算研究	窦筱艳等主编	中国环境出版集团	202211
203	978-7-5116-5493-9	青海种子植物形态及生态地理分布	孙海群等著	中国农业科学技术出版社	202203
204	978-7-5030-4430-4	全球生态环境遥感监测 2021 年度报告：欧亚大陆草原生态状况	王琦安，柳钦火等编著	中国地图出版社	202206
205	978-7-5030-4429-8	全球生态环境遥感监测 2021 年度报告：全球陆域生态系统可持续发展态势	王琦安，柳钦火等编著	中国地图出版社	202206

（续）

序号	ISBN	题名	责任者	出版者	出版年月
206	978-7-5219-1797-0	热带南亚热带主要造林树种遗传改良与高效栽培	徐大平主编	中国林业出版社	202207
207	978-7-5219-1806-9	热带亚热带森林生态系统监测与研究	许涵主编	中国林业出版社	202209
208	978-7-03-072155-6	热引发法制备枫木单板塑合木及应用	刘明利，李春风著	科学出版社	202206
209	978-7-122-40163-2	人工湿地技术及应用：以黄河流域为例	朱蓉，薛博，刘奕杰编著	化学工业出版社	202202
210	978-7-5111-5167-4	人造板工业排污许可管理：申请、审核、监督管理	张忠涛主编	中国环境出版集团	202208
211	978-7-5723-0986-1	绒毛白蜡种质资源描述规范和数据标准	燕丽萍，吴德军编著	山东科学技术出版社	202203
212	978-7-5219-1706-2	榕树古树名木保护	林焰等编著	中国林业出版社	202206
213	978-7-5219-1798-7	塞罕坝机械林场野生动植物图鉴：I	安长明，陈智卿主编	中国林业出版社	202208
214	978-7-5219-1616-4	塞罕坝樟子松人工林经营技术	陈智卿等主编	中国林业出版社	202207
215	978-7-03-072722-0	三北工程建设水资源承载力与林草资源优化配置研究	《三北工程建设水资源承载力与林草资源优化配置研究》项目组著	科学出版社	202207
216	978-7-5219-1489-4	三华油茶栽培实用技术	谭晓风，袁军编著	中国林业出版社	202203
217	978-7-03-072416-8	三江源国家公园生态经济功能协同提升研究与示范	张同作等著	科学出版社	202208
218	978-7-5447-8934-9	三江源国家公园自然图鉴	王湘国，吕植主编	译林出版社	202201
219	978-7-03-073000-8	森林病虫害防治	李艳杰主编	科学出版社	202209
220	978-7-03-069673-1	森林草原野火风险预警监测方法及应用	何彬彬等著	科学出版社	202210
221	978-7-5219-1920-2	森林火灾监测与预警	李勇，殷继艳主编	中国林业出版社	202211
222	978-7-5020-9410-2	森林火灾扑救	齐方忠，白夜主编	应急管理出版社	202207
223	978-7-5219-1595-2	森林经营理论与方法	胥辉主编	中国林业出版社	202204
224	978-7-03-072953-8	森林康养	李妍主编	科学出版社	202209
225	978-7-03-073175-3	森林可持续经营理论与技术	曹小玉，李际平编著	科学出版社	202211
226	978-7-5219-1652-2	森林昆虫学	李成德主编	中国林业出版社	202210
227	978-7-5219-1733-8	森林培育学实验实习指导	马长明，牟洪香主编	中国林业出版社	202208
228	978-7-5219-1784-0	森林色彩研究	史久西等著	中国林业出版社	202211
229	978-7-5219-1709-3	森林生物灾害学	宋玉双主编	中国林业出版社	202206
230	978-7-5219-1222-7	森林水文学	宋维峰主编	中国林业出版社	202202
231	978-7-5219-1821-2	森林体验理论与实践	王妍方等编著	中国林业出版社	202209
232	978-7-5227-0762-4	森林文化价值及评估方法研究	宋军卫著	中国社会科学出版社	202208
233	978-7-03-071432-9	森林植被水碳过程与耦合机制	余新晓等著	科学出版社	202203
234	978-7-5219-1754-3	森林资源核算理论与实践研究	国家林业和草原局发展研究中心著	中国林业出版社	202206
235	978-7-109-29287-1	森林资源调查与规划	叶彦辉主编	中国农业出版社	202204
236	978-7-5219-1576-1	森林资源资产评估	郑德祥主编	中国林业出版社	202207

（续）

序号	ISBN	题名	责任者	出版者	出版年月
237	978-7-5219-1691-1	沙漠生态文化理论与实践研究	戴秀丽主编	中国林业出版社	202206
238	978-7-5111-5080-6	山水林田湖草生态保护修复工程绩效评估及案例分析	何连生等著	中国环境出版集团	202207
239	978-7-5683-1093-2	陕西平河梁国家级自然保护区综合科学考察与研究	龚明昊，孟祥明，文菀玉编著	西北农林科技大学出版社	202204
240	978-7-03-072403-8	陕西植物志．第四卷	岳明总主编	科学出版社	202208
241	978-7-109-29954-2	社会资本、林业碳汇供给与林农生计	李研著	中国农业出版社	202205
242	978-7-03-071915-7	神农架国家公园体制试点区生态经济功能协同提升研究与示范	蔡庆华主编	科学出版社	202205
243	978-7-5219-1847-2	沈国舫院士学术思想研究	杨金融著	中国林业出版社	202210
244	978-7-5197-6765-5	生态保护红线法律制度研究	莫张勤著	法律出版社	202206
245	978-7-5111-5320-3	生物多样性 100+ 全球案例集	中华环境保护基金会等编	中国环境出版集团	202212
246	978-7-03-071826-6	生物多样性保护规划编制方法与应用	大自然保护协会编著	科学出版社	202203
247	978-7-03-062442-0	生物资源汇论	陈集双主编	科学出版社	202206
248	978-7-5710-1715-6	湿地昆虫：Ⅱ	黄安平，牛耕耘，何建云主编	湖南科学技术出版社	202209
249	978-7-03-073605-5	湿地生态系统修复设计与实践研究	袁嘉，袁兴中著	科学出版社	202211
250	978-7-307-23179-5	湿地要素遥感监测与水文边界界定方法与应用	付波霖等著	武汉大学出版社	202208
251	978-7-04-058769-2	食用菌遗传育种学	边银丙主编	高等教育出版社	202208
252	978-7-5111-5157-5	世界银行贷款山东生态造林项目科技支撑体系创建与应用	刘正臣，王强主编	中国环境出版集团	202208
253	978-7-03-071449-7	受损滨海湿地生态修复机理与调控	崔保山等著	科学出版社	202203
254	978-7-5219-1644-7	树说云南：云南裸子植物古树名木	邓莉兰等主编	中国林业出版社	202206
255	978-7-03-073609-3	水土保持经济植物栽培学	王进鑫，陈存及主编	科学出版社	202211
256	978-7-5690-5483-5	四川湿地植物彩色图谱	何兴金主编	四川大学出版社	202210
257	978-7-03-073702-1	酸沉降下西北荒漠煤矿区植物多样性维持机理	黄菊莹，余海龙，韩翠著	科学出版社	202211
258	978-7-03-073285-9	碳中和：逻辑体系与技术需求	丁仲礼等著	科学出版社	202210
259	978-7-310-06325-3	天津昆虫生态图鉴	祖国浩等著	南开大学出版社	202211
260	978-7-5111-4448-5	天津市北大港湿地自然保护区常见植物图册	天津市生态环境科学研究院，天津市北大港湿地管理中心编著	中国环境出版集团	202205
261	978-7-5219-1130-5	天然林保护修复生态监测区划和布局研究	王兵，甘先华，牛香著	中国林业出版社	202202
262	978-7-5603-9860-0	通辽主要林业有害生物防治技术	那顺勿日图，赵胜国，吴秀花，敖特根，杜艳红主编	哈尔滨工业大学出版社	202205
263	978-7-109-29829-3	土壤环境指标测定方法与分析指导	王小林，徐伟洲，卜耀军主编	中国农业出版社	202210
264	978-7-03-070022-3	土壤侵蚀与关键地理要素空间分异	蔡崇法等著	科学出版社	202206
265	978-7-5219-1685-0	土壤退化与修复	贾汉忠，张建国主编	中国林业出版社	202207

（续）

序号	ISBN	题名	责任者	出版者	出版年月
266	978-7-5219-1444-3	退耕还林综合效益监测国家报告：2020	国家林业和草原局著	中国林业出版社	202206
267	978-7-5219-1693-5	退化草原生态修复主要技术模式	董世魁主编	中国林业出版社	202206
268	978-7-5029-7867-9	退牧还草工程对草原植物多样性和牧草品质的影响	刘志民，李雪华，梁炜编著	气象出版社	202212
269	978-7-5219-1850-2	汪菊渊院士学术思想研究	《汪菊渊风景园林学术思想》编委会编	中国林业出版社	202210
270	978-7-5116-5711-4	温带森林土壤 N_2O 排放对氮素富集的响应及其驱动机制	卢明珠，方华军，程淑兰著	中国农业科学技术出版社	202204
271	978-7-5509-3366-8	我国水土保持监测网络现状与构建研究	曹文华，屈创，张红丽编著	黄河水利出版社	202208
272	978-7-5226-0796-2	乌兰布和沙漠 - 绿洲系统沙害及其控制研究	董智，李红丽著	中国水利水电出版社	202207
273	978-7-5111-5091-2	乌梁素海流域山水林田湖草生态保护修复试点工程项目管理办法	李根东主编	中国环境出版集团	202210
274	978-7-307-23216-7	物联网关键技术及其在森林火灾智能监测中的应用研究	雷文礼著	武汉大学出版社	202210
275	978-7-5227-0051-9	物种引进与生态变迁：20 世纪西双版纳橡胶环境史研究	杜香玉著	中国社会科学出版社	202204
276	978-7-5116-5778-7	西北干旱区典型城市绿化树种生态修复效益初探	阿丽亚·拜都热拉等著	中国农业科学技术出版社	202207
277	978-7-5525-6260-6	西吉县林木资源图鉴	单辉，朱进学主编	阳光出版社	202204
278	978-7-5487-4859-5	稀土矿区复垦植被高光谱遥感监测与分析	李恒凯，徐丰，周贝贝著	中南大学出版社	202206
279	978-7-5088-6301-6	小兴安岭森林生态调查	刘运伟等著	龙门书局	202211
280	978-7-5111-5209-1	新疆植物组培新技术的研究应用：以花卉、沙棘为例	赵英等著	中国环境出版集团	202209
281	978-7-5727-0680-6	雅安古树	中国人民政治协商会议四川省雅安市委员会编著	四川科学技术出版社	202209
282	978-7-5219-1886-1	亚热带枣属植物研究	王森等编著	中国林业出版社	202210
283	978-7-5219-1869-4	杨梅人工林土壤质量演变与调控	张勇，吴家森，王增主编	中国林业出版社	202209
284	978-7-5219-1844-1	尹伟伦院士学术思想研究	《尹伟伦院士学术思想研究》编委会编	中国林业出版社	202210
285	978-7-5509-3358-3	豫南山区木本绿化植物	孙国山等主编	黄河水利出版社	202208
286	978-7-5674-2642-9	园林规划设计及其创新理念研究	孙凤雪，李金娜，李军著	东北林业大学出版社	202206
287	978-7-5578-9287-6	园林景观设计与林业生态化建设	李香菊，杨洋，刘卫强著	吉林科学技术出版社	202205
288	978-7-112-27814-5	园林绿地及树木的空气污染物滞留机制	王爱霞著	中国建筑工业出版社	202211
289	978-7-5219-1818-2	园林生态学	闫淑君主编	中国林业出版社	202209
290	978-7-03-073558-4	园林植物病虫图谱	丁世民等编著	科学出版社	202211
291	978-7-5219-1605-8	园林植物遗传育种实验教程	史倩倩主编	中国林业出版社	202208
292	978-7-5219-1482-5	园林植物育种学	戴思兰主编	中国林业出版社	202201
293	978-7-03-072571-4	园艺分子生物学实验技术	王跃进，王西平主编	科学出版社	202210
294	978-7-5219-1586-0	越南北部地区植物名录	韦毅刚等主编	中国林业出版社	202204
295	978-7-03-072519-6	云南木材腐朽真菌资源和多样性	戴玉成主编	科学出版社	202207

（续）

序号	ISBN	题名	责任者	出版者	出版年月
296	978-7-5219-1854-0	云南省林下中药材产业发展研究与实践	何霞红，施蕊，王澍著	中国林业出版社	202205
297	978-7-5219-1614-0	云南元江干热河谷常见植物图鉴	柴勇，李贵祥主编	中国林业出版社	202205
298	978-7-5032-6883-0	长城国家文化公园：保护、管理与利用	李颖，邹统钎，付冰主编	中国旅游出版社	202201
299	978-7-5219-1560-0	长江经济带生态保护技术集成与应用	肖文发等著	中国林业出版社	202205
300	978-7-5219-1781-9	浙江滨江植物 300 种图谱	詹咪莎，李雪芹，黄晓玲主编	中国林业出版社	202207
301	978-7-03-069282-5	浙江昆虫志：第九卷，双翅目	杨定，姚刚主编	科学出版社	202211
302	978-7-03-069283-2	浙江昆虫志：第十卷，双翅目短角亚目（Ⅱ）	薛万琦，张春田主编	科学出版社	202208
303	978-7-5219-1831-1	浙江省国有林场自然教育研究与实践	刘海英，林海萍，蒋仲龙主编	中国林业出版社	202208
304	978-7-308-22375-1	浙江乌岩岭国家级自然保护区珍稀濒危植物图鉴	雷祖培，张芬耀，刘西主编	浙江大学出版社	202202
305	978-7-5116-5845-6	浙江舟山昆虫	郭瑞，鲁专，高大海主编	中国农业科学技术出版社	202210
306	978-7-03-071479-4	珍稀濒危植物种群与保护生物学研究	董鸣，臧润国主编	科学出版社	202208
307	978-7-5725-0801-1	郑州林木种质资源	郑州市林业工作总站组编	河南科学技术出版社	202204
308	978-7-03-074192-9	植被高光谱激光雷达遥感基础与应用	牛铮等著	科学出版社	202212
309	978-7-03-069498-0	植物蛋白质组学	王旭初等著	科学出版社	202201
310	978-7-109-29995-5	植物对二氧化硫胁迫的反应与应答机制	李利红著	中国农业出版社	202205
311	978-7-5111-5347-0	植物多样性遥感估测原理与方法	彭羽著	中国环境出版集团	202211
312	978-7-03-073382-5	植物寄生生态学研究：以菟丝子属研究为例	李钧敏等著	科学出版社	202210
313	978-7-04-058121-8	植物科学数据规范	宋创业，李敏主编	高等教育出版社	202204
314	978-7-04-058104-1	植物入侵生态学：互花米草案例研究	李博等著	高等教育出版社	202207
315	978-7-302-61140-0	植物无糖培养微繁殖及种苗生产	肖玉兰主编	清华大学出版社	202212
316	978-7-5655-2817-0	植物细胞组织培养技术	胡颂平，才华主编	中国农业大学出版社	202206
317	978-7-03-072357-4	植物学	刘文哲主编	科学出版社	202206
318	978-7-5578-8048-4	植物学理论及植物生态功能研究	张彩艳，张锐，秦永林著	吉林科学技术出版社	202204
319	978-7-03-071378-0	植物叶界面特征对拦截空气颗粒物的影响及环境指示	石辉，王会霞著	科学出版社	202204
320	978-7-5111-4567-3	中国Ⅰ级重点保护野生植物手册	张丽荣等编著	中国环境出版集团	202209
321	978-7-03-071522-7	中国北方山地常见植物花粉形态研究：光学显微镜下精确鉴定方法探索	许清海，黄小忠，王涛主编	科学出版社	202210
322	978-7-109-29243-7	中国草业统计：2020	农业农村部畜牧兽医局，全国畜牧总站编	中国农业出版社	202204
323	978-7-01-023447-2	中国草原生态补偿法律制度建设研究	刘晓莉著	人民出版社	202202
324	978-7-109-29476-9	中国典型森林生态系统关键要素及功能动态变化图集：2001—2015	中国生态系统研究网络国家生态科学数据中心图集编写委员会著	中国农业出版社	202204

（续）

序号	ISBN	题名	责任者	出版者	出版年月
325	978-7-5725-0506-5	中国典型生态脆弱区生态治理与恢复	傅伯杰，伍星主编	河南科学技术出版社	202201
326	978-7-03-071797-9	中国动物志：第六十二卷，无脊椎动物	张素萍著	科学出版社	202203
327	978-7-03-072518-9	中国动物志：第七十三卷，昆虫纲	刘国卿等著	科学出版社	202207
328	978-7-03-071462-6	中国动物志：第七十四卷，昆虫纲	中国科学院中国动物志编辑委员会主编	科学出版社	202208
329	978-7-03-071739-9	中国动物志：第七十五卷，昆虫纲	周红章，罗天宏，张叶军著	科学出版社	202203
330	978-7-03-072563-9	中国动物志：第七十一卷，昆虫纲	中国科学院中国动物志编辑委员会主编	科学出版社	202208
331	978-7-112-28022-3	中国风景园林学会 2022 年会论文集	中国风景园林学会编	中国建筑工业出版社	202211
332	978-7-5725-0507-2	中国国家公园与自然保护地体系	徐卫华，欧阳志云主编	河南科学技术出版社	202201
333	978-7-5645-8691-1	中国国家公园准入评价指标体系研究	甄莎著	郑州大学出版社	202209
334	978-7-5670-3000-8	中国红树林生物多样性调查：海南卷	陈清华编著	中国海洋大学出版社	202202
335	978-7-04-058489-9	中国环境史：秦汉卷	戴建兵主编	高等教育出版社	202208
336	978-7-04-058205-5	中国环境史：魏晋至宋元卷	戴建兵主编	高等教育出版社	202208
337	978-7-04-058204-8	中国环境史：现代卷	戴建兵主编	高等教育出版社	202208
338	978-7-5219-1763-5	中国黄樟精油资源与开发利用	邱凤英，周诚，杨海宽等著	中国林业出版社	202209
339	978-7-109-29262-8	中国昆虫文化形成和发展的历史研究	刘铭著	中国农业出版社	202203
340	978-7-5219-1562-4	中国栎类病虫害：I	王小艺等主编	中国林业出版社	202201
341	978-7-5219-1843-4	中国林草“十四五”规划精编	国家林业和草原局编	中国林业出版社	202212
342	978-7-5219-1656-0	中国林产工业创新文集	中国林产工业协会编	中国林业出版社	202204
343	978-7-109-29584-1	中国林权制度改革绩效及影响因素研究	张启文，王佳，张晓梅著	中国农业出版社	202206
344	978-7-5219-1937-0	中国林业和草原统计年鉴：2021	国家林业和草原局编	中国林业出版社	202211
345	978-7-5219-1499-3	中国林业事业的先驱和开拓者（全四册）	王希群等编著	中国林业出版社	202207
346	978-7-5218-2725-5	中国林业碳汇产业发展绩效及其增进策略研究	王维薇著	经济科学出版社	202212
347	978-7-5219-2001-7	中国林业遗产	樊宝敏编著	中国林业出版社	202212
348	978-7-5219-1864-9	中国林业优秀学术报告 .2021	中国林学会编	中国林业出版社	202209
349	978-7-5219-1627-0	中国林长制建设规划研究	国家林业和草原局产业发展规划院编著	中国林业出版社	202204
350	978-7-03-072657-5	中国鸟类多样性观测	徐海根等编著	科学出版社	202209
351	978-7-5219-1343-9	中国企业境外森林可持续投资与贸易国别手册	宿海颖，刘小丽，钱伟聪编著	中国林业出版社	202205
352	978-7-03-072133-4	中国槭树	樊金拴，饶科亮，唐玉智著	科学出版社	202212
353	978-7-5219-1567-9	中国森林认证发展报告：英文 .2021	国家林业和草原局科技发展中心，国家林业和草原局森林认证研究中心主编	中国林业出版社	202203
354	978-7-03-074390-9	中国生态文明理论与实践	刘旭，郝吉明，王金南主编	科学出版社	202212

（续）

序号	ISBN	题名	责任者	出版者	出版年月
355	978-7-109-29358-8	中国生态系统定位观测与研究数据集：2008—2015，森林生态系统卷	陈宜瑜总主编	中国农业出版社	202210
356	978-7-109-29357-1	中国生态系统定位观测与研究数据集：草地与荒漠生态系统卷．内蒙古奈曼站（2005—2015）	陈宜瑜总主编	中国农业出版社	202207
357	978-7-109-29363-2	中国生态系统定位观测与研究数据集：湖泊湿地海湾生态系统卷．海南三亚站（2007—2015）	黄晖主编	中国农业出版社	202205
358	978-7-109-30209-9	中国生态系统定位观测与研究数据集：森林生态系统卷．广东鼎湖山站（1998—2018）	陈宜瑜总主编	中国农业出版社	202207
359	978-7-109-29362-5	中国生态系统定位观测与研究数据集：森林生态系统卷．黑龙江帽儿山站（1979—2017）	陈宜瑜总主编	中国农业出版社	202205
360	978-7-109-29982-5	中国生态系统定位观测与研究数据集：森林生态系统卷．江西大岗山站（2005—2015）	王兵等主编	中国农业出版社	202209
361	978-7-109-28517-0	中国生态系统定位观测与研究数据集：森林生态系统卷．山西吉县站（2005—2015）	陈宜瑜总主编	中国农业出版社	202201
362	978-7-5725-0508-9	中国生态系统多样性与保护	郑华等编著	河南科学技术出版社	202201
363	978-7-5725-0509-6	中国生物遗传多样性与保护	薛达元，张渊媛编著	河南科学技术出版社	202201
364	978-7-03-070099-5	中国生物种质资源科学报告	刘旭主编	科学出版社	202209
365	978-7-5111-5269-5	中国湿地生物多样性保护与修复案例	徐杰等著	中国环境出版集团	202212
366	978-7-109-30024-8	中国水青冈造林研究	胡进耀著	中国农业出版社	202212
367	978-7-03-073887-5	中国退牧还草工程的固碳速率和潜力评价	石培礼，熊定鹏，逯非著	科学出版社	202211
368	978-7-5219-1608-9	中国外来植物名录	林秦文，马金双编著	中国林业出版社	202206
369	978-7-5219-1735-2	中国文冠果古树	乌志颜，李守科，周扬颜编著	中国林业出版社	202210
370	978-7-122-39957-1	中国西南喀斯特园林植物资源及应用	盛茂银等编著	化学工业出版社	202202
371	978-7-5532-0991-3	中国叶蝉图鉴	李子忠，邢济春主编	贵州科技出版社	202201
372	978-7-5219-1529-7	中国植物保护百科全书：鼠害卷	中国植物保护百科全书总编纂委员会鼠害卷编纂委员会编	中国林业出版社	202206
373	978-7-5219-1260-9	中国植物保护百科全书：综合卷	中国植物保护百科全书总编纂委员会综合卷编纂委员编	中国林业出版社	202206
374	978-7-5725-0510-2	中国植物多样性与保护	任海等主编	河南科学技术出版社	202201
375	978-7-03-071788-7	中国植物拉丁名解析	刘琪璟著	科学出版社	202203
376	978-7-109-28255-1	中国重要农林外来入侵生物：病原微生物卷	谭万忠，丁伟，邢继红主编	中国农业出版社	202204
377	978-7-03-072500-4	中国自然保护地分类与空间布局研究	钟林生等著	科学出版社	202210
378	978-7-03-071866-2	中国自然保护地融资机制	吴佳雨著	科学出版社	202204

（续）

序号	ISBN	题名	责任者	出版者	出版年月
379	978-7-301-33681-6	中国自然遗产保护的国家公园管理模式研究	罗金华著	北京大学出版社	202212
380	978-7-5087-6683-6	中国自然资源生态补偿机制理论与实践	李国志著	中国社会出版社	202201
381	978-7-5219-1530-3	中国棕榈藤培育	范少辉等编著	中国林业出版社	202206
382	978-7-5509-3322-4	中原优良林木树种资源调查及繁育	王志敏等主编	黄河水利出版社	202208
383	978-7-5219-1782-6	种苗培育学实验实习指导	王晓丽主编	中国林业出版社	202208
384	978-7-222-20296-2	种子植物分类原理与方法	张永福编著	云南人民出版社	202203
385	978-7-109-28991-8	种子植物识别技术	于爽，郝婧玮著	中国农业出版社	202203
386	978-7-5509-3190-9	重金属铅污染土壤的植物修复机理研究	乔冬梅等著	黄河水利出版社	202203
387	978-7-5219-1845-8	朱之悌院士学术思想研究	《朱之悌院士学术思想研究》编委会编	中国林业出版社	202210
388	978-7-03-068827-9	竹材保护学	费本华，黄艳辉，覃道春编著	科学出版社	202203
389	978-7-5219-1519-8	竹叶酵素	徐新主编	中国林业出版社	202203
390	978-7-5116-5855-5	竹资源高效培育与加工利用新技术	中国农村技术开发中心编著	中国农业科学技术出版社	202208
391	978-7-5219-1551-8	主要草原有害生物防治手册	柴守权主编	中国林业出版社	202201
392	978-7-5116-5888-3	主要人工林高效培育新技术	中国农村技术开发中心编著	中国农业科学技术出版社	202209
393	978-7-5111-5119-3	转基因植物环境释放的生态风险评估	刘勇波编著	中国环境出版集团	202210
394	978-7-03-072497-7	自然保护地功能协同提升和国家公园综合管理的理论、技术与实践	闵庆文等著	科学出版社	202209
395	978-7-03-072476-2	自然保护地经济建设和生态保护协同发展研究方法与实践	曾维华等著	科学出版社	202206
396	978-7-5111-5095-0	自然保护区人类活动遥感监测与应用示范	刘晓曼等著	中国环境出版集团	202207
397	978-7-5625-5215-4	自然资源调查概论	杨木壮等编著	中国地质大学出版社	202207
398	978-7-5219-1917-2	棕榈植物与绿色发展	王慷林著	中国林业出版社	202211

数据来源：中国林业科学研究院图书馆。

附表5　2022年林业和草原科研院所软件著作权

序号	登记号	软件名称	著作权人	登记日期
1	2022SR0571895	“晓晓木”木材孔隙核磁共振表面弛豫率计算器软件	中国林业科学研究院木材工业研究所	20220510
2	2022SR0427849	ARTP 诱变育种仪操作软件	国际竹藤中心	20220402
3	2022SR0336407	白僵菌防治林草害虫及专家咨询系统	湖北省林业科学研究院	20220311
4	2022SR1482100	薄壳山核桃拉枝、扭枝、短截技术及专家咨询系统	湖北省林业科学研究院	20221108
5	2022SR1486264	薄壳山核桃破皮保枝促芽技术及专家咨询系统	湖北省林业科学研究院	20221109
6	2022SR0470418	保护区巡护管理系统	中国林业科学研究院	20220414
7	2022SR0469519	北斗林地年度变化更新应用系统	中国林业科学研究院	20220414
8	2022SR0469518	北斗林地野外调查 APP 软件	中国林业科学研究院	20220414
9	2022SR0432092	北斗林火扑救 APP 软件	中国林业科学研究院	20220406
10	2022SR0950709	北斗林业多源卫星遥感动态监测数据产品生产与服务系统	中国林业科学研究院	20220720
11	2022SR0470522	北斗林业巡查业务 APP 软件	中国林业科学研究院	20220414
12	2022SR0476527	北斗林业综合应用服务平台	中国林业科学研究院	20220415
13	2022SR0681464	北斗森林防火与动植物保护专题数据接入和服务系统	中国林业科学研究院	20220601
14	2022SR1503221	北京科技特派员农业科技资源智库系统	北京市农林科学院	20221115
15	2022SR1407021	北京市农林科学院植物营养与资源环境研究所平台	北京市农林科学院	20221024
16	2022SR1099941	茶梅发育动态跟踪监测及花期调控系统	中国林业科学研究院亚热带林业研究所	20220811
17	2022SR1185614	茶梅栽培基质质量监测管理系统	中国林业科学研究院亚热带林业研究所	20220818
18	2022SR0033141	产地溯源与品牌保护系统	北京市农林科学院	20220106
19	2022SR0185727	崇左金花茶栽培服务管理系统	广西壮族自治区林业科学研究院	20220128
20	2022SR0182652	崇左金花茶种植监管系统	广西壮族自治区林业科学研究院	20220128
21	2022SR0522851	促进干旱沙地超深栽白榆茎干快速生根的造林方法的分析系统	河北省林业和草原科学研究院	20220425
22	2022SR0522850	促进干旱沙地超深栽白榆茎干快速生根的造林方法的信息记录系统	河北省林业和草原科学研究院	20220425
23	2022SR1407049	大径材目标树数据调查软件	中国林业科学研究院亚热带林业研究所	20221024
24	2022SR1339500	大树杜鹃野生资源信息管理系统	云南省林业和草原科学院	20220901
25	2022SR1536963	大兴安岭雷电探测定位系统	中国林业科学研究院森林生态环境与保护研究所	20221118
26	2022SR0388461	大熊猫生境类型提取模块软件	中国林业科学研究院资源信息研究所	20220324
27	2022SR0388462	大熊猫主食竹信息提取模块软件	中国林业科学研究院资源信息研究所	20220324
28	2022SR1298684	大叶栎纸浆原料林高效培育数据库系统	广西壮族自治区林业科学研究院	20220826
29	2022SR0705818	典型小流域水环境污染源模拟解析系统	湖南省林业科学院	20220606
30	2022SR1302235	电子资源远程访问云系统	中国林业科学研究院林业科技信息研究所	20220826

（续）

序号	登记号	软件名称	著作权人	登记日期
31	2022SR1493359	东北地区水曲柳生物量生长模拟系统	吉林省林业科学研究院	20221111
32	2022SR0238067	东北内蒙古重点国有林区调查成果综合统计系统	国家林业和草原局林草调查规划院	20220216
33	2022SR0151299	都市生境信息管理与知识分享系统	上海市园林科学规划研究院	20220124
34	2022SR1483246	多源数据融合的前沿主题识别系统	北京市农林科学院	20221109
35	2022SR0025168	鳄蜥个体图像识别算法软件	广东省林业科学研究院	20220106
36	2022SR0438979	防护林风流场数值可视化模拟系统	中国林业科学研究院亚热带林业研究所	20220407
37	2022SR0526397	高分 6/7 号卫星森林郁闭度反演软件	中国林业科学研究院资源信息研究所	20220426
38	2022SR0575781	高分 7 立体像对结合激光雷达反演森林参数软件系统	中国林业科学研究院资源信息研究所	20220511
39	2022SR1550584	高分林业生态工程森林碳储量变化监测系统	国家林业和草原局林草调查规划院	20221118
40	2022SR0518042	高分林业遥感应用产品加工并行化调度系统	中国林业科学研究院资源信息研究所	20220425
41	2022SR0215061	高分六号数据退耕还湿地块识别系统	中国林业科学研究院资源信息研究所	20220210
42	2022SR0514278	高分六号卫星数据预处理系统	中国林业科学研究院资源信息研究所	20220424
43	2022SR0514943	高分七号卫星数据预处理系统	中国林业科学研究院资源信息研究所	20220424
44	2022SR1426299	高分卫星数据草原产草量估算软件	中国林业科学研究院资源信息研究所	20221027
45	2022SR1352380	高分卫星数据石漠化信息提取软件	中国林业科学研究院资源信息研究所	20220913
46	2022SR0863896	高分影像分析判读系统	国家林业和草原局昆明勘察设计院	20220629
47	2022SR0664422	观赏石斛品种比较试验管理系统	广西壮族自治区林业科学研究院	20220530
48	2022SR0999917	观赏竹品种比较试验管理系统	广西壮族自治区林业科学研究院	20220803
49	2022SR1000008	观赏竹种质资源管理平台	广西壮族自治区林业科学研究院	20220803
50	2022SR1337728	光合作用测定仪防水装置运转参数自动调节系统	中国林业科学研究院亚热带林业实验中心	20220831
51	2022SR1416627	广东省林业生态监测大数据平台	广东省林业科学研究院	20221025
52	2022SR0135819	国家林业和草原局沙尘暴智慧云平台	国家林业和草原局林草调查规划院	20220120
53	2022SR0274917	国家重点保护野生植物迁地保护数据库管理系统	国家林业和草原局林草调查规划院	20220224
54	2022SR0701983	果树生理病害识别系统	河北省林业和草原科学研究院	20220606
55	2022SR0279358	害虫远程智能监测系统	中国林业科学研究院森林生态环境与保护研究所	20220225
56	2022SR0233663	航空激光雷达森林调查数据处理软件	国家林业和草原局林草调查规划院	20220216
57	2022SR1060218	河涌景观植物收集管理平台	中国林业科学研究院热带林业研究所	20220809
58	2022SR1150387	核桃类 SSR 引物数据库软件	中国林业科学研究院林业研究所	20220816
59	2022SR1470325	核桃品种耐盐性评价决策系统	中国林业科学研究院林业研究所	20221104
60	2022SR1478305	核桃品种耐盐性数据库管理系统	中国林业科学研究院林业研究所	20221107
61	2022SR1478304	核桃品种耐盐性信息查询与应用系统	中国林业科学研究院林业研究所	20221107
62	2022SR0697300	核桃品种适应性评价决策系统	中国林业科学研究院林业研究所	20220606

（续）

序号	登记号	软件名称	著作权人	登记日期
63	2022SR1493967	核桃食用品种嫁接亲和性评价决策系统	中国林业科学研究院林业研究所	20221111
64	2022SR1494103	核桃食用品种嫁接亲和性数据库管理系统	中国林业科学研究院林业研究所	20221111
65	2022SR1497195	核桃食用品种嫁接亲和性信息查询与应用系统	中国林业科学研究院林业研究所	20221111
66	2022SR0701620	核桃遗传资源野外调查数据录入软件	中国林业科学研究院林业研究所	20220606
67	2022SR0701609	核桃遗传资源重要性状信息管理系统	中国林业科学研究院林业研究所	20220606
68	2022SR0712238	核桃主栽良种分子身份证管理系统	中国林业科学研究院林业研究所	20220607
69	2022SR0712255	核桃主栽良种生态适应性可视化信息查询系统	中国林业科学研究院林业研究所	20220607
70	2022SR0652111	黑茶智慧林草监管云平台	国家林业和草原局西北调查规划院	20220526
71	2022SR1286148	黑格高档家具原料林经营公共服务系统	广西壮族自治区林业科学研究院	20220825
72	2022SR1085743	黑格育种群体遗传信息共享服务平台	广西壮族自治区林业科学研究院	20220811
73	2022SR0177499	黑核桃秋季播种育苗管理系统	新疆林业科学院	20220127
74	2022SR1516226	黑龙江大兴安岭森林雷击火感知系统	中国林业科学研究院森林生态环境与保护研究所	20221116
75	2022SR0342505	华山松病虫害综合防治数据库系统	湖北省林业科学研究院	20220314
76	2022SR0975026	化机浆工艺智能优化系统	中国林业科学研究院林产化学工业研究所	20220728
77	2022SR1481538	黄河上游灌溉农田污染生态拦截指标系统	青海省农林科学院	20221108
78	2022SR1481537	黄河上游丘陵地降水生态拦截指标系统	青海省农林科学院	20221108
79	2022SR0759973	基于 .NET 平台的夏枯草种植专家系统	中国林业科学研究院亚热带林业实验中心	20220614
80	2022SR0713314	基于 GIS 的森林土壤有机碳估算平台	广西壮族自治区林业科学研究院	20220607
81	2022SR0250346	基于 GIS 技术的森林空间结构分布特征分析系统	中国林业科学研究院亚热带林业实验中心	20220221
82	2022SR0251163	基于 landsat 数据的森林区域边界界定计算软件	中国林业科学研究院亚热带林业实验中心	20220221
83	2022SR1439425	基于大数据技术的农业决策信息挖掘系统	北京市农林科学院	20221031
84	2022SR0813345	基于分子特征性 SSR 引物的香榧多倍体品种鉴别系统	浙江省林业科学研究院	20220622
85	2022SR0883761	基于互联网的油橄榄病虫防控专家咨询应答系统	湖北省林业科学研究院	20220704
86	2022SR1575837	基于激光雷达的树种类型自动识别软件	国家林业和草原局华东调查规划院	20221216
87	2022SR0342506	基于景观空间格局的林业有害生物危害评估系统	湖北省林业科学研究院	20220314
88	2022SR1251725	基于林地保护利用规划的资源补充调查平台	国家林业和草原局华东调查规划院	20220824
89	2022SR0185726	基于农业技术的崇左金花茶与山茶属植物杂交育种管理系统	广西壮族自治区林业科学研究院	20220128
90	2022SR1469374	基于生物量模型构建的东北地区蒙古栎生长模拟系统	吉林省林业科学研究院	20221104
91	2022SR0000573	基于数据挖掘的森林扰动信息卫星遥感监测与评价软件	中国林业科学研究院资源信息研究所	20220104
92	2022SR0713315	基于数字土壤的人工林精准施肥推荐系统	广西壮族自治区林业科学研究院	20220607
93	2022SR0893676	基于松材线虫疫木利用的茯苓代料栽培技术专家咨询系统	湖北省林业科学研究院	20220705

（续）

序号	登记号	软件名称	著作权人	登记日期
94	2022SR0277037	基于提高竹木材染色性能的 DBD 等离子体设备操作管理系统	浙江省林业科学研究院	20220225
95	2022SR0706213	基于土壤环境大数据的森林土壤碳汇功能评估系统	广西壮族自治区林业科学研究院	20220607
96	2022SR1439386	基于文本相似度匹配的自动在线问答系统	北京市农林科学院	20221031
97	2022SR0186004	基于无人机平台的沙漠植被信息提取系统	中国林业科学研究院资源信息研究所	20220128
98	2022SR1299590	基于无性诱导的脂用松林高效经营管理系统	广西壮族自治区林业科学研究院	20220826
99	2022SR1154316	基于物联网的土壤微生物侵蚀模型计算系统	云南省林业和草原科学院	20220816
100	2022SR0357905	基于盐碱地的耐盐植物生长状态监测系统	山东省林业科学研究院	20220317
101	2022SR0274924	基于遥感影像的松材线虫病语义分割系统	国家林业和草原局生物灾害防控中心	20220224
102	2022SR0078535	基于语音交互的森林经营模拟系统	中国林业科学研究院亚热带林业研究所	20220112
103	2022SR0432237	基于政府会计制度的科研经费管理系统	中国林业科学研究院林业研究所	20220406
104	2022SR1439255	基于知识图谱的农业动植物疾病识别系统	北京市农林科学院	20221031
105	2022SR0868917	基于智能化的固定资产管理清查系统	山东省林业科学研究院	20220629
106	2022SR1334790	基于智能化的固定资产数据分析管理系统	山东省林业科学研究院	20220830
107	2022SR0267254	激光雷达森林资源调查系统	国家林业和草原局西北调查规划院	20220223
108	2022SR0850820	建设项目使用林地外业调查软件（离线版）	国家林业和草原局昆明勘察设计院	20220627
109	2022SR0188300	江南油杉天然更新监测管理软件	广西壮族自治区林业科学研究院	20220128
110	2022SR0358536	经济林苗木生长及病害监测分析系统	河北省林业和草原科学研究院	20220317
111	2022SR0407627	科学绿化智慧管理系统	国家林业和草原局西北调查规划院	20220329
112	2022SR0286938	科研事业单位流程管控系统	国际竹藤中心	20220228
113	2022SR0144463	空气负氧离子浓度监测数据管理平台	国家林业和草原局林草调查规划院	20220124
114	2022SR0090892	苦苣苔种质资源管理系统	广西壮族自治区林业科学研究院	20220113
115	2022SR0801781	矿区废弃地植被生态恢复技术支持系统	山东省林业科学研究院	20220621
116	2022SR0407641	林草火灾防控系统	国家林业和草原局西北调查规划院	20220329
117	2022SR1525263	林草领域知识图谱应用系统	中国林业科学研究院林业科技信息研究所	20221117
118	2022SR0559190	林草湿三维立体时空数据管理平台	国家林业和草原局西北调查规划院	20220505
119	2022SR1554469	林草湿样地调查统计软件	国家林业和草原局华东调查规划院	20221121
120	2022SR1630045	林草湿资源外业填报助手软件	国家林业和草原局华东调查规划院	20221230
121	2022SR1519093	林草统计数据发现平台	中国林业科学研究院林业科技信息研究所	20221116
122	2022SR0040614	林草系统生物多样性监测平台	中国林业科学研究院森林生态环境与保护研究所	20220107
123	2022SR0593349	林草资源遥感影像变化自动判读系统	国家林业和草原局华东调查规划院	20220518
124	2022SR0436406	林地保护等级分级与管理系统	国家林业和草原局华东调查规划院	20220406

（续）

序号	登记号	软件名称	著作权人	登记日期
125	2022SR1251726	林地保护利用规划数据统计分析系统	国家林业和草原局华东调查规划院	20220824
126	2022SR0079624	林分空间结构智能优化调控系统	辽宁省林业科学研究院	20220112
127	2022SR0760048	林木树冠体积计算软件	中国林业科学研究院亚热带林业实验中心	20220614
128	2022SR0024785	林木图像智能处理系统	中国林业科学研究院资源信息研究所	20220106
129	2022SR0709330	林业表格数据检查系统	中国林业科学研究院资源信息研究所	20220607
130	2022SR0458029	林业科研管理服务平台	中国林业科学研究院资源信息研究所	20220412
131	2022SR0138730	林业空间数据检查系统	中国林业科学研究院资源信息研究所	20220121
132	2022SR0567049	林业数据质量评价系统	中国林业科学研究院资源信息研究所	20220510
133	2022SR0177093	林业巡护无人机地面控制站软件	福建省林业科学研究院	20220127
134	2022SR1260659	林业造林作业设计规范化制图系统	国家林业和草原局华东调查规划院	20220824
135	2022SR1251727	林业造林作业设计调查分析软件	国家林业和草原局华东调查规划院	20220824
136	2022SR0223424	林业制图数据检查系统	中国林业科学研究院资源信息研究所	20220214
137	2022SR0368074	林长制用户管理系统	中国林业科学研究院资源信息研究所	20220321
138	2022SR0552960	林长制智慧管理平台（APP）	国家林业和草原局西北调查规划院	20220429
139	2022SR0565517	林长制智慧管理平台（WEB）	国家林业和草原局西北调查规划院	20220506
140	2022SR0575614	林长制智慧管理平台（公众号）	国家林业和草原局西北调查规划院	20220511
141	2022SR0407625	林长制智慧管理系统	国家林业和草原局西北调查规划院	20220329
142	2022SR0423007	林长综合信息管理平台	国家林业和草原局产业发展规划院	20220401
143	2022SR0476547	林政执法管理系统	中国林业科学研究院	20220415
144	2022SR0801893	柳树再生体系构建技术支持系统	山东省林业科学研究院	20220621
145	2022SR0801782	柳树种质资源评价技术支持系统	山东省林业科学研究院	20220621
146	2022SR1630073	绿化造林适宜性评估外业调查工具软件	国家林业和草原局华东调查规划院	20221230
147	2022SR1294961	马尾松产脂改良群体产量数据库系统	广西壮族自治区林业科学研究院	20220826
148	2022SR1450805	美国白蛾越冬蛹虫情动态监测数据采集软件	江苏省林业科学研究院	20221102
149	2022SR1058574	萌芽杉木－木荷混交林间伐强度抚育设计管理系统	中国林业科学研究院亚热带林业实验中心	20220809
150	2022SR0168432	闽楠组培快繁技术管理系统	广西壮族自治区林业科学研究院	20220126
151	2022SR0000527	木结构用规格锯材机器视觉分等机系统	中国林业科学研究院木材工业研究所	20220104
152	2022SR0100147	木结构用规格锯材机械应力分等机系统	中国林业科学研究院木材工业研究所	20220114
153	2022SR0185491	目标树经营抚育间伐决策系统	中国林业科学研究院资源信息研究所	20220128
154	2022SR0740391	牧草学科建设研究管理软件	中国农业科学院草原研究所	20220613
155	2022SR0740210	牧草学科专业知识库管理系统	中国农业科学院草原研究所	20220613

（续）

序号	登记号	软件名称	著作权人	登记日期
156	2022SR0738119	牧草种子联合收获机割台仿形控制系统	中国农业科学院草原研究所	20220610
157	2022SR0357906	耐盐植物特征智能化研究分析系统	山东省林业科学研究院	20220317
158	2022SR1288611	南方松种内杂种创制数据管理系统	广西壮族自治区林业科学研究院	20220825
159	2022SR0238069	内蒙古重点国有林区森林资源三库合一管理和更新平台	国家林业和草原局林草调查规划院	20220216
160	2022SR0238068	内蒙古重点国有林区森林资源作业设计系统（平台端）	国家林业和草原局林草调查规划院	20220216
161	2022SR0238070	内蒙古重点国有林区森林资源作业设计系统（移动端）	国家林业和草原局林草调查规划院	20220216
162	2022SR0997888	能源草资源管理信息系统	北京市农林科学院	20220803
163	2022SR1543160	农业基地信息管理系统	北京市农林科学院	20221118
164	2022SR0012874	农业科研单位学科建设能力评价分析系统软件	北京市农林科学院	20220105
165	2022SR1483247	农业领域专题知识服务平台	北京市农林科学院	20221109
166	2022SR1439438	农业统计数据可视化系统	北京市农林科学院	20221031
167	2022SR1439426	农业种植专家问答系统	北京市农林科学院	20221031
168	2022SR0868274	农作物种质资源分析及共享平台	北京市农林科学院	20220629
169	2022SR0735622	葡萄病虫害识别系统	河北省林业和草原科学研究院	20220610
170	2022SR0940108	漆树资源调查追踪系统	重庆市林业科学研究院	20220715
171	2022SR0336406	球孢白僵菌生产及专家咨询系统	湖北省林业科学研究院	20220311
172	2022SR0162863	全国自然保护地监督管理平台	国家林业和草原局林草调查规划院	20220125
173	2022SR0162694	全国自然保护地在线学习系统	国家林业和草原局林草调查规划院	20220125
174	2022SR0162865	全国自然保护地整合优化平台	国家林业和草原局林草调查规划院	20220125
175	2022SR0412519	全自动施肥节水控制系统	四川省林业科学研究院	20220330
176	2022SR0141507	人工林经营作业可视化模拟系统	中国林业科学研究院资源信息研究所	20220121
177	2022SR1069352	三北防护林体系工程管理服务平台－北斗移动终端 APP	中国林业科学研究院资源信息研究所	20220810
178	2022SR1069162	三北防护林体系工程管理服务平台－工程规划与作业设计系统	中国林业科学研究院资源信息研究所	20220810
179	2022SR1069203	三北防护林体系工程管理服务平台－工程监测应用系统	中国林业科学研究院资源信息研究所	20220810
180	2022SR1490073	森林防火大数据汇聚 APP 系统	国家林业和草原局华东调查规划院	20221110
181	2022SR1191071	森林防火预警管理系统	广东省林业科学研究院	20220818
182	2022SR1504989	森林防火指挥调度系统	国家林业和草原局华东调查规划院	20221115
183	2022SR1483579	森林防火作战指挥系统	国家林业和草原局华东调查规划院	20221109
184	2022SR0352706	森林冠层健康评价技术模块软件	中国林业科学研究院资源信息研究所	20220316
185	2022SR0476526	森林火灾动态监控系统	中国林业科学研究院	20220415
186	2022SR0926708	森林火灾空天地一体化监测预警系统	江西省林业科学院	20220713

（续）

序号	登记号	软件名称	著作权人	登记日期
187	2022SR0432093	森林火灾扑救联合调度系统	中国林业科学研究院	20220406
188	2022SR1063556	森林经营可视化模拟研究分析软件	中国林业科学研究院林业研究所	20220809
189	2022SR1070677	森林经营组合样地综合管理监测平台	中国林业科学研究院林业研究所	20220810
190	2022SR1516666	森林雷击火防控智能系统	中国林业科学研究院森林生态环境与保护研究所	20221116
191	2022SR1540394	森林雷击火预警和推送系统	中国林业科学研究院森林生态环境与保护研究所	20221118
192	2022SR0352707	森林扰动类型提取技术模块软件	中国林业科学研究院资源信息研究所	20220316
193	2022SR0079625	森林碳储量监测管理系统	辽宁省林业科学研究院	20220112
194	2022SR0586584	森林资源规划设计调查数据处理软件	国家林业和草原局华东调查规划院	20220517
195	2022SR0423008	森林资源信息动态管理系统	国家林业和草原局产业发展规划院	20220401
196	2022SR0164511	沙地生态环境数据管理系统	内蒙古自治区林业科学研究院	20220125
197	2022SR0402181	山茶油抽样检测系统	浙江省林业科学研究院	20220328
198	2022SR0412518	山地油橄榄智能灌溉控制系统	四川省林业科学研究院	20220330
199	2022SRE030268	山火巡检大数据处理系统	中国林业科学研究院木材工业研究所	20220816
200	2022SRE030244	山火巡检数据分析系统	中国林业科学研究院木材工业研究所	20220816
201	2022SR0880111	上海市森林调查监测数据更新系统	国家林业和草原局华东调查规划院	20220701
202	2022SR0141457	哨兵卫星遥感影像自动获取拼接工具软件	广东省林业科学研究院	20220121
203	2022SR0040615	生物多样性监测平台展示系统	中国林业科学研究院森林生态环境与保护研究所	20220107
204	2022SR1499210	生物图像分析处理大师软件	福建省林业科学研究院	20221114
205	2022SR0436437	生物质能树种信息化数字平台	广西壮族自治区林业科学研究院	20220406
206	2022SR0663646	石斛属植物杂交育种管理系统	广西壮族自治区林业科学研究院	20220530
207	2022SR0661924	石斛属植物种质资源保存管理系统	广西壮族自治区林业科学研究院	20220530
208	2022SR1538108	受污染农田土壤修复管理服务平台软件	北京市农林科学院	20221118
209	2022SR1560915	树木生长检测系统	北京市农林科学院	20221123
210	2022SR0263598	四川林木病虫害数据库平台	四川省林业科学研究院	20220223
211	2022SR0905699	松褐天牛固氮过程监测控制系统	江西省林业科学院	20220707
212	2022SR0168430	蒜头果苗木培育技术管理系统	广西壮族自治区林业科学研究院	20220126
213	2022SR0168429	蒜头果野生群体动态监测系统	广西壮族自治区林业科学研究院	20220126
214	2022SR0177408	蒜头果造林技术管理系统	广西壮族自治区林业科学研究院	20220127
215	2022SR0227609	蒜头果种子育苗技术管理系统	广西壮族自治区林业科学研究院	20220214
216	2022SR0168431	蒜头果组培快繁技术管理系统	广西壮族自治区林业科学研究院	20220126
217	2022SR0090893	桃金娘繁育管理系统	广西壮族自治区林业科学研究院	20220113

（续）

序号	登记号	软件名称	著作权人	登记日期
218	2022SR1414162	土壤基础数据库在线管理系统	北京市农林科学院	20221025
219	2022SR0878309	土壤微塑料生态风险评估系统	北京市农林科学院	20220701
220	2022SR0885140	土壤微塑料重量估算处理系统	北京市农林科学院	20220704
221	2022SR1574644	土壤养分信息化管理系统	湖北省林业科学研究院	20221215
222	2022SR1493357	退化天然林生态修复效果综合评价系统	吉林省林业科学研究院	20221111
223	2022SR0597918	微 / 纳米核壳粒子功能交叉传递模拟实验系统	中国林业科学研究院木材工业研究所	20220518
224	2022SR0563774	微量松材线虫分子检测试剂盒检测信息记录系统	浙江省林业科学研究院	20220506
225	2022SR0596463	微量松材线虫分子检测试剂盒应用方法演示系统	浙江省林业科学研究院	20220518
226	2022SR0563769	微量松材线虫分子检测试剂盒有效性评测系统	浙江省林业科学研究院	20220506
227	2022SR0685469	西南桦配比施肥效果查询管理系统	福建省林业科学研究院	20220601
228	2022SR0168433	香合欢组培快繁技术管理系统	广西壮族自治区林业科学研究院	20220126
229	2022SR0712449	小流域水体污染动态消纳模拟系统	湖南省林业科学院	20220607
230	2022SR0854592	新一轮退耕还林还草数据处理软件	国家林业和草原局昆明勘察设计院	20220628
231	2022SR0326766	雄安新区多功能城市森林营建立地评价系统	中国林业科学研究院资源信息研究所	20220309
232	2022SR0928593	虚拟仿真林窗测量系统	中国林业科学研究院亚热带林业研究所	20220713
233	2022SR0121790	亚热带主要林木高危病虫害网络信息发布平台	中国林业科学研究院亚热带林业研究所	20220119
234	2022SR0801783	盐碱地林业利用技术支持系统	山东省林业科学研究院	20220621
235	2022SR0271096	燕麦和苜蓿干草质量分级系统	中国农业科学院草原研究所	20220224
236	2022SR0637391	杨树育种技术管理软件	中国林业科学研究院林业研究所	20220525
237	2022SR0637392	杨树育种施肥管理软件	中国林业科学研究院林业研究所	20220525
238	2022SR0637234	杨树栽培土壤环境监测软件	中国林业科学研究院林业研究所	20220525
239	2022SR0637233	杨树栽培信息服务管理软件	中国林业科学研究院林业研究所	20220525
240	2022SR0024786	遥感影像处理系统	中国林业科学研究院资源信息研究所	20220106
241	2022SR0593358	遥感影像数据管理系统	国家林业和草原局华东调查规划院	20220518
242	2022SR0932210	野生动物声源定位系统	中国林业科学研究院资源信息研究所	20220714
243	2022SR0880970	一种基于坐标点提取全球气象数据的软件	浙江省林业科学研究院	20220701
244	2022SR0417245	一种鉴别香榧多倍体品种的分子特征性 SSR 引物及方法标准化评测系统	浙江省林业科学研究院	20220331
245	2022SR0466387	一种鉴别香榧多倍体品种的分子特征性 SSR 引物及方法信息记录系统	浙江省林业科学研究院	20220414
246	2022SR1239770	一种鲜切香菇保鲜方法评估软件	北京市农林科学院	20220823
247	2022SR1257266	一种鲜切香菇的加工流程管理平台	北京市农林科学院	20220824
248	2022SR0277038	一种增加竹粉 /PLA 复合材料相容性的竹粉处理管理平台	浙江省林业科学研究院	20220225

（续）

序号	登记号	软件名称	著作权人	登记日期
249	2022SR1004931	一种栀子种质资源表型描述和综合评价系统	湖南省林业科学院	20220804
250	2022SR0597919	异质碳点掺杂纳米晶降解室内甲醛预测系统	中国林业科学研究院木材工业研究所	20220518
251	2022SR0436405	营造林核查验收数据管理系统	国家林业和草原局华东调查规划院	20220406
252	2022SR1249718	优良经济型固沙植物综合评价系统	中国农业科学院草原研究所	20220823
253	2022SR0378112	油茶病虫害绿色防控和昆虫授粉专家咨询系统	湖北省林业科学研究院	20220322
254	2022SR0883830	油茶成花启动过程中老叶中差异表达基因筛选系统	中国林业科学研究院亚热带林业实验中心	20220704
255	2022SR0905743	油茶发育过程中蔗糖含量的跟踪记录系统	中国林业科学研究院亚热带林业实验中心	20220707
256	2022SR0944700	油茶蓝翅天牛防治效果评价系统	江西省林业科学院	20220719
257	2022SR0905740	油茶芽中激素和糖的相关性分析软件	中国林业科学研究院亚热带林业实验中心	20220707
258	2022SR0303003	油茶杂交数据记录系统	浙江省林业科学研究院	20220303
259	2022SR1566456	油茶种子生长管理系统软件	中国林业科学研究院亚热带林业研究所	20221128
260	2022SR0525768	油橄榄提炼加工控制系统	云南省林业和草原科学院	20220426
261	2022SR0819910	油橄榄种植病害监测管理系统	四川省林业科学研究院	20220622
262	2022SR0525769	油橄榄种植产业经济服务平台	云南省林业和草原科学院	20220426
263	2022SR0819725	油橄榄种植虫害监测管理系统	四川省林业科学研究院	20220622
264	2022SR0992558	油橄榄种质资源信息管理系统	四川省林业科学研究院	20220803
265	2022SR0436433	油梨质量等级数据智能分析系统	广西壮族自治区林业科学研究院	20220406
266	2022SR1030322	幼龄葡萄田间模拟增温试验装置运行系统	新疆林业科学院	20220808
267	2022SR0458030	院基金申报评审服务平台	中国林业科学研究院资源信息研究所	20220412
268	2022SR1251713	造林绿化空间数据分析管理系统	国家林业和草原局华东调查规划院	20220824
269	2022SR0007580	择伐型森林收获调整优化系统	中国林业科学研究院资源信息研究所	20220104
270	2022SR1493474	长白山林区森林碳汇功能动态监测系统	吉林省林业科学研究院	20221111
271	2022SR1573249	长白山区天然次生林多功能经营监测软件	吉林省林业科学研究院	20221215
272	2022SR0562821	珍稀家具用材材种快速鉴定与识别系统	中国林业科学研究院林产化学工业研究所	20220506
273	2022SR0845185	桢楠、香樟等珍贵树种栽培管理系统	重庆市林业科学研究院	20220624
274	2022SR0036349	植被覆盖度计算软件	四川省林业科学研究院	20220106
275	2022SR0499831	植被叶绿素荧光数据反演与产品制作系统	国家林业和草原局林草调查规划院	20220421
276	2022SR0601432	植物挥发油最佳提取工艺优化软件	中国农业科学院草原研究所	20220519
277	2022SR0024863	植物图像处理系统	中国林业科学研究院资源信息研究所	20220106
278	2022SR0407626	智慧林草云平台	国家林业和草原局西北调查规划院	20220329
279	2022SR0423090	智慧林长网格系统	国家林业和草原局产业发展规划院	20220401

（续）

序号	登记号	软件名称	著作权人	登记日期
280	2022SR1249719	智慧牧场涡度相关观测通量数据的数据信息化分析系统	中国农业科学院草原研究所	20220823
281	2022SR0918908	智慧自然保护地客户端	国家林业和草原局西北调查规划院	20220712
282	2022SR0918907	智慧自然保护地平台	国家林业和草原局西北调查规划院	20220712
283	2022SR0195358	智能钻孔 - 多机协同控制系统	中国林业科学研究院木材工业研究所	20220207
284	2022SR1378906	重庆市自然保护区电子围栏系统	重庆市林业科学研究院	20220928
285	2022SR0224851	重要树种资源利用数据库平台	中国林业科学研究院林业研究所	20220214
286	2022SR1013726	重要资源树种木材品质性状数据库软件	中国林业科学研究院木材工业研究所	20220804
287	2022SR0552696	朱槿嫁接繁育管理系统	广西壮族自治区林业科学研究院	20220429
288	2022SR0552693	朱槿扦插繁育管理系统	广西壮族自治区林业科学研究院	20220429
289	2022SR0552694	朱槿种质资源收集查询系统	广西壮族自治区林业科学研究院	20220429
290	2022SR0558163	竹材维管束结构特征分析软件	国际竹藤中心	20220505
291	2022SR0212787	主要林业有害生物数据库平台	中国林业科学研究院林业研究所	20220210
292	2022SR0211592	主要用材树种材性数据库平台	中国林业科学研究院林业研究所	20220210
293	2022SR0999920	紫薇属种质资源管理平台	广西壮族自治区林业科学研究院	20220803
294	2022SR0407639	自然保护地智慧监管系统	国家林业和草原局西北调查规划院	20220329
295	2022SR0760731	作物脱粒柔性调控系统	中国农业科学院草原研究所	20220614

附表6　2022年林业和草原科研院所授权发明专利

序号	专利号	专利名称	专利权人	发明人	申请日	授权公告日
1	ZL202011459225.5	一种基于大黄种植专用的除草施肥装置及其高产栽培方法	阿坝州林业和草原科学技术研究所、阿坝职业学院、四川农业大学	张利、刘雅浥、颜金燕、朱欣伟、肖玖金、刘千里、刘建霞、徐舟	20201211	20220315
2	ZL202110095461.1	一种基于深度学习的竹笋数量与高生长率在线监测方法	安徽农业大学、国际竹藤中心	江朝晖、洪石兰、朱家微、高健	20210125	20220531
3	ZL202111500403.9	一种智能调节的刷树机及方法	安吉县自然资源和规划局、浙江省林业技术推广总站	黄继育、黄宏亮、吴佳、诸炜荣、黄勇、张骏、高智慧、王宗星、徐翠霞、胡秋涛、冯博杰、周子贵、黄玉洁	20211209	20221104
4	ZL202011160761.5	一种核桃树嫁接方法	百色市林业科学研究所	陆荣民、谢伟东、韦燕妮、玉肖芬、龙美、陈代云、莫爱媛	20201027	20220722
5	ZL202110642724.6	一种濒危珍稀植物四合木的组培繁殖方法	包头市园林科研所	李娟娟、闫瑞仙、秦晓春	20210609	20220603
6	ZL201710084473.8	一种果树深松施肥机	保山市农业机械化技术推广站、保山市林业技术推广总站	杨寿祥、李生雄、黄佳聪、陈一帆、万晓军、杨东、杨晏平、马玉莲、鲁群兰、段迎玲、段强	20170216	20221227
7	ZL201910997781.9	一种适于长距离运输的组培苗包装方法	北部湾大学、钦州市林业科学研究所	王华宇、杨利平、何贵整、陈乃明、王鹏良、陈俊锦、杨琼、谭冬晓、赖崇健	20191021	20220802
8	ZL202011523018.1	一种轮轨滚动接触式振动实验台	北京建筑大学、北京林业大学	陈新华、黄建坤、普托拜依·阿克居力、曾靖权	20201221	20220722
9	ZL202111496966.5	一种纳米纤维素塑料添加剂、轻量化聚丙烯材料及制备方法	北京理工大学、中国林业科学研究院木材工业研究所、北京北方世纪纤维素技术开发有限公司	吕少一、邵自强、刘燕华、喻姝娴	20211209	20220916
10	ZL201811390511.3	一种提高草莓花色苷稳定性的组合物及其应用	北京市林业果树科学研究院	周家华、常虹、王宝刚、李文生、王云香	20181121	20221108
11	ZL202110889694.9	苹果砧木抗盐胁迫相关基因MdLysMe3及其编码蛋白与应用	北京市林业果树科学研究院	李兴亮、张军科、周佳、李民吉、周贝贝、杨雨璋、孙婷婷、张强、魏钦平	20210804	20221004
12	ZL202011101270.3	与月季红色花瓣相关的Indel标记及鉴定月季红色花瓣的分子方法	北京市林业果树科学研究院	金万梅、李茂福、杨媛、王华、张宏、范又维、孙佩	20201015	20220506
13	ZL202010373991.3	甜樱桃砧木资源的SSR标记及其指纹图谱数据库	北京市林业果树科学研究院	王晶、张开春、段续伟、张晓明、闫国华、周宇、陈玲	20200506	20220412
14	ZL201711375280.4	与葡萄果皮颜色相关的SNP分子标记及应用	北京市林业果树科学研究院	孙磊、徐海英、王慧玲、张国军、闫爱玲、王晓玥、任建成	20171219	20220322

（续）

序号	专利号	专利名称	专利权人	发明人	申请日	授权公告日
15	ZL201910147014.9	一种调整北方埋土栽培区葡萄主蔓基部角度的方法	北京市林业果树科学研究院	张国军、任建成、王晓玥、徐海英、孙磊、闫爱玲、王慧玲、戚元勇	20190227	20220318
16	ZL202010704533.3	一种调控北方埋土栽培区‘龙干形’葡萄树结果母枝一致性的方法	北京市林业果树科学研究院	张国军、任建成、王晓玥、徐海英、孙磊、闫爱玲、王慧玲、戚元勇	20200721	20220104
17	ZL202110794191.3	一种樱桃树扇形整形方法	北京市林业果树科学研究院、陕西省澄城县农业农村局	张开春、周巧红、路理钧、段续伟、王晶、闫国华、张晓明、周宇	20210714	20220812
18	ZL202011521846.1	一种植物耐涝性的综合评价方法	北京市园林科学研究院	孙宏彦、舒健骅、王茂良、丛日晨、李新宇、李延明	20201221	20220916
19	ZL202010212013.0	苔草分子鉴定的 SSR 引物及应用	北京市园林科学研究院	崔荣峰、董爱香、卫波、周燕、王青、谭玲玲、吉乃喆、张红艳、衣彩杰、苑超	20200324	20220802
20	ZL202110378586.5	一种芳香植物挥发物的采集系统及其采集方法	北京市园林绿化科学研究院	王茜、李新宇、王月容、段敏杰、舒健骅、郭珺琪	20210408	20220705
21	ZL202011210574.3	一种提高冬荪氨基酸含量的仿野生栽培方法	毕节市林业科学研究所	毕宁、侯俊、周丰、王彩云、何忠国、肖艳、李斌	20201103	20220628
22	ZL201911313849.3	一种干旱阳坡山地微地形苗圃地幼树防风防寒方法及应用	承德市林业技术推广总站	王丽君、周佳丽、杨茜、任宏伟、王瑞江、耿金川、白亮、薛桐	20191219	20220201
23	ZL202010593905.X	一种确定不同林龄华北落叶松大径材林分保留木的方法	赤峰市林业科学研究院	程瑞春、乌志颜、惠建平、白玉茹、李文臣、陆昕、李东升、郭淑文、穆喜云	20200628	20220809
24	ZL202011469383.9	一株球孢白僵菌及其应用、复合菌剂与红松坚果林专用抗病虫增产复合肥	东北林业大学、黑龙江林友农业发展有限责任公司、黑龙江省森林保护研究所	郭鸿儒、迟德富、贾妮娅、朱天博、石春玲、宇佳	20201214	20220923
25	ZL202010542562.4	一种利用低温胁迫作用提高铁皮石斛多糖提取量的方法	恩施土家族苗族自治州林业科学研究院（恩施土家族苗族自治州林业科技推广站）	李双龙、顿春垚、李春霖、向伟、陈伟、张川、张瑛、向朝辉、胡钧恩	20200615	20221206
26	ZL202011637329.0	一种竹材炭化干燥装置及其加工方法	福建傲世干燥设备有限公司、国家林业和草原局哈尔滨林业机械研究所、湖南省林业科学院、湖南阳明竹咏科技有限公司	韩龙虹、周建波、孙晓东、肖飞、韩龙卫、彭亮、陶光汉、陶祖起	20201231	20221223
27	ZL201711164154.4	自动化无纺布容器育苗营养袋生产线及其生产工艺	福建省林业科学研究院、福建隆丰林业机械科技有限公司	高锐、林章磊、陈锡桓、叶勤生	20171121	20220916
28	ZL201711162998.5	全自动育苗容器成型及基质装填设备与生产工艺	福建省林业科学研究院、福建农林大学	高锐、沈嵘枫、陈涵、邱仁辉、陈志强、吕亚凤	20171121	20220712

（续）

序号	专利号	专利名称	专利权人	发明人	申请日	授权公告日
29	ZL202110584604.5	一种流动沙丘综合生态修复方法	甘肃省林业科学研究院	陈文业、谈嫣蓉、朱丽、马超、王斌杰、肖云飞、孙飞达、邴丹珲、王增辉、刘振恒、刘在国、罗文莉、魏佳英	20210527	20221104
30	ZL202010909306.4	一种苗木培育装置和苗木培育方法	甘肃省小陇山林业实验局林业科学研究所	李平英、安三平、刘文桢、韩云花、马丽娜	20200902	20220114
31	ZL202111195074.1	一种高寒沙化草地强风频发区生物材料植入的方法	甘肃省治沙研究所	何芳兰、金红喜、吴昊、李金辉	20211012	20221213
32	ZL202010733012.0	一种绿化养护用树木防护设备	甘肃省治沙研究所	柳小平、陈思航、赵倩云、张元恺、王明国、李雪娇、吴昊、王林邦、王成帮、邱晓娜	20200727	20220920
33	ZL201910433526.1	一种用于土壤剖面取土装置	甘肃省治沙研究所	张芝萍、赵艳丽、安富博	20190523	20220603
34	ZL201710034498.7	一种藻毯及其制备方法	甘肃省治沙研究所	刘淑娟、袁宏波、刘虎俊、万翔、李菁菁、刘开琳、李学敏	20170118	20220408
35	ZL202110168445.0	一种半红树植物银叶树快速育苗方法	广东红树林生态科技有限公司、中国林业科学研究院热带林业研究所	丁功桃、姜仲茂、丁萍兴、吴文杰、辛琨、熊燕梅	20210207	20221202
36	ZL202011540607.0	一种庭院红树林湿地生态系统及其栽种养护方法	广东红树林生态科技有限公司、中国林业科学研究院热带林业研究所	丁功桃、姜仲茂、丁萍兴、吴文杰、辛琨、熊燕梅	20201223	20220923
37	ZL202011539662.8	一种用于红树林植物的盆栽装置及其应用	广东红树林生态科技有限公司、中国林业科学研究院热带林业研究所	丁功桃、姜仲茂、丁萍兴、吴文杰、辛琨、熊燕梅	20201223	20220729
38	ZL202110298193.3	一种园林废物的预处理及堆肥方法	广东省林业科学研究院	李伟雄、曾雷、谢继红	20210319	20221118
39	ZL202011626542.1	一种适用于根用型植物的林下低干扰种植方法	广东省林业科学研究院	王丛丛、王洪峰、何春梅、苏凌业、徐明锋	20201231	20221011
40	ZL202111462131.8	一种赪桐多倍体的高效诱导方法	广东省林业科学研究院	苏凌业、王洪峰、何春梅、王丛丛、徐明锋、庄赟、廖桂花	20211202	20220920
41	ZL202210571999.X	己酸和己酸己酯在驱避红火蚁中的应用	广东省林业科学研究院	邱华龙、徐金柱、赖略、秦长生、杨华、田龙艳、彭龙春	20220525	20220916
42	ZL202110666379.X	红锥组培用萌条培育方法	广东省林业科学研究院	廖焕琴、潘文、张卫华、杨晓慧、徐放、杨会肖、陈新宇、朱报著、徐斌	20210616	20220909
43	ZL202110391487.0	富硒竹荪的栽培方法	广东省林业科学研究院	王裕霞、徐斌、潘文、陈新宇、廖焕琴	20210413	20220902
44	ZL202111361841.1	一种尾叶桉矮化促花的方法	广东省林业科学研究院	杨晓慧、杨会肖、潘文、张卫华、廖焕琴、徐放	20211117	20220624

（续）

序号	专利号	专利名称	专利权人	发明人	申请日	授权公告日
45	ZL202010223472.9	一株轮纹镰刀菌及其应用	广东省林业科学研究院	邱华龙、秦长生、练涛、田龙艳、张伟、叶真任、徐金柱、赵丹阳、杨华、靳秀芳、陆建康	20200326	20220607
46	ZL202110571408.4	朱顶红组培繁育方法	广东省林业科学研究院	廖焕琴、杨会肖、杨晓慧、徐放、陈新宇、潘文、朱报著、徐斌、张卫华	20210525	20220607
47	ZL201911369246.5	一种嵌套式容器瓶	广东省林业科学研究院	张应中、徐煲铧、王明怀、王静	20191226	20220531
48	ZL202010055483.0	一种赪桐的组培快繁方法	广东省林业科学研究院	苏凌业、何春梅、王丛丛、王洪峰	20200117	20220419
49	ZL202110056513.4	一种红锥弯枝促萌技术获取大批量优质外植体的方法及其应用	广东省林业科学研究院	张卫华、潘文、徐放、陈新宇、朱报著、杨会肖	20210115	20220107
50	ZL202011539774.3	一种含有龙脑的植物组织中有机化合物的提取方法	广东省林业科学研究院、广东森霖造绿有限公司、广东尚善环境建设有限公司	侯晨、谢佩吾、陈杰连、李毅、陈春如、尧俊、邱文霞、李泽波、蔡燕灵、白青松、连辉明、梁东成、何波祥、汪迎利、张谦	20201223	20220805
51	ZL202011435333.9	一种高效中华鹅膏菌专用培养基及其制备方法与应用	广东省林业科学研究院、广州双木林业有限公司、广东省科学院动物研究所	魏龙、蔡坚、王晓玲、周毅、吴裕建	20201210	20220617
52	ZL202110406540.X	一种基于快检数据自动采集系统	广东省林业科学研究院、广州追溯信息科技有限公司	陈颖乐、徐巧林、郑力维、林郑伟、曾雷、余玉娟、王颂	20210415	20220315
53	ZL202010813014.0	一种快检手机端用并行数据同步上传系统	广东省林业科学研究院、广州追溯信息科技有限公司	王颂、陈颖乐、郑力维、林郑伟、徐巧林、曾雷、余玉娟	20200813	20220304
54	ZL202110407841.4	一种快检平台用远程交互系统	广东省林业科学研究院、广州追溯信息科技有限公司	余玉娟、曾雷、郑力维、林郑伟、徐巧林、王颂、陈颖乐	20210415	20220304
55	ZL202010812400.8	一种检验数据分析验证系统	广东省林业科学研究院、广州追溯信息科技有限公司	徐巧林、陈颖乐、郑力维、林郑伟、曾雷、余玉娟、王颂	20200813	20220201
56	ZL202110959083.7	一种基于改性胶粘剂和新型组坯方式的竹基纤维复合材料及其制备方法和应用	广东省林业科学研究院、太尔胶粘剂（广东）有限公司	马红霞、杨婵、李兴伟、边国民、李万菊、杨晓燕、陈利芳、符耀渝、谢桂军、高婕、李怡欣、曹永建、王剑菁、钱明惠、赖敏婷	20210820	20220628
57	ZL202010468079.6	一种从高脂松松脂中制备柠檬烯的设备及其使用方法	广西壮族自治区林业科学研究院	陆顺忠、吴建文、陆葆荣、关继华、邱米、黎贵卿、杨素华、汤星月	20200528	20221220
58	ZL202011285620.6	一种对伞花烃的制备方法	广西壮族自治区林业科学研究院	孟中磊、周永红、蒋剑春、胡立红、赵振东、高守娜、廖仲秋	20201117	20221216

（续）

序号	专利号	专利名称	专利权人	发明人	申请日	授权公告日
59	ZL202011643369.6	一株兰花菌根真菌 PF07 及其应用	广西壮族自治区林业科学研究院	陈宝玲、唐庆、杨开太、蒋林、周千淞、黄森、胡雪玲、李进华、刘世勇、孙开道、林茂、余玉珠、黄欣、桂雪萍、吴晓峰、孙利娜	20201231	20221129
60	ZL202011635400.1	一株兰花菌根真菌 PF06 及其应用	广西壮族自治区林业科学研究院	陈宝玲、周千淞、龚建英、杨开太、王华新、苏莉花、汪小玉、潘文、李进华、杨舒婷	20201231	20221129
61	ZL202011635454.8	一株兰花菌根真菌 PF02 及其应用	广西壮族自治区林业科学研究院	陈宝玲、杨开太、龙定建、唐庆、龚建英、苏莉花、杜铃、陈尔、李冰、唐道冥	20201231	20221129
62	ZL202010426414.6	一种提升高产脂马尾松优树继代芽生根稳定性的方法	广西壮族自治区林业科学研究院	姚瑞玲、王胤	20200519	20221115
63	ZL202110671251.2	一种促进枫香叶片变色的喷施剂	广西壮族自治区林业科学研究院	王仁杰、尹国平、蒋燚、刘雄盛、黄荣林、王勇、韦铄星、姜英、肖玉菲	20210617	20221111
64	ZL201810892624.7	一种基于 DEM 地形因子的杉木碳密度计算方法	广西壮族自治区林业科学研究院	石媛媛、邓明军、唐健、王会利、曹继钊、宋贤冲、潘波、覃祚玉、覃其云、邓小军	20180807	20221101
65	ZL202210046497.5	一种复合微生物肥料生产用菌株加载造粒装置	广西壮族自治区林业科学研究院	邓小军、唐健、罗敦、王会利、宋贤冲、覃其云、覃祚玉、曹继钊	20220112	20221014
66	ZL202110891342.7	一种粗叶榕高效组培繁育方法	广西壮族自治区林业科学研究院	肖玉菲、陈博雯、覃玉凤、覃子海、钟连香、魏秋兰、张晓宁、张烨、刘海龙	20210804	20220923
67	ZL202010417734.5	一种桉树组培外植体制备及无菌芽诱导方法	广西壮族自治区林业科学研究院	邓紫宇、刘媛、卢翠香、任世奇、郭东强、唐庆兰、陈升侃、伍琪、李昌荣、周维、陈健波、甘春雁	20200518	20220909
68	ZL202010417733.0	一种有效获取大花序桉无菌幼化芽的方法	广西壮族自治区林业科学研究院	邓紫宇、唐庆兰、郭东强、任世奇、卢翠香、刘媛、陈升侃、李昌荣、伍琪、陈健波、周维、甘春雁	20200518	20220909
69	ZL202010756252.2	一种诱导大百合解除休眠后生根的方法	广西壮族自治区林业科学研究院	赵志珩、陈玉珍、卢存福、梁文汇、黄晓露、廖健明、李宝财、朱昌叁	20200731	20220906
70	ZL202011536048.6	一种眼纹斑叩甲的饲养方法	广西壮族自治区林业科学研究院	黄华艳、蒋学建、秦庭伟、赵程劼、赵鹏飞、罗辑、常明山	20201223	20220805
71	ZL202110326575.2	一种制备根皮苷混合降糖制剂的方法	广西壮族自治区林业科学研究院	杨漓、周丽珠、谷瑶、李桂珍	20210326	20220805
72	ZL201811089552.9	一种杏黄兜兰的无性繁殖方法	广西壮族自治区林业科学研究院	陈宝玲、龚建英、唐庆、王华新、林茂、陈尔、唐道冥、孙利娜、苏莉花、龙定建	20180918	20220802

（续）

序号	专利号	专利名称	专利权人	发明人	申请日	授权公告日
73	ZL201811202435.9	一种预防叶子花组培苗黄化的方法	广西壮族自治区林业科学研究院	孙利娜、唐庆、李冰、林茂、李进华、杜铃、杨舒婷、陈尔、孙开道、黄欣、廖美兰	20181016	20220712
74	ZL202111488909.2	一种杉木用恒温育种设备及其使用方法	广西壮族自治区林业科学研究院	程琳、陈琴、戴俊、黄开勇、陈代喜、李魁鹏、陈晓明、蓝肖、陈仕昌	20211208	20220712
75	ZL202111442255.X	一种促进濒危植物海南风吹楠种子萌发的方法	广西壮族自治区林业科学研究院	刘雄盛、黄荣林、王仁杰、蒋燚、姜英、肖玉菲、王勇、李娟、曹顺平、刘菲、韦铄星	20211130	20220705
76	ZL202110666373.2	一种以种子为外植体进行组培扩繁大百合的繁殖方法	广西壮族自治区林业科学研究院	赵志珩、陈玉珍、卢存福、安家成、马锦林、梁文汇、黄晓露、廖健明	20210616	20220610
77	ZL201811630802.5	一种马来穿山甲专用饲料及其制备方法	广西壮族自治区林业科学研究院	闫鼎羽、李开祥、梁文汇、李宝财、曾鹏、陈金艳	20181229	20220524
78	ZL202010724676.0	一种自动消沫多功能精馏塔装置及其精馏工艺	广西壮族自治区林业科学研究院	陆顺忠、汤星月、关继华、邱米、黎贵卿、吴建文、李秋庭、陆葆荣、陈燕、杨素华	20200724	20220513
79	ZL202011227266.1	一种红锥幼林精准配方施肥的方法	广西壮族自治区林业科学研究院	彭玉华、申文辉、谭长强、曹艳云、黄志玲、郝海坤、郑威、何峰	20201106	20220513
80	ZL202010758743.0	一种多品种油茶的栽培方法	广西壮族自治区林业科学研究院	叶航、郝丙青、陈国臣、曾雯珺、刘凯、马锦林、王东雪	20200731	20220510
81	ZL201910972772.4	一种采用油茶树根嫁接培育山茶盆景的方法	广西壮族自治区林业科学研究院	马锦林、韦晓娟、吴方圆、伍思宇	20191014	20220415
82	ZL201910215513.7	一种提高杉木种子发芽率的方法	广西壮族自治区林业科学研究院	黄开勇、程琳、蓝肖、陈琴、戴俊	20190321	20220412
83	ZL202110280432.2	一种岑溪软枝油茶栽培品种配置组合的筛选方法	广西壮族自治区林业科学研究院	王东雪、夏莹莹、江泽鹏、曾雯珺、蔡娅、梁斌	20210316	20220412
84	ZL201910617230.5	一种马尾松胚性细胞增殖的悬浮培养方法	广西壮族自治区林业科学研究院	姚瑞玲、王胤	20190710	20220401
85	ZL202010869222.2	一种高出材率木材物理力学试材制作方法	广西壮族自治区林业科学研究院	卢翠香、刘媛、周维、邓紫宇、唐庆兰、郭东强、任世奇、伍琪、陈升侃、陈健波、李昌荣、韦振道	20200826	20220318
86	ZL202010880528.8	一种高价值用材树种香合欢组培快繁方法	广西壮族自治区林业科学研究院	张烨、韦铄星、刘海龙、李松海、欧汉彪、韦海航	20200827	20220318
87	ZL201910439279.6	一种互叶白千层生化类型的鉴别方法	广西壮族自治区林业科学研究院	梁忠云、李桂珍、陈海燕、杨漓、叶海芹、秦荣秀、李绍勇	20190524	20220311
88	ZL202010905417.8	一种轻质刨花板的制备方法	广西壮族自治区林业科学研究院	王军锋、黄腾华、宋恋环、雷福娟、胡拉、陈松武、栾洁、秦理哲、陈桂丹	20200901	20220311

（续）

序号	专利号	专利名称	专利权人	发明人	申请日	授权公告日
89	ZL202010326549.5	一种富含黄酮板栗淀粉的制备方法	广西壮族自治区林业科学研究院	梁文汇、赵志珩、廖健明、黄晓露、李宝财、杨卓颖、蓝金宣	20200423	20220304
90	ZL201811628943.3	提高出油率的油茶树的种植方法	广西壮族自治区林业科学研究院	曹继钊、覃祚玉、宋贤冲、覃其云、石媛媛、潘波、王会利、唐健、邓小军	20181228	20220301
91	ZL201910368382.6	一种澳洲茶树精油提取剩余物轻型育苗基质及其制作方法	广西壮族自治区林业科学研究院	陈博雯、李军集、张烨、肖玉菲、张晓宁、刘海龙、覃子海	20190505	20220301
92	ZL201910617233.9	马尾松胚性愈伤增殖与维持培养的方法	广西壮族自治区林业科学研究院	姚瑞玲、王胤	20190710	20220301
93	ZL201910994627.6	一种水溶性松香树脂加工设备及其应用方法	广西壮族自治区林业科学研究院	关继华、陆顺忠、黎贵卿、吴建文、邱米、杨素华、汤星月	20191018	20220301
94	ZL201810133310.9	一种提高马尾松扦插母株产穗量的方法	广西壮族自治区林业科学研究院	王胤、姚瑞玲	20180209	20220225
95	ZL201910014852.9	一种马尾松原生质体制备方法	广西壮族自治区林业科学研究院	姚瑞玲、王胤	20190108	20220222
96	ZL201810036833.1	一种松油醇合成中提高蒎烯转化率的方法	广西壮族自治区林业科学研究院	孟中磊、蒋剑春、梁忠云、李桂珍、秦荣秀、钟昌勇、谷瑶、胡国姣	20180115	20220215
97	ZL202010327016.9	一种药用淀粉的制备方法	广西壮族自治区林业科学研究院	梁文汇、赵志珩、李宝财、黄晓露、廖健明、蓝金宣、杨卓颖	20200423	20220215
98	ZL202110292650.8	一种利用植物精油制备脂质体微胶囊长效驱蚊膏的方法	广西壮族自治区林业科学研究院	谷瑶、杨漓、李桂珍	20210318	20220128
99	ZL201910439794.4	一种旋光性芳樟醇型樟树的鉴别方法	广西壮族自治区林业科学研究院	梁忠云、李桂珍、陈海燕、杨漓、叶海芹、秦荣秀、李绍勇	20190524	20220107
100	ZL202110639073.5	一种屋顶绿化建筑节能效果检测方法	广州市林业和园林科学研究院	乔煜、李智琦、熊咏梅、潘勇军、阮琳、代色平、龙嘉翼、齐跃强、林雯	20210608	20220805
101	ZL202010369701.8	一种可提升调节的大型立体绿化种植装置	广州市林业和园林科学研究院	吴俭峰、邱毅敏、蒲苑君、刘兴跃、梁键仑、梅秋明、罗婉贞、陈新影、刘钊俊	20200505	20220311
102	ZL202010369715.X	一种可转动调节的大型立体绿化种植装置	广州市林业和园林科学研究院	邱毅敏、吴俭峰、夏征、程仁武、叶本立、胡鑫、蒲苑君、罗倩、王方、周任妮	20200505	20220311
103	ZL202111318456.9	一种芒萁原叶体绿色球状体组培生产方法	广州悦达林业有限责任公司、江西省林业科学院	刘丽婷、龚春、张港隆、熊振宇、高伟、汪雁楠、吴妹杰	20211108	20220920
104	ZL202110398053.3	一种畜牧养殖饲料加工设备及饲料加工方法	贵州省草业研究所、贵州鼎芯农牧科技有限公司、贵州阳光草业科技有限责任公司	骆金红、熊先勤、尚以顺、李小冬、陈光吉、李世歌、翁吉梅、李鹏程、裴成江、张蓉、陈强、刘凤丹	20210414	20220927

（续）

序号	专利号	专利名称	专利权人	发明人	申请日	授权公告日
105	ZL201811610238.0	一种便携式快速检测土壤中有效磷含量的测试盒及利用该测试盒测试土壤中有效磷的方法	贵州省林业科学研究院	黄安香、令狐仪全、杨定云、丁访军、杨守禄、袁从军、刘祥云、付品、朱亚艳、姬宁、李丹、张彦雄、邹映雪	20181227	20221122
106	ZL202110942546.9	油茶基碎料板及其制备方法	贵州省林业科学研究院	杨守禄、王忠伟、刘竹、刘明、李猛、丁访军、罗扬、许杰、姬宁、李丹、吴志刚、袁从军、黄安香、林建	20210817	20221004
107	ZL202110411981.9	一种虎舌红成熟胚愈伤诱导和分化及不定芽增殖方法	贵州省林业科学研究院	邓伦秀、吴高殷、刘晓慧、陈锐、龙海燕、徐超然	20210416	20220510
108	ZL202011536894.8	一组小叶兜兰根内产香真菌及应用	贵州省林业科学研究院	田凡、廖小锋、李从瑞、罗在柒、颜凤霞、王莲辉、姜运力、罗红	20201223	20220201
109	ZL202110393352.8	耦合多因素影响的华北落叶松人工林生长模型及构建方法	贵州省山地资源研究所、中国林业科学研究院森林生态环境与自然保护研究所	田奥、王彦辉、于澎涛、刘泽彬、韩新生、王晓、徐丽宏	20210413	20221108
110	ZL202110755680.8	一种绿色的白及锈病防治方法	贵州省植物园（贵州省园林科学研究所、贵州省植物研究所）	张家春、周颖、周鑫伟、张子雄、张珍明、孙超	20210705	20221202
111	ZL202110954200.0	一种具有防治白及锈病的植物源制剂及其制备方法	贵州省植物园（贵州省园林科学研究所、贵州省植物研究所）	周颖、周鑫伟、张家春、郑听、张子雄、张珍明、孙超	20210819	20221202
112	ZL202110156248.7	一种具有防治锈病的黄柏林下种植白及的方法	贵州省植物园（贵州省园林科学研究所、贵州省植物研究所）	张家春、周颖、周鑫伟、李朝桢、张子雄、张珍明、孙超	20210204	20220902
113	ZL202110801211.5	一种白及块茎的分龄采收方法	贵州省植物园（贵州省园林科学研究所、贵州省植物研究所）	周颖、李朝桢、张家春、戚燕强、周鑫伟、熊鹏飞、张子雄、张珍明、孙超	20210715	20220830
114	ZL202110694723.6	一种混合氮素在促进白及生长与提高光合效率和多糖积累上的应用	贵州省植物园（贵州省园林科学研究所、贵州省植物研究所）	任启飞、马菁华、刘芳、欧明烛、邓佳华、陈云飞、周艳	20210621	20220805
115	ZL201811354640.7	一种豆瓣兰种质创制的方法	贵州省植物园（贵州省园林科学研究所、贵州省植物研究所）	周艳、周庆、张梅、胡瑾、周洪英、李依嫚、冯佑鸿	20181114	20220517
116	ZL201911208190.5	一种热塑性植物纤维预浸料的制备方法	国际竹藤中心	程海涛、谭玉林、王翠翠、张文福、顾少华、郑海军	20191130	20221216
117	ZL201810351511.6	一种竹束纤维单板整张化方法及设备	国际竹藤中心	陈复明、王戈、程海涛、陈滔、周海英	20180419	20221202
118	ZL202110767933.3	一种缩短毛竹茎秆高度和节长的方法	国际竹藤中心	高健、白羽聪、徐郡儡、谢亚丽、姜举堂	20210707	20221101
119	ZL202110176143.8	一种绿色环保的竹材防霉方法	国际竹藤中心	于子绚、覃道春、张融、王汉坤	20210206	20221028

（续）

序号	专利号	专利名称	专利权人	发明人	申请日	授权公告日
120	ZL202110624749.3	改性活性炭及其制备方法和超级电容器	国际竹藤中心	马建锋、刘杏娥、代琳心、江泽慧、谭雨菁、杨淑敏、田根林、尚莉莉、马千里	20210604	20221014
121	ZL202110322248.X	一种提高毛竹林碳储量的方法	国际竹藤中心	刘广路、冯云、蔡春菊、魏松坡	20210325	20220902
122	ZL202111402946.7	一种连续带状竹篾制备系统及制备方法	国际竹藤中心	程海涛、顾少华、陈季荷、李文婷、李明鹏、苑之童、王戈、张文福	20211124	20220809
123	ZL202110383974.2	一种增长毛竹茎秆高度和节长的方法	国际竹藤中心	高健、白羽聪、谢亚丽、郑慧芳、徐郡儡、蔡苗苗、宋华建	20210409	20220624
124	ZL202110520359.1	一种导引管和纤维抱合装置及其成纱设备和成纱方法	国际竹藤中心	程海涛、李文婷、李明鹏、陈季荷、王戈、李琪微、郑海军、苑之童、顾少华	20210513	20220607
125	ZL202110057400.6	毛竹 *PeAPX5* 基因及应用	国际竹藤中心	李雪平、宋笑龙、李夷骞	20210115	20220517
126	ZL202110604100.5	毛竹 *PeDREB3* 基因及其在植物抗寒性调控中的应用	国际竹藤中心	李雪平、宋笑龙、李夷骞	20210531	20220517
127	ZL201710098352.9	一种圆竹负离子空气净化机及其制作方法	国际竹藤中心	陈复明、吴洪欣、王戈、程海涛、李群、孙涛、宫飞飞	20170222	20220506
128	ZL201911402380.0	一种竹材纤维素气凝胶保温材料及其制备方法和应用	国际竹藤中心	王汉坤、黎静、黄汉霄、张雪霞、张晓凤	20191230	20220503
129	ZL202010249078.2	一种碳纳米管 - 棕榈藤薄膜的制备及其使用方法	国际竹藤中心	马千里、王坤、尚莉莉、费本华、刘杏娥	20200401	20220315
130	ZL201910543500.2	一种竹束整张化单板质量在线检测系统及在线检测方法	国际竹藤中心	陈复明、孙军、戚新星、徐晓淳、周海英、王戈、孙丰波	20190621	20220215
131	ZL201910975975.9	一种连续均匀带状薄竹篾的制备方法	国际竹藤中心	程海涛、顾少华、张文福、郑海军、王戈	20191015	20220215
132	ZL202010639558.X	一种耐水耐油抗跌落竹纤维环保餐盒的制备方法	国际竹藤中心	邓健超、王戈、于子绚、张文福、陈晓怡	20200706	20220215
133	ZL202110135285.X	一种金属有机骨架 / 木质复合材料及其制备方法和用途	国际竹藤中心	张融、苏明垒、张晓凤、何莹、覃道春	20210201	20220208
134	ZL201911170752.1	改变激素种类、浓度及浸泡时间促进金蒲桃扦插生根的方法	国家林业和草原局桉树研究开发中心	张沛健、尚秀华、高丽琼	20191126	20220916
135	ZL201911349256.2	一种桉树树种和种间亲缘关系的鉴别方法	国家林业和草原局桉树研究开发中心	王楚彪、罗建中、区余端、卢万鸿、林彦	20191224	20220524
136	ZL202110856602.7	黄花风铃木容器育苗装置及育苗方法	国家林业和草原局桉树研究开发中心	尚秀华、张沛健、吴志华、张国武、刘果、彭彦	20210728	20220412

（续）

序号	专利号	专利名称	专利权人	发明人	申请日	授权公告日
137	ZL201611010171.8	自动破竹设备及其破竹方法	国家林业和草原局北京林业机械研究所	周建波、傅万四、刘占明、朱志强、陈忠加、张平、马程浩、刘再银、范榜英、张富强、王昱潭、张彬、闫薇	20161116	20220823
138	ZL201710381328.6	自动进料快速对心的连续破竹设备及其破竹方法	国家林业和草原局北京林业机械研究所、安吉吉泰机械有限公司	傅万四、周建波、刘占明、刘再银、陈忠加、王昱潭、马程浩、张彬、闫薇	20170525	20220805
139	ZL201710155844.7	一种防火开带机	国家林业和草原局哈尔滨林业机械研究所	吴晓峰、李全罡、李芝茹、张北航、曹曦明	20170316	20221115
140	ZL202210151010.X	一种针对于油茶果籽、蒲混合物的分选装置	国家林业和草原局哈尔滨林业机械研究所	汤晶宇、寇欣、王东、曲振兴、向文博、范志远、王德柱	20220214	20221111
141	ZL202011063619.9	一种嫁接苗木密封机	国家林业和草原局哈尔滨林业机械研究所	韩立志、吴晓峰、张北航、李全罡、李芝茹	20200930	20220422
142	ZL202011058413.7	一种苗木嫁接机	国家林业和草原局哈尔滨林业机械研究所	韩立志、吴晓峰、张北航、李芝茹、李全罡	20200930	20220304
143	ZL202011063651.7	一种苗木嫁接固定装置	国家林业和草原局哈尔滨林业机械研究所	韩立志、吴晓峰、张北航、李芝茹、李全罡	20200930	20220215
144	ZL201910477078.5	一种鲜油茶果脱壳前的预处理方法	国家林业和草原局哈尔滨林业机械研究所	汤晶宇、王东、曲振兴、肖冰、樊涛、王德柱	20190603	20220125
145	ZL202110294987.2	一种用于荒坡植被恢复的客土喷播机	国家林业和草原局华东调查规划设计院	陈建义、郑云峰、林辉、马鸿伟、卢卫峰、卢佶	20210319	20220802
146	ZL202011469197.5	一种林业数据协同处理系统	国家林业和草原局华东调查规划设计院	张振中、徐旭平、姚顺彬、张伟东、陈伟、徐志扬、陆亚纲、刘海、陈怡桐、高超、姚秋运	20201214	20220624
147	ZL202210187907.8	一种森林火灾防控监测装置	国家林业和草原局华东调查规划院	陈建义、马鸿伟、孙伟韬、林辉、陈伟、林荫、陈未亚、沈旗栋、黄瑞荣、章永侠、宋仁飞、彭茹雪	20220228	20221209
148	ZL201910868387.5	一种森林生态修复装置	国家林业和草原局华东调查规划院	陈建义	20190912	20220304
149	ZL202210659283.5	基于多种因子的湿地边界划定方法及装置、可读存储介质	国家林业和草原局林草调查规划院	唐小平、袁军、周天元、赵春、张晓云、杨永峰、朱新胜、董斯齐、朱永红	20220613	20220819
150	ZL202110935801.7	温室育苗枣树自动嫁接设备	国家林业和草原局泡桐研究开发中心、新郑市红枣科学研究院	李海涛、李红玉、李红、李若兮、张水林、吴晗彬、岳华峰、朱高浦、苏彩霞、朱莹、闫超、裴文、姜荣波、李占林、安安、侯豫顺	20210816	20221108
151	ZL202210192054.7	航空激光雷达估算山地林区 CHM 树高的精度验证方法	国家林业和草原局调查规划设计院	付安民、高显连、吴发云、郑焰锋、王伟	20220301	20221018

（续）

序号	专利号	专利名称	专利权人	发明人	申请日	授权公告日
152	ZL202111514462.1	一种树木胸径测量装置	国家林业和草原局调查规划设计院	孙忠秋、郑焰锋、刘迎春、王伟、付安民、吴发云、刘晓彤、高金萍、高显连、李俊恺	20211213	20220225
153	ZL202111038491.5	一种可伸缩的立体育苗装置	国家林业和草原局调查规划设计院、丽水市森林资源保护管理总站	刘伟、侯盟、杨少宗、廖成章、谢建秋、黄桂林、潘永柱、杜有新、陈操、何晓菲	20210906	20220419
154	ZL201910937024.2	一种基于移动互联的在线森林资源督查方法	国家林业和草原局西北调查规划设计院、北京航天泰坦科技股份有限公司、西安瑞特森信息科技有限公司	李谭宝、彭松、李崇贵、王吉斌、张仙爱、于宝义、李宏韬、谭靖、陈铮、闵志强、韩宇、南科、饶日光、阮林佳、张凯、吴信社、刘倩叶、马振华、王志宏、刘友林	20190929	20221227
155	ZL202010921885.4	多时相林业遥感影像变化监测方法	国家林业和草原局中南调查规划设计院	郭晓妮、董雅雯、杨宁、曾晖、姜灿荣、肖微、付达夫、丁山、周全、胥东海	20200904	20220524
156	ZL201910429263.7	一种毛竹林下套种七叶一枝花的栽培方法	国家林业和草原局竹子研究开发中心	吴志庄、高贵宾、杜旭华、张小平、温星、钟浩	20190522	20221025
157	ZL202110678233.7	一种鲜竹笋的液氮速冻保鲜方法	国家林业和草原局竹子研究开发中心	吴良如、杨金来、杨慧敏	20210618	20220920
158	ZL202010419410.5	一种针对茶竿竹原竹材利用的竹林定向培育方法	国家林业和草原局竹子研究开发中心	高贵宾、温星、吴志庄、张小平、巫广民、陈丽金、王森锋、钟浩、潘雁红	20200518	20220729
159	ZL201911029928.1	4-羟基-苯甲基（2'-羟基-苯亚甲基）-酰肼的制备方法及其应用	国家林业和草原局竹子研究开发中心	杨金来、吴良如、杨慧敏	20191025	20220614
160	ZL202110780660.6	一种2-氨基-3-（3-苯基-烯丙氨基）-2-二腈、其制备方法及其应用	国家林业和草原局竹子研究开发中心	张小平、杨金来	20210709	20220517
161	ZL201811260994.5	一种基于林分生长的桉树风害等级评估方法	国家林业局桉树研究开发中心	吴志华、尚秀华、谢耀坚、张配健、陈鸿鹏、刘果	20181026	20221122
162	ZL201810384658.5	一种印加糖果及其生产工艺	国家林业局桉树研究开发中心	陈鸿鹏、丁鲁平、谢耀坚、丁世成、彭彦	20180426	20220304
163	ZL202111228245.6	基于全收获法的立木生物量建模样本采集辅助装袋装置	海南省林业科学研究院（海南省红树林研究院）	雷金睿、陈宗铸、陈毅青、陈小花、吴庭天、李苑菱	20211021	20221202
164	ZL202111138098.3	一种森林火灾智能监测集成系统	海南省林业科学研究院（海南省红树林研究院）	杨青青、陈楷、赵继尧	20210927	20221129
165	ZL202110806193.X	一种基于综合遥感技术的森林环境遥感监测方法及终端	海南省林业科学研究院（海南省红树林研究院）	陈宗铸、陈小花、雷金睿、吴庭天、李苑菱	20210716	20220913
166	ZL202011060674.2	一种琼岛杨组培快繁方法	海南省林业科学研究院（海南省红树林研究院）	陈彧、邢文婷、董晓娜、徐佩玲、陈显臻、韩豫、饶丹丹	20200930	20220809
167	ZL202111228929.6	一种用于林业野外调查的样木区分段划分装置	海南省林业科学研究院（海南省红树林研究院）	陈毅青、陈宗铸、雷金睿、陈小花、吴庭天、李苑菱	20211021	20220614

（续）

序号	专利号	专利名称	专利权人	发明人	申请日	授权公告日
168	ZL202011036911.1	一种湿地鱼类资源调查装置及调查方法	海南省林业科学研究院（海南省红树林研究院）	陈毅青、陈宗铸、雷金睿、陈小花、李苑菱、吴庭天	20200928	20220218
169	ZL202010896793.5	一种改善土壤理化性质的方法	杭州植物园（杭州西湖园林科学研究院）	郭帅、李鑫、黄芳晨、章银柯、于炜、贺敏、马嘉伟	20200831	20221111
170	ZL202110787394.X	一种球根花卉根系观测装置和观测方法	杭州植物园（杭州西湖园林科学研究院）	张海珍、沈笑、陆婷、高宇馗、王涊尘	20210713	20221011
171	ZL202111576145.2	一种具有卵块收集功能的福寿螺卵诱捕智能杆	杭州植物园（杭州西湖园林科学研究院）	刘锦、朱剑俊、王茂春、江水恒、洪亮、吴纪杭、楼晓明	20211222	20220920
172	ZL202111077507.3	一种磁接替换式树木嫁接器	杭州植物园（杭州西湖园林科学研究院）	张海珍、沈笑、钱江波、陆婷、楼烨	20210914	20220621
173	ZL202010895546.3	一种提高蔬菜生物量的土壤改良物料组份	杭州植物园（杭州西湖园林科学研究院）	郭帅、黄芳晨、于炜、章银柯、李鑫、贺敏、肖昆仑、马嘉伟	20200831	20220325
174	ZL202110398223.8	一种石榴培育一体化自动上水器	合肥植物园（合肥市园林科学研究所）	张继妹、周耘峰、詹双侯、程红梅、汤玲、王静、吉浩、吴翠珍、王慧、王德梅	20210414	20220201
175	ZL202110398222.3	一种城市花境一体化花卉智能移位机器	合肥植物园（合肥市园林科学研究所）	周耘峰、詹双侯、张继妹、程红梅、汤玲、王静	20210414	20220118
176	ZL202010670442.2	一种用于花椒幼树早春栽植的方法	河北省林业和草原技术推广总站	孙源蔚、王东晨、张宇、梁义春、王志彦、荣艳菊、郭聪聪、王蓬、朱玉菲、王明军	20200713	20220412
177	ZL202011331285.9	一种利于金叶榆树生殖生长的嫁接方法	河北省林业和草原科学研究院	冯树香、黄印冉、闫淑芳、董谦、王玉忠、高运茹、李银华、王连洲、闫玲	20201124	20220930
178	ZL202011364336.8	一种花椒出苗前除草剂的使用方法	河北省林业和草原科学研究院	赵京献、郭伟珍、秦素洁、杜婵媛、魏安智、李同利、温学芬	20201127	20220712
179	ZL202011334522.7	一种利用中间砧提高金丝吊蝴蝶嫁接成活率的方法	河北省林业和草原科学研究院	闫淑芳、黄印冉、冯树香、董谦、高运茹、张立军、马孟良、张敬斋、杨敏生、王进茂、张军	20201124	20220712
180	ZL202010784864.2	一种含有低共熔溶液的农用助剂及其应用	河北省林业和草原科学研究院	张建国、刘泽勇、韩树文、王凤云、卢永丰、李秀梅、刘云江、陈立东、王海玲、李慧娟、石建忠	20200806	20220527
181	ZL202011402772.X	一种花椒芽苗菜的生产方法	河北省林业和草原科学研究院	郭伟珍、赵京献、李银华、史靖、魏安智	20201204	20220412
182	ZL202011517831.8	一种消纳植物飞毛飞絮污染的城市绿化下垫面营造方法	河北省林业和草原科学研究院	任启文、李联地、李洁、张树梓、徐振华、郭娇娇、杨国荣	20201221	20220218
183	ZL202110946098.X	一种红叶杨品种树干施肥增效的方法	河南省林业科学研究院	张江涛、杨淑红、朱延林、马永涛、晏增、赵蓬晖、罗晓雅	20210817	20220927

（续）

序号	专利号	专利名称	专利权人	发明人	申请日	授权公告日
184	ZL201610755140.9	一种皂荚芽接取芽器及芽接方法	河南省林业科学研究院	刘艳萍、范定臣、杨伟敏、路买林、曾辉、赵英普、祝亚军、张变莉、胡春瑞	20160830	20220812
185	ZL202110023576.X	一种对新鲜花椒烘干除尘的装置及其应用方法	河南省林业科学研究院	翟晓巧、王文君、任媛媛、王念、翟翠娟、侯志华	20210108	20220805
186	ZL202010487545.5	一种动物救护固定装置	河南省野生动物救护中心	王丽、赵明龙、邹小娟、安芳芳、李娜、张璐、陈振辉、段子恺、刘艳美、吕文静、田雷芳、索延星、冷冰、阴三军、艾伟昌、邓大军、李玮	20200602	20220222
187	ZL202110269169.7	一种用生活厨余垃圾繁殖北方寒地野生红蚯蚓的方法	黑龙江省林业科学研究所	周志军、王洪梅、袁显磊、殷东生、张文达、李艳霞、张海峰、胡伟、金术、赵庆军、康迎昆、李春明、白卉、苏欣、卓泳杉、董哲、吴捷	20210312	20221101
188	ZL202010913612.5	一种植物天然产物分离提取装置	黑龙江省林业科学院伊春分院	李占君、刘运伟、张厚良、郭兴、徐宜彬、马珂、李相全、王洪刚	20200826	20220812
189	ZL202110670706.9	一种刺五加有效组分提取装置及方法	黑龙江省林业科学院伊春分院	邢振楠、王丹丽、刘艳杰、刘邦、马珂、荣井荣	20210617	20220715
190	ZL202010913611.0	一种菌类种植大棚龙骨支撑装置	黑龙江省林业科学院伊春分院	马珂、刘运伟、李占君、张厚良、范冬茹	20200826	20220301
191	ZL202110001814.7	一种植物标本高效保色防虫防腐方法	黑龙江省林业科学院伊春分院、中国科学院地理科学与资源研究所	李妍、刘运伟、李泽红、董上、李占君、杨萌、李金禹、房柱、张巍、陈媛媛、尹慧妮、杨璐源、邱林	20210104	20220510
192	ZL202110061326.5	一株针叶树根际生防促生细菌双向伯克霍尔德氏菌株及其应用	黑龙江省森林保护研究所	邓勋、宋小双、遇文婧、刘欣、周琦、马晓乾、王琪、李俊、刘艳红、姜瑞凤、梁新宇、王笑松	20210118	20221202
193	ZL202110703777.4	原竹采伐机	湖北省林业科学研究院、国家林业和草原局北京林业机械研究所	李光荣、李军章、周建波、辜忠春、蔡芳	20210624	20221227
194	ZL202011088541.6	一种植物内生菌与污泥生物炭混合菌剂的制备方法及其应用	湖南省林业科学院	张轩、黄忠良、李辉、黄兢、吴子剑、覃晓莉、喻金兰、谭梦娇、江世林、姚雨轩	20201013	20221004
195	ZL202110432150.X	一种含硅聚乙烯亚胺复合材料及其制备方法	湖南省林业科学院	李昌珠、刘汝宽、肖志红、刘思思、李力	20210421	20220930
196	ZL202011381330.1	一种用于铅锌矿区污染土壤修复的复合植生袋及应用方法	湖南省林业科学院	黄兢、周康、张轩、黄忠良、李辉、吴子剑、覃晓莉、阮敏、江世林、许昕宇	20201201	20220628
197	ZL202011088518.7	一种污泥生物炭固定化菌联合植物修复重金属污染土壤的方法	湖南省林业科学院	张轩、李辉、黄忠良、吴子剑、黄兢、覃晓莉、喻金兰、姚雨轩、谭梦娇、江世林	20201013	20220621

（续）

序号	专利号	专利名称	专利权人	发明人	申请日	授权公告日
198	ZL202110775626.X	一株伯克霍尔德氏菌菌株及其应用	湖南省林业科学院	刘彩霞、徐婷、王瑞、陈隆升、何之龙、唐炜、陈永忠	20210708	20220517
199	ZL202011381448.4	一种用于锰矿区污染土壤修复的复合植生袋及应用方法	湖南省林业科学院	黄兢、周康、张轩、黄忠良、李辉、吴子剑、覃晓莉、阮敏、江世林、许昕宇	20201201	20220513
200	ZL202110970529.6	一种防治板栗疫病的方法	湖南省林业科学院	陈景震、胡伟、钟武洪、吉悦娜、全新、王国晖、游志培、杨冬香、李琴	20210823	20220311
201	ZL202111632114.4	一种毛竹扩张的化学防控评价系统及其方法	湖南省林业科学院、桂林航天工业学院	曾掌权、张得隽、吴卫红、杨蕊、田育新、肖亚琴、牛艳东、罗佳、马丰丰、邓楠、吴小丽、徐佳娈、宋庆安、姚敏、李晖、袁穗波、尹华、龚自立	20211229	20221028
202	ZL202010760339.7	一种竹勺餐具加工方法	湖南省林业科学院、国家林业和草原局北京林业机械研究所、中南林业科技大学、安吉前程竹木机械有限公司	肖飞、吴义强、孙晓东、周建波、彭亮、施荣兴、龚玉子、张彬、李文豪	20200731	20220712
203	ZL202110976281.4	一种林业用具有施肥功能的除虫装置	湖南省林业科学院、湖南林科达农林技术服务有限公司	赵正萍、颜学武、颜果、张敏、钟武洪、卢敏、彭勇、袁冬菊、邬颖	20210824	20220909
204	ZL202111125179.X	一种用于园林内的诱虫装置	湖南省林业科学院、湖南林科达农林技术服务有限公司	赵正萍、颜学武、张敏、钟武洪、夏永刚、颜果、卢敏、彭勇、袁冬菊	20210926	20220909
205	ZL202111029781.3	一种竹木改性剂及其制备方法与应用	湖南省林业科学院、中南林业科技大学	王勇、邓腊云、李霞镇、李贤军	20210903	20221209
206	ZL202010541482.7	一种湿地生态风险评价方法	湖南省林业科学院、中南林业科技大学	牛艳东、刘静逸、徐佳娈、吴小丽、罗佳、曾掌权、袁穗波	20200615	20220920
207	ZL202110397812.4	一种喙核桃种子保存及育苗方法	湖南省森林植物园	牟村、张陈阼、张帆、朱路	20210413	20220607
208	ZL202210549980.5	一种油茶果壳半纤维素基非离子型乳化剂及其制备方法与应用	华南理工大学、广西壮族自治区林业科学研究院	项舟洋、唐宁、叶航、王宇晗、马锦林	20220520	20221213
209	ZL202111244553.8	一种便于装卸的树苗运输装置及其使用方法	怀化市林业科学研究所（湖南中坡国家森林公园管理处、怀化市中坡风景名胜管理处、怀化市中坡国有林场）	王耀辉、李葵、杨淞、李珂、罗梅	20211026	20220909
210	ZL202110448165.5	基于药物植物经济混养的桉树林地再改造方法	惠州市林业科学研究所（惠州植物园管理服务中心）	阳艳萍、刘德浩、舒夏竺、廖文莉、陈智涛、吴宝宏、许辉、邓仿东	20210425	20220923
211	ZL202110316348.1	基于桉树林地多花黄精抗倒伏防虫害种植方法	惠州市林业科学研究所（惠州植物园管理服务中心）	廖文莉、刘德浩、陈智涛、舒夏竺、邓仿东、阳艳萍、吴宝宏	20210324	20220823

（续）

序号	专利号	专利名称	专利权人	发明人	申请日	授权公告日
212	ZL202110315634.6	桉树林地再种植土壤改善方法	惠州市林业科学研究所（惠州植物园管理服务中心）	吴宝宏、刘德浩、陈智涛、邓仿东、卢永辉、周建芬、廖文莉、阳艳萍	20210324	20220823
213	ZL202110492779.3	一种促进长叶竹柏种子快速发芽的方法	惠州市林业科学研究所（惠州植物园管理服务中心）	舒夏竺、周建芬、阳艳萍、卢永辉、吴宝宏、刘德浩、邓仿东、李家栋	20210507	20220527
214	ZL202111084040.5	一种含松针提取物的植物营养调理液及其应用	吉安市林业科学研究所	彭招兰、陈春泉、吴茂隆、龚伟	20210914	20220830
215	ZL202110886520.7	双牌泡果荠的人工培养技术	吉安市林业科学研究所	胡如芳、杨亮、彭招兰、吴雪松、周青、杨伟刚、周小卿	20210803	20220712
216	ZL202110556318.8	一种森林土壤采集装置	吉林省林业科学研究院	张立民、任军、陈思羽、吕梦燕	20210521	20221213
217	ZL202010625270.7	结合理化指标与图像识别树皮抗热辐射性能参数测定方法	吉林省林业科学研究院	章林、周勇、刘慧娟、张大明、王晓娜、章森、孙景花	20180524	20221018
218	ZL202010525996.3	一种抗旱缓释型盐碱土壤调理剂及其制备方法	吉林省林业科学研究院	王梓默、张忠辉、何怀江、陈思羽、张大伟、林士杰、包广道、杨帆、罗也	20200610	20220805
219	ZL202110616527.7	一种农业微生物滤床	吉林省林业科学研究院	李立梅、李鑫、勾天兵、于波、陈思羽、卞大伟、杨帆、钱雪	20210603	20220719
220	ZL202110962839.3	一种红胸郭公虫成虫的引诱剂	吉林省林业科学研究院	程彬、于海媛、陈思羽、孙晓玲、暴峰、徐蕾	20210820	20220708
221	ZL202110621574.0	一种提高紫椴愈伤组织诱导率的培养基及培养方法	吉林省林业科学研究院	林士杰、王梓默、朱红波、韩姣、勾天兵、罗也、王丽丽、张大伟、程岩、何怀江、包广道、张忠辉	20210602	20220705
222	ZL202110360646.0	一种生防链霉菌在防治植物病害病原菌中的应用	吉林省林业科学研究院	李立梅、丁芮涵、孙伟、刘庆珍、左彤彤、陈越渠、于海媛	20191127	20220527
223	ZL202110485908.6	一种链霉菌的发酵方法	吉林省林业科学研究院	左彤彤、李立梅、马琼芳、燕红、周勇、张晓光、刘晓林、于海媛	20200328	20220201
224	ZL202210129325.4	一种能够调节高度的灌木修剪装置	吉林省林业科学研究院（吉林省林业生物防治中心站）	陈思羽、任军、张立民、李立梅、陈士刚、吕梦燕	20220211	20221213
225	ZL202011116133.7	培育红松梢斑螟啮小蜂在防治松果梢斑螟并保护红松林树中的应用	吉林省林业科学研究院、李兴鹏、宋丽文	李兴鹏、宋丽文、陈越渠、左彤彤、张杨	20180530	20220201
226	ZL202011116128.6	培育红松梢斑螟啮小蜂在防治松果梢斑螟中的应用	吉林省林业科学研究院、李兴鹏、宋丽文	李兴鹏、宋丽文、左彤彤、张杨、陈越渠	20180530	20220114
227	ZL202011116146.4	一种红松梢斑螟啮小蜂的培育方法	吉林省林业科学研究院、李兴鹏、宋丽文	李兴鹏、宋丽文、陈越渠、左彤彤、张杨、张凯鹏	20180530	20220111
228	ZL202011532914.4	1- 羧基 -2- 羟基 -3- 亚氨基丙烷及其提取方法	江南大学、云南省林业和草原科学院	孙秀兰、洪茜茜、徐德平、张银志、耿树香	20201221	20220107

（续）

序号	专利号	专利名称	专利权人	发明人	申请日	授权公告日
229	ZL202110382675.7	一种鉴别粘盖乳牛肝菌的核酸分子引物、方法及试剂盒	江苏农林职业技术学院、中国林业科学研究院热带林业研究所	陈佳佳、刘国华、宋杰、于健、陈义彬、杨广荣	20210409	20220318
230	ZL202011058726.2	一种城市内河自净式水生植物配置与生态修复方法	江苏省林业科学研究院	李冬林、金雅琴、李成蹊	20200930	20221018
231	ZL202110278289.3	一种城区污染河道边坡整治与生态屏障构建方法	江苏省林业科学研究院	李冬林、严瑞昌、金雅琴、黄雪方	20210317	20220923
232	ZL201910946960.X	一种华紫珠组培苗瓶外生根方法	江苏省林业科学研究院	黄婧、陈庆生、张敏、周鹏	20191007	20220715
233	ZL202011175732.6	薄壳山核桃低成本轻基质容器苗培育方法	江苏省林业科学研究院	窦全琴	20201021	20220628
234	ZL202110066116.5	一种评价马尾松种源对松材线虫病抗性的方法	江苏省林业科学研究院	郑华英、解春霞、徐丽丽、刘云鹏、高悦	20210119	20220603
235	ZL201910946938.5	一种野生杜衡组织培养繁殖方法	江苏省林业科学研究院	黄婧、陈庆生、张子鸣、张敏、周鹏、蒋泽平	20191007	20220121
236	ZL202110105357.6	一种乌桕茎段高效再生体系的建立方法	江苏省林业科学研究院、金陵科技学院	隋德宗、王保松、宁坤、马艳	20210126	20221108
237	ZL202011202037.4	一种建立中国石蒜或忽地笑再生体系的组培培养基及其方法	江苏省中国科学院植物研究所、杭州植物园（杭州西湖园林科学研究院）	郑玉红、张鹏翀、顾永华、韩福贵、鲍淳松	20201102	20220426
238	ZL201910040956.7	油茶良种赣永5的特征性核苷酸序列、特异性引物及鉴定方法	江西省林业科学院	周文才、温强、徐林初、雷小林、孙颖、左继林、辛伟年	20190116	20221206
239	ZL201910040944.4	油茶良种赣兴46的特征性核苷酸序列、特异性引物及鉴定方法	江西省林业科学院	周文才、左继林、温强、龚春、黄建建、王玉娟、徐林初	20190116	20221202
240	ZL202111323437.5	浙江楠核基因组SSR分子标记的多态性引物及其应用	江西省林业科学院	郑永杰、伍艳芳、刘新亮、张月婷、周诚、温世钫、徐海宁、杨海宽、郭捷	20211109	20220517
241	ZL202110489015.9	一种黄樟愈伤组织高效诱导不定芽分化的繁育方法	江西省林业科学院	刘新亮、戴小英、章挺、汪信东、邱凤英、杨海宽、何小三、张月婷	20210430	20220429
242	ZL202010509612.9	一种基于芦竹的湿地鸟类栖息生境营造方法	江西省林业科学院	朱仔伟、任琼、梅雅茹、缪泸君、周莉荫、董务闯、袁继红、万方、郭璇	20200608	20220325
243	ZL201810475199.1	一种樟属及其近缘属植物通用SSR分子标记及其开发方法和应用	江西省林业科学院	伍艳芳、徐海宁、刘新亮、郑永杰、李江、杨海宽、汪信东、章挺、王建	20180517	20220118
244	ZL201810474571.7	樟树全基因组SSR分子标记及其制备方法和应用	江西省林业科学院	伍艳芳、徐海宁、王建、汪信东、郑永杰、刘新亮、戴小英、邱凤英、杨海宽	20180517	20220118
245	ZL201910083241.X	一种鉴别江枳壳的特征图谱法	江西省林业科学院、江西顺福堂中药饮片有限公司	龚斌、罗万婷、陈金龙、黄丽莉、朱培林、肖相元、胡小红、贾全全、唐山、朱纪洲	20190129	20220128

（续）

序号	专利号	专利名称	专利权人	发明人	申请日	授权公告日
246	ZL201910169867.2	一种检测畜禽体内环丙沙星残留的方法	江西省农业科学院畜牧兽医研究所、江西省林业科学院	康昭风、李海琴、曾凡新、谭美芳、曾艳兵、曹冰、唐维国、龚岚	20190306	20220722
247	ZL202110906458.3	一种杜鹃花大棚固定用连接件	金华市林业技术推广站	郑国良、沈剑、李金辉、王迦琳、方建设、方立林、王震明、刘春生	20210809	20220719
248	ZL202111511518.8	一种香榧种植的方法	丽水市森林资源保护管理总站	刘伟、董一华、林志伟、何晓菲、喻卫武、徐选美、杨少宗、尤根彪、吴军寿、杨艺薇	20211206	20220913
249	ZL202111344947.0	果树幼苗防护装置	梁山县林业保护和发展服务中心	李瑞芳、李同茂、荣佑胜	20211115	20221108
250	ZL202011008073.7	一种平欧杂种榛树水肥一体化的施肥方法	辽宁省经济林研究所	于冬梅、尤文忠、张悦、张雪梅、王克瀚、戴永利、郝家臣	20200923	20220628
251	ZL201910966646.8	蒙古栎 SSR 分子标记及其对应引物和应用	辽宁省林业科学研究院	陈罡、冯健、于世河、王骞春、陆爱君、卜鹏图、王占伟、郑颖、张砚辉、王敬贤、刘怡菲	20191012	20220927
252	ZL202110556599.7	一种林木种子催芽装置及其方法	辽宁省林业科学研究院	于世河、郑颖、冯健、王占伟、卜鹏图、杨圆圆、陆爱君、张素清、刘欢	20210521	20220531
253	ZL202011035954.8	杨树大垄双行育苗地专用起苗犁	辽宁省杨树研究所	梁德军、宋立志、彭建东、于雷、冯连荣、王敏、赵大根、赵鑫闻、纪纯阳、张妍、刘洋荥	20200927	20220819
254	ZL202111406086.4	一种林业用害虫诱集装置	漯河市源汇区林业技术推广站	张勇、朱红涛、尚慧珍、闫志轩、朱亚娟、赵淑霞、丁攀超、苏凌燕、田延华、李红伟、张向阳、赵鹏华	20211124	20221206
255	ZL202210566852.1	一种染色装饰单板皱缩变形控制方法	茂友木材股份有限公司、国家林业和草原局竹子研究开发中心	卢晓相、何盛、丁永欢、王泽群、王国平、周雪平、包永洁	20220523	20221230
256	ZL202210566852.1	一种染色装饰单板皱缩变形控制方法	茂友木材股份有限公司、国家林业和草原局竹子研究开发中心	卢晓相、何盛、丁永欢、王泽群、王国平、周雪平、包永洁	20220523	20221230
257	ZL202011612643.3	基于物种分布和生产力耦合的工业用材林生产力预测方法	南京林业大学、国家林业和草原局西北调查规划设计院	王维枫、孙杰杰、李愿会、王倩、王祥福、马雪红、焦文星、王荣女、董文婷	20201230	20220215
258	ZL202110830224.5	一种与多种香樟挥发性化合物结合的蛋白 PtsuOBP16、香樟齿喙象引诱剂及其应用	南京林业大学、上海市林业总站	耿薏舒、陈聪、郝德君、王焱、张岳峰、樊斌琦、韩阳阳、于晓航	20210722	20220722
259	ZL202110830248.0	一种与香樟挥发性化合物和虫体信息素结合的蛋白 PtsuOBP39、引诱剂及其应用	南京林业大学、上海市林业总站	何玄玉、郝德君、韩阳阳、王焱、樊斌琦、陈聪、朱晗	20210722	20220524

（续）

序号	专利号	专利名称	专利权人	发明人	申请日	授权公告日
260	ZL202110763853.0	黑绒鳃金龟诱捕剂活性组分、诱捕剂及诱捕方法	内蒙古农芯科技有限公司、鄂尔多斯市林业和草原事业发展中心、晋中市农业农村局	刘红霞、郑国宏、王瑞平、孙彦楠、许胜利、王斌、韩敏、何志、黄敏杰、荆小院、郝玉杰、李茂林、卢梅梅	20210706	20220927
261	ZL202110755991.4	一种森林截持降雨量及地表蒸发量检测设备	内蒙古自治区林业科学研究院	王云霓、曹恭祥、张文军、王晓江、梁海荣、弥宏卓、滑永春、张永鑫、桑昊、刘浩	20210705	20220923
262	ZL202110725363.1	一种森林水文集成检测设备	内蒙古自治区林业科学研究院	王云霓、曹恭祥、王晓江、福升、张海东、王玉芝、梁海荣、邢冠颖、李梓豪、韩珊珊	20210629	20220809
263	ZL202011439257.9	一种林业育苗用施肥设备	内蒙古自治区林业科学研究院	王云霓、福升、包秀兰、张雯、冯涛、曹恭祥、王博、吴秀花、王玉芝	20201207	20220715
264	ZL202110197983.2	一种天空地一体化松材线虫病疫情遥感监测方法	宁波市测绘和遥感技术研究院、宁波市阿拉图数字科技有限公司、宁波市森林病虫害防治站	陈恒、聂倩、申佩佩、包颖、廖佳、张文峰、池树友、肖洲烨	20210222	20220913
265	ZL202110107729.9	一株泽普林假丝酵母 *Candida zemplinina* 菌株 YC32 及其应用	宁夏农产品质量标准与检测技术研究所（宁夏农产品质量监测中心）、宁夏回族自治区国有林场和林木种苗工作总站	刘冰、葛谦、魏晓琴、李英武、李振永、孙翔宇、马婷婷、苏龙、张艳、苟春林、张静、李彩虹、闫玥	20210127	20220506
266	ZL202110108011.1	一株高产香气物质的酵母菌株 QTX11 及其应用	宁夏农产品质量标准与检测技术研究所（宁夏农产品质量监测中心）、宁夏回族自治区国有林场和林木种苗工作总站	刘冰、葛谦、赵丹青、李英武、李振永、孙翔宇、马婷婷、苏龙、张艳、苟春林、张静、李彩虹、闫玥	20210127	20220412
267	ZL201811119762.8	三主枝桃树树形及修剪方法	濮阳市林业科学院	赵俊芳、乔趁峰、常聚普、吉洪坤、杨丁安、董廷俊、李洁茹、侯珂芬、张严凡、杨玉巧、桑圣奇、任冬焕、杨旭照、李应华、高丽芳、李艳、杨春梅、张志杰、刘焕、肖宝茹、崔春龙	20180926	20220118
268	ZL202110534937.7	一种异形玉叶金花组培快繁培养基及培养方法	黔东南苗族侗族自治州林业科学研究所	陶光林、姚祖娟、胡岑龙、杨东红、石春发、李彬、唐绍平、杨秀益	20210517	20220607
269	ZL202010815604.7	一种铁冬青茎段组织培养方法	钦州市林业科学研究所	时群、陈丽文、杨利平、陈乃明、李清香、何贵整、梁刚、蔡林、黄永钦、赖崇健、李芳菲	20200814	20221101
270	ZL202010164368.7	一种金蒲桃的组培快速繁殖方法	钦州市林业科学研究所	杨利平、时群、李芳菲、杨琼、陈丽文、吴红英、李清香、劳赞新、余小红、谭冬晓、韦冬玲	20200311	20220906

（续）

序号	专利号	专利名称	专利权人	发明人	申请日	授权公告日
271	ZL202010164379.5	一种五指毛桃的简易高效组培繁殖方法	钦州市林业科学研究所	陈丽文、时群、杨利平、吴红英、李芳菲、李清香、陈乃明、何贵整、梁刚、蔡林、谭冬晓	20200311	20220902
272	ZL202111485593.1	一种丛生紫荆的组培快繁培养基组合及培养方法	钦州市林业科学研究所	李芳菲、杨利平、何贵整、陈乃明、时群、陈丽文、黄永钦、陈俊锦、杨琼、蔡林、刘佳哲、李清香、陈乃健、吴红英、樊东函、韦冬玲、谭冬晓	20211207	20220712
273	ZL201910666836.8	一种树形金银花组培苗快速繁殖的继代培养基	钦州市林业科学研究所	李清香、吴红英、何贵整、吕月保、陈乃明、宁振升、何克钦、张桂兰、谢云、蔡林、梁刚	20190723	20220708
274	ZL201910519311.1	富含均衡不饱和脂肪酸的橄榄油衍生物的制备及应用	青岛中科潮生生物技术有限公司、陇南市经济林研究院油橄榄研究所	崔球、邓煜、宋晓金、刘婷	20190617	20220315
275	ZL202010830163.8	一种针茅种子收集装置及其使用方法	青海大学、青海鹿鸣春生态建设有限公司、海西州林业站、乌兰县林业和草原站	杨元武、马晓军、达海兰、张帆、赵青山、保积虹、闫卫民、谢先福、祁守忠、李小安、李成一、刘发明、范文凯、桑杰才让、马石良	20200818	20221021
276	ZL202110869042.9	一种育苗穴盘自动栽培装置	衢州市农业林业科学研究院	邵晓伟、陈润兴、雷俊、许竹溦、程慧林、石子建、李韵、汪寿根、余文慧、王一斐	20210730	20220412
277	ZL202010943904.3	一种白芨[①]植株再生体系的建立方法	三峡大学、三峡植物园管理处（宜昌市林业科学研究所、宜昌市国有金银岗试验林场管理处）、湖北省林业科学研究院	陈发菊、高晗、杨彦玲、徐红梅、梁宏伟、王玉兵、张德春、刘文	20200909	20220408
278	ZL202011075164.2	拟羧甲基壳聚糖及一步合成新工艺	厦门大学、北京紫光英力化工技术有限公司、内蒙古自治区林业科学研究院	尹应武、陈思瑞、师雪琴、吐松、叶李艺、高玉兴、张文军、张海双、马杜媚	20201009	20220426
279	ZL202011061115.3	一种阿氏芽孢杆菌及其应用	山东农业大学、山东省林业科学研究院	丁延芹、杜秉海、汪城墙、陈安镜、马海林、刘凯、姚良同、刘方春	20200930	20220405
280	ZL202211219261.3	一种林地凋落物的收集储存运输装置及其使用方法	山东省林业保护和发展服务中心	张刘东、乔显娟、周继磊、高晴、韩冠苒、刘琳、李辉、李坤	20221008	20221220
281	ZL202210942369.9	一种森林幼苗根部包装设备及其使用方法	山东省林业保护和发展服务中心	付德刚、高赞东、汪晓红、于晓燕、郑惠中、刘英军、李景涛、高晴、李辉、陈莹、李亚红、窦霄	20220808	20221025
282	ZL202210949509.5	一种侧柏种植用喷洒机构和灌溉装置及其使用方法	山东省林业保护和发展服务中心	周继磊、李景涛、张刘东、裴厚传、付茵茵、秦永建、牛红云、亓松华、王庆卫	20220809	20221021

（续）

序号	专利号	专利名称	专利权人	发明人	申请日	授权公告日
283	ZL202210616422.6	一种可进行林业森林幼苗培育的运输容器及其使用方法	山东省林业保护和发展服务中心	付德刚、高赞东、汪晓红、于晓燕、郑惠中、刘英军、李景涛、高晴、李辉、陈莹、李亚红、窦霄	20220601	20220812
284	ZL202210148455.2	一种芍药切花包装设备及方法	山东省林业保护和发展服务中心	秦永建、邢广萍、卢洁、韩冠苒、盛升、杨柳、柏斌斌	20220218	20220426
285	ZL202110528256.X	一种基于真菌菌丝的成型育苗基质、构建方法及育苗方法	山东省林业科学研究院	刘幸红、刘丙花、马海林、刘方春、杜振宇、马丙尧	20210514	20221108
286	ZL202111361289.6	一种野生豆梨种质资源异地快速复壮保存方法及应用	山东省林业科学研究院	李永涛、魏海霞、王振猛、周健、王莉莉、杨庆山、刘德玺、王霞、葛忠强	20211117	20220913
287	ZL202110813580.6	一种柽柳小茎段育苗方法及应用	山东省林业科学研究院	李永涛、王振猛、杨庆山、魏海霞、周健、王莉莉、刘德玺	20210719	20220823
288	ZL202011432241.5	一种与竹子耐寒性相关的 SSR 分子标记、SSR 引物及其应用	山东省林业科学研究院	姚俊修、吴德军、李善文、任飞、李庆华	20201210	20220719
289	ZL202010305822.6	一种盐碱地中、幼龄退化防护林修复的林草优化配置方法	山东省林业科学研究院	乔艳辉、王月海、亓玉昆、姜福成、盖文杰	20200417	20220715
290	ZL202110752601.8	一种松树注药孔快速愈合剂	山东省林业科学研究院	段春华、武海卫、牛赡光、赵涛、亓玉昆、李洋、刘憨、刘焕秀、曲永赟、王孟筱、张新慰、陈汝敏、张淑静	20210702	20220517
291	ZL201811027099.9	一种基于转录组测序开发接骨木 SSR 引物的方法	山东省林业科学研究院	姚俊修、吴德军、李善文、燕丽萍、王因花、刘翠兰、任飞、李庆华	20180904	20220503
292	ZL202110527757.6	一种具有扩蓄增容功能的成型材料及其制备方法和应用	山东省林业科学研究院	马海林、刘方春、赵秀娟、梁静、乔艳辉、刘丙花、刘幸红、杜振宇、马丙尧	20210514	20220426
293	ZL201910509100.X	一种根茎类药用植物种植管打孔方法	山东省林业科学研究院	李宗泰、刘德玺、马丙尧、杜振宇、李凌浩、白文明、宋世环、李永涛、周健、魏海霞、王振猛、王霞、杨庆山、高嘉	20190613	20220401
294	ZL202011096753.9	一种杜梨苗木的无性繁育方法	山东省林业科学研究院	胡丁猛、许景伟、董冰、李宗泰、赵玉尧	20201014	20220401
295	ZL201910074494.0	一种毛白杨嫩枝扦插育苗的方法	山东省林业科学研究院	李善文、董玉峰、姚俊修、毛秀红、仲伟国、乔艳辉、陈甘牛、张锋、周广波	20190125	20220201
296	ZL201811622252.2	一种利用毛细管电泳荧光 SSR 指纹图谱鉴别白蜡新品种青碧的方法	山东省林业科学研究院、山东华博基因工程有限公司	吴德军、燕丽萍、王因花、姚俊修、任飞、王开芳、刘翠兰、束德峰、张子通	20181228	20220517
297	ZL201811624212.1	一种荧光 SSR 引物组合及其在构建白蜡新品种分子指纹图谱中的应用	山东省林业科学研究院、山东华博基因工程有限公司	燕丽萍、吴德军、王因花、任飞、王开芳、姚俊修、李庆华、刘翠兰、李善文、束德峰、张子通	20181228	20220513

（续）

序号	专利号	专利名称	专利权人	发明人	申请日	授权公告日
298	ZL201811622251.8	一种利用毛细管电泳荧光 SSR 指纹图谱鉴别白蜡新品种金箭的方法	山东省林业科学研究院、山东华博基因工程有限公司	燕丽萍、王因花、吴德军、任飞、刘翠兰、李庆华、束德峰、张子通	20181228	20220318
299	ZL202210263233.5	一种生物型保水材料及制备方法和应用	山东省林业科学研究院、潍坊华潍新材料科技有限公司	刘方春、韩洪海、贾国建、王晓凯、赵秀娟、彭琳、齐英杰、刘丙花、龙锦林、刘幸红、马海林	20220317	20221011
300	ZL201810536477.X	一种基于序贯模拟的土壤含水量空间变异性三维表征方法	山东省农业科学院科技信息研究所、山东省林业科学研究院	仝雪芹、王清华、杨玉建	20180530	20220531
301	ZL202110630768.7	杨树 PtNF-YC1 基因及其在促进植物提前开花中的应用	山西省林业和草原科学研究院	郭斌、马佳琳、郑智礼、李娟、杨欣超、王建义、杨飞、张欣	20210607	20221223
302	ZL202110153278.2	一种毛梾茎段诱导植株再生培养基及其组培快繁方法	山西省林业和草原科学研究院	张娜、刘劲、张春媛、杨飞、杨俊鸾、王建义、马佳琳、贾迎春、陈春、李林英、梁爱军、贺义才、程丽芬、张彩红、张腾飞	20210204	20220628
303	ZL202011078131.3	一种辽东栎苗期叶面肥及其制备和施用方法	山西省林业和草原科学研究院、山西碧秀农林开发有限公司	郝向春、韩丽君、周帅、陈思、翟瑜、徐璐、任达、吴建华、潘陈宁、侯睿	20201010	20220412
304	ZL202010740733.4	一种核桃小吉丁植物源引诱剂原料获取方法及其配方	山西省林业科学研究院	崔亚琴、刘随存、苗彤	20200728	20220909
305	ZL202210535215.8	一种林业有害生物药剂防治箱	陕西省林业科学院	任博文、陈鹏、谢毓芬、郭晖、黄昱、任俊澎、郭欣怡、梁超琼	20220517	20221230
306	ZL202110310351.2	一种边坡生态修复及监测方法	陕西省林业科学院	吴普侠、董强、赵国平、翟晓江、王海燕、白可易、弥芸、张麦芳、柳隽瑶、辛云玲	20210323	20221104
307	ZL201911093037.2	诱集中喙丽金龟的试验装置及方法	上海市园林科学规划研究院	王凤、高磊、罗卿权、路广亮	20191111	20221206
308	ZL202010047192.7	一种利用古菌分子标记 OTU384 快速检测城市绿地土壤有效钙含量的方法	上海市园林科学规划研究院	张维维、韩继刚、张琪	20200116	20221014
309	ZL202010063263.2	一种利用古菌分子标记 OTU127 快速检测城市搬迁地土壤有效锰含量的方法	上海市园林科学规划研究院	张浪、韩继刚、张维维、金荷仙	20200120	20221014
310	ZL202010051314.X	一种利用古菌分子标记 OTU69 快速检测城市搬迁地土壤全汞含量的方法	上海市园林科学规划研究院	张浪、韩继刚、张维维、金荷仙、王香春	20200117	20221014
311	ZL202010074818.3	一种利用古菌分子标记 OTU240 快速检测城市绿地土壤全钾含量的方法	上海市园林科学规划研究院	张浪、韩继刚、张维维、张琪、王香春	20200122	20221014

（续）

序号	专利号	专利名称	专利权人	发明人	申请日	授权公告日
312	ZL202010069288.3	一种利用古菌分子标记 OTU66 快速检测城市搬迁地土壤有效锌含量的方法	上海市园林科学规划研究院	韩继刚、张维维、赵刚勇	20200121	20221014
313	ZL202010062417.6	一种利用古菌分子标记 OTU300 快速检测城市绿地土壤全氮含量的方法	上海市园林科学规划研究院	韩继刚、张浪、张维维、赵刚勇	20200119	20221011
314	ZL202010345280.5	地下空间限定条件下确保植物群落生物量的配置方法	上海市园林科学规划研究院	张浪、张冬梅、罗玉兰、傅仁杰	20200427	20220927
315	ZL202110340907.2	一种羊角槭扦插无性繁殖方法	上海市园林科学规划研究院	陈香波、陆亮、尹丽娟、杨淑贞、徐小连、赵明水	20210330	20220826
316	ZL201910792080.1	一种利用湿垃圾快速改良搬迁地土壤团粒结构的方法	上海市园林科学规划研究院	伍海兵、梁晶、张浪、张青青、何小丽、徐冰、陈平、朱清	20190826	20220819
317	ZL202110607737.X	用于垃圾填埋后植被存活与恢复的系统	上海市园林科学规划研究院	郑思俊、张浪、张庆费、李晓娇、张冬梅、有祥亮、李晓策、杨博、富婷婷、殷明	20210601	20220812
318	ZL202111222525.6	暗翅足距小蠹引诱剂缓释微胶囊及其制备方法和应用	上海市园林科学规划研究院	高磊、王章训、路广亮、孙荣华、王凤	20211020	20220719
319	ZL201910489881.0	提高植物冬季移栽存活率的方法	上海市园林科学规划研究院	徐冰、梁晶、伍海兵、张青青、陈平、何小丽、朱清	20190606	20220527
320	ZL202011312462.9	用于白玉兰的喷施剂及其制备和使用方法	上海市园林科学规划研究院	张冬梅、傅仁杰、张浪、有祥亮、罗玉兰、尹丽娟	20201120	20220322
321	ZL201911385590.3	一种在搬迁地原位土壤改良与乔木种植的方法	上海市园林科学规划研究院	陈平、梁晶、张浪、张青青、何小丽、徐冰、伍海兵、朱清	20191229	20220222
322	ZL201811187773.X	一种有机废弃物改良城市土壤团粒结构的方法	上海市园林科学规划研究院	伍海兵、梁晶、张浪、陈平、张桂莲、何小丽、徐冰、张青青、朱清	20181012	20220211
323	ZL201910443262.8	一种可降解的土壤营养通气柱及其制备方法	上海市园林科学规划研究院	梁晶、徐冰、伍海兵、张青青、陈平、朱清、何小丽	20190524	20220125
324	ZL201811218699.3	一种有机湿垃圾消除加拿大一枝黄花的方法	上海市园林科学规划研究院	徐冰、梁晶、朱清	20181019	20220118
325	ZL202110938025.6	一种利用闽楠残次苗培育闽楠容器壮苗的方法	上饶市林业科学研究所、江西省林业科学院	杨森兴、曹晓平、周卫荣、伍艳芳、周建荣、黄宇潮、陈慧、周君、郑报进	20210816	20220909
326	ZL202110130987.9	一种竹质单元编织自动打结钩机构	邵健、国际竹藤中心	邵健、陈复明、王戈	20210130	20221018
327	ZL202110130984.5	一种竹质单元编织自动打结方法及其设备	邵健、国际竹藤中心	邵健、陈复明、王戈	20210130	20221011

（续）

序号	专利号	专利名称	专利权人	发明人	申请日	授权公告日
328	ZL202211161893.9	一种林分郁闭度测量方法	四川大学、四川省林业和草原调查规划院（四川省林业和草原生态环境监测中心）	高飞、李娜娜、李贝贝、李涛	20220923	20221209
329	ZL202011405132.4	大花红景天根颈顶端组织获得再生植株的方法	四川省草原科学研究院、西藏天赐源生物科技有限责任公司	赵文吉、贾国夫、何正军、刘兴、童琪、闫利军、张昌兵、范康、吴婍、泽让东洲	20201204	20220621
330	ZL202111354016.9	一种林地保护利用规划指标确定系统、云平台系统及方法	四川省林业和草原调查规划院（四川省林业和草原生态环境监测中心）	高飞、李娜娜、宋放、曹浒、武启飞、曾念念	20211116	20221129
331	ZL202110978867.4	一种林草综合监测评价图斑监测更新方法、系统及云平台	四川省林业和草原调查规划院（四川省林业和草原生态环境监测中心）、四川省林业勘察设计研究院有限公司、国家林业局昆明勘察设计院、成都市农林科学院、四川梓地时空科技有限公司	高飞、李娜娜、严刚、方懿、陈家德、陈敏、许先鹏、黄贝、王勇军、孙昌平	20210825	20220726
332	ZL202210755800.9	一种国家森林资源连续清查云平台及样地监测方法	四川省林业和草原调查规划院（四川省林业和草原生态环境监测中心）、四川梓地时空科技有限公司	高飞、朱志芳、李娜娜	20220630	20221108
333	ZL202210822181.0	一种单株木碳汇动态计量方法	四川省林业和草原调查规划院（四川省林业和草原生态环境监测中心）、四川梓地时空科技有限公司	高飞、李娜娜	20220713	20221108
334	ZL202210745848.1	一种森林蓄积量连续监测方法、系统及其执行方法	四川省林业和草原调查规划院（四川省林业和草原生态环境监测中心）、四川梓地时空科技有限公司	高飞、李娜娜	20220629	20220916
335	ZL202110316887.5	一对多关系下森林资源空间数据管理方法、装置及设备	四川省林业和草原调查规划院、国家林业局昆明勘察设计院、成都市农林科学院、成都大地吉信科技有限公司、成都橙果创服科技有限公司	李娜娜、高飞、唐朝平、方懿、王勇军、李华、张成程、秦轶、黄居贵	20210325	20220318
336	ZL202110920663.5	一种森林资源一张图成果质检方法、系统及云平台	四川省林业和草原调查规划院、国家林业局昆明勘察设计院、成都市农林科学院、四川梓地时空科技有限公司	高飞、李娜娜、卜茂珂、陈家德、方懿、陈敏、王勇军、张成程、李华	20210811	20220419
337	ZL202110919257.7	一种森林资源一张图进度更新系统、云平台及方法	四川省林业和草原调查规划院、国家林业局昆明勘察设计院、成都市农林科学院、四川梓地时空科技有限公司	李娜娜、高飞、聂丛乐、陈家德、方懿、陈敏、孙昌平、许先鹏、王勇军、黄贝	20210811	20220408

（续）

序号	专利号	专利名称	专利权人	发明人	申请日	授权公告日
338	ZL202111392532.0	一种透水砖及其制备工艺	四川省林业和草原调查规划院、四川农业大学、四川水利职业技术学院	贾宏、郭亚莉、刘晓玲、罗鸿兵、张可、梁洁、付蜀智、江兵、阳馨、莫忧、李林、陈柯羽	20211123	20220531
339	ZL202110424403.9	一株防治核桃落果病的芽孢杆菌及应用	四川省林业科学研究院	杨莉、王新、杨育林、杨双昱、杨远亮	20210420	20221223
340	ZL202010057223.7	一种杜鹃花幼苗生长基质及其种子繁育方法	四川省林业科学研究院	马文宝、卜晓莉、姬慧娟、王丽、王飞、代林利、帅伟	20200119	20220304
341	ZL202110825616.2	一种蓝果树苗扦插育苗装置	台州市林业技术推广总站	王松、邱智敏、方芳、范正文、陈露茜、杨党、邹奕巧、刘玲玲、周瑾、许明贞、洪小玲、陈楠楠	20210721	20220510
342	ZL202110930946.8	一种杜梨变异新品种的诱变方法	泰安市泰山林业科学研究院	李承秀、张林、孙忠奎、程甜甜、于永畅、燕语、任红剑、张安琪、乔谦、谢宪、鹿苹、杨波	20210813	20220715
343	ZL202011194179.0	一种压榨与浸提油茶籽油的快速鉴别方法	温州瑞雪农业开发有限公司、浙江省林业科学研究院	黄旭波、薛锦松、李喜艳、王衍彬、秦玉川、王丽玲、贺亮	20201030	20220520
344	ZL201810889014.1	大核桃树快速建园方法及嫁接方法	新疆林科院经济林研究所	阿卜杜许库尔·牙合甫、张强、木合塔尔·扎热、黄闽敏、何丹、米热古丽·亚森、宁万军、阿布来克·尼牙孜、热那古力·那斯尔、祖木来提·麦麦提、牙合提古丽·阿里木、巴哈提古丽·木沙巴依	20180807	20220513
345	ZL202010181037.4	防止枣裂果的方法及其应用	新疆林科院经济林研究所	木合塔尔·扎热、阿卜杜许库尔·牙合甫、吉乃提汗·马木提、吴正保、故丽米热·卡克什、哈地尔·依沙克	20200313	20220315
346	ZL201911332149.9	一种发酵型桑葚果酒的制备方法	新疆林业科学院	杨璐、范少丽、程平、张志刚、李宏	20191221	20221202
347	ZL201910688413.6	一种山区乔木林潜在分布的预测方法	新疆林业科学院现代林业研究所	张景路、张绘芳、高亚琪、高健、朱雅丽、迪力夏提·包尔汉	20190729	20221104
348	ZL201811508394.6	一种巴旦木固体花粉及其制备方法	新疆林业科学院扎木台造林试验站	王琴、刘凤兰、毛金梅、曾斌、王建友、韩宏伟、李勇、蒋江照	20181211	20220510
349	ZL201811508403.1	一种巴旦木液体花粉及其制备方法	新疆林业科学院扎木台造林试验站	王琴、曾斌、刘凤兰、毛金梅、王建友、马鑫鑫、韩宏伟、李勇、蒋江照	20181211	20220322
350	ZL202110564353.4	一种油茶果脱壳机	信阳市林业科学研究所	卜付军、张玉虎、刘保强、周传涛、曾垂强、余开慧、张宏伟、周宁宁、胡洁、史晓海、孙丽、张涛、夏众文、曹春堂、夏众明	20210524	20221014

（续）

序号	专利号	专利名称	专利权人	发明人	申请日	授权公告日
351	ZL202010147431.6	一种利用苦糖果越冬花芽诱导愈伤组织形成的方法	烟台市林业科学研究所	苗杰、陈甘牛、赵莹、路兆军	20200305	20220906
352	ZL202011074653.6	一种假单胞菌及其应用	烟台市林业科学研究所	路兆军、苗杰、刘瑞珍、王淑惠、马旭升、王益星、赵莹	20200929	20220517
353	ZL202110649103.0	一种短短芽孢杆菌及其应用	烟台市森林资源监测保护服务中心（烟台市林业技术推广中心、烟台沿海防护林省级自然保护区管理中心）	路兆军、李保进、赵莹、苗杰、马旭升、刘瑞珍	20210610	20220426
354	ZL202110748729.7	一种樟子松育苗设施及育苗方法	榆林市林业科学研究所	张惠、张泽宁、许凌霞、贾玉英、常苗苗、乔占国、叶润红、王杰、肖建明、郭彩云	20210702	20221220
355	ZL202210502912.3	一种林业害虫诱捕器	榆林市林业科学研究所	乔占国、汪芳、乔占领、张泽宁、刘龙、吴娇娇、王立荣、赵中原、雷自生、尹强华、万帅、张永强、暴彦灼、王生源、王杰、马菊、付斌、赵伟、王凤丽、侯玲、张宏霞、高美英、叶润红、张春妮、方小艳、孟艳霞、刘橙	20220509	20221122
356	ZL202111406319.0	一种多层花粉采集箱	榆林市林业科学研究所	乔占国、汪芳、张泽宁、刘龙、张宏霞、赵峰、王凤丽、冯长虹、罗向军、张春妮、王生源、张婵婵、吴娇娇、付斌、暴彦灼	20211124	20220923
357	ZL202011388293.7	中秋酥脆枣的栽培方法	岳阳市林业科学研究所、湖南湘励农夫农业有限公司	周晓星、许琪、李凡松、盛世红、王森、张勖	20201201	20220802
358	ZL202011388264.0	中秋酥脆枣一年多批次结果的栽培方法	岳阳市林业科学研究所、湖南湘励农夫农业有限公司	周晓星、许琪、李凡松、盛世红、王森、张勖	20201201	20220628
359	ZL202210571593.1	一种用于高山亚高山退化草地的修复装置	云南省林业和草原科学院	庞静、李品荣、杨倩	20220524	20221223
360	ZL202110985475.0	一种套种模式防控澳洲坚果主要病虫害的方法	云南省林业和草原科学院	陈鹏、袁瑞玲、白海东、杨建荣、冯丹、王艺璇、杜春花	20210826	20221209
361	ZL202011113493.1	一种云南松菌根苗的培育方法	云南省林业和草原科学院	张珊珊、杨文忠、陈剑	20201017	20220819
362	ZL202111222259.7	一种丽江杓兰种子非共生萌发方法	云南省林业和草原科学院	华梅、孔继君、蒋宏、何俊、周彬	20211020	20220819
363	ZL202011048519.9	一种用于坚果仁加工的护色子系统	云南省林业和草原科学院	宁德鲁、耿树香、贺娜、马婷、徐田、陈海云	20190930	20220524
364	ZL202010378276.9	用于薄壳山核桃嫁接部位直径大于30公分的嫁接方法	云南省林业和草原科学院	习学良、苏连波、王高升	20200507	20220503

（续）

序号	专利号	专利名称	专利权人	发明人	申请日	授权公告日
365	ZL202010378265.0	用于陡坡地的薄壳山核桃长效施肥方法	云南省林业和草原科学院	习学良、赵阡池	20200507	20220401
366	ZL202110862167.9	一种夹绵核桃取整仁的方法	云南省林业和草原科学院漾濞核桃研究院	熊新武	20210729	20221111
367	ZL201910536678.4	一种核桃仁护色装置及核桃仁加工方法	云南省林业科学院	耿树香、宁德鲁、贺娜、陈海云、徐田、马婷、缪福俊	20190620	20220621
368	ZL201910884514.0	一种 3 年生以上思茅松扦插用穗条促萌方法	云南省林业科学院	孟梦、付玉嫔、李思广、陈伟	20190919	20220329
369	ZL202010459425.4	一种松墨天牛引诱剂及其引诱装置和引诱装置的制备方法和用途	漳州市英格尔农业科技有限公司、福建省林业科学研究院、福建英格尔生物技术有限公司	关雄、何学友、蔡守平、金化亮、梁景华、林永旋、游世奇	20200527	20220322
370	ZL202110422492.3	一种炭化防霉防开裂竹质吸管的制备方法	浙江省林业科学研究院	张建、张文福、袁少飞、王洪艳	20210420	20221227
371	ZL202110771347.6	一种竹材和 / 或木材防霉处理方法	浙江省林业科学研究院	于海霞、方崇荣、郑洪连、张文福、王进、王增、吴翠蓉	20210708	20221223
372	ZL202110403714.7	一种蝉拟青霉甘露聚糖及其制备和用途	浙江省林业科学研究院	贺亮、程俊文、李卫旗、王衍彬、李海波、方茹、黄旭波、刘于、魏海龙	20210415	20221213
373	ZL202110821498.8	一种高枝压条繁殖装置及高枝压条繁殖方法	浙江省林业科学研究院	杨华、宋绪忠、王秀云、宋新章、宋衍成、徐健华	20210720	20221213
374	ZL202110771422.9	一种竹材和 / 或木材的着色方法	浙江省林业科学研究院	于海霞、何生亮、张文福、郑洪连、王进、潘炘、杨伟明	20210708	20221202
375	ZL201910687096.6	山白樱叶绿体基因组及其应用	浙江省林业科学研究院	蒋冬月、沈鑫、李因刚	20190729	20221125
376	ZL202210039932.1	一种无胶纤维板原料及其制备方法和无胶纤维板	浙江省林业科学研究院	潘炘、庄晓伟、冯永顺、王进、于海霞	20220114	20221115
377	ZL202210489371.5	一种强耐腐 / 防霉竹重组材的制造方法	浙江省林业科学研究院	于海霞、张文福、张建、杨伟明、王进、唐荣强	20220506	20221018
378	ZL202010152628.9	一种用于电容器的改性活性炭材料的制备方法	浙江省林业科学研究院	蒋应梯、庄晓伟、潘炘、王进、于海霞、张文福	20200306	20221011
379	ZL202010850188.4	一种桑树桑黄多糖及其制备和用途	浙江省林业科学研究院	程俊文、贺亮、魏海龙、胡传久、黄旭波、王衍彬、李海波、杨少宗	20200821	20220923
380	ZL201910148116.2	薄壳山核桃品种 Sioux 的特征序列、标记引物及鉴定方法	浙江省林业科学研究院	彭华正、金群英、朱汤军、叶华琳	20190228	20220920

（续）

序号	专利号	专利名称	专利权人	发明人	申请日	授权公告日
381	ZL202010198250.6	一种控制条件下对土壤通气状况的检测装置及方法	浙江省林业科学研究院	宋绪忠、杨华、王秀云、宋新章、徐晓云、李永夫、徐健华、宋衍成、徐筱涵、叶国平、徐立娟	20200319	20220916
382	ZL201810315356.2	一种香樟大苗的拼栽培育方法	浙江省林业科学研究院	石从广、柳新红、沈泉、李因刚、杨少宗、蒋冬月、沈鑫、陈海	20180410	20220902
383	ZL202110879874.9	一种定向卷曲竹纤维的制备方法	浙江省林业科学研究院	张文福、邹艳萍、吕衡、于海霞、施江靖	20210802	20220826
384	ZL202011401192.9	一种毛竹苗木生长的调控方法	浙江省林业科学研究院	王秀云、杨华、宋绪忠	20201202	20220809
385	ZL202110899128.6	一种含寡肽和井冈霉素的抑制松材线虫的组合物	浙江省林业科学研究院	朱汤军、彭华正、李忠、叶华琳、金群英	20210806	20220715
386	ZL202111435525.4	一种竹片均质化竹餐具的制备方法	浙江省林业科学研究院	张建、张文福、王洪艳、袁少飞、袁超哲	20211129	20220715
387	ZL202110270789.2	基于毛竹生物活性炭电极的可降解超级电容器	浙江省林业科学研究院	王波、黄旭波、李德钊、张建、袁少飞	20210312	20220614
388	ZL202011194175.2	一种压榨植物油和浸提植物油的快速鉴别方法	浙江省林业科学研究院	王衍彬、王丽玲、秦玉川、方茄、贺亮、刘本同、程俊文、钱华	20201030	20220527
389	ZL202110422536.2	一种可降解竹纤维吸管的制备方法	浙江省林业科学研究院	张文福、张建、王洪艳、袁少飞、施江靖	20210420	20220513
390	ZL202110878979.2	一种具有定量施肥覆草保墒机构的油橄榄种植装置	浙江省林业科学研究院	徐梁、程诗明、柏明娥、韩素芳、成亮、徐秀荣、周世水	20210802	20220506
391	ZL202110771339.1	一种复配防腐剂及其制备方法、固着防腐方法	浙江省林业科学研究院	于海霞、王进、庄晓伟、徐漫平、张文福、何生亮、杨伟明	20210708	20220503
392	ZL202110428292.9	一种轻质阻燃竹纤维增强保温管的制备方法	浙江省林业科学研究院	张文福、张建、于海霞、袁少飞	20210421	20220429
393	ZL202110288360.6	一种毛竹纤维束增强吸塑成型包装容器的制备方法	浙江省林业科学研究院	张文福、陈红、于海霞、邹艳萍、施江靖	20210318	20220408
394	ZL201910147906.9	薄壳山核桃品种 Dependable 的特征序列、标记引物及鉴定方法	浙江省林业科学研究院	朱汤军、金群英、彭华正、叶华琳	20190228	20220329
395	ZL202110250280.1	一种破壁分离的束状竹纤维的制备方法	浙江省林业科学研究院	张文福、于海霞、陈红、施江靖	20210308	20220325
396	ZL202110770420.8	一种无机钝化液及其制备无机钝化防腐竹木材的方法	浙江省林业科学研究院	于海霞、徐漫平、杨伟明、张文福、王进、郑洪连、潘炘	20210708	20220325
397	ZL202110770444.3	一种防霉竹材单元 / 竹制品的制备方法	浙江省林业科学研究院	于海霞、何生亮、杨伟明、张文福、徐漫平、吴翠蓉	20210708	20220325
398	ZL201910147912.4	薄壳山核桃品种靖州 1 号的特征序列、标记引物及鉴定方法	浙江省林业科学研究院	彭华正、朱汤军、金群英、叶华琳、巫建军	20190228	20220322

（续）

序号	专利号	专利名称	专利权人	发明人	申请日	授权公告日
399	ZL202010251096.4	灵芝山稻共生栽培方法	浙江省林业科学研究院	钱华、刘本同、秦玉川、王丽玲、王衍彬	20200401	20220322
400	ZL202010385269.1	一种长效抑菌竹质户外墙板的制备方法	浙江省林业科学研究院	张文福、王戈、程海涛、顾少华、郑海军	20200509	20220322
401	ZL202110770464.0	一种无机防霉制剂及其制备防霉竹木材的方法	浙江省林业科学研究院	于海霞、张文福、郑洪连、王进、庄晓伟、潘炘、吴翠蓉	20210708	20220308
402	ZL201910147911.X	薄壳山核桃品种 Desirable 的特征序列、标记引物及鉴定方法	浙江省林业科学研究院	朱汤军、彭华正、金群英、叶华琳	20190228	20220211
403	ZL201910148146.3	薄壳山核桃品种 Elliott 的特征序列、标记引物及鉴定方法	浙江省林业科学研究院	朱汤军、金群英、彭华正、叶华琳	20190228	20220208
404	ZL201910148118.1	薄壳山核桃品种 Wichita 的特征序列、标记引物及鉴定方法	浙江省林业科学研究院	彭华正、金群英、朱汤军、叶华琳、哈尔肯·叶尔江	20190228	20220208
405	ZL202010187197.X	一种栽培专用发泡基质材料的制备方法与栽培方法	浙江省林业科学研究院	刘乐群	20200317	20220208
406	ZL201910148147.8	薄壳山核桃品种 Gloria Grande 的特征序列、标记引物及鉴定方法	浙江省林业科学研究院	朱汤军、金群英、彭华正、叶华琳	20190228	20220111
407	ZL202110466912.8	鉴别三种香榧品种的多重荧光 SSR 标记引物及方法	浙江省林业科学研究院、磐安县中药产业发展促进中心、磐安县自然资源和规划局	宋其岩、李海波、张苏炯、沈建军、叶碧欢、陈友吾、陈红星、胡传久	20210428	20220610
408	ZL202210638192.3	一种菌根真菌在铁皮石斛组培苗栽培中的应用	浙江省亚热带作物研究所（浙南林业科学研究院）	陈家栋、姜武、黄宗贵、宋敏全、段晓婧、陶正明	20220607	20221129
409	ZL202210559815.8	一种栀子组培苗的快繁方法和培养基	浙江省亚热带作物研究所（浙南林业科学研究院）	姜武、段晓婧、陈家栋、李亚萍、张立华、陶正明	20220523	20221104
410	ZL202210408595.9	一种多花黄精人工种子及其制备方法	浙江省亚热带作物研究所（浙南林业科学研究院）	姜武、戴惠明、陶正明、陈家栋、段晓婧、李亚萍	20220419	20220913
411	ZL202210459203.1	一种无醛防鼓裂展平竹砧板及其制备方法	浙江味老大工贸有限公司、浙江省林业科学研究院	张帅、张敏、周瑾、金方元、王飞燕、王虹	20220427	20220923
412	ZL202210459280.7	一种原生态仿木纹拼色竹砧板的制备方法	浙江味老大工贸有限公司、浙江省林业科学研究院	张帅、张敏、袁少飞、周瑾、王虹、张云龙	20220427	20220916
413	ZL202111651555.9	一种政和杏高效异砧嫁接方法	政和县林业科学技术推广中心	朱祥锦、叶海燕、张利东、全啸、陈鉴伟、朱静尧、詹志东	20211230	20221118
414	ZL201911404484.5	毛白杨 *MODD1* 基因及其应用	中国科学院遗传与发育生物学研究所、中国林业科学研究院林业研究所	胡赞民、孙宝成、范成明、苏晓华、丁昌俊、朱一杭、陈宇红	20191230	20221118

（续）

序号	专利号	专利名称	专利权人	发明人	申请日	授权公告日
415	ZL201911404507.2	毛白杨 *PtPRP1* 基因及其应用	中国科学院遗传与发育生物学研究所、中国林业科学研究院林业研究所	胡赞民、孙宝成、范成明、苏晓华、丁昌俊、朱一杭、陈宇红	20191230	20220729
416	ZL202110393761.8	基于土壤温度划分土壤水分蒸发阶段的方法	中国林业科学研究院	张晓、时忠杰、杨晓晖、刘艳书、李瀚之	20210413	20220603
417	ZL202110796247.9	一种耐盐蛋白、编码其的基因及应用	中国林业科学研究院、中国林业科学研究院黄河三角洲综合试验中心	张华新、黄安瀛、杨秀艳、张会龙、武海雯	20210714	20220503
418	ZL202110333295.4	一种具有抗氧化活性的酚酸类化合物及其应用	中国林业科学研究院、中国医学科学院药物研究所	李全梓、朱平、黄雄、巩婷、张丹、鲍秀琦	20210329	20220624
419	ZL202210218003.7	含有桉树发酵物的组合物在抑制杂草中的应用	中国林业科学研究院高原林业研究所	吴疆翀、张燕平、苏建荣、铁学江、唐永奉、杨建荣、童清、唐红燕、樊绍光、黄绍琨、张体坤、孙启涛、陈永华、陈凯恒	20220308	20221227
420	ZL202111181478.5	一种外来经济作物受本地经济作物传粉影响的鉴定方法	中国林业科学研究院高原林业研究所	郑益兴、张燕平、吴疆翀、彭兴民	20211011	20220819
421	ZL201910104446.1	一种五倍子蚜冬寄主藓的筛选方法	中国林业科学研究院高原林业研究所	杨子祥、陈晓鸣、王健敏、杜胜才、杨瑛、魏洪媛、张玉荣、梁军生、王旭军	20190201	20220726
422	ZL202111587137.8	一种黄淮流域杏树嫁接苗的快速培育方法及旱地造林方法	中国林业科学研究院经济林研究所	朱高浦、赵罕、刘慧敏、王淋、李通、姜凤超、单心悦、黄艳丽、冯璐莹、王志勇、覃美英、毛帅平、杨绍彬、乌云塔娜、李芳东	20211223	20221125
423	ZL202210265412.2	利用草间小黑蛛灭杀枣园中枣瘿蚊的方法	中国林业科学研究院经济林研究所	赵广杰、郑智龙、杨锦兰、彭玉梅、郭文军、薛丹、马丹丹、王玉忠、赵书奎、岳华峰、李海涛、王自威、杨彩琴、孙文奇、侯豫顺	20220317	20221122
424	ZL202110760827.2	一种快速增加黄河滩地果园土壤有机质的方法	中国林业科学研究院经济林研究所	刁松锋、傅建敏、李华威、韩卫娟、索玉静、王志勇、孙鹏、李芳东、黄琳、樊雄飞、张嘉嘉	20210706	20221118
425	ZL202110748759.8	一种降低果树落果率的方法	中国林业科学研究院经济林研究所	刁松锋、索玉静、李华威、傅建敏、韩卫娟、王志勇、孙鹏、李芳东、张嘉嘉、黄琳、樊雄飞	20210702	20221111
426	ZL202111624110.1	一种桃杏属间嫁接杂种诱变的方法	中国林业科学研究院经济林研究所	朱高浦、赵罕、王淋、刘慧敏、姜凤超、莫文娟、李通、单心悦、黄艳丽、冯璐莹、王志勇、孙喜营、左丝雨、毛帅平、杨绍彬、乌云塔娜、李芳东	20211228	20221018

（续）

序号	专利号	专利名称	专利权人	发明人	申请日	授权公告日
427	ZL202111339772.4	一种智能化杏花粉采集器	中国林业科学研究院经济林研究所	乌云塔娜、尹明宇、朱绪春	20211112	20221011
428	ZL201910780152.0	一种鉴定杏仁苦甜性状的 Indel 标记、引物和方法	中国林业科学研究院经济林研究所	乌云塔娜、黄梦真、朱高浦、赵罕、王淋、刘慧敏、朱绪春、徐宛玉、王楚、荀宁宁、陈晨、白海坤	20190822	20220916
429	ZL202110184662.9	一种鉴定杏果皮毛性状的 Indel 标记、引物、应用和方法	中国林业科学研究院经济林研究所	乌云塔娜、黄梦真、王淋、刘慧敏、朱高浦、赵罕、朱绪春、徐宛玉、王楚、荀宁宁、陈晨、白海坤	20210210	20220909
430	ZL202110076263.0	一种柿树微量元素定量施肥装置	中国林业科学研究院经济林研究所	刁松锋、索玉静、韩卫娟、李华威、傅建敏、孙鹏、李芳东、张嘉嘉、刘金凤	20210120	20220823
431	ZL202110696423.1	一种适于黄河滩地果园高效施肥方法	中国林业科学研究院经济林研究所	刁松锋、韩卫娟、索玉静、李华威、傅建敏、孙鹏、李芳东、张嘉嘉、刘金凤	20210623	20220527
432	ZL201910752125.2	一种储能活性炭及其制备方法	中国林业科学研究院林产化学工业研究所	王傲、蒋剑春、孙康、孙昊、许伟、陈超、卢辛成、张燕萍、刘艳艳、徐茹婷	20190815	20221202
433	ZL202011544594.4	一种环氧低聚醚甘油酯增塑剂及其制备方法	中国林业科学研究院林产化学工业研究所	李科、陈洁、聂小安、蒋剑春、黄金瑞	20201224	20221125
434	ZL202110815188.5	一种温和条件下实现回收再加工的非异氰酸酯聚氨酯及其制备方法	中国林业科学研究院林产化学工业研究所	刘鹤、杨欣欣、刘秀秀、商士斌、宋湛谦	20210719	20221122
435	ZL202010404861.1	一种薄壳山核桃复合保鲜剂的制备方法	中国林业科学研究院林产化学工业研究所	王成章、李文君、陈虹霞	20200513	20221108
436	ZL202110556572.8	一种对蓋烷 -1- 基仲胺类化合物及其制备方法与除草应用	中国林业科学研究院林产化学工业研究所	赵振东、张红梅、徐士超、陈玉湘、王婧、卢言菊、古研、毕良武	20210521	20221108
437	ZL202110635649.0	一种电催化转化木质素衍生物制备环烷烃的方法	中国林业科学研究院林产化学工业研究所	徐俊明、韩双美、蒋剑春、翟巧龙、龙锋、蒋霞、曹新诚、王奎、叶俊	20210608	20221101
438	ZL202111070574.2	一种 pH 响应型松香基表面活性剂、其制备方法及其构筑的伪双子表面活性剂	中国林业科学研究院林产化学工业研究所	翟兆兰、叶圣丰、商士斌、宋湛谦	20210913	20221018
439	ZL202010684792.4	一种三嗪型木质素基磁性吸附材料及其制备方法	中国林业科学研究院林产化学工业研究所	金灿、周璇、孔振武、刘贵锋、吴国民	20200716	20221011
440	ZL202011544629.4	一种机油净化用活性炭滤芯的制备方法	中国林业科学研究院林产化学工业研究所	卢辛成、孙康、蒋剑春、赵剑、卫民、徐茹婷、张燕萍	20201224	20221011
441	ZL202110245254.X	一种由 3- 蒈烯制备 1，8- 桉叶素衍生物的方法	中国林业科学研究院林产化学工业研究所	王婧、赵振东、陈玉湘、徐士超、卢言菊、古研、毕良武、程贤	20210305	20221011
442	ZL202111339409.2	一种苯并噁嗪 / 环氧树脂复合阻燃防腐涂层及其制备方法	中国林业科学研究院林产化学工业研究所	霍淑平、孔振武、刘贵锋、吴国民、金灿、陈健	20211112	20221011

（续）

序号	专利号	专利名称	专利权人	发明人	申请日	授权公告日
443	ZL201911009267.6	一种木质素胺改性豆粕胶黏剂及其制备方法	中国林业科学研究院林产化学工业研究所	许玉芝、李宁、高士帅、王春鹏、储富祥、谷利敏	20191021	20221004
444	ZL202010370226.6	一种 Ag^{+} 配位树脂络合分离三种不饱和漆酚单体的方法	中国林业科学研究院林产化学工业研究所	王成章、周昊	20200430	20220930
445	ZL202011327992.0	低共熔溶剂制备高得率溶解浆的方法	中国林业科学研究院林产化学工业研究所	沈葵忠、陈远航、房桂干、梁龙、盘爱享	20201124	20220923
446	ZL202110481983.5	一种木质纤维组分分离的方法	中国林业科学研究院林产化学工业研究所	徐俊明、韩双美、翟巧龙、龙锋	20210430	20220920
447	ZL201911001140.X	以噻吩衍生物为 π 桥的脱氢枞酸三芳胺基 D-π-A 型化合物及其合成方法	中国林业科学研究院林产化学工业研究所	高宏、高亚楠、檀贯妮、商士斌、宋湛谦	20191021	20220816
448	ZL201910827566.4	一种松香基 CO_2N_2 响应型表面活性剂及其制备方法和应用	中国林业科学研究院林产化学工业研究所	饶小平、闫鑫焱、宋湛谦、商士斌	20190903	20220809
449	ZL201911196521.8	一种高强度纤维素 / 膨润土复合水凝胶的制备方法	中国林业科学研究院林产化学工业研究所	刘鹤、王思恒、杨欣欣、商士斌、宋湛谦	20191129	20220809
450	ZL202011134516.7	一种双官能度反应型松香树脂及其制备方法、以及其在改善速生木材性能中的应用	中国林业科学研究院林产化学工业研究所	翟兆兰、许吉、商士斌、宋湛谦	20201021	20220809
451	ZL202110704473.X	硝酸铜热化学预处理地沟油脱硫的方法	中国林业科学研究院林产化学工业研究所	徐俊明、蒋霞、龙锋、蒋剑春、刘朋、翟巧龙	20210624	20220805
452	ZL201910934089.1	一种选择性还原降解制备木质素低聚物的方法	中国林业科学研究院林产化学工业研究所	杨倩、刘贵锋、孔振武	20190929	20220729
453	ZL202110244326.9	一种从化香果中分离制备 1，2，3，4，6-O- 五没食子酰葡萄糖的方法	中国林业科学研究院林产化学工业研究所	张亮亮、汪咏梅、徐曼、胡新宇	20210305	20220729
454	ZL202110244310.8	一种利用分光光度法测定单宁提取物络合蛋白质能力的方法	中国林业科学研究院林产化学工业研究所	张亮亮、张禾、徐曼、胡新宇、汤丽华、汪咏梅	20210305	20220729
455	ZL202110556303.1	对蓋烷 -7- 基仲胺类化合物及其制备方法与除草应用	中国林业科学研究院林产化学工业研究所	赵振东、张红梅、徐士超、陈玉湘、王婧、卢言菊、古研、毕良武	20210521	20220729
456	ZL202010887527.6	一种低水耗、低排放松脂加工方法	中国林业科学研究院林产化学工业研究所	陈玉湘、徐士超、赵振东、王婧、卢言菊、毕良武、古研	20200828	20220726
457	ZL202110692163.0	一种油脂基潜伏型树脂及其制备方法和应用	中国林业科学研究院林产化学工业研究所	李梅、许利娜、邓天翔、夏建陵、丁海阳、李守海、杨小华、张燕、姚娜	20210622	20220722

（续）

序号	专利号	专利名称	专利权人	发明人	申请日	授权公告日
458	ZL202011320096.1	一种乙基纤维素基自修复聚合物及其制备方法	中国林业科学研究院林产化学工业研究所	贾普友、周永红、胡立红、刘承果、张猛、薄采颖、宋飞	20201123	20220715
459	ZL202110457370.8	一种具有光响应性的马来海松酸基偶氮苯两亲性聚合物、其制备方法及其应用	中国林业科学研究院林产化学工业研究所	张海波、李婉冰、商士斌、翟兆兰	20210427	20220708
460	ZL202011125535.3	一种具有光控活性银杏叶聚戊烯醇金属配合物的合成方法	中国林业科学研究院林产化学工业研究所	王成章、张昌伟、陶冉	20201020	20220628
461	ZL202010083442.2	一种脱氢枞酸及其衍生物基铕离子荧光配合物及其制备方法	中国林业科学研究院林产化学工业研究所	商士斌、陆瞿亮、刘鹤、王丹、张海波、沈明贵、宋湛谦	20200209	20220624
462	ZL202011180139.0	一种腰果酚基形状记忆聚合物及其制备方法	中国林业科学研究院林产化学工业研究所	周永红、郝树杰、薄采颖、周威、张猛、胡立红	20201029	20220624
463	ZL202010083438.6	一种松香基铕离子荧光配合物及其制备方法	中国林业科学研究院林产化学工业研究所	商士斌、陆瞿亮、刘鹤、王丹、张海波、沈明贵、宋湛谦	20200209	20220617
464	ZL201910679806.0	一种 3D 打印制备生物质基导电水凝胶的方法	中国林业科学研究院林产化学工业研究所	王基夫、卢传巍、储富祥	20190725	20220614
465	ZL202011321276.1	一种乙基纤维素基环氧固化物及其制备方法	中国林业科学研究院林产化学工业研究所	贾普友、周永红、刘承果、胡立红、张猛、胡云	20201123	20220610
466	ZL201910404052.8	一种异海松酸杂环酰脲类衍生物及其制备方法和应用	中国林业科学研究院林产化学工业研究所	卢言菊、赵振东、陈玉湘、古研、王婧、徐士超、毕良武、刘娟娟	20190514	20220607
467	ZL202011320095.7	一种香草醛基自修复聚合物及其制备方法	中国林业科学研究院林产化学工业研究所	贾普友、周永红、刘承果、胡立红、张猛、冯国东、宋飞	20201123	20220607
468	ZL202011575383.7	一种硅氧烷二元松香基苯并环丁烯单体及其制备方法和应用	中国林业科学研究院林产化学工业研究所	沈明贵、付飞、王丹、刘鹤、张海波、商士斌、宋湛谦、宋杰	20201228	20220607
469	ZL202011398211.7	一种利用低共熔溶剂对木质纤维原料进行预处理的方法及其使用的低共熔溶剂	中国林业科学研究院林产化学工业研究所	黄晨、詹云妮、程金元、邓拥军、房桂干	20201203	20220603
470	ZL201911196410.7	一种基于改性无纺布的松香季铵盐抗菌涂层化合物、其制备方法及其应用	中国林业科学研究院林产化学工业研究所	刘鹤、李兆双、杨欣欣、王诗博、宋湛谦、商士斌	20191129	20220527
471	ZL201910212989.5	火麻仁油基可双重交联树脂单体分子及其制备方法	中国林业科学研究院林产化学工业研究所	李守海、易靖、李梅、夏建陵、张燕、杨小华、陈瑶、丁呈祥	20190320	20220520
472	ZL201910681068.3	一种蒸汽②辅助固定床热解木质素制备愈创木酚类产物的方法	中国林业科学研究院林产化学工业研究所	叶俊、蒋剑春、徐俊明、王奎、李静、周铭昊、夏海虹、刘朋、王瑞珍、赵佳平	20190725	20220506

（续）

序号	专利号	专利名称	专利权人	发明人	申请日	授权公告日
473	ZL201910490475.6	3- 对蓋烯 -1- 仲胺类化合物及其制备方法与除草应用	中国林业科学研究院林产化学工业研究所	赵振东、董欢欢、徐士超、曾小静、陈玉湘、毕良武、王婧、张红梅	20190606	20220503
474	ZL202110755030.3	一种制备尺寸可控的木质素微球的方法	中国林业科学研究院林产化学工业研究所	黄晨、詹云妮、程金元、邓拥军、房桂干	20210701	20220426
475	ZL202010964531.8	一种食用级水性松香树脂、其制备方法及其应用	中国林业科学研究院林产化学工业研究所	张海波、商士斌、许嘉琍、高宏、王丹、沈明贵	20200915	20220415
476	ZL202110212970.8	一种烯丙基改性生漆及其制备方法	中国林业科学研究院林产化学工业研究所	陈健、孔振武、吴国民、霍淑平	20210225	20220415
477	ZL201811618922.3	桐油源酰亚胺基缩水甘油酯及其制备方法和应用	中国林业科学研究院林产化学工业研究所	李梅、汪梅、夏建陵、李守海、杨小华、丁海阳、许利娜、张燕	20181228	20220412
478	ZL202011070293.2	一种常温快速萃取漆树中黄酮和酚酸化合物的方法	中国林业科学研究院林产化学工业研究所	陈虹霞、王成章	20201009	20220412
479	ZL201910132627.5	一种 MoC/CN 催化剂及其制备方法和在油酸加氢脱氧反应中的应用	中国林业科学研究院林产化学工业研究所	蒋剑春、王霏、徐俊明	20190222	20220405
480	ZL201910539994.7	一种具有高弹性和疲劳强度的大豆蛋白复合水凝胶及其制备方法	中国林业科学研究院林产化学工业研究所	王春鹏、南静娅、张盖同、王利军、储富祥	20190621	20220401
481	ZL202011036595.8	一种高韧性、低溶胀的纤维素基磁性双网络水凝胶的制备方法	中国林业科学研究院林产化学工业研究所	储富祥、蹇均宇、王春鹏、张代晖、高士帅	20200927	20220401
482	ZL202110584251.9	一种以植物纤维为原料采用高温发酵和机械解离耦合作用制备高得率纤维浆料的方法	中国林业科学研究院林产化学工业研究所	沈葵忠、周虎毅、盘爱享、田庆文、房桂干、韩善明、梁龙	20210527	20220401
483	ZL201910777136.6	一种快速测定阔叶材原料中聚戊糖和纤维素含量的方法	中国林业科学研究院林产化学工业研究所	沈葵忠、陈远航、房桂干、梁龙、盘爱享	20190822	20220329
484	ZL201910698943.9	一种植物油基类环氧丙烯酸酯树脂及其制备方法和应用	中国林业科学研究院林产化学工业研究所	刘承果、周永红、吴琼、陆剑彧、胡云、张金帅、尚倩倩、冯国东	20190731	20220325
485	ZL202110377743.0	桐油基改性胺固化剂及其制备方法和应用	中国林业科学研究院林产化学工业研究所	李梅、杨小华、夏建陵、张燕、丁海阳、李守海、诸进华、陈瑶	20210408	20220325
486	ZL202110788052.X	一种基于环氧植物油和没食子酸的光固化树脂及其制备方法与应用	中国林业科学研究院林产化学工业研究所	刘承果、周永红、朱国强、尚倩倩、胡云、胡立红、张金帅、刘美婷、黄佳	20210713	20220322
487	ZL201910823577.5	一种单宁酸的高效液相色谱分析方法	中国林业科学研究院林产化学工业研究所	张亮亮、徐曼、汪咏梅、刘瑜琛、胡新宇	20190902	20220308
488	ZL202110685072.4	一种有机硅改性环氧衣康酸酯树脂水分散体的制备方法	中国林业科学研究院林产化学工业研究所	吴国民、边均娜、孔振武、陈健、杨兆哲	20210621	20220308

（续）

序号	专利号	专利名称	专利权人	发明人	申请日	授权公告日
489	ZL201810494643.4	一种利用木质纤维素原料制备衣康酸的方法	中国林业科学研究院林产化学工业研究所	杨静、蒋剑春、张宁、徐浩、解静聪、卫民、赵剑	20180522	20220304
490	ZL202010079744.2	一种硫辛酸改性乙基纤维素薄膜及其制备方法	中国林业科学研究院林产化学工业研究所	周永红、林雅玫、丁海阳、夏建陵、李守海、李梅、杨小华、许利娜、张燕	20200204	20220304
491	ZL202010596292.5	一种清洁化蚯蚓培养基质及其制备方法和应用	中国林业科学研究院林产化学工业研究所	徐浩、蒋剑春、杨静、张宁、解静聪、赵剑、卫民	20200628	20220304
492	ZL202011616001.0	一种蓖麻油 / 纤维素复合气凝胶及其制备方法和应用	中国林业科学研究院林产化学工业研究所	尚倩倩、周永红、刘承果、杨晓慧、胡立红、薄采颖、胡云、潘政	20201231	20220304
493	ZL202011321277.6	自修复阻燃聚合物及其合成方法	中国林业科学研究院林产化学工业研究所	贾普友、宋飞、周永红、刘承果、胡立红、张猛	20201123	20220304
494	ZL202011498691.4	一种橘皮精油基聚酰胺活性单体及其制备方法	中国林业科学研究院林产化学工业研究所	李守海、刘芮同、李梅、丁海阳、许利娜、姚娜、杨小华、张燕	20201218	20220304
495	ZL202110243454.1	一种栀子黄色素的提取方法	中国林业科学研究院林产化学工业研究所	郑光耀、闫林林	20210305	20220304
496	ZL202110213281.9	一种基于席夫碱的植物油基自修复聚合物及其制备方法和应用	中国林业科学研究院林产化学工业研究所	张猛、宋飞、周永红、贾普友、胡立红	20210225	20220304
497	ZL202110424287.0	一种腰果酚基自修复形状记忆聚合物及其制备方法和应用	中国林业科学研究院林产化学工业研究所	薄采颖、周永红、胡立红、张猛、贾普友、杨晓慧、潘政、尚倩倩、刘承果、胡云	20210420	20220304
498	ZL202110424728.7	一种腰果酚基苯并噁嗪树脂及其制备方法和应用	中国林业科学研究院林产化学工业研究所	薄采颖、周永红、胡立红、张猛、贾普友、杨晓慧、潘政、尚倩倩、刘承果、胡云	20210420	20220304
499	ZL201811186350.6	一种高品质橄榄油加工及废弃果渣循环利用方法	中国林业科学研究院林产化学工业研究所	王成章、周昊、王志宏、叶建中、陈虹霞、刘玉红	20180930	20220301
500	ZL201910747013.8	一种聚硅氧烷、马来海松酸改性聚硅氧烷及马来海松酸改性聚硅氧烷阻燃聚氨酯泡沫	中国林业科学研究院林产化学工业研究所	刘鹤、王诗博、李兆双、杨欣欣、王丹、商士斌、宋湛谦	20190814	20220301
501	ZL201910114444.0	一种含醚、酯键烯丙基腰果酚单体及其制备方法	中国林业科学研究院林产化学工业研究所	陈健、孔振武、吴国民、霍淑平	20190214	20220218
502	ZL201910627505.3	一种二元松香基苯并环丁烯单体及其制备方法和应用	中国林业科学研究院林产化学工业研究所	沈明贵、付飞、王丹、张海波、商士斌、宋湛谦、宋杰	20190712	20220215
503	ZL202010503687.6	基于植物油和柠檬酸的光敏树脂及其制备方法与应用	中国林业科学研究院林产化学工业研究所	刘承果、张金帅、周永红、胡云、黄佳、尚倩倩、程建雯、冯国东、胡立红	20200605	20220211
504	ZL201910540037.6	一种具有高伸长率的大豆蛋白复合水凝胶及其制备方法	中国林业科学研究院林产化学工业研究所	王春鹏、南静娅、张盖同、王利军、储富祥	20190621	20220201

（续）

序号	专利号	专利名称	专利权人	发明人	申请日	授权公告日
505	ZL201910546356.8	一种具有HDAC抑制活性的亚甲基醚漆酚异羟肟酸衍生物的合成方法	中国林业科学研究院林产化学工业研究所	王成章、周昊	20190620	20220111
506	ZL201910727777.0	一种全生物基 vitrimer 的制备方法	中国林业科学研究院林产化学工业研究所	刘鹤、杨欣欣、李兆双、商士斌、宋湛谦	20190808	20220111
507	ZL201811138773.0	一种 $NaBH_4$ 制氢催化剂 Co-CoO_x@C-rGO 及其制备方法	中国林业科学研究院林产化学工业研究所	刘艳艳、蒋剑春、孙康	20180928	20220107
508	ZL201910638162.0	一种微波辅助木质素氢解制备生物油的方法	中国林业科学研究院林产化学工业研究所、东莞市百大新能源股份有限公司	周铭昊、蒋剑春、叶俊、刘朋、夏海虹、李静、王奎、徐俊明、刘光华	20190715	20220211
509	ZL202010118274.6	一种生物基本征型阻燃环氧树脂的制备方法	中国林业科学研究院林产化学工业研究所、南京至正新材料科技有限公司	潘政、胡立红、冯国东、薄采颖、李卓、任晓丽、周永红	20200226	20220726
510	ZL202011313711.6	固体酸催化竹屑液化用以制备生物基聚醚多元醇的方法	中国林业科学研究院林产化学工业研究所、四川省林业科学研究院	吴斌、唐宏伟、杨凌、吴斑、田庆文、冉淼	20201120	20220325
511	ZL202111074891.1	一种自修复、可回收的生物基聚氨酯材料及其制备方法与应用	中国林业科学研究院林产化学工业研究所、徐州京林生物新材料科技研究院有限公司	刘承果、张金帅、周永红、尚倩倩、胡云、胡立红、钟东南、朱国强、余希希、黄佳	20210914	20220610
512	ZL201710617847.8	一种风力传播的湿地植物种子收获装置及方法	中国林业科学研究院林业新技术研究所	李伟、崔丽娟、窦志国、赵欣胜、杨思、张曼胤、高常军、朱怡诺	20170726	20221011
513	ZL202011560337.X	一种利用离体叶片检测杨树溃疡病真菌毒素活性的方法	中国林业科学研究院林业新技术研究所	赵嘉平、张冰玉、张一南、李金鑫、李敏、邢军超	20201225	20220916
514	ZL202010952174.3	珍稀水禽实时监测预警信息管理方法、装置及系统	中国林业科学研究院林业新技术研究所	龚明昊、文菀玉、王宇航	20200911	20220826
515	ZL202010415155.7	一种超弹性3D打印纳米纤维素复合材料及其制备方法	中国林业科学研究院林业新技术研究所	陈媛、姜峰、李改云	20200515	20220617
516	ZL201910828765.7	松材线虫的特异性 PCR 检测引物、检测方法及检测试剂盒	中国林业科学研究院林业新技术研究所	理永霞、孟繁丽、刘振凯、王璇、冯宇倩、张伟、张星耀	20190903	20220422
517	ZL202110292993.4	一种扩散型3龄松材线虫的低温保存方法	中国林业科学研究院林业新技术研究所	潘龙、崔嵘、理永霞	20210318	20220412
518	ZL201910764993.2	鸟类调查方法及装置	中国林业科学研究院林业新技术研究所、西安三图信息技术有限公司	龚明昊、文菀玉、王汉维、陈卓鹰	20190819	20221202

（续）

序号	专利号	专利名称	专利权人	发明人	申请日	授权公告日
519	ZL201911309543.0	一种生物基极压润滑剂及其制备方法	中国林业科学研究院林业新技术研究所、中国林业科学研究院林产化学工业研究所	夏建陵、丁海阳、李守海、李梅、许利娜、杨小华、张燕	20191218	20220318
520	ZL201910752118.2	一种吸附与可见光催化双功能复合材料及其制备方法和应用	中国林业科学研究院林业新技术研究所、中国林业科学研究院林产化学工业研究所	王傲、蒋剑春、孙康、陈超、许伟、孙昊、卢辛成、徐茹婷	20190815	20220222
521	ZL202110127728.0	一种杨树花叶病毒 VIGS 载体的中间体基因组序列的获取方法及其应用	中国林业科学研究院林业新技术研究所、中国林业科学研究院林业研究所	赵嘉平、苏晓华、张冰玉、张一南、李敏、李金鑫、王黎、申宛娜	20210129	20220708
522	ZL202111308098.3	可移动式 PCR 实验室	中国林业科学研究院林业研究所	张国昀、何彩云、张建国、段爱国	20211105	20221011
523	ZL202110152421.6	一种文冠果花瓣瞬时转化方法及其应用	中国林业科学研究院林业研究所	刘肖娟、毕泉鑫、王利兵、于海燕	20210203	20220930
524	ZL201910042217.1	一种检测红豆杉属植物基因表达水平的试剂盒和方法	中国林业科学研究院林业研究所	杨艳芳、邱德有、张恺恺、陈段芬	20190116	20220819
525	ZL202110725223.4	细胞培育中转保温装置	中国林业科学研究院林业研究所	张国昀、何彩云、张建国、段爱国	20210629	20220715
526	ZL201910161341.X	一种测度任意面积上树种丰富度的方法	中国林业科学研究院林业研究所	惠刚盈、张岗岗、胡艳波、张弓乔、赵中华	20190304	20220712
527	ZL202110659213.5	一株地表球囊霉菌、用于盐碱地修复的组合物和盐碱地修复方法	中国林业科学研究院林业研究所	张倩、邢锦程、杨海水、孙启祥、褚建民、郭嘉、张明乾	20210615	20220708
528	ZL202110157366.X	一种提高黑杨杂交子代育苗成活率的方法	中国林业科学研究院林业研究所	丁昌俊、董玉峰、张伟溪、苏晓华、李善文、王延平、黄秦军、王雷	20210204	20220705
529	ZL202110166641.4	一种提高黑杨人工杂交育种雌花枝营养供给的方法	中国林业科学研究院林业研究所	丁昌俊、董玉峰、张伟溪、苏晓华、李善文、王延平、黄秦军、王雷	20210204	20220705
530	ZL202110831435.0	*FBA8* 基因或 FBA8 蛋白在制备具有磷酸转移活性和 / 或蛋白水解活性的试剂中的应用	中国林业科学研究院林业研究所	国鹏、张建国	20210722	20220624
531	ZL201810436455.6	饱和数据的修正方法、电子设备和存储介质	中国林业科学研究院林业研究所	张功、郑宁、张劲松	20180509	20220607
532	ZL201810436486.1	饱和界限的确定方法、电子设备和存储介质	中国林业科学研究院林业研究所	张功、郑宁、张劲松	20180509	20220607
533	ZL202010568288.8	一种溶磷菌 RP2 及其发酵产物、菌剂与应用	中国林业科学研究院林业研究所	焦如珍、韦宜慧、陈嘉琪、董玉红、厚凌宇、赵光宇、王超群	20200619	20220520
534	ZL202110305785.3	转录因子 PsMYB1 在调控牡丹花瓣花青苷合成上的应用	中国林业科学研究院林业研究所	周琳、王雁、齐宇	20210319	20220520

（续）

序号	专利号	专利名称	专利权人	发明人	申请日	授权公告日
535	ZL202110293701.9	一株促进带叶兜兰种子萌发形成幼苗的胶膜菌及其培养方法和应用	中国林业科学研究院林业研究所	姚娜、曹晓璐	20210319	20220513
536	ZL202011550453.3	一株促进兰科种子萌发的膨大革孔菌菌株及其应用	中国林业科学研究院林业研究所	曹晓璐、姚娜	20201224	20220503
537	ZL202110830291.7	FBA8 蛋白或由其衍生的蛋白质在调节植物维管束分裂和 / 或花序轴横截面积中的应用	中国林业科学研究院林业研究所	国鹏、张建国	20210722	20220503
538	ZL201810525064.1	LRR 受体激酶 -PXY 的纯化方法	中国林业科学研究院林业研究所	张建国、国鹏、王兆山	20180528	20220422
539	ZL201910795489.9	一种‘洛楸 1 号’嫁接采穗圃的营建方法	中国林业科学研究院林业研究所	麻文俊、王军辉、刘振华、杨桂娟、童方平、易飞、肖遥	20190827	20220422
540	ZL202011428987.9	一种榛属植物品种 SSR 分子标记指纹图谱的构建方法	中国林业科学研究院林业研究所	马庆华、赵天田、梁丽松、王贵禧、杨振	20201207	20220422
541	ZL202110144885.2	一种提高仁用杏花期抗寒的方法及其应用	中国林业科学研究院林业研究所	刘肖娟、王利兵、王玉宝、毕泉鑫、于海燕、常海军	20210202	20220412
542	ZL201811347726.7	一种金丝梅组织培养快速繁殖方法	中国林业科学研究院林业研究所	李潞滨、刘蕾、许丽君、游胜利	20181113	20220322
543	ZL201910087295.3	一种杂交铁线莲的组织培养快速繁殖方法	中国林业科学研究院林业研究所	李潞滨、刘蕾、许丽君、游胜利	20190129	20220322
544	ZL202010569001.3	一种溶磷菌 P5 及其发酵产物、菌剂与应用	中国林业科学研究院林业研究所	焦如珍、韦宜慧、陈嘉琪、董玉红、厚凌宇、赵光宇、王超群	20200619	20220211
545	ZL202010569008.5	一种溶磷菌 RP22 及其发酵产物、菌剂与应用	中国林业科学研究院林业研究所	焦如珍、韦宜慧、陈嘉琪、董玉红、厚凌宇、赵光宇、王超群	20200619	20220211
546	ZL202010899756.X	一种鉴定白皮松种质资源的 SNP 位点引物组合及应用	中国林业科学研究院林业研究所	李斌、郑勇奇、林富荣、郭文英、黄平	20200831	20220211
547	ZL202011260123.0	一种基于智能手机的植物叶面积指数测定方法及其应用	中国林业科学研究院林业研究所、贵州大学	赵龙山、孟平、张劲松、尹昌君、张金鑫	20201112	20221021
548	ZL202210000039.8	一种竹胶囊及其制备方法和应用	中国林业科学研究院木材工业研究所	余养伦、卢芸、黄宇翔、于文吉、高瑞清	20220101	20221223
549	ZL202110407953.X	一种基于生长轮尺度的木材应变量测量方法及装置	中国林业科学研究院木材工业研究所	蒋佳荔、欧阳白、李珠、殷方宇、彭辉	20210415	20221220
550	ZL202211022086.9	一种持久抗菌释香型重组装饰单板及其制备方法	中国林业科学研究院木材工业研究所	杨昇、李改云、范东斌、陈媛、晏婷婷、耿奥博	20220825	20221213
551	ZL201911164953.0	一种 $1m^3$ 气候箱法甲醛释放量比对试验用检测方法	中国林业科学研究院木材工业研究所	唐召群、蒋松林、伍艳梅、王瑞、赵磊	20191125	20221125

（续）

序号	专利号	专利名称	专利权人	发明人	申请日	授权公告日
552	ZL202211036514.3	一种抗菌抗病毒高分子树脂组合物及使用其的胶膜纸	中国林业科学研究院木材工业研究所	李改云、陈媛、晏婷婷、范东斌	20220829	20221028
553	ZL202010819467.4	纤维基复合材料及其制备方法	中国林业科学研究院木材工业研究所	黄宇翔、张亚慧、林秋琴、余养伦、于文吉	20200814	20220920
554	ZL202111068239.9	一种松材线虫疫木景观铺地材料的制备方法	中国林业科学研究院木材工业研究所	邓侃、余养伦、王双永、刘诗琴、周海宾、邓昊、张亚慧	20210913	20220916
555	ZL202111085114.7	一种大幅面的透明木材或竹材及其制备方法	中国林业科学研究院木材工业研究所	唐启恒、郭文静、常亮、高黎、陈勇平、任一萍、罗书品	20210916	20220809
556	ZL202110096671.2	一种饱水木质文物保存状态的快速无损检测方法	中国林业科学研究院木材工业研究所	殷亚方、陈家宝、郭娟、焦立超、何拓、李仁、张永刚	20210125	20220802
557	ZL202210489980.0	一种木材细胞壁孔隙表面横向弛豫率的测定方法	中国林业科学研究院木材工业研究所	金枝、付跃进、陈倩、曾珍、胡生辉	20220507	20220729
558	ZL202011256430.1	竹基纤维复合材料及其连续化制备方法	中国林业科学研究院木材工业研究所	张亚慧、齐越、于文吉、张亚梅、饶飞、吴江源	20201111	20220708
559	ZL202110640846.1	一种木材改性剂组合物、一种木材物理力学性能提升的方法	中国林业科学研究院木材工业研究所	李改云、郭登康、傅峰、储富祥、杨昇	20210609	20220708
560	ZL202210448336.9	一种测定木材细胞腔孔隙表面横向弛豫率的方法	中国林业科学研究院木材工业研究所	金枝、付跃进、曾珍、胡生辉、吕斌	20220427	20220705
561	ZL202110359449.7	一种阻燃型发光降醛功能助剂及其制备方法和应用	中国林业科学研究院木材工业研究所	张龙飞、陈志林、姜鹏、梁善庆、吕少一	20210402	20220624
562	ZL202110728947.4	一种基于碳量子点的阻燃无胶纤维板及其制备方法	中国林业科学研究院木材工业研究所	张龙飞、陈志林、彭立民、梁善庆、姜鹏、吕少一	20210629	20220624
563	ZL202011388846.9	一种膜状胶黏剂及其制备方法和应用	中国林业科学研究院木材工业研究所	陈媛、范东斌	20201201	20220607
564	ZL201711263843.0	一种含木质素纳米纤维素纤丝的制备方法	中国林业科学研究院木材工业研究所	李改云、陈媛	20171205	20220603
565	ZL202010098095.0	一种防治古建筑木构件生物败坏的水基化药剂	中国林业科学研究院木材工业研究所	马星霞、张斌、蒋明亮、张景朋、吴玉章	20200218	20220419
566	ZL201911199017.3	防虫剂及其制备方法和在既有建筑木构件防虫中的应用	中国林业科学研究院木材工业研究所	周海宾、邓昊、王双永	20191129	20220329
567	ZL202011392792.3	一种微乳液型木竹材防腐剂及其制备方法	中国林业科学研究院木材工业研究所	张景朋、蒋明亮、马星霞、韩利平、傅峰、吴玉章	20201203	20220311
568	ZL201910891448.X	一种水性超支化聚丙烯酸酯乳液、制备方法及其应用	中国林业科学研究院木材工业研究所	刘如、龙玲、徐建峰、李晓艳	20190920	20220208

（续）

序号	专利号	专利名称	专利权人	发明人	申请日	授权公告日
569	ZL202010819458.5	柔性电极及其制备方法以及包含该柔性电极的柔性电容器	中国林业科学研究院木材工业研究所	黄宇翔、余养伦、张亚慧、于文吉、林秋琴	20200814	20220208
570	ZL201910681721.6	连续平压制造阻燃刨花板的方法	中国林业科学研究院木材工业研究所	姜鹏、陈志林、李路明、卢金汉	20190726	20220118
571	ZL201911199035.1	防腐剂及其制备方法和在既有建筑木构件防腐中的应用	中国林业科学研究院木材工业研究所、北京市古代建筑研究所	周海宾、张涛、邓昊、王双永	20191129	20220329
572	ZL202110183332.8	外墙保温系统及其保温模块	中国林业科学研究院木材工业研究所、满洲里绿源木制品开发有限公司	王玉荣、周海宾、侯利钢、邓昊、王双永、李利英	20210210	20220930
573	ZL201911093981.8	一种便携式陡坡山地挖坑机	中国林业科学研究院热带林业实验中心	牛长海、罗义汉、刁海林、梁建新、潘立顶、阳艺、明安刚、陈东成	20191111	20220701
574	ZL202011334671.3	*SgTPS5* 基因启动子及其应用	中国林业科学研究院热带林业研究所	余纽、陈朝黎、杨锦昌、李荣生	20201124	20220927
575	ZL202110786416.0	一种火钻加盐的土沉香结香方法及其应用	中国林业科学研究院热带林业研究所	张宁南、宋杰、徐大平、周达好、刘小金、周修任、李明、李家波	20210712	20220927
576	ZL202010442872.9	一种濒危红树植物莲叶桐育苗方法	中国林业科学研究院热带林业研究所	熊燕梅、姜仲茂、廖宝文、管伟、丁功桃、徐耀文、武锋、生农	20200522	20220415
577	ZL201910180669.6	一种 SNP 组合及其在桉树无性系鉴定中的应用	中国林业科学研究院热带林业研究所	李发根、周长品、甘四明、翁启杰、何佳悦	20190311	20220401
578	ZL202010624116.8	一种红树植物卤蕨幼苗简易快速培育方法	中国林业科学研究院热带林业研究所	熊燕梅、姜仲茂、管伟、廖宝文、辛琨	20200701	20220325
579	ZL202010074456.8	一种尾巨桉提质增效间伐的方法	中国林业科学研究院热带林业研究所	徐建民、罗亚春、李光友、陆海飞、吴玉强、张琰锋、张云东、柏俊、刘继伟	20200122	20220304
580	ZL202010447481.6	一种红树植物海漆快速育苗方法	中国林业科学研究院热带林业研究所	姜仲茂、廖宝文、熊燕梅、管伟、丁功桃、徐耀文、武锋、生农	20200525	20220304
581	ZL202110420196.X	一种米老排杂交授粉方法	中国林业科学研究院热带林业研究所	余纽、杨锦昌、李荣生、董明亮	20210419	20220218
582	ZL202011536352.0	一种耐低温水椰幼苗的育苗方法	中国林业科学研究院热带林业研究所、珠海市鑫亚园林绿化工程有限公司	姜仲茂、丁功桃、熊燕梅、辛琨、丁萍兴、廖宝文、管伟	20201223	20220527
583	ZL201910369846.5	一种提高川西阔叶次生林水源涵养功能的改造方法	中国林业科学研究院森林生态环境与保护研究所	刘世荣、刘兴良、缪宁、冯秋红、孙鹏森	20190506	20221014
584	ZL202011623453.1	减轻松枯梢病危害赤松的生态防治方法	中国林业科学研究院森林生态环境与保护研究所	梁军、程元、谢宪、苑晓雯、张星耀	20201230	20220812

（续）

序号	专利号	专利名称	专利权人	发明人	申请日	授权公告日
585	ZL201911159542.2	一种减轻松枯梢病病原菌危害寄主植物的真菌群落结构调控方法	中国林业科学研究院森林生态环境与保护研究所	梁军、谢宪、胡瑞瑞、张星耀	20191122	20220722
586	ZL202110941893.X	美国白蛾 *vATPase A* 基因 dsRNA 及其细菌表达液及应用	中国林业科学研究院森林生态环境与保护研究所	张真、张珣、张苏芳、孔祥波、刘福、樊智智、方加兴	20210817	20220527
587	ZL201910868034.5	一种 LAMP 快速检测核型多角体病毒的方法	中国林业科学研究院森林生态环境与保护研究所	曲良建、陈怡萌、王少博、王玉珠	20190916	20220426
588	ZL202110664959.5	一种靶向白蜡窄吉丁视觉受体基因的 dsRNA、引物对及其应用	中国林业科学研究院森林生态环境与保护研究所	张苏芳、樊智智、张真、孔祥波、刘福、张珣	20210616	20220422
589	ZL201810750293.3	星天牛幼虫人工饲料及星天牛的传代饲养方法	中国林业科学研究院森林生态环境与保护研究所	王青华、张永安、曲良建、王玉珠、黄焕华、黄咏槐	20180710	20220419
590	ZL202011595712.4	一种暹罗芽孢杆菌、菌剂及其应用	中国林业科学研究院森林生态环境与保护研究所	李永、薛寒、朴春根	20201228	20220412
591	ZL202110941944.9	美国白蛾 *Iap* 基因 *dsRNA* 及其细菌表达菌液和应用	中国林业科学研究院森林生态环境与保护研究所	张真、张珣、张苏芳、孔祥波、刘福、樊智智、方加兴	20210817	20220401
592	ZL201810312217.4	新疆野苹果和栽培苹果的特异性 SSR 引物及其应用	中国林业科学研究院森林生态环境与保护研究所	于少帅、赵文霞、姚艳霞、淮稳霞、肖文发	20180409	20220318
593	ZL202110145959.4	一种林业昆虫核型多角体病毒可湿性粉剂及其制备方法	中国林业科学研究院森林生态环境与保护研究所	王青华、王玉珠、张永安	20210202	20220311
594	ZL202110370791.7	芥子醛葡萄糖苷在制备防治白蜡窄吉丁产品、抗虫育种中的应用	中国林业科学研究院森林生态环境与保护研究所	曲良建、应玥、谢丹洁	20210407	20220311
595	ZL202011576997.7	一种萎缩芽孢杆菌、菌剂及其应用	中国林业科学研究院森林生态环境与保护研究所	李永、薛寒、朴春根、王天龙、汪来发	20201228	20220201
596	ZL202010951620.9	一种可扩展球式矩阵草原火险监测方法和装置	中国林业科学研究院森林生态环境与保护研究所、大兴安岭林业集团公司森林经营部技术推广站	王明玉、杨丽君、舒立福、田晓瑞、赵凤君、宋光辉	20200911	20220415
597	ZL201910688701.1	一种杨小舟蛾性信息素活性成分及其制备和鉴定方法	中国林业科学研究院森林生态环境与保护研究所、驻马店市森林病虫防治检疫站	刘福、张真、孔祥波、张苏芳、崔晓琦、范大整、朱洪、李娟	20190729	20220517
598	ZL202011310038.0	一种白蜡吉丁啮小蜂饲养方法及在防治白蜡窄吉丁中的应用	中国林业科学研究院森林生态环境与自然保护研究所	王小艺、党英侨、魏可、张彦龙、曹亮明、杨忠岐	20201120	20220809
599	ZL202011310036.1	一种白蜡吉丁卵跳小蜂饲养方法及在防治白蜡窄吉丁中的应用	中国林业科学研究院森林生态环境与自然保护研究所	王小艺、党英侨、魏可、张彦龙、曹亮明、杨忠岐	20201120	20220712

（续）

序号	专利号	专利名称	专利权人	发明人	申请日	授权公告日
600	ZL202110221214.1	一种川西高山云杉人工纯林的近自然林改造方法	中国林业科学研究院森林生态环境与自然保护研究所、成都理工大学	曹吉鑫、石松林、陈展、尚鹤、彭培好	20210226	20221104
601	ZL202011305638.8	一种中华螯蜂的人工饲养方法及其在斑衣蜡蝉的防治中的应用	中国林业科学研究院森林生态环境与自然保护研究所、商河县自然资源局	王小艺、辛蓓、曹亮明、杨忠岐、张彦龙、闫家河、暴可心	20201120	20221220
602	ZL201710349622.9	一种可遥控的漂浮植物生物量收获装置及其应用	中国林业科学研究院生态保护与修复研究所	崔丽娟、李伟、窦志国、赵欣胜、潘旭、张骁栋、张曼胤、肖红叶、李晶、雷茵茹、王汝苗	20170517	20221209
603	ZL202010394935.8	一种装饰纸用无醛浸渍胶黏剂及其制备方法	中国林业科学研究院生态保护与修复研究所	刘如、徐建峰、龙玲	20200509	20220527
604	ZL201911223907.3	一种药用植物鹿茸草组培苗瓶外生根方法	中国林业科学研究院亚热带林业实验中心	李峰卿、曾满生、刘素贞	20191204	20220201
605	ZL202110791190.3	一种索诺拉沙漠芽孢杆菌及其应用	中国林业科学研究院亚热带林业研究所	张亚波、张威、滕莹、王迪、高岩、李志红、舒金平、王浩杰	20210713	20220923
606	ZL202011557706.X	山鸡椒醇脱氢酶 LcADH31 在制备柠檬醛或以其为活性物质的产品中的应用	中国林业科学研究院亚热带林业研究所	赵耘霄、汪阳东、陈益存、高暝、吴立文、王民炎	20201225	20220916
607	ZL202110534787.X	一种麻竹未成熟胚离体再生的方法	中国林业科学研究院亚热带林业研究所	乔桂荣、卓仁英、黄碧芸、邱文敏、王雨珺	20210517	20220729
608	ZL202111503455.1	一种用于黑色茶花杂种鉴定的 SSR 标记引物及应用	中国林业科学研究院亚热带林业研究所	李辛雷、张莹、范梦龙	20211209	20220726
609	ZL201910566827.1	一种竹笋及土壤样品采集装置	中国林业科学研究院亚热带林业研究所	钟冬莲、莫润宏、沈丹玉、倪张林、汤富彬	20190627	20220705
610	ZL202110698857.5	一种工厂化茯苓栽培基质及茯苓栽培方法	中国林业科学研究院亚热带林业研究所	张金萍	20210623	20220705
611	ZL202010620449.3	一种测定植物油中角鲨烯和 β-谷甾醇含量的方法	中国林业科学研究院亚热带林业研究所	钟冬莲、莫润宏、汤富彬、沈丹玉、倪张林、屈明华	20200701	20220628
612	ZL202011574583.0	一种金花茶 CnFLS+ 反义 F3’H 双基因载体构建促进植物黄酮醇合成的方法	中国林业科学研究院亚热带林业研究所	李纪元、姜丽娜、范正琪、殷恒福、李辛雷、童冉、刘伟新	20201228	20220624
613	ZL202110623980.0	植物实时水势的测定方法	中国林业科学研究院亚热带林业研究所	薛亮、李生、王佳	20210604	20220624

（续）

序号	专利号	专利名称	专利权人	发明人	申请日	授权公告日
614	ZL202011574754.X	一种金花茶 CnFLS+CnUFGT14 双基因载体构建促进植物黄酮醇苷合成的方法	中国林业科学研究院亚热带林业研究所	李纪元、姜丽娜、范正琪、殷恒福、李辛雷、童冉、刘伟新	20201228	20220603
615	ZL202110267904.0	一种 Sir2 家族基因或蛋白在调控植物器官大小中的应用	中国林业科学研究院亚热带林业研究所	吴立文、汪阳东、陈益存、高暝、赵耘霄	20210311	20220531
616	ZL201910438877.1	一种鉴定山茶花色芽变品种的方法	中国林业科学研究院亚热带林业研究所	李辛雷、王洁、殷恒福、范正琪、李纪元	20190524	20220527
617	ZL202110785187.0	一种竹笋浸制标本的制备方法	中国林业科学研究院亚热带林业研究所	郭子武、陈双林、俞文仙、顾李俭、邹跃国、陈奇梁	20210712	20220520
618	ZL202111352064.4	一种山茶花中多种花青苷的含量检测方法	中国林业科学研究院亚热带林业研究所	李辛雷、张莹、杨美英、范梦龙、吴思	20211116	20220520
619	ZL202110267837.2	一种 Sir2 家族基因或蛋白在调控植物萜类物质产量中的应用	中国林业科学研究院亚热带林业研究所	吴立文、汪阳东、陈益存、高暝、赵耘霄	20210311	20220513
620	ZL201910743947.4	一种厚朴嫁接繁殖方法	中国林业科学研究院亚热带林业研究所	杨志玲、杨旭、谭美、程小燕、谭梓峰	20190813	20220422
621	ZL201911113311.8	一种提高本氏烟组培苗移栽成活率的方法	中国林业科学研究院亚热带林业研究所	李纪元、姜丽娜、童冉、范正琪、殷恒福、李辛雷	20191114	20220408
622	ZL202110839162.4	与油茶种子油中软脂酸含量相关的 DNA 片段、其紧密连锁的 SNP 分子标记及其应用	中国林业科学研究院亚热带林业研究所	常君、林萍、王开良、姚小华	20210723	20220308
623	ZL202110839167.7	与油茶种子油中亚麻酸含量相关的 DNA 片段、其紧密连锁的 SNP 分子标记及其应用	中国林业科学研究院亚热带林业研究所	王开良、林萍、姚小华	20210723	20220308
624	ZL201910998287.4	通过营建采穗圃培育扦插枝条的毛红椿扦插繁殖方法	中国林业科学研究院亚热带林业研究所	刘军、姜景民、李彦杰、谭梓峰	20191021	20220208
625	ZL201911238651.3	一种枯叶蛱蝶的滞育诱导方法	中国林业科学研究院资源昆虫研究所	周成理、栗婧、袁秀萍、石雷、胡芳、杨砚	20191206	20220722
626	ZL202110329599.3	一种改善学习记忆的高级烷醇脂质体及其制备方法	中国林业科学研究院资源昆虫研究所	孙龙、李娴、冯颖、何钊、张欣、马琛婧、甘瑾、赵敏	20210326	20220617
627	ZL201810829343.7	一种顾及邻域与地理差异的林分平均高与胸径计算方法	中国林业科学研究院资源信息研究所	罗鹏、龙植豪、黄水生、刘鹏举	20180725	20221115
628	ZL202010567544.1	一种点云数据的空间分布度量方法	中国林业科学研究院资源信息研究所	刘清旺、罗鹏、符利勇、田昕、陈尔学	20200619	20221021

（续）

序号	专利号	专利名称	专利权人	发明人	申请日	授权公告日
629	ZL201811600269.8	一种考虑空间结构与生长交互的林分生长模拟方法及系统	中国林业科学研究院资源信息研究所	张怀清、李思佳、李永亮、杨廷栋	20181226	20221011
630	ZL202110910033.X	一种无人机多源遥感的树种识别方法	中国林业科学研究院资源信息研究所	陈巧、陈永富、徐志扬、李华玉	20210809	20221011
631	ZL202110340241.0	针对泸沽湖大草海退化湿地设计的多级斑块过滤湿地系统	中国林业科学研究院资源信息研究所	符利勇、陈巧、胡宗达、谭炳香、凌成星、业巧林	20210330	20220906
632	ZL202110340483.X	一种泸沽湖大草海退化湿地的生态修复方法	中国林业科学研究院资源信息研究所	符利勇、陈巧、胡宗达、谭炳香、凌成星、业巧林	20210330	20220906
633	ZL202010250171.5	改进相干性计算方法的短波长双天线 InSAR 森林高度反演方法	中国林业科学研究院资源信息研究所	赵磊、陈尔学、李增元	20200401	20220802
634	ZL202110913694.8	基于林分发育指数的次生林间伐方法	中国林业科学研究院资源信息研究所	胡淑萍、程桂霞	20210810	20220802
635	ZL201910153829.8	一种荒漠化地区土壤有机碳密度高空间遥感估测的方法	中国林业科学研究院资源信息研究所	孙斌、高志海、王燕、宋张亮、高文韬	20190301	20220701
636	ZL202110908736.9	一种基于无人机多源遥感的树冠提取方法	中国林业科学研究院资源信息研究所	陈巧、陈永富、王娟、徐志扬	20210809	20220603
637	ZL202010466202.0	一种基于 LoRa 通信的低功耗野外声音采集系统	中国林业科学研究院资源信息研究所	于新文、张旭、范东璞、欧阳萱、雷振宇	20200528	20220524
638	ZL202011550225.6	一种三维虚拟场景中树冠宽度测量方法	中国林业科学研究院资源信息研究所	李永亮、刘丹、朱念福、范亚雄、张卓立	20201224	20220510
639	ZL201810666558.1	一种林木密闭度测算的方法和装置	中国林业科学研究院资源信息研究所	王雪峰	20180626	20220412
640	ZL201911018783.5	生成短报文信息的方法、装置和电子设备	中国林业科学研究院资源信息研究所	庞丽峰、黄水生、刘鹏举、唐小明	20191024	20220211
641	ZL201811311335.X	一种基于并行计算算法的图像融合拼接方法	中国林业科学研究院资源信息研究所、中天共创科技（北京）有限公司	凌成星、孟献策、鞠洪波、刘华、赵峰、张怀清、陈永富、王晓慧、肖鹏	20181106	20221104
642	ZL202010865181.X	一种苜蓿、决明子和金银花的混合栽培方法	中国农业科学院草原研究所、黑龙江飞鹤乳业有限公司	李峰、陶雅、李雪、徐丽君、那亚、花梅、焦巍、王荣、司丙文	20200825	20220401
643	ZL202010198084.X	一种提高蠋蝽产卵量及蠋蝽卵收集方法	中国烟草中南农业试验站、湖南省林业科学院	伍绍龙、邓婉、夏永刚、曾维爱、李密、谭琳、钟武洪、何振	20200319	20220308
644	ZL202010388306.4	一株铜绿假单胞菌及其筛选方法和应用	中南林业科技大学、湖南省林业科学院	马江山、刘高强、李培旺、黎继烈、刘汝宽、李昌珠	20200509	20220603

（续）

序号	专利号	专利名称	专利权人	发明人	申请日	授权公告日
645	ZL202110676796.2	利用未成熟杂交种子培育山茶花新品种幼苗的方法	重庆市风景园林科学研究院	李玲莉、邹世慧、汤丽红	20210618	20221101
646	ZL202110425793.1	一种高山杜鹃组培繁殖方法	重庆市风景园林科学研究院	李玲莉、邹世慧、汤丽红	20210420	20220805
647	ZL202111443664.1	一种林业混交改造的树苗种植成穴装置	重庆市林业科学研究院	孟祥江、何邦亮、马正锐、师贺雄、陈本文、薛沛沛、王蕾、薛兰兰	20211130	20221122
648	ZL202110588987.3	一种日本紫珠快速高效繁殖的方法	重庆市林业科学研究院	朱恒星、卢敏、戴前莉、黄飞逸、陈本文、高飞、张晓蓉、冉婷婷、陶松	20210528	20220607
649	ZL201910428460.7	一种鲜笋保鲜剂及制备方法与应用	重庆市林业科学研究院	童龙、陈丽洁、李彬、耿养会、张磊、陈桂兰	20190522	20220429
650	ZL202010208996.0	一种树木生长矫正装置	重庆市林业科学研究院	孟祥江、何邦亮、师贺雄、薛沛沛、马正锐、王蕾	20200323	20220429
651	ZL202111462864.1	一种花椒虎天牛的人工饲养方法	遵义市林业科学研究所	陈春旭、赵凤、祝晓云、赵斌、展茂魁、喻群芳	20211203	20221104
652	ZL201610931055.3	一种昆虫保湿培养方法及其装置	遵义市林业科学研究所	展茂魁、路纪芳、蔡静芸、王遵、张勇、王健、司徒春南、付甫永	20161031	20220726
653	ZL202110706863.0	一种森林防治用虫情测报装置	遵义市林业科学研究所	任雪敏、徐志文、路纪芳、展茂魁、赵斌、孙亚茹	20210624	20220607
654	ZL202110753339.9	一种昆虫储运释放装置及其使用方法	遵义市林业科学研究所	任雪敏、徐志文	20210702	20220531
655	ZL201910935958.2	一种真菌菌丝生物量的测定方法	遵义市林业科学研究所	易筑刚、蔡静云	20190929	20220419

注：①原专利名即为“白芨”；②原专利名即为“蒸汽”。

数据来源：国家知识产权局中国专利数据库。